Lehrbücher
und Monographien
zur Didaktik
der Mathematik
Band 28

LEHRBÜCHER
UND MONOGRAPHIEN
ZUR DIDAKTIK
DER MATHEMATIK

Herausgegeben von
Norbert Knoche,
Universität Essen,
und Harald Scheid,
Universität Wuppertal

BAND 1: R. Fischer/G. Malle, Mensch und Mathematik

BAND 4: N. Knoche/H. Wippermann, Vorlesungen zur Methodik und Didaktik der Analysis

BAND 5: D. Laugwitz, Zahlen und Kontinuum

BAND 6: H. Scheid, Stochastik in der Kollegstufe

BAND 7: F. Padberg, Didaktik der Arithmetik

BAND 8: H. Lüneburg, Kleine Fibel der Arithmetik

BAND 9: G. Holland, Geometrie in der Sekundarstufe

BAND 10: M. Borovcnik, Stochastik im Wechselspiel von Intuitionen und Mathematik

BAND 11: F. Padberg, Didaktik der Bruchrechnung

BAND 12: H. Schupp, Kegelschnitte

BAND 13: N. Knoche, Modelle der empirischen Pädagogik

BAND 14: D. Lind, Probabilistische Testmodelle

BAND 15: M. Pfahl, Numerische Mathematik in der Gymnasialen Oberstufe

BAND 16: E. Scholz (Hrsg.), Geschichte der Algebra

BAND 17: H. Struve, Grundlagen einer Geometriedidaktik

BAND 18: W. Riemer, Stochastische Probleme aus elementarer Sicht

BAND 19: P. Baptist, Die Entwicklung der neueren Dreiecksgeometrie

BAND 20: H. Schupp, Optimieren

BAND 21: H.-G. Weigand, Zur Didaktik des Folgenbegriffs

BAND 22: H. Portz, Galilei und der heutige Mathematikunterricht

BAND 23: H. Kütting, Didaktik der Stochastik

BAND 24: H. Kütting, Beschreibende Statistik im Schulunterricht

BAND 25: H. Hischer/H. Scheid, Grundbegriffe der Analysis

BAND 26: Á. Szabó, Entfaltung der griechischen Mathematik

BAND 27: H. Riede, Die Einführung des Ableitungsbegriffs

BAND 28: H. Schupp/H. Dabrock, Höhere Kurven

BAND 29: A. M. Fraedrich, Satzgruppe des Pythagoras

BAND 30: R. vom Hofe, Grundvorstellungen mathematischer Inhalte

BAND 31: J. Humenberger/H. Chr. Reichel, Fundamentale Ideen der angewandten Mathematik

Höhere Kurven

Situative, mathematische, historische und didaktische Aspekte

von
Prof. Dr. Hans Schupp
und
Heinz Dabrock
Universität des Saarlandes

B·I·
Wissenschaftsverlag
Mannheim · Leipzig · Wien · Zürich

Die Deutsche Bibliothek – CIP-Einheitsaufnahme

Schupp, Hans:
Höhere Kurven: situative, mathematische, historische und didaktische Aspekte / von Hans Schupp. – Mannheim; Leipzig; Wien; Zürich: BI-Wiss.-Verl., 1995
(Lehrbücher und Monographien zur Didaktik der Mathematik; Bd. 28)
ISBN 3-411-17221-5
NE: Dabrock, Heinz:; GT

Gedruckt auf säurefreiem Papier
mit neutralem pH-Wert (bibliotheksfest)

Druck: Progressdruck GmbH, Speyer
Bindearbeit: Progressdruck GmbH, Speyer
Printed in Germany
ISBN 3-411-17221-5

VORWORT

Mathematik fasziniert. Das wissen alle, die sich mit ihr ohne Zwang beschäftigen. Auch Mathematikunterricht kann faszinieren, insbesondere, wenn es gelingt, ihn entlang herausfordernder Phänomene und Probleme zu organisieren. In der Grundschule und den ersten Klassen der Sekundarstufe I geschieht dies noch recht häufig. Doch schon in der Mittelstufe beginnt das Wuchern beziehungsloser Techniken und in ihrem Gefolge das Ausbreiten langweiliger, sowohl über- als auch unterfordernder "Geläufigkeitsübungen". Und in der Oberstufe dominiert dann eine eigenartige Kombination von durchaus wesentlichen, aber im Grunde nur vorgestellten Theorieteilen und vergleichsweise peripheren, kalkülorientierten Aufgaben - zu Lasten von anspruchsvollen Aktivitäten beim Umgang mit Problemen, die zu jener Theorie führen (und historisch geführt haben).
Wir meinen, daß es angesichts des eklatanten Mißverhältnisses zwischen der Tiefe der Inhalte und der Qualität ihres Erwerbs sowie ihrer Verfügbarkeit an der Zeit ist, eine weitreichende curriculare Reform des Mathematikunterrichts in der gymnasialen Oberstufe zu beginnen. Weiter sind wir davon überzeugt, daß eine angemessene Berücksichtigung höherer Kurven dazu einen gewichtigen Beitrag leisten könnte. Sie haben historische und aktuelle Relevanz, sind reich an interessanten Phänomenen und Bezügen (außerhalb und innerhalb der Mathematik), sprechen unseren Formsinn an und erlauben vielfältige Zugänge unterschiedlichsten Schwierigkeitsgrades. Durch sie würde der Mathematikunterricht in den höheren Klassen bzw. Kursen des Gymnasiums (auch wenn das 13. Schuljahr entfällt) bedeutungshaltiger, attraktiver und effektiver. Vor allem die Analysis und die Analytische Geometrie könnten hiervon in mannigfacher Weise profitieren.
Die derzeit in der Schule entwickelten Mittel zur Konstruktion und Analyse von Kurven sind recht bescheiden und keineswegs repräsentativ. Die Kurven selbst bleiben auf Funktionsgraphen

beschränkt, allenfalls noch ergänzt um Kegelschnitte. Das Festhalten an einer derartigen Verkürzung erscheint höchst fragwürdig, ist doch durch den Einsatz des Taschenrechners oder der Computergraphik eine Kurvendiskussion zum Zweck der Erstellung einer genauen Zeichnung - und diese Zielsetzung wird oft noch vermittelt - obsolet geworden. Auf der anderen Seite verwendet die Analytische Geometrie ihre anspruchsvollen Mittel meist nur zur Erfassung linearer Gebilde, deren Eigenschaften dürftig und zudem längst bekannt sind. Das häufig vorgeschobene Argument einer Schulung der Raumanschauung kann angesichts der fortgeschrittenen Klassenstufe nicht tragen, sondern weist eher auf frühere Versäumnisse hin.

Die beklagten Mängel sind selbstverständlich nicht nur uns aufgefallen. In allerletzter Zeit mehren sich Zeitschriftenbeiträge zum Umgang mit höheren Kurven im Mathematikunterricht und knüpfen damit an eine - wie das umfangreiche Literaturverzeichnis zeigt - lange und reiche Tradition an, die im Bereich der Schulbuchliteratur erst in den Sechziger Jahren abgerissen ist. Andererseits sind nach 1945 nur drei Monographien zu unserem Thema (in einer Darstellungsweise, die seine didaktische Relevanz noch erkennen läßt) erschienen:

- *Ausgewählte höhere Kurven* (Schmidt 1949),
- *Analytische Geometrie spezieller ebener Kurven* (Fladt 1962),
- *Ebene algebraische Kurven* (Brieskorn; Knörrer 1981).

Keines dieser Werke geht auf die etwaige unterrichtliche Bedeutung der Thematik ein.

Unser Ziel ist es hingegen, die Leserinnen und Leser[1] nicht nur
- einzuführen in die grundlegenden Begriffe, Methoden und Sätze einer möglichst phänomenbezogenen Kurvenlehre
- vertraut zu machen mit den historisch und technisch wichtigsten Kurven und Kurventypen

sondern sie auch
- zu beteiligen an der Diskussion um ihre didaktische Relevanz

[1]Im weiteren sind stets Personen beiderlei Geschlechts gemeint, wenn die männliche Bezeichnung gewählt wird.

- mit inhaltlichen und methodischen Hilfen zu versehen für die Planung einer unterrichtlichen Behandlung höherer Kurven.

Eine didaktische Zielsetzung hat zweifellos auch die jüngst (1993) erschienene Dissertation von Th. Weth: *Zum Verständnis des Kurvenbegriffs im Mathematikunterricht.* Während wir uns jedoch auf (ebene) höhere Kurven (d.h. rationale Kurven von mindestens drittem Grade und transzendente Kurven) konzentrieren und dabei die Diskussion einschlägiger Funktionsgraphen bereits voraussetzen, geht Weth auf den Umgang mit Kurven die gesamte Schulzeit hindurch ein. So hoffen wir, daß die beiden Arbeiten einander unterstützen und ergänzen. Gemeinsam ist ihnen die Überzeugung, daß es an der Zeit ist, die brachliegenden didaktischen Potenzen des Kurvenbegriffs bewußt zu machen.
Schließlich sei noch auf das 1993 erschienene Heft *Polarkoordinaten* von Günter Steinberg hingewiesen, in dem durch den Wechsel der analytischen Charakterisierung einige klassische höhere Kurven in den Blick geraten. Es ist aus der Unterrichtspraxis des Verfassers hervorgegangen.-

Damit es nicht beim bloßen Lesen bleibt, sondern zu einer aktiven Auseinandersetzung mit den vorgestellten Sachverhalten und Reflexionen kommt, sind unserem Text viele Aufgaben unterschiedlichen Typs und Schwierigkeitsgrades beigegeben, deren Bearbeitung wir dringend empfehlen.

Ein Buch, das den Anspruch erhebt, Mathematikunterricht teilweise zu innovieren, wird bereits bei der Ausbildung der Lehrer im Rahmen der Hochschule ansetzen müssen. So ist das vorliegende Werk nicht zufällig das gemeinschaftliche Produkt eines Lehrers und eines Hochschullehrers. Sie wenden sich damit gleichermaßen an Lehramtskandidaten, Studienreferendare, Kollegen an Schule und Hochschule (insbesondere in der Lehrerausbildung) sowie nicht zuletzt auch an den einen oder anderen genügend engagierten und leistungsfähigen Schüler. Das Buch eignet sich - in seiner Gesamtheit bzw. in ausgewählten Teilen - sowohl zum Selbststudium als auch als Grundlage einer Vorlesung, eines Seminars, einer Arbeitsgemeinschaft oder zur Gestaltung eines Unterrichtsabschnitts, eines Vortrags oder einer Hausarbeit.

Die Kapitel 1, 2 und 3 bieten unabhängig voneinander Kontexte an, die auf zwingende Weise zu interessanten Kurven führen: beim Gleiten einer Leiter, bei der Inversion von Kegelschnitten, beim Abrollen eines Kreises auf einem anderen Kreis. Diese drei - voneinander unabhängigen - Kapitel leisten natürliche Einstiege in das Gesamtthema; sie bieten aber auch exemplarische Szenarien für die unterrichtliche Behandlung.

Die dann folgenden beiden Kapitel stellen die Grundzüge einer Theorie der ebenen Kurven vor. Kapitel 4 gibt zunächst einen Einblick in die wechselvolle Geschichte des Kurvenbegriffs; sodann stellt es die aus dem gymnasialen Unterricht geläufigen Kenntnisse und Methoden der Untersuchung von Funktionsgraphen in den erweiternden und verallgemeinernden Rahmen der Kurven unterschiedlichster Entstehung und Darstellung. Kapitel 5 konzentriert sich auf darstellungsunabhängige, "natürliche" Kurveneigenschaften. Beide Kapitel sichern dabei die eine oder andere Methode, die in den vorangegangenen Kapiteln im konkreten Beispiel schon zum Tragen gekommen war. Auf den Gebrauch projektiver und funktionentheoretischer Hilfen wird fast durchweg verzichtet, um die Verbindung zum gegenwärtigen Stoffkanon des Gymnasialunterrichts nicht zu gefährden. Zwar müssen wir so auf durchaus wesentliche Einsichten verzichten, doch konnte angesichts der Fülle und Tiefe des Wissens über höhere Kurven ohnehin keine Vollständigkeit erzielt werden.

Kapitel 6 bietet mit den Spiralen einen weiteren kurvenerzeugenden Kontext, nun aber unter Heranziehung der inzwischen entwickelten theoretisch-allgemeinen Einsichten.

In Kapitel 7 geht es anhand einiger anwendungsbezogener Beispiele um die naturwissenschaftliche und technische Bedeutung von Kurven (mit Schwerpunktsetzung in der Physik).

Alle diese Kapitel schließen mit einem didaktischen Kommentar, der auf lokale didaktisch-methodische Implikationen ihrer Inhalte hinweist. Kapitel 8 hingegen argumentiert global: es liefert Argumente für eine unterrichtliche Behandlung von Kurven und gibt detaillierte Hinweise zu möglichen Realisierungen.

Im abschließenden Kapitel 9 werden auf der Grundlage aller vorherigen Erörterungen Beispiele für Kurvendiskussionen innovativer Art vorgestellt und kommentiert.

Herr Stowasser, Berlin, hat uns zu einigen historischen Passagen wertvolle Hinweise gegeben, desgleichen Herr Berg, Blieskastel, zu einigen physikalisch-technischen Erörterungen und Herr Heidenreich, Saarbrücken, zu den ersten Kapiteln. Ihnen gilt unser herzlicher Dank. Für wichtige Mithilfe bei der Literaturbeschaffung und -sichtung haben wir weiterhin Herrn cand. math. R.Hampel zu danken, ebenso Herrn cand.math. Ch.Lüdicke für die Unterstützung bei der Endfassung von Textpassagen und Zeichnungen sowie bei der Erstellung des Index. Zu Dank verpflichtet sind wir schließlich auch der Forschungskommission der Universität des Saarlandes, die unser Forschungsprojekt "Höhere Kurven" finanziell unterstützt hat.
Wer immer und zu welchem Zweck auch immer das Buch liest, er möge von höheren Kurven so fasziniert sein wie die beiden Autoren.

Saarbrücken, im August 1994

Heinz Dabrock
Hans Schupp

Die Autoren haben zu den in diesem Buch behandelten Kurven und Kurventypen ein **Programmpaket HÖHERE KURVEN** in der Programmiersprache TURBO-PASCAL erstellt. Auf seiner Grundlage wurden die meisten Zeichnungen des Buches gefertigt. Das Paket, das die Programme in einem übersichtlich gestalteten Quellcode enthält, ist bei den Autoren gegen eine Gebühr von 30 DM (Einzellizenz) bzw. 90 DM (Schullizenz) erhältlich. Bitte geben Sie bei einer Bestellung die Diskettenart an sowie die PASCAL-Version, mit der Sie arbeiten.

Bezugsadresse:
Heinz Dabrock, Reinhold-Becker-Str. 18, D-66386 St.Ingbert

INHALT

1 KURVEN RUND UM DIE GLEITSTRECKE

1.1 A U S G A N G S S I T U A T I O N

In Fig.1.1 gleitet eine <u>Strecke</u> der Länge $c \in \mathbb{R}^+$ mit ihren Endpunkten X und Y innerhalb eines kartesischen Koordinatensystems derart, daß X stets auf der x-Achse und Y stets auf der y-Achse liegt.

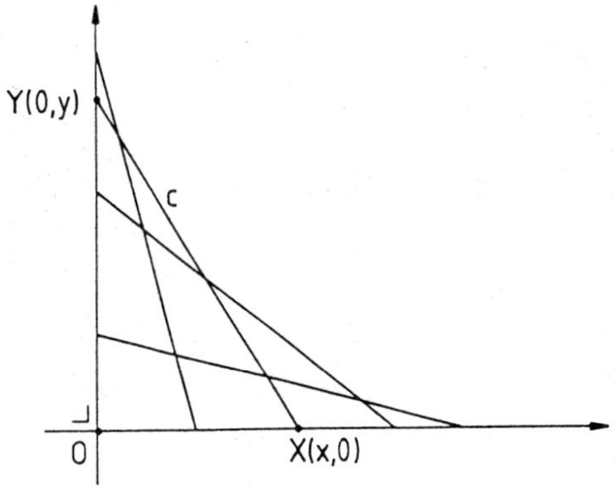

Figur 1.1

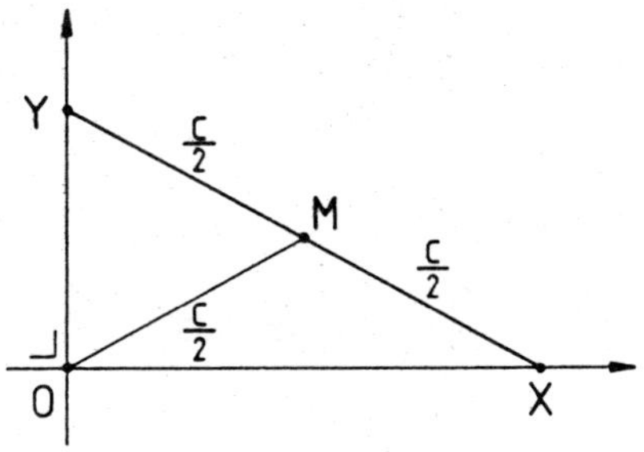

Figur 1.2

Wir untersuchen einige der bei diesem Gleiten auftretenden mathematischen Phänomene, Prozesse und Beziehungen.

1.2 B A H N K U R V E N

Welche <u>Bahnen</u> legen die Punkte der Gleitstrecke zurück?
Die Eckpunkte X und Y bewegen sich selbstverständlich auf <u>Strecken</u> der Länge c auf den Koordinatenachsen.
Für die Streckenmitte M gilt, daß sie auf einem <u>Viertelkreis</u> um den Koordinatenursprung O mit Radius $\frac{c}{2}$ wandert (Fig.1.2). Die Strecke OM muß nämlich stets die Länge $\frac{c}{2}$ haben, weil das rechtwinklige Dreieck OXY nach der Umkehrung des THALES-Satzes in jeder Lage einem Halbkreis durch O mit Durchmesser XY einbeschrieben werden kann.

Bisher haben wir das Gleiten nur im 1.Quadranten betrachtet. Hebt man diese Beschänkung auf, dann durchlaufen X und Y Achsenstrecken der Länge 2c, M einen <u>Kreis</u> vom Radius $\frac{c}{2}$; in beiden Fällen ist O der Mittelpunkt.

Aber wie verhalten sich die anderen Punkte der Gleitstrecke? Etwa derjenige, der von Y die Entfernung a mit $0 < a < c$ und von X die Entfernung $b = c - a$ mit $0 < b < c$ hat?

PROCLUS (410-485) hat das Gleiten mit seiner berühmten <u>Papierstreifenkonstruktion</u> (Fig.1.3) simuliert. Heute kann man dazu auch den Computer benutzen, wie Fig.1.4 zeigt.

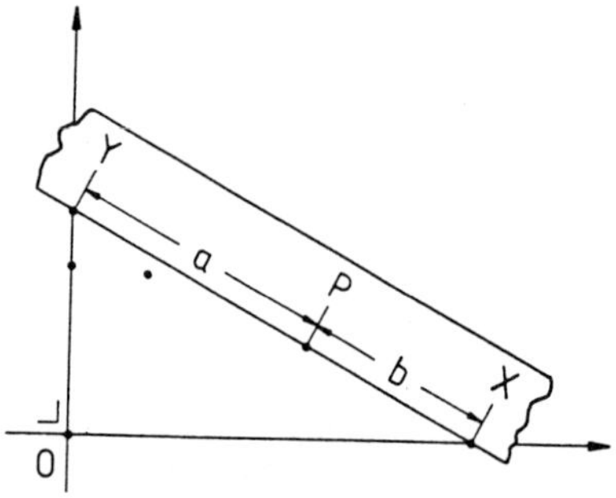

Figur 1.3

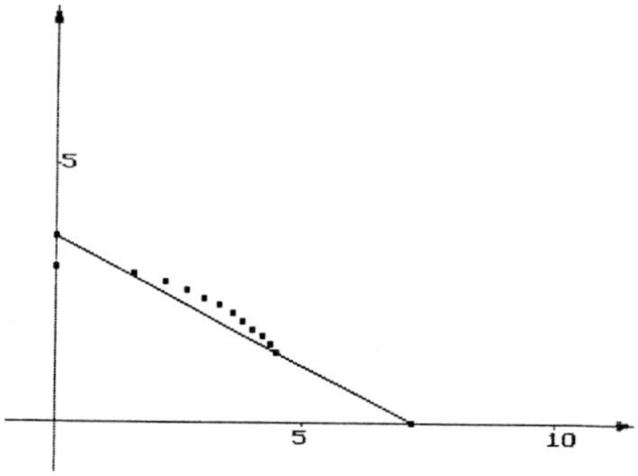

Figur 1.4

Es entsteht eine geschlossene Kurve (Fig.1.5); gemäß ihrer Entstehung ist sie symmetrisch zu beiden Achsen (und damit auch symmetrisch in bezug auf den Ursprung als dem Achsenschnittpunkt) und schneidet diese in den <u>Scheiteln</u> $(\pm a;0)$, $(0;\pm b)$.

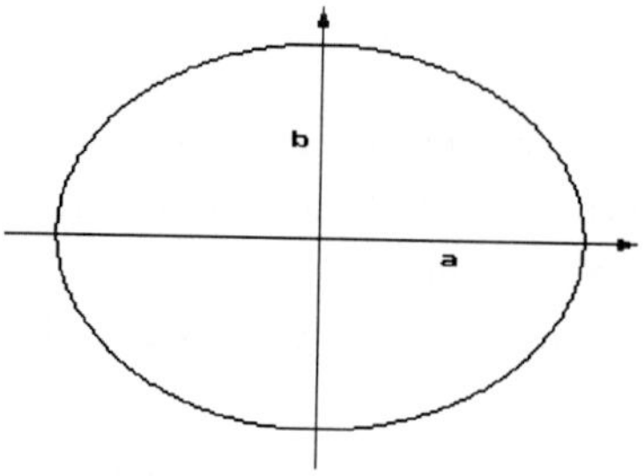

Figur 1.5

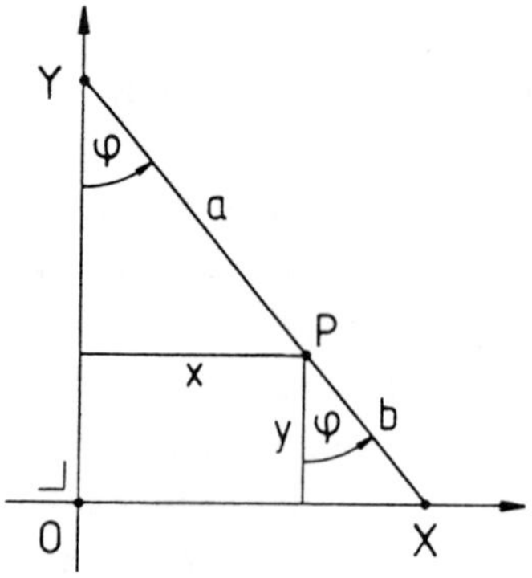

Figur 1.6

Um zu einer analytischen Kennzeichnung dieser Kurve zu kommen, führen wir den Winkel φ ein, den die Gleitstrecke mit der y^+-Achse bildet ($0 \le \varphi \le 2\pi$). Dann gilt gemäß Fig.1.6:

$$x = a \cdot \sin\varphi \quad ; \quad y = b \cdot \cos\varphi \quad \text{mit } a,b \in \mathbb{R}^+ \tag{1.1}$$

Aus dieser <u>Parameterdarstellung</u> der Kurve kann man wegen $\sin^2\varphi + \cos^2\varphi = 1$ leicht ihre <u>kartesische Darstellung</u> gewinnen:

$$\frac{x^2}{a^2} + \frac{y^2}{b^2} = 1 \tag{1.2}$$

Das ist die bekannte Gleichung der <u>Ellipse</u>. Im Sonderfall $a = b$ $(= \frac{c}{2})$ ergibt sich der o.a. Kreis.
Für die zahlreichen interessanten Eigenschaften der Ellipse sowie anderer Kegelschnitte s. etwa Schupp 1988.

1.3 HÜLLKURVEN

In Fig.1.7 betrachten wir nun die Gesamtheit aller Streckenpositionen während des Gleitens.

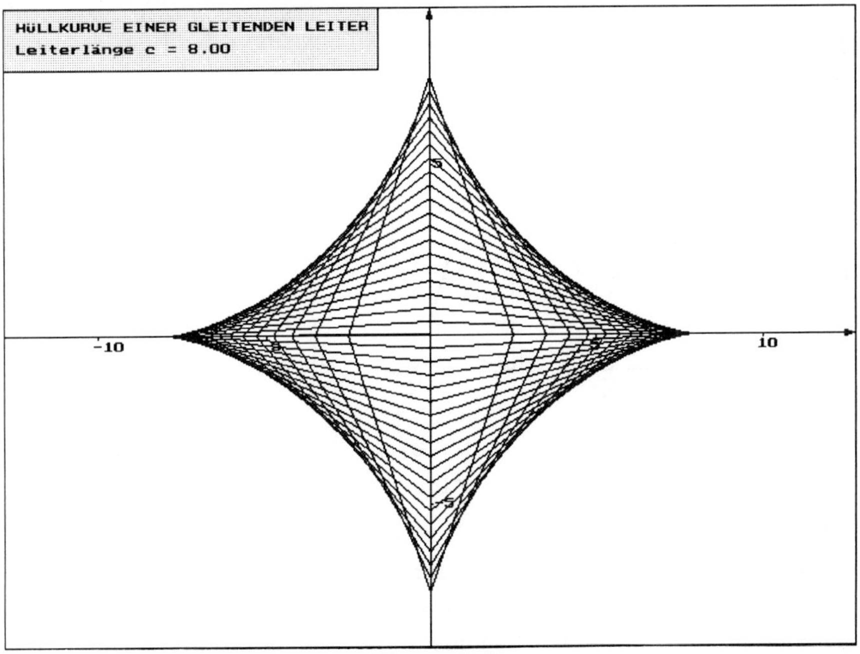

Figur 1.7

Im Computerprogramm, das Fig.1.4 erzeugte, müssen wir dazu lediglich statt des jeweils ausgewählten Punktes die gesamte Strecke festhalten.

Es ergibt sich eine sternförmige Gesamtfigur, deren Umrißlinie wir Sternkurve oder <u>Astroide</u> nennen wollen. Sie hat die von der Ellipse her bekannten Symmetrien, ist aber zusätzlich noch symmetrisch in bezug auf die Winkelhalbierenden der Achsen und daher auch drehsymmetrisch hinsichtlich Drehungen um den Ursprung mit Vielfachen von $\frac{\pi}{2}$. Ein weiterer Unterschied zur Ellipse ist, daß die Achsenschnittpunkte (±c;0), (0;±c) hier als <u>Spitzen</u> ausgebildet sind.

Um diese Kurve, die um 1700 bei mehreren Mathematikern auftaucht, besser kennenzulernen, brauchen wir eine analytische Charakterisierung.

Offensichtlich sind die einzelnen Positionen der gleitenden Strecke (besser: die durch sie bestimmten Geraden) <u>Tangenten</u> an die Astroide. Deshalb fragen wir zunächst nach dem jeweiligen <u>Berührpunkt</u>.

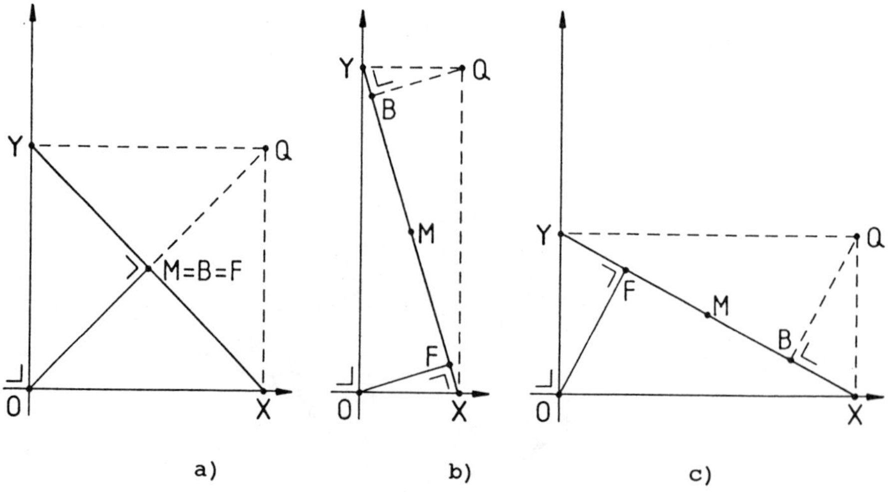

Figur 1.8

In Mittellage (Fig.1.8.a)) ist es aus Symmetriegründen der Mittelpunkt M. Dies ist zugleich auch der Fußpunkt des Lotes von O auf die Gleitstrecke. Sonst aber kann dieser Lotfußpunkt F nicht der gesuchte Berührpunkt B sein; denn er wandert während des Herabgleitens der Strecke im 1.Quadranten auf ihr von unten (b)) nach oben (c)), während für den Berührpunkt das Gegenteil richtig ist: Er fällt anfangs mit Y und schließlich mit X zusammen. Daher kann man vermuten, daß statt F der zu F bezüglich M symmetrische Punkt der Gleitstrecke der Berührpunkt B ist. Dann würde gelten:

Zu einer Streckenposition XY findet man den Berührpunkt, indem man Δ OXY zu ▭ OXQY ergänzt und den Fußpunkt des Lotes von Q auf XY bestimmt.

Da wir diese Vermutung analytisch sichern wollen, bestimmen wir gemäß Fig.1.9 zunächst die Koordinaten des so gewonnenen Punktes B:

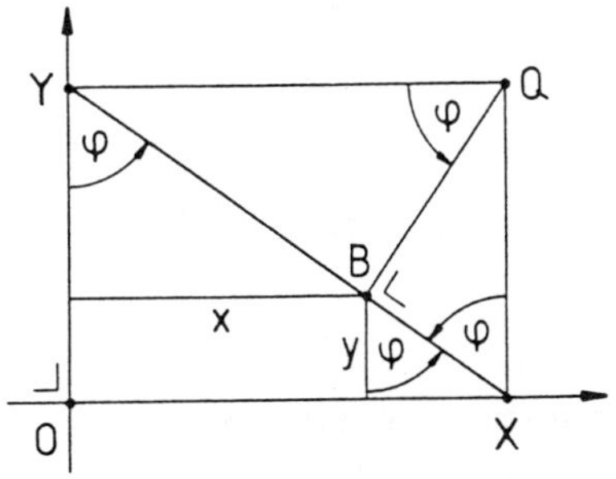

Figur 1.9

Es gilt: $x = |YB|\cdot\sin\varphi = |YQ|\cdot\sin^2\varphi = |XY|\cdot\sin^3\varphi$

und: $y = |XB|\cdot\cos\varphi = |XQ|\cdot\cos^2\varphi = |XY|\cdot\cos^3\varphi$.

Also hat die von B erzeugte Kurve die Parametergleichung

$$x = c\cdot\sin^3\varphi \quad ; \quad y = c\cdot\cos^3\varphi \tag{1.3}$$

und die kartesische Darstellung

$$x^{\frac{2}{3}} + y^{\frac{2}{3}} = c^{\frac{2}{3}} \tag{1.4}$$

bzw. nach naheliegenden Umformungen

$$(x^2 + y^2 - c^2)^3 + 27c^2x^2y^2 = 0 \tag{1.5}$$

Mit der Parameterdarstellung (1.3) läßt sich die zugehörige Kurve ohne Schwierigkeiten zeichnen: Man braucht φ nur das In-

tervall $[0;2\pi]$ durchlaufen zu lassen und dabei jeweils $B(x;y)$ zu fixieren. Sie hat in der Tat Sternform. (1.4) bzw. (1.5) sichern auch die o.a. Symmetrien.
Trotzdem ist die Identität dieser Kurve mit der Astroide noch nicht gesichert. Es bleibt zu zeigen, daß ihre Tangentenabschnitte zwischen den Achsen Positionen der gleitenden Strecke sind, also die Länge c haben.
Der Symmetrien wegen können wir uns auf den 1.Quadranten beschränken. Dort folgt aus (1.4)

$$y = \left(c^{\frac{2}{3}} - x^{\frac{2}{3}}\right)^{\frac{3}{2}} \tag{1.6}$$

d.h. die Kurve ist dort ein Funktionsgraph, der wie üblich analysiert werden kann. Insbesondere ist

$$y' = -\frac{(c^{2/3} - x^{2/3})^{1/2}}{x^{1/3}} = -\left(\frac{y}{x}\right)^{1/3} \tag{1.7}$$

Für die Tangente in $(x_0;y_0)$ gilt daher

$$y - y_0 = -(y_0/x_0)^{1/3}\cdot(x - x_0) \tag{1.8}$$

für deren Schnittpunkte X,Y mit den Achsen

$$X(x_0^{\frac{1}{3}}\cdot c^{\frac{2}{3}};0) \quad ; \quad Y(0;y_0^{\frac{1}{3}}\cdot c^{\frac{2}{3}})$$

und schließlich

$$|XY|^2 = x_0^{\frac{2}{3}}\cdot c^{\frac{4}{3}} + y_0^{\frac{2}{3}}\cdot c^{\frac{4}{3}} = c^{\frac{2}{3}}\cdot c^{\frac{4}{3}} = c^2 \quad \blacksquare$$

Nach Fig.1.9 kann die Astroidentangente selbstverständlich auch charakterisiert werden durch

$$\frac{x}{\sin\varphi} + \frac{y}{\cos\varphi} = c \quad \text{bzw.}$$

$$x\cdot\cos\varphi + y\cdot\sin\varphi = \frac{c}{2}\cdot\sin(2\varphi) \tag{1.9}$$

Hierdurch wird insbesondere deutlich, daß die Koordinatenachsen Tangenten in den Spitzen sind.
Für die Entfernung r eines Astroidenpunktes vom Ursprung errechnen wir:

$$r^2 = x^2 + y^2 = c^2\cdot\sin^6\varphi + c^2\cdot\cos^6\varphi = c^2\cdot\left(1 - \frac{3}{4}\cdot\sin^2(2\varphi)\right)$$

$$r = \frac{c}{2}\cdot\sqrt{4 - 3\cdot\sin^2(2\varphi)} \tag{1.10}$$

(1.10)[1] entnimmt man, daß $\frac{c}{2} \leq r \leq c$, daß also die Astroide einen Inkreis von Radius $\frac{c}{2}$ und einen Umkreis vom Radius c hat; und weiter, daß sie den Umkreis auf den Achsen ($\varphi = n\cdot\frac{\pi}{2}$), den Inkreis auf deren Winkelhalbierenden ($\varphi = (2n+1)\cdot\frac{\pi}{4}$), nämlich in den Punkten $(\pm\frac{c}{4}\cdot\sqrt{2};\pm\frac{c}{4}\cdot\sqrt{2})$ trifft.

Die Existenz eines Umkreises zusammen mit der Stetigkeit und Periodizität der beiden Winkelfunktionen Sinus und Kosinus sichern schließlich, daß die Astroide (im Unterschied etwa zu Graphen von Funktionen $y = f(x)$) eine <u>geschlossene</u> <u>Kurve</u> ist.

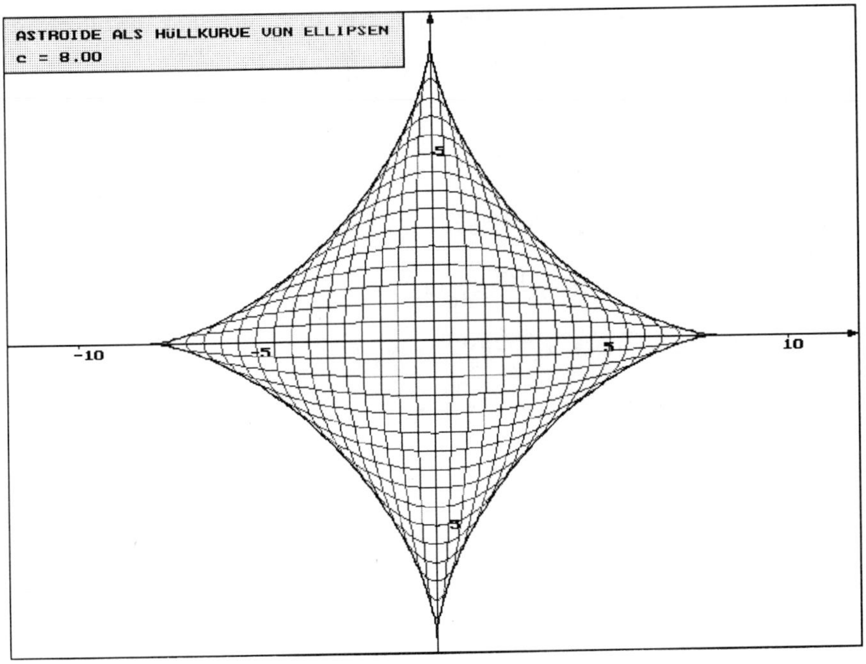

Figur 1.10

Fig.1.10 zeigt, daß die Astroide nicht nur die Hüllkurve der Gleitstrecke ist, sondern auch die aller in **1.2** behandelten Bahnellipsen $(c-a)^2\cdot x^2 + a^2\cdot y^2 = a^2\cdot(c-a)^2$.

Auch diese Beobachtung wollen wir mit einfachen Mitteln bewei-

[1]Diese Charakterisierung der Astroide darf nicht mit ihrer Polardarstellung verwechselt werden, wie wir sie etwa in **1.4** für eine andere Kurve aufstellen. φ ist hier nicht der Polarwinkel.

sen: Wir zeigen, daß die zu einem beliebigen Astroidenpunkt P gehörende Ellipse mit der Astroide die Tangente (1.8) gemeinsam hat (Fig.1.11).

Die Ellipse finden wir, indem wir P (vorübergehend) als festen Punkt der Gleitstrecke ansehen; dann ist

$$a = |PY| = \frac{x_0}{\sin\varphi_0} = \frac{x_0 \cdot c^{1/3}}{x_0^{1/3}} = x_0^{2/3} \cdot c^{1/3} \qquad \text{und analog}$$

$$b = c - a = y_0^{2/3} \cdot c^{1/3}.$$

Die Ellipse $b^2x^2 + a^2y^2 = a^2b^2$ hat in $P(x_0;y_0)$ bekanntlich die Tangente $b^2x_0x + a^2y_0y = a^2b^2$ (s. Schupp 1988).

Eingesetzt ergibt sich

$$y_0^{4/3} \cdot c^{2/3} \cdot x_0 \cdot x \;+\; x_0^{4/3} \cdot c^{2/3} \cdot y_0 \cdot y \;=\; (x_0y_0c)^{4/3}$$

$$\Leftrightarrow \quad y_0^{1/3} \cdot x + x_0^{1/3} \cdot y = x_0^{1/3} y_0^{1/3} c^{2/3}$$

$$\Leftrightarrow \quad y_0^{1/3} \cdot x + x_0^{1/3} \cdot y = x_0 \cdot y_0^{1/3} + y_0 \cdot x_0^{1/3}$$

$$\Leftrightarrow \quad y = -(y_0/x_0)^{1/3} \cdot x + x_0^{2/3} \cdot y_0^{1/3} + y_0$$

$$\Leftrightarrow \quad y - y_0 = -(y_0/x_0)^{1/3} \cdot (x - x_0) \quad \blacksquare$$

Welchen Inhalt A hat die von der Astroide berandete Fläche?

Offensichtlich ist

$$\frac{1}{4} A = \int_0^c y \cdot dx$$

und wegen $y = c \cdot \cos^3\varphi$ bzw. $dx = 3c \cdot \sin^2\varphi \cdot \cos\varphi \; d\varphi$

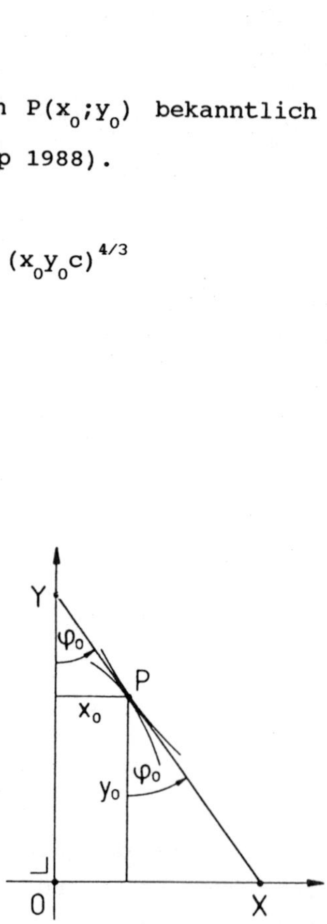

Figur 1.11

$$\frac{1}{4} A = \int_0^{\pi/2} 3c^2 \cdot \cos^4\varphi \cdot \sin^2\varphi \; d\varphi$$

$$= 3c^2 \cdot \int_0^{\pi/2} \frac{1}{8} \cdot \sin^2(2\varphi) \cdot (\cos(2\varphi)+1) \; d\varphi$$

$$= \frac{3c^2}{8} \cdot \left[\frac{1}{6} \cdot \sin^3(2\varphi) + \frac{\varphi}{2} - \frac{1}{8} \cdot \sin(4\varphi) \right]_0^{\pi/2}$$

$$= \frac{3c^2 \cdot \pi}{32} \text{ , also}$$

$$A = \frac{3}{8} \cdot \pi c^2 \qquad (1.11)$$

Das sind $\frac{3}{8}$ des Flächeninhalts des Umkreises und $\frac{3}{2}$ des Flächeninhalts des Inkreises.

1.4 F U S S P U N K T K U R V E

In Fig.1.8 wurde vorübergehend der Fußpunkt F des Lotes vom Ursprung auf die Gleitstrecke betrachtet. Wir kommen nun auf ihn zurück. Welche Bahn beschreibt er?

In Fig.1.12 ist $r = |OY| \cdot \sin\varphi = c \cdot \cos\varphi \cdot \sin\varphi$.

$$\boxed{r = \frac{c}{2} \cdot \sin(2\varphi)} \qquad (1.12)$$

Mit dieser Polardarstellung läßt sich die gesuchte Kurve bereits zeichnen (s. Fig.1.13): Zu jedem Polarwinkel $\varphi \in [0;2\varphi]$ erhält man eine Ursprungsentfernung r, die zusammen mit φ jeweils einen Kurvenpunkt festlegt. Man kann sich die Kurve mit einem Radarstrahl variabler (durchaus auch negativer) Länge erzeugt denken.

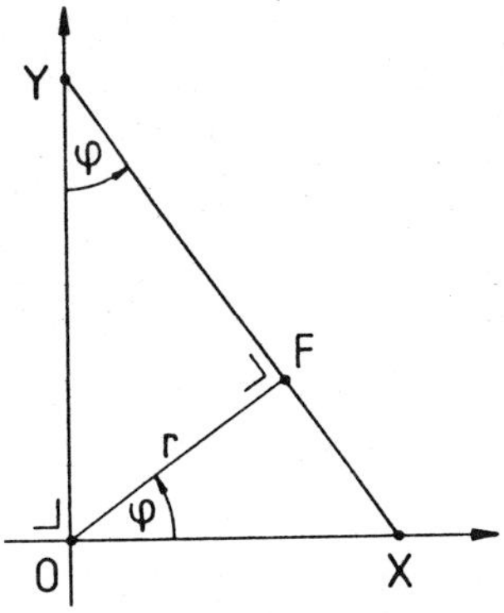

Figur 1.12

Aus (1.12) folgt mit $r^2 = x^2 + y^2$, $x = r \cdot \cos\varphi$, $y = r \cdot \sin\varphi$

$$\boxed{(x^2 + y^2)^3 = c^2x^2y^2} \qquad (1.13)$$

als kartesische Gleichung dieser Rosenkurve oder Rosette und mit $x = r \cdot \cos\varphi$, $y = r \cdot \sin\varphi$

$$\boxed{x = \frac{c}{2} \cdot \sin(2\varphi) \cdot \cos\varphi \quad ; \quad y = \frac{c}{2} \cdot \sin(2\varphi) \cdot \sin\varphi} \qquad (1.14)$$

als die zugehörige Parameterdarstellung.
Kurven dieser Art wurden erstmals von GUIDO GRANDI (1671-1742) untersucht.

Die Rosette hat dieselben Symmetrieeigenschaften wie die Astroide. Statt einer oder mehrerer Spitzen weist sie aber als Besonderheit einen Knoten auf: Es ist $r = 0$ für $\varphi = n \cdot \frac{\pi}{2}$. Dieser Mehrfachpunkt trennt die verschiedenen Schleifen der Kurve.

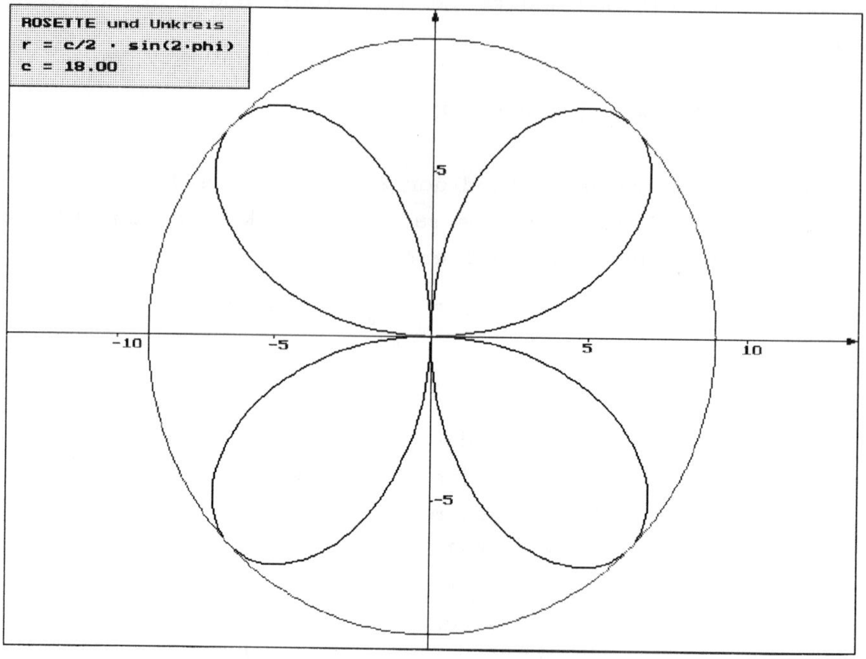

Figur 1.13

Fig.1.12 entnimmt man: Aus der Astroide entsteht eine Rosette dadurch, daß vom Ursprung aus die Lote auf sämtliche Astroidentangenten gefällt und die jeweiligen Lotfußpunkte markiert werden. Die Rosette heißt daher Fußpunktkurve der Astroide in bezug auf deren Mittelpunkt.

Aus (1.12) folgt $r \le \frac{c}{2}$ und $r = \frac{c}{2}$ für $\varphi = (2n+1) \cdot \frac{\pi}{4}$. Der Inkreis der Astroide ist demnach Umkreis der Rosette. Die drei Kurven berühren einander auf den Winkelhalbierenden der Achsen (s. Fig.1.14), und zwar in den Punkten $(\pm\frac{c}{4} \cdot \sqrt{2}; \pm\frac{c}{4} \cdot \sqrt{2})$.

Für den Flächeninhalt A der Rosette gilt gemäß Fig.1.15 (in Ausnutzung der Blattsymmetrie):

$$\frac{1}{8} A = \int_0^{c/4 \cdot \sqrt{2}} y \, dx - \frac{c^2}{16} .$$

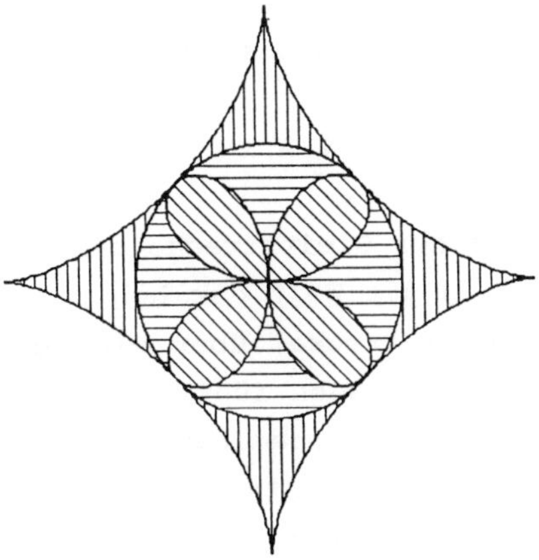

Figur 1.14

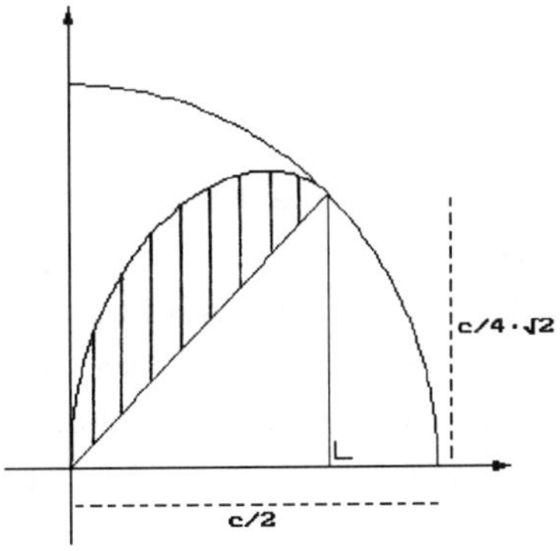

Figur 1.15

Wegen $y = \frac{c}{2}\cdot\sin(2\varphi)\cdot\sin\varphi$ und

$dx = \frac{c}{2}\cdot(2\cdot\cos(2\varphi)\cdot\cos\varphi - \sin(2\varphi)\cdot\sin\varphi)\,d\varphi$ ist

$$\int_0^{c/4\cdot\sqrt{2}} y\,dx = c^2\cdot\int_{\pi/2}^{\pi/4} \sin^2\varphi\cdot\cos\varphi\cdot((\cos^2\varphi-\sin^2\varphi)\cdot\cos\varphi-\sin^2\varphi\cos\varphi)\,d\varphi$$

$$= c^2\cdot\int_{\pi/2}^{\pi/4} \sin^2\varphi\cdot\cos^2\varphi\,d\varphi \;-\; 3c^2\cdot\int_{\pi/2}^{\pi/4} \sin^4\varphi\cdot\cos^2\varphi\,d\varphi$$

$$= 2c^2\cdot\int_{\pi/2}^{\pi/4} \sin^2\varphi\cdot\cos^2\varphi\,d\varphi \;-\; 3c^2\cdot\int_{\pi/4}^{\pi/2} \cos^4\varphi\cdot\sin^2\varphi\,d\varphi$$

$$= \frac{c^2}{2}\cdot\left[\frac{\varphi}{2} - \frac{1}{8}\sin(4\varphi)\right]_{\pi/4}^{\pi/2}$$

$$- \frac{3c^2}{8}\cdot\left[\frac{1}{6}\cdot\sin^3(2\varphi) + \frac{\varphi}{2} - \frac{1}{8}\cdot\sin(4\varphi)\right]_{\pi/4}^{\pi/2}$$

$$= \frac{c^2}{2}\cdot\left(\frac{\pi}{4} - \frac{\pi}{8}\right) \;-\; \frac{3c^2}{8}\cdot\left(\frac{\pi}{4} - \frac{\pi}{8} - \frac{1}{6}\right)$$

$$= \frac{c^2\pi}{64} + \frac{c^2}{16}$$

Demnach gilt $\frac{1}{8}\,A = \frac{c^2\pi}{64}$ und schließlich

$$A = \frac{c^2\pi}{8} \qquad (1.15)$$

Das ist die Hälfte des Inhalts des Rosettenumkreises und damit ein Drittel des Inhalts der Astroidenfläche. Die drei in Fig. 1.14 verschieden schraffierten Flächen sind also gleichgroß.

1.5 DIDAKTISCHER KOMMENTAR

Wir verstehen die Beschäftigung mit der Gleitstrecke einerseits als einen faszinierenden Einstieg in die Welt der höheren Kurven, der von einem Gebilde 1.Grades (Strecke) über ein Gebilde 2.Grades (Ellipse) zu zwei Gebilden 6.Grades führt - und andererseits als exemplarischen Beitrag zur unbedingt erforderlichen Regeometrisierung des Geometrieunterrichts in der gymnasialen Oberstufe, d.h. zu einem Unterricht, der von interessanten geometrischen Phänomenen ausgeht und auf das Lösen immanenter Probleme abzielt, anstatt - wie in den letzten beiden Jahrzehnten (im Zuge einer verfehlten Oberstufenreform) leider üblich geworden - auf systemorientierte Weise und damit recht unmotiviert Methoden der Universitätsmathematik (etwa der linearen Algebra) zu entwickeln und diese hinterher auf geometrische Trivialitäten (lineare Geometrie) anzuwenden.
Was macht die Thematik so reizvoll?

a) das Auftreten neuartiger geometrischer Gebilde mit neuartigen Merkmalen

Dies gilt sicher für Astroide und Rosette, höchstwahrscheinlich (und leider) auch für die Ellipse; im Unterschied zu den Graphen der üblichen Schulfunktionen sind dies geschlossene Kurven, z.T. mit merkwürdigen Punkten und der Möglichkeit der Selbstdurchdringung. Behandelt man das Thema in einer Spätphase des Oberstufenunterrichts, so sind trotzdem keine neuen Techniken erforderlich, sondern man kommt mit klassischen Methoden der Schulmathematik aus, eventuell in bisher nicht bekannten Kombinationen und mit leichten Transfers bei der Anpassung an neue Gegebenheiten. Daß dabei zentrale Begriffe (Ableitung, Tangente, Integral, Flächeninhalt) in neuem Lichte erscheinen, ist ein weiterer Vorteil.

b) die einheitliche Entstehung der geometrischen Analyseobjekte

Sie ist gewährleistet durch die stets gleiche (experimentell einfach nachzuvollziehende) Ausgangsposition der gleitenden

Strecke, wobei man von offensichtlichen zu verborgeneren kinematischen Prozessen und von bekannten zu weniger bekannten Fragestellungen übergehen kann.

c) das Zusammenwirken elementargeometrischer, analytisch-geometrischer, infinitesimaler und computergraphischer Hilfen

Beim Analysieren der Gleitstreckenphänomene kommen Methoden zusammen, die im offiziellen Curriculum säuberlich getrennt sind und demnach auch im Unterricht meist isoliert bleiben. Für das Zusammenwirken dieser unterschiedlichen Methoden ist insbesondere wichtig, daß das jeweils aktuelle geometrische Objekt auf mehrfache Weise charakterisiert werden kann. Welche Methode bei welcher Darstellungsform sich dann für das anstehende Problem anbietet, sollte Gegenstand der unterrichtlichen Erörterung sein.

Auf diese Weise kann eine nicht zu leugnende Starre der üblichen Schulanalysis mit ihrer Einengung auf langweilige Funktionsgraphanalysen (statt wirklicher Kurvendiskussionen) überwunden werden.

d) Attraktivität und ästhetische Form der untersuchten geometrischen Phänomene

Nichtlineare Kurven sind besonders eindrucksvoll; sie erschließen sich in optimaler, nämlich dynamischer Weise, wenn man nicht eigenhändig Punkt für Punkt konstruieren muß (Ausnahme: die frappierende Papierstreifenkonstruktion), sondern einen Kurvenplotter zur Verfügung hat oder sich selbst ein geeignetes Programm schreiben kann.

Weitere Reize liegen in den vielfältigen Beziehungen zwischen den untersuchten Objekten (Tangenten, Hüllkurven, Fußpunktkurven), in den natürlichen Fragestellungen (z.B. Inhalte oder auch Umfänge von geometrisch ausgezeichneten Flächen), im Wechsel zwischen eher experimentierenden und eher verifizierenden Unterrichtsphasen und nicht zuletzt in den einfachen Verhältnissen der Flächeninhalte.

Schließlich sind die Ausgangssituation sowie die darin beschlossenen Phänomene auf mehrfache Weise variierbar bzw. verallgemeinerbar (s. Aufg.1.6.3 und 1.6.4).

Es wäre schade, wenn die Zwänge der Einheitlichen Prüfungsanforderungen ein solches "eingrabendes Verweilen" nicht mehr erlaubten. Wir würden dann nämlich keine Mathematik mehr lehren und zu lernen erlauben, sondern lediglich geistlose Techniken vermitteln.

1.6 AUFGABEN

1.6.1 Zeigen Sie, daß (1.5) in der Tat aus (1.4) folgt.

1.6.2 Die Gleitstrecke bildet mit den Koordinatenachsen stets ein Dreieck. Bei welcher Lage der Strecke hat dieses Dreieck
a) maximalen Inhalt
b) maximalen Umfang?
Wie groß ist dieser jeweils?

1.6.3 Der Gleitstrecke sei nach außen ein gleichseitiges Dreieck aufgesetzt. Welche Kurve durchläuft die dritte Ecke dieses Dreiecks?

1.6.4 Eine Strecke gleitet mit ihren Enden
a) auf einem Kreis
b) auf einem Quadrat.
Welche Kurven durchlaufen die einzelnen Punkte der Strecke?

1.6.5 Wie lang ist eine Astroide?
Anleitung: Gehen Sie vom Astroidenbogen im 1.Quadranten aus und verwenden Sie für die zugehörige Funktion die Bogenformel

$$\int_{x_0}^{x_1} \sqrt{1 + (f'(x))^2}$$

1.6.6 Weisen Sie die Symmetrien nach, die Astroide und Rosette der Ellipse voraushaben.

1.6.7 Untersuchen Sie - in Verallgemeinerung der Vierer-Rosette - die Kurve $r = \frac{c}{2}\cdot\sin(n\cdot\varphi)$ mit $n \in \mathbb{N}^*$.
Hinweis: Unterscheiden Sie zwischen geraden und ungeraden n.

1.6.8 Vom Mittelpunkt einer Ellipse aus werden die Lote auf die Ellipsentangenten gefällt. Welche Kurve entsteht? Welche Eigenschaften hat sie?

2 INVERSIONSBILDER VON KEGELSCHNITTEN

2.1 F R A G E S T E L L U N G

Kegelschnitte - d.s. im wesentlichen: Ellipsen (s. **1.2**), Parabeln (z.B. Graphen von quadratischen Funktionen) und Hyperbeln (z.B. Graphen der Funktionen $y = \frac{c}{x}$ mit $c \in \mathbb{R}\setminus\{0\}$) - haben eine bemerkenswerte Eigenschaft: Bei allen eineindeutigen und geradentreuen Abbildungen der Euklidischen Ebene gehen sie in Kegelschnitte über, ja sogar in solche gleichen Typs.
Deshalb liegt die Frage nahe, zu welchen Bildern man kommt, wenn man sie der wohl einfachsten nichtgeradentreuen Abbildung unterwirft: der Inversion.

2.2 I N V E R S I O N

Vorgegeben sei in der Euklidischen Ebene ein Kreis $K(M;k)$. Dessen Punkte sollen fix bleiben, während Inneres und Äußeres vertauscht (invertiert) werden.

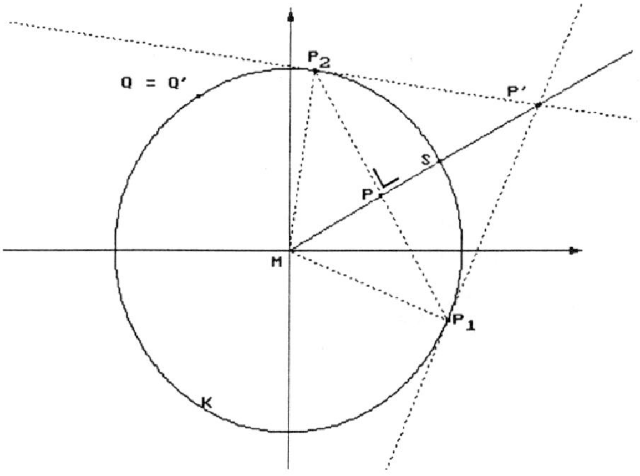

Figur 2.1

Dies alles kann durch die Zuordnung $P \longmapsto P'$ geschehen, wobei

P′ auf der durch den Anfang M und den weiteren Punkt P bestimmten Halbgerade h(M;P) so liegt, daß $|MP'| = \frac{k^2}{|MP|}$.
Fig.2.1 zeigt, wie man P′ elementargeometrisch aus P erhalten kann: Die Senkrechte zu MP durch P schneidet *K* in P_1 und P_2. Die Tangente in P_i erzeugt auf h(M;P) den Bildpunkt P′. Die Begründung liefert der <u>Kathetensatz</u>: $k^2 = |MP_i|^2 = |MP|\cdot|MP'|$.

Aus der Definition der Abbildung, die man <u>Inversion</u> (am Kreis *K*) nennt, folgt unmittelbar, daß $P'' \equiv (P')' = P$. Damit wird auch ihr zweiter Name <u>Kreisspiegelung</u> verständlich. Außerdem macht diese Eigenschaft deutlich, wie man zu einem Außenpunkt R den Bildpunkt R′ geometrisch findet: durch Ziehen der Tangente(n) von R an den Kreis und Zeichnen der Kreissehne durch die beiden Berührpunkte. Die Sehne schneidet h(M;R) (rechtwinklig) in R′.

Wandert P auf h(M;P) dem dortigen Schnittpunkt S mit dem Kreis zu, dann auch P′ (von der anderen "Seite") und fällt dort mit P zusammen. Nähert sich hingegen P dem Mittelpunkt M, so entfernt sich P′ auf h(M;P) unbeschränkt weit von M. Deshalb liegt es nahe, dem bisher durch die Abbildung nicht erfaßten Punkt M als Bild einen neu zu schaffenden <u>unendlich-fernen</u> <u>Punkt</u> ∞ zu geben und dann natürlich auch ∞′ = M zu vereinbaren.

Für Ebenenpunkte P (≠ M,∞) in Polardarstellung (φ;r) gilt bei der Inversion an einem Kreis *K* um das Polarzentrum M mit Radius k, daß P(r;φ) in P′(r′;φ′) übergeht mit

$$\left| \begin{array}{l} r' = \dfrac{k^2}{r} \\ \varphi' = \varphi \end{array} \right. \qquad (2.1)$$

Für die kartesische Darstellung (mit M als Ursprung) folgt daraus: $P(x;y) \longmapsto P'(x';y')$ mit

$$x' = r'\cdot\cos\varphi' = \frac{k^2}{r}\cdot\cos\varphi = \frac{k^2}{\sqrt{x^2+y^2}}\cdot\frac{x}{\sqrt{x^2+y^2}} = \frac{k^2x}{x^2+y^2}.$$

Weiter gilt $\frac{y'}{x'} = \frac{y}{x} \Rightarrow y' = \frac{k^2y}{x^2+y^2}$.

$$\left| \; x' = \frac{k^2x}{x^2+y^2} \quad ; \quad y' = \frac{k^2y}{x^2+y^2} \right. \qquad (2.2)$$

Unser Ziel ist das Invertieren von Kegelschnitten. In diesem Teilkapitel interessiert uns jedoch zunächst das Inversionsbild einer Geraden *g*:

$$\boxed{ax + by + c = 0 \quad \text{mit} \quad a,b,c \in \mathbb{R}^+ \quad \text{und} \quad a^2 + b^2 > 0} \tag{2.3}$$

Aus (2.2) folgt bzw. wegen P'' = P ist klar

$$\left| \begin{array}{l} x = \dfrac{k^2 x'}{x'^2 + y'^2} \\[2ex] y = \dfrac{k^2 y'}{x'^2 + y'^2} \end{array} \right. \tag{2.4}$$

Die Einsetzung von (2.4) in (2.3) führt die charakteristische Gleichung der Urmenge in die ihrer Bildmenge über. Es ergibt sich

$$\frac{ak^2 \cdot x'}{x'^2 + y'^2} + \frac{bk^2 \cdot y'}{x'^2 + y'^2} + c = 0$$

und weiter

$$\boxed{ak^2 \cdot x' + bk^2 \cdot y' + c \cdot (x'^2 + y'^2) = 0} \tag{2.5}$$

als Gleichung für das Geradenbild *g'*.

Das ist

- eine Gerade für c = 0 (also für eine Ursprungsgerade)
  Es ist dann *g'*: $ax' + by' = 0$, woraus deutlich wird (was auch anschaulich klar ist), daß Ursprungsgeraden Fixgeraden (hingegen keine Fixpunktgeraden) sind. (Allerdings setzt dies voraus, daß wir uns ∞ auf *allen* diesen Geraden liegend denken.)
- ein Kreis für $c \neq 0$
  Dieser verläuft wegen des fehlenden Absolutgliedes durch den Ursprung. (Hier muß zusätzlich vereinbart werden, daß ∞ auch auf *jeder* Nichtursprungsgerade liegt.)

Die Inversion ist nicht geradentreu.

Hingegen gilt:

Die Inversion ist winkel(maß)treu.

Man wird gegen diese Aussage einwenden, daß die Winkelschenkel in Halbkreise übergehen und damit die Winkelform verschwindet. In der Tat ist eine Erweiterung des üblichen Winkelbegriffs erforderlich, um unserer Behauptung Sinn zu geben. Danach haben auch zwei einander schneidende Kreise und allgemein zwei einander schneidende Kurven einen (genauer: zwei gleichgroße) Schnittwinkel, nämlich den Winkel ihrer beiden Tangenten im Schnittpunkt. Umgekehrt wird ein bestimmter Winkel nicht mehr nur von zwei Geraden repräsentiert, sondern auch von all jenen Kurvenpaaren, die durch den Scheitel verlaufen und dort diese beiden Geraden als Tangenten haben.

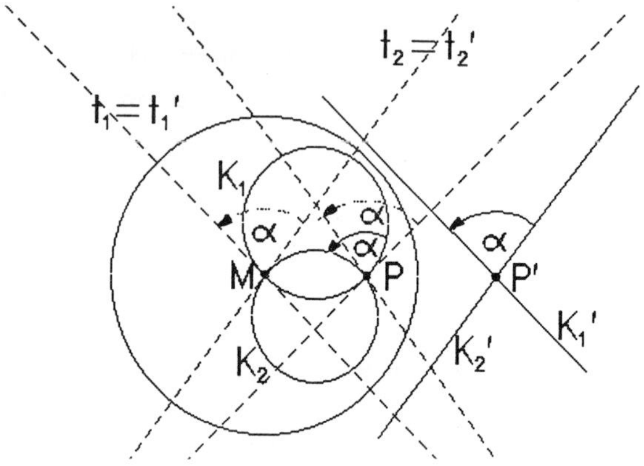

Figur 2.2

Sei nun α ein abzubildender Winkel mit Scheitel P (Fig.2.2). Wir repräsentieren ihn durch zwei Kreise K_1 und K_2, die außer durch P auch durch das Inversionszentrum M verlaufen und dort aus Symmetriegründen einen zweiten Winkel α bilden. Bei der Inversion gehen K_1, K_2 in zwei Geraden K_1', K_2' durch P' mit Schnittwinkel α' über. Sie müssen parallel sein zu den beiden Tangenten t_1, t_2 an K_1 bzw. K_2 in M, da dieser Berührpunkt zum unendlich-fernen Punkt wird. Demnach ist $|\alpha| = |\alpha'|$.

2.3 KEGELSCHNITTBILDER

Der Kegelschnitt befinde sich - ohne Einschränkung der Allgemeinheit - in Hauptachsenlage, d.h. es gelte für ihn

$$a_{20}\cdot x^2 + a_{02}\cdot y^2 + a_{10}\cdot x + a_{01}\cdot y + a_{00} = 0 \qquad (2.6)$$

mit $a_{ij} \in \mathbb{R}$ und $a_{20}^{\ 2} + a_{02}^{\ 2} > 0$.

Setzt man - in Analogie zum Vorgehen bei der Geraden - (2.4) in (2.6) ein (und entfernt zuletzt die Kennzeichnung ' der Bildkoordinaten), so erhält man

$$a_{20}k^4x^2 + a_{02}k^4y^2 + a_{10}k^2x(x^2+y^2) + a_{01}k^2y(x^2+y^2) + a_{00}(x^2+y^2)^2 = 0 \qquad (2.7)$$

Diese Bildkurve enthält 0 (∞) genau dann, wenn der Kegelschnitt durch ∞ (0) verläuft.

(2.7) ist eine Gleichung 4.Grades (d.h. faßt man nach Gliedern der Art $c_{m,n}\cdot x^m\cdot y^n$ zusammen, so ist m+n maximal 4). Hierdurch wird i.a. kein Kegelschnitt mehr repräsentiert ((2.6) hat den Grad 2), sondern eine Kurve 4.Grades.

Fig.2.3 enthält ein vom Computer gezeichnetes Beispiel.

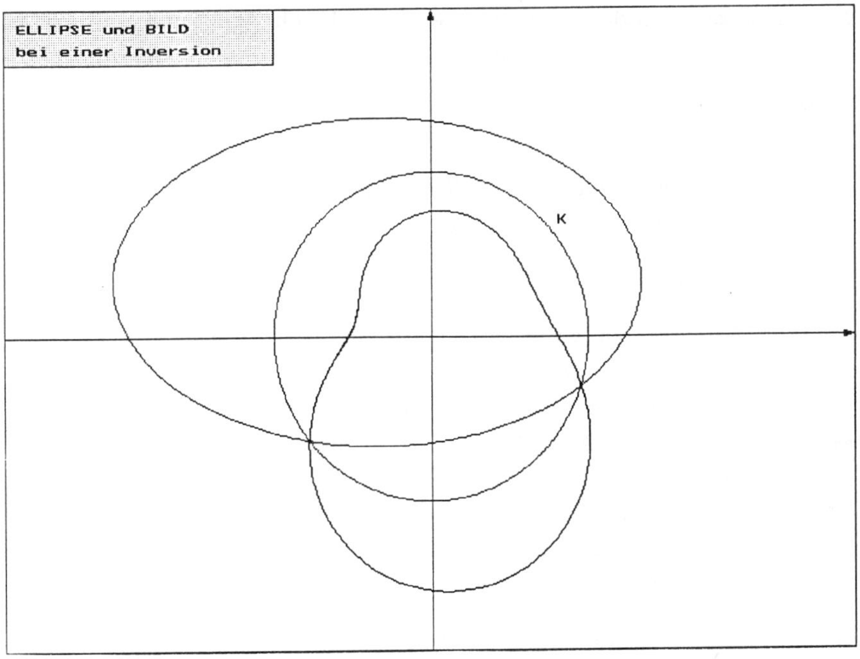

Figur 2.3

Das Inversionsbild eines Kegelschnitts ist eine Kurve maximal 4. Grades.

Aus (2.7) folgt: Ist $a_{00} = 0$, d.h. verläuft der Kegelschnitt durch den Ursprung, so ist sein Bild höchstens vom Grad 3.
Kann das Bild auch vom Grad 2, d.h. ein Kegelschnitt sein? Das ist offensichtlich möglich für $a_{00} = a_{10} = a_{01} = 0$; dann aber wäre der Ausgangskegelschnitt ausgeartet (z.B. ein Punkt oder eine Gerade oder ein Geradenpaar).
Es bleibt jedoch der Fall $a_{20} = a_{02} \neq 0$, d.h. der Kreis. Dann reduziert sich (2.7) auf

$$a_{20}k^4 + a_{10}k^2 \cdot x + a_{01}k^2 \cdot y + a_{00} \cdot x^2 + a_{00} \cdot y^2 = 0 \qquad (2.8)$$

Das Inversionsbild eines (nichtausgearteten) Kegelschnitts ist genau dann ein Kegelschnitt, wenn er ein Kreis ist. Das Bild ist ein Kreis , falls der Ausgangskreis nicht durch den Ursprung verläuft, sonst eine Gerade. In keinem Falle verläuft das Kreisbild durch den Ursprung.

Faßt man auch Geraden als Kreise auf (durch den Punkt ∞, wo sie sich schließen), so kann man dahingehend zusammenfassen:

Die Inversion ist kreistreu.

2.4 BESONDERE KEGELSCHNITTBILDER HÖHEREN GRADES

Wir werden solche Bilder dadurch erhalten, daß wir den Ausgangskegelschnitt in eine bezüglich des Inversionskreises ausgezeichnete Lage bringen.
In jedem Falle soll er - ohne Einschränkung der Allgemeinheit - symmetrisch zur x-Achse liegen (was dann auch für sein Bild gilt). Deshalb benutzen wir bis auf weiteres die allgemeine Scheitelgleichung für Kegelschnitte (s. Schupp 1988):

$$y^2 = 2p \cdot (x-u) - (1-\varepsilon^2) \cdot (x-u)^2 \qquad (2.9)$$

Hierin ist $S(u;0)$ der Scheitel; $p > 0$ sichert, daß der Kegelschnitt nicht ausgeartet ist, und $\varepsilon \geq 0$ bestimmt den Kegelschnittyp: $\varepsilon < 1$ charakterisiert die Ellipse ($\varepsilon = 0$ insbesondere den Kreis), $\varepsilon = 1$ die Parabel und $\varepsilon > 1$ die Hyperbel.
Setzen wir (2.4) in (2.9) ein (und entfernen wieder die Abbil-

dungsstriche), so ergibt eine kurze Rechnung

$$u\cdot(-u\cdot(1-\varepsilon)^2-2p)\cdot(x^2+y^2)^2 + 2k^2\cdot(p+u(1-\varepsilon^2))\cdot x\cdot(x^2+y^2) - k^4\cdot((1-\varepsilon^2)\cdot x^2\cdot y^2) = 0 \tag{2.10}$$

Da wir die Kreisbilder bereits kennen, soll im folgenden stets $\varepsilon > 0$ sein.

2.4.1 Kegelschnittscheitel im Ursprung

Im Falle $u = 0$ reduziert sich (2.10) auf

$$2p\cdot x\cdot(x^2+y^2) - k^2\cdot((1-\varepsilon^2)\cdot x^2 + y^2) = 0 \tag{2.11}$$

Da der Kegelschnitt durch den Ursprung verläuft, geht seine Bildkurve durch ∞.
Aus (2.11) erhält man

$$y^2 = x^2 \cdot \frac{c\cdot(\varepsilon^2-1) + x}{c - x} \tag{2.12}$$

mit $c = \frac{k^2}{2p} > 0$.
Die zugehörigen Kurven haben die Asymptote $x = c$, für die möglichen x-Werte gilt: $c\cdot(1-\varepsilon^2) \le x < c$.

2.4.1.1 Bild einer Parabel

Mit $\varepsilon = 1$ wird (2.12) zu

$$y^2 = \frac{x^3}{c - x} \tag{2.13}$$

Fig.2.4 zeigt ein Beispiel samt Urbild und Inversionskreis. Man beachte, daß bei gegebenem c einer der beiden Parameter k,p noch frei ist.
Eine Kurve dieses Typs heißt Efeukurve oder Kissoide. Sie ist eine der ältesten Kurven höheren als zweiten Grades. Erstmals findet sie sich bei DIOKLES (um 180 v.Chr.). Die Kissoide durchläuft den Ursprung (denn ihr Urbild Parabel geht durch ∞). Dort hat sie eine Spitze. Die von dieser getrennten beiden Äste

$$y = \pm x \cdot \sqrt{\frac{x}{c-x}} \qquad (2.14)$$

sind Funktionsgraphen und können in üblicher Weise analysiert werden.

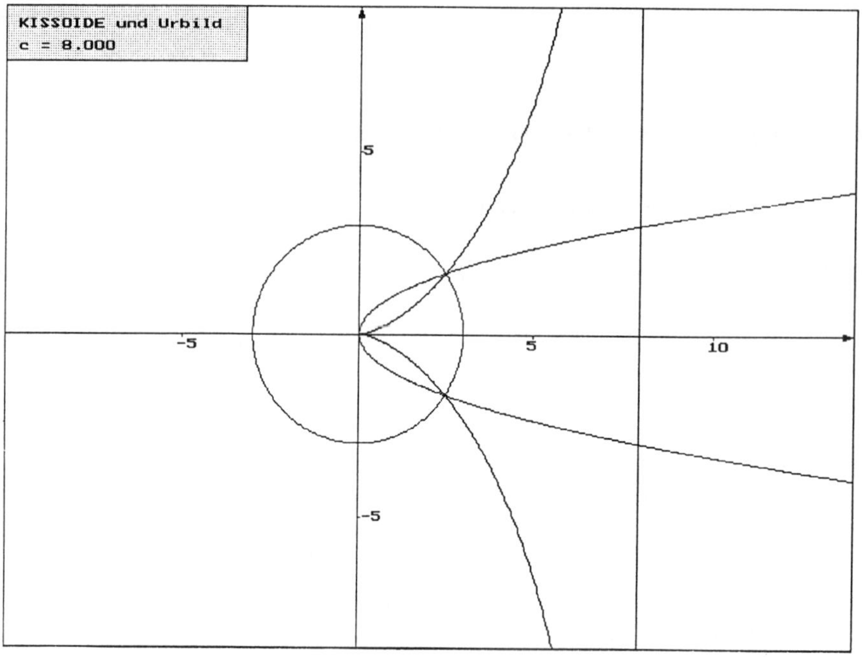

Figur 2.4

So gilt für die Ableitungsfunktion

$$y' = \pm \frac{3/2 \cdot c - x}{c - x} \cdot \sqrt{\frac{x}{c-x}} \qquad (2.15)$$

und wir erkennen, daß die Kissoide in der Spitze die x-Achse als waagrechte Tangente hat.

Der Inhalt der Fläche zwischen der Kissoide und ihrer Asymptote ergibt sich über das (uneigentliche) Integral

$$A = 2 \cdot \int_0^c \sqrt{\frac{x^3}{c-x}}\, dx \qquad (2.16)$$

Um dieses zu berechnen, weichen wir zunächst auf die Polardarstellung aus. (2.13) läßt sich schreiben als $x^3 + xy^2 - cy^2 = 0$

bzw. als $x^2 + y^2 = \frac{cy^2}{x}$. Dies führt zu $r^2 = \frac{c \cdot r^2 \cdot \sin^2\varphi}{r \cdot \cos\varphi}$ bzw. zu

$$\boxed{r = \frac{c \cdot \sin^2\varphi}{\cos\varphi}} \tag{2.17}$$

und zur Parameterdarstellung

$$\boxed{x = c \cdot \sin^2\varphi \quad ; \quad y = \frac{c \cdot \sin^3\varphi}{\cos\varphi}} \tag{2.18}$$

Es ist dann

$$A = 2 \cdot \int_0^{\pi/2} \frac{c \cdot \sin^3\varphi}{\cos\varphi} \cdot 2 \cdot c \cdot \sin\varphi \cdot \cos\varphi \, d\varphi = 4c^2 \cdot \int_0^{\pi/2} \sin^4\varphi \, d\varphi$$

$$= c^2 \cdot \int_0^{\pi/2} d\varphi - c^2 \cdot \int_0^{\pi/2} \cos(2\varphi) \, d(2\varphi) + \frac{c^2}{2} \cdot \int_0^{\pi} \cos^2(2\varphi) \, d(2\varphi)$$

$$= c^2 \cdot \frac{\pi}{2} - c^2 \cdot 0 + \frac{c^2}{2} \cdot \left[\frac{\varphi + \sin(2\varphi) \cdot \cos(2\varphi)}{2} \right]_0^{\pi} = c^2 \cdot \frac{\pi}{2} + c^2 \cdot \frac{\pi}{4}$$

$$= 3 \cdot \left(\frac{c}{2}\right)^2 \cdot \pi \, .$$

Die unendlich ausgedehnte Fläche hat also einen endlichen Inhalt. Er ist dreimal so groß wie die Fläche desjenigen Kreises, der durch die Spitze der Kissoide verläuft und die Asymptote als Tangente hat (s. Fig.2.5). Das haben CHRISTIAAN HUYGENS (1629-1695) und unabhängig von ihm etwas später auch PIERRE DE FERMAT (1601-1665) entdeckt.

Der besagte Kreis war allerdings schon DIOKLES bekannt. Mehr noch: Er zog ihn zur Konstruktion der Kissoide heran. Zeichnet man nämlich eine Halbgerade s von O aus im Winkel φ zur x^+-Achse, der den Kreis in Q und die Asymptote in R schneidet, und trägt man eine Strecke der Länge $|QR|$ von O aus auf s ab, so erhält man einen Kissoidenpunkt P. In der Tat:

$$r = |OP| = |OR| - |OQ| = \frac{c}{\cos\varphi} - c \cdot \cos\varphi = \frac{c \cdot \sin^2\varphi}{\cos\varphi} \, .$$

In der Antike wurde die Kissoide überhaupt nur bis zu ihrem Schnitt mit diesem Kreis gezeichnet. Das erklärt ihre Namengebung vom Efeublatt her.

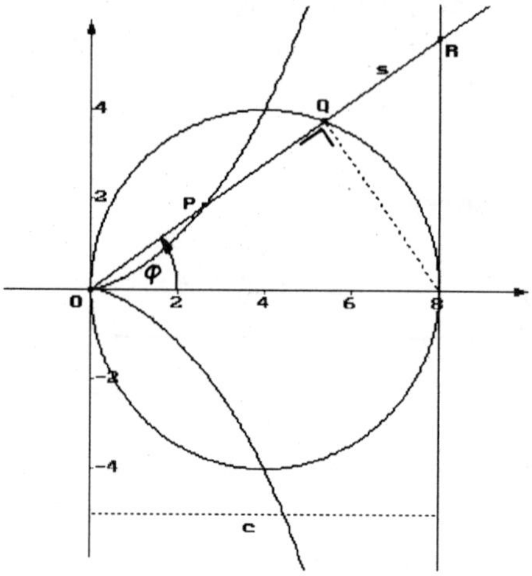

Figur 2.5

DIOKLES benutzte "seine" Kurve, um das <u>Delische Problem</u> zu lösen. Dabei soll man die Kante x eines Würfels finden, der gegenüber einem Würfel mit der gegegebenen Kante a doppeltes Volumen hat; es geht also darum, die Strecke $x = 2^{1/3} \cdot a$ aus der Strecke a zu konstruieren. Fig.2.6 zeigt, wie die Kissoide dabei hilft.

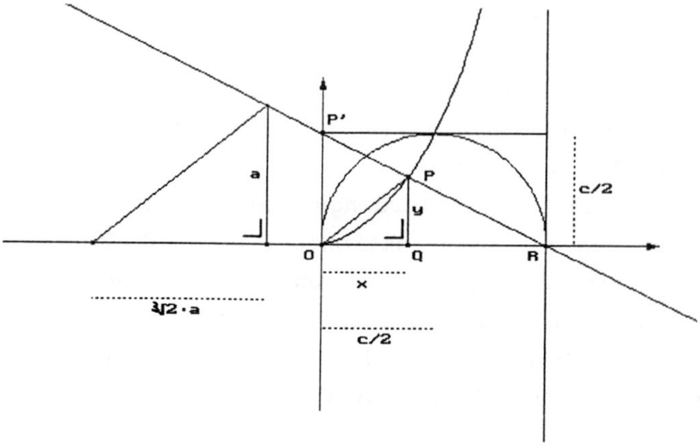

Figur 2.6

Auf der y-Achse wird von O aus eine Strecke der Länge $\frac{c}{2}$ abgetragen. Der zweite Endpunkt führt, wenn er mit R verbunden wird, zu einem Punkt P(x;y) auf der Kissoide. Es gilt dann nach dem zweiten Strahlensatz: $\frac{c}{c/2} = \frac{c-x}{y}$, also $2y = c-x$. Zusammen mit der Kissoidengleichung (2.13) führt dies zu $\frac{x}{y} = 2^{1/3}$. Zur Konstruktion von $2^{1/3} \cdot a$ muß man also Δ OQP nur geeignet strekken.

Diese <u>Lösung</u> ist <u>exakt</u>, aber <u>nicht</u> <u>elementar</u>: Die Kissoide läßt sich allein mit Zirkel und Lineal nicht konstruieren. (Daß man gemäß Fig.2.5 einzelne Punkte elementar konstruieren kann, reicht nicht aus.) Bekanntlich gibt es keine zugleich elementare und exakte Lösung des Delischen Problems.

2.4.1.2 Bild einer Hyperbel

Fig.2.7 zeigt einige Exemplare solcher <u>Hypokissoiden</u>.

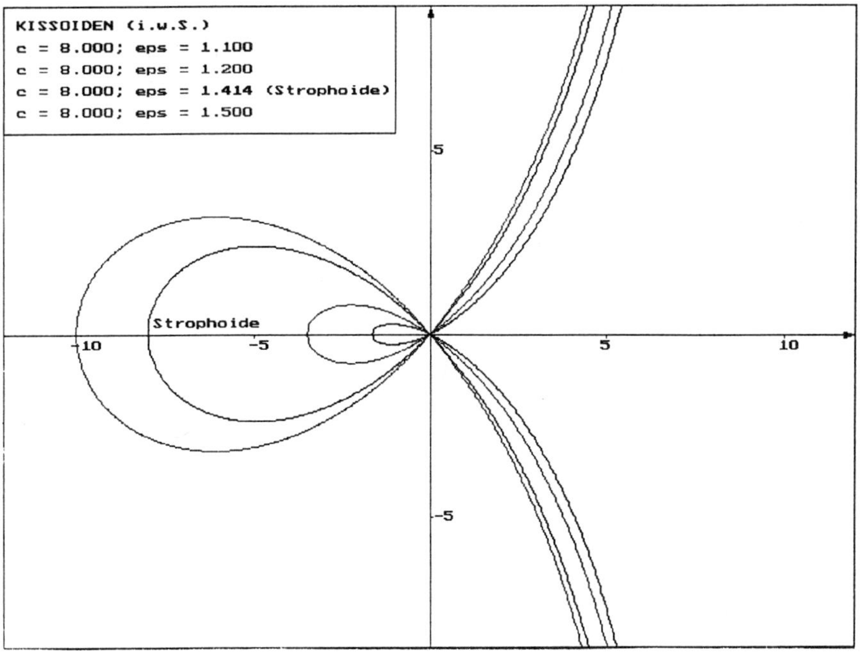

Figur 2.7

Alle haben sie einen <u>Knoten</u> im Ursprung und eine <u>Schleife</u> im 2. und 3.Quadranten.

Wegen (2.12) gilt $y = 0$ für $x^2 = 0$ oder $\frac{c \cdot \varepsilon^2}{c-x} = 1$. Die Hypokissoiden schneiden also die x-Achse außer im Ursprung auch in $(c\cdot(1-\varepsilon^2);0)$.

Wir greifen mit der Strophoide und der Trisektrix zwei von ihnen heraus.

a) die Strophoide

Die <u>Strophoide</u> (Fig.2.8) entsteht für $\varepsilon = \sqrt{2}$, d.h. wegen $\varepsilon^2 = (\frac{e}{a})^2 = \frac{a^2+b^2}{a^2}$ (s. Schupp 1989) bei der Inversion einer gleichseitigen Hyperbel. Diese Hypokissoide schneidet die x-Achse im Ursprung und in (-c;0). Ihre Gleichung ist

$$\boxed{y^2 = x^2 \cdot \frac{c + x}{c - x}} \tag{2.19}$$

Erstmals findet sie sich bei GRANDI und bei EVANGELISTA TORRICELLI (1608-1647).

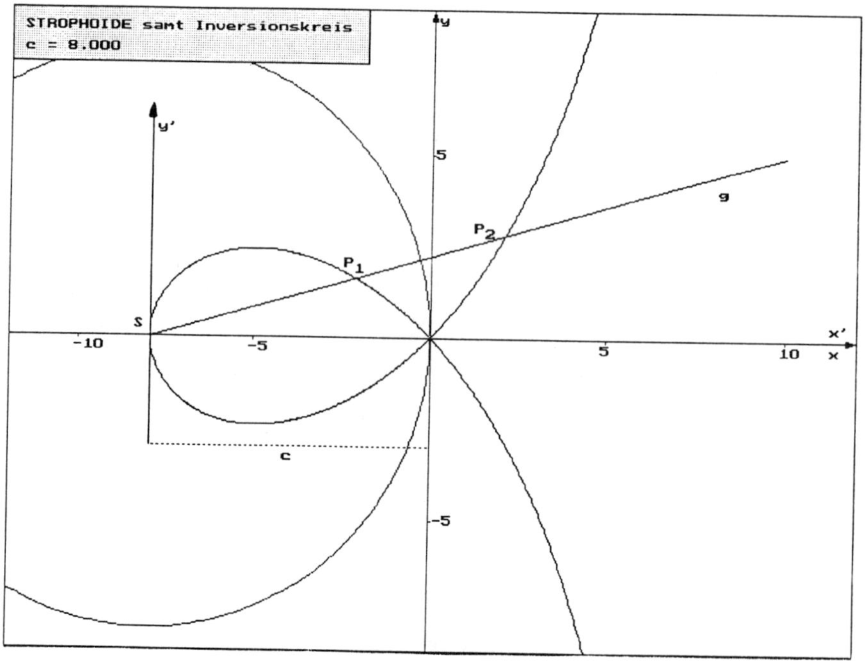

Figur 2.8

Aus (2.19) folgt $r^2\cdot\sin^2\varphi\cdot(c - r\cdot\cos\varphi) = r^2\cdot\cos^2\varphi\cdot(c + r\cdot\cos\varphi)$ und weiter

$$\boxed{r = \frac{-c\cdot\cos(2\varphi)}{\cos\varphi}} \tag{2.20}$$

Dieser Polargleichung entnimmt man, daß sich die Strophoide im Knoten rechtwinklig durchdringt; denn $r = 0$ gilt für $\varphi = \frac{1}{4}\cdot\pi$ und für $\varphi = \frac{3}{4}\cdot\pi$.

Verschiebt man die Strophoide um c in Richtung der x^+-Achse (in Fig.2.8 ist dies angedeutet durch die äquivalente Verschiebung des Koordinatensystems um c in Richtung der x^-- Achse), so gilt für einen Punkt $P(x;y)$ und seinen Bildpunkt $P'(x';y')$

$$\left|\begin{array}{l} y' = y \\ x' = x + c \end{array}\right. \quad \text{bzw.} \quad \left|\begin{array}{l} y = y' \\ x = x' - c \end{array}\right. \tag{2.21}$$

Die verschobene Strophoide wird dann charakterisiert durch

$$y'^2 = (x'-c)^2\cdot\frac{x'}{2c-x'}$$

bzw. (wenn wir wieder die übliche Bezeichnung wählen)

$$\boxed{y^2\cdot(2c - x) = (x - c)^2\cdot x} \tag{2.22}$$

Diese Strophoide geht bei der Spiegelung am Scheitel (Ursprung) S mit Radius c in sich selbst über.

Beweis: Es genügt zu zeigen, daß $|SP_1|\cdot|SP_2| = c^2$ für die beiden (im Knoten ausnahmsweise zusammenfallenden) Schnittpunkte P_i einer Gerade g mit Anfang S. Dann ist nämlich $P_2 = P_1'$ und die "Schleife" innerhalb des Inversionskreises das Urbild des "Winkels" außerhalb (und umgekehrt).

Setzen wir die Geradengleichung $y = mx$ in (2.22) ein, so ergibt sich $m^2x^2\cdot(2c-x) = (x-c)^2\cdot x$ mit den Lösungen

$$x_{1,2} = c \pm \sqrt{\frac{c^2m^2}{1 + m^2}} \quad \text{und} \quad y_{1,2} = mc \pm m\cdot\sqrt{\frac{c^2m^2}{1 + m^2}},$$

so daß $|OP_1|^2 = (1 + m^2)\cdot\left(c + \sqrt{\frac{c^2m^2}{1 + m^2}}\right)^2$,

weiter $|OP_2|^2 = (1 + m^2)\cdot\left(c - \sqrt{\frac{c^2m^2}{1 + m^2}}\right)^2$

und schließlich $|OP_1|^2\cdot|OP_2|^2 = (1 + m^2)^2\cdot\left(c^2 - \frac{c^2m^2}{1 + m^2}\right)^2 = c^4$ ∎

Eine Punktmenge heißt <u>anallagmatisch</u>, wenn es eine Inversion (mit welchem Inversionskreis auch immer) gibt derart, daß sie dabei fix bleibt. Es gilt also:

Die Strophoide ist eine anallagmatische Kurve.

In **2.2** haben wir mit den Geraden durch das Inversionszentrum solche Kurven bereits kennengelernt. Die Strophoide ist ein erstes nichttriviales Beispiel (s. auch Aufg.2.7.1).

b) Die Trisektrix

Bei der <u>Trisektrix</u> ist $\varepsilon = 2$. Demnach hat sie die Gleichung

$$y^2 = x^2 \cdot \frac{3c + x}{c - x} \tag{2.23}$$

Erstmals hat sich COLIN MACLAURIN (1698-1746) mit dieser Kurve beschäftigt und sie zur Winkeldreiteilung, also zur Lösung eines weiteren klassischen Problems eingesetzt (s.u.).

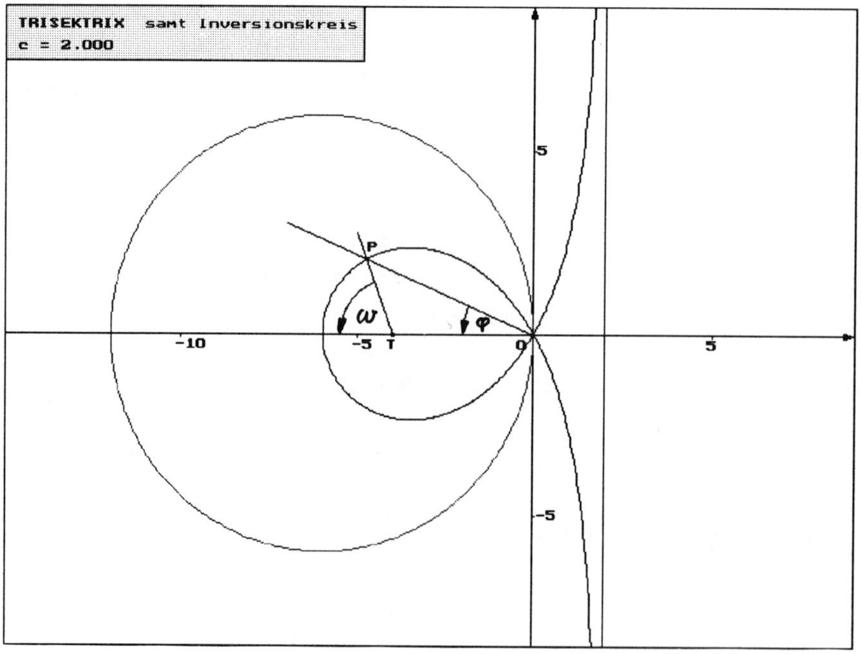

Figur 2.9

Auf bekannte Weise erhalten wir aus (2.23) die Polargleichung

$$\boxed{r = \frac{c}{\cos\varphi} - 4c\cdot\cos\varphi} \qquad (2.24)$$

$r = 0$ ergibt sich für $\cos\varphi = \pm\frac{1}{2}$, also für $\varphi_1 = \frac{\pi}{3}$ und $\varphi_2 = \frac{2}{3}\cdot\pi$. Dies bedeutet, daß die Schleife in Fig.2.9 einen Öffnungswinkel von $\frac{2}{3}\cdot\pi$ hat.

Auch die Trisektrix ist anallagmatisch.

Der zugehörige Inversionskreis ist wie bei der Strophoide der Kreis um den Scheitel (hier (-3c;0)) durch den Knoten (s. Aufg. 2.7.7).

Fig.2.9 zeigt auch, wie man einen Winkel ω exakt dreiteilen kann (aber wiederum nicht elementar, da auch die Trisektrix sich nicht mit Zirkel und Lineal konstruieren läßt): ω wird in T(-2c;0) an die Achse angetragen und führt zum Schnittpunkt P mit der Schleife. g(P,O) führt bei O zum Winkel φ. Zu zeigen ist $\omega = 3\varphi$.

Der Sinussatz in Δ OPT erbringt

$$\frac{-r}{2c} = \frac{\sin(\pi-\omega)}{\sin(\omega-\varphi)}, \quad \text{also} \quad -\frac{1}{2\cdot\cos\varphi} + 2\cdot\cos\varphi = \frac{\sin\omega}{\sin(\omega-\varphi)} .$$

Diese Gleichung wird durch $\omega = 3\varphi$ tatsächlich erfüllt, denn

$$\frac{\sin(3\varphi)}{\sin(2\varphi)} = \frac{3\cdot\sin\varphi - 4\cdot\sin^3\varphi}{2\cdot\sin\varphi\cdot\cos\varphi} = \frac{3 - 4\cdot(1-\cos^2\varphi)}{2\cdot\cos\varphi}$$

$$= -\frac{1}{2\cdot\cos\varphi} + 2\cdot\cos\varphi \quad \blacksquare$$

2.4.1.3 Bild einer Ellipse

Da nun das Urbild keinen unendlich-fernen Punkt hat, verläuft eine solche Hyperkissoide nicht durch den Ursprung. Wegen $c\cdot(1-\varepsilon^2) > 0$ liegt sie nur im 1. und 4.Quadranten.

Fig.2.10 zeigt eine solche Kurve ($\varepsilon = 0{,}5$). Weiterhin deutet diese Figur in 4 Momentaufnahmen eine Metamorphose an:

In $y^2\cdot(c-x) = x^2\cdot(c\cdot(\varepsilon^2-1) + x)$ haben wir bei der Grenzlage $\varepsilon = 0$ die Gerade $x = c$ (mit dem Ursprung als zusätzlichem Punkt), die sich im Bereich $0 < \varepsilon < 1$ immer mehr ausbeult und für $\varepsilon = 1$ mit einer Spitze den Ursprung erreicht, welche sich bei $\varepsilon > 1$ zu einer Schleife auswächst, die mit $\varepsilon \rightarrow \infty$ immer größer wird.

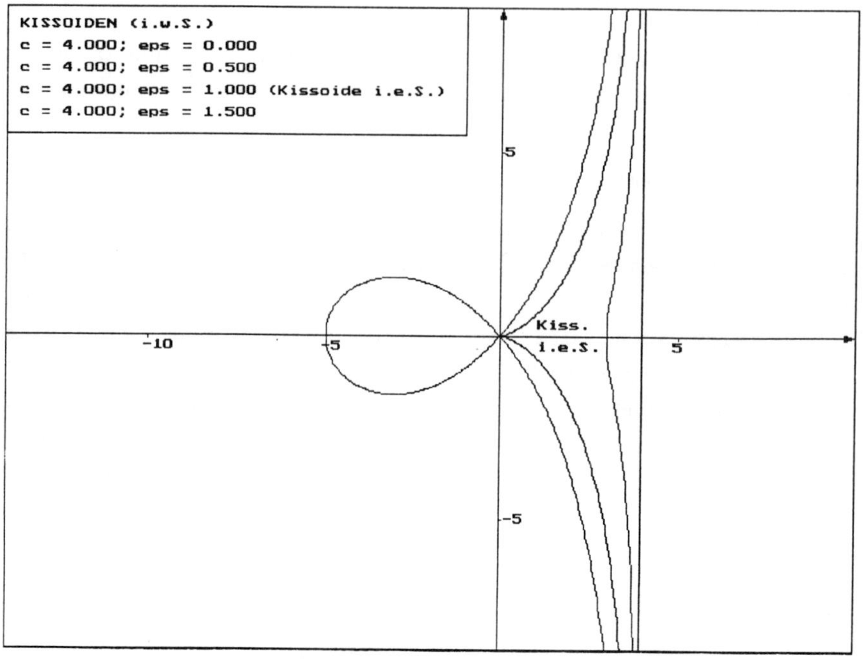

Figur 2.10

2.4.2 Kegelschnittbrennpunkt im Ursprung

Bei Kegelschnitten ist $\frac{p}{1+\varepsilon}$ die Entfernung eines Brennpunktes von seinem benachbarten Scheitel (s. Schupp 1988). Es ist also in (2.9) $u = -\frac{p}{1+\varepsilon}$ zu setzen, damit der Brennpunkt in den Ursprung rückt. Aus (2.10) wird dann

$$-\frac{p}{1+\varepsilon}\cdot\left(\frac{p}{1+\varepsilon}\cdot(1-\varepsilon^2) - 2p\right)\cdot(x^2+y^2)^2 + 2k^2\cdot\left(p - \frac{p}{1+\varepsilon}\cdot(1-\varepsilon^2)\right)\cdot x\cdot(x^2+y^2)^2$$
$$- k^4\cdot((1-\varepsilon^2)\cdot x^2 + y^2) = 0$$

und nach naheliegenden Vereinfachungen

$$\boxed{(x^2 + y^2 + c\cdot\varepsilon\cdot x)^2 = c^2\cdot(x^2 + y^2)} \qquad (2.25)$$

diesmal mit $c = \frac{k^2}{p} > 0$.

Eine solche Kurve 4. Ordnung heißt PASCALsche Schnecke nach ihrem Entdecker ETIENNE PASCAL (1588-1651) (dem Vater des berühmteren BLAISE PASCAL (1623-1662)). Sie läßt sich - wie die meisten der bisher behandelten Kurven - wesentlich günstiger charakterisieren, darstellen und analysieren, wenn man zur Polarform übergeht.

Aus (2.25) erhält man $(r^2 + c\cdot\varepsilon\cdot r\cdot\cos\varphi)^2 = c^2r^2$ und weiter $r = - c\cdot(1 + \varepsilon\cdot\cos\varphi)$. Um das negative Vorzeichen nicht mitschleppen zu müssen, betrachten wir statt dessen die punktsymmetrische Kurvenschar

$$\boxed{r = c\cdot\varepsilon\cdot\cos\varphi + c} \qquad (2.26)$$

(In (2.25) entspricht diesem Übergang das Ersetzen von $+ c\cdot\varepsilon\cdot x$ durch $- c\cdot\varepsilon\cdot x$.)

Aus (2.26) folgt $r \le c\cdot(1+\varepsilon)$. Die Schnecke liegt also innerhalb eines Kreises um den Ursprung mit Radius $c\cdot(1+\varepsilon)$. Außerdem verläuft sie durch die beiden Punkte $(0;\pm c)$ auf der y-Achse und die beiden Punkte $(c\cdot(\varepsilon\pm 1);0)$ auf der x-Achse. Hinzu kommt eventuell, d.h. für $r = 0$, der Ursprung.

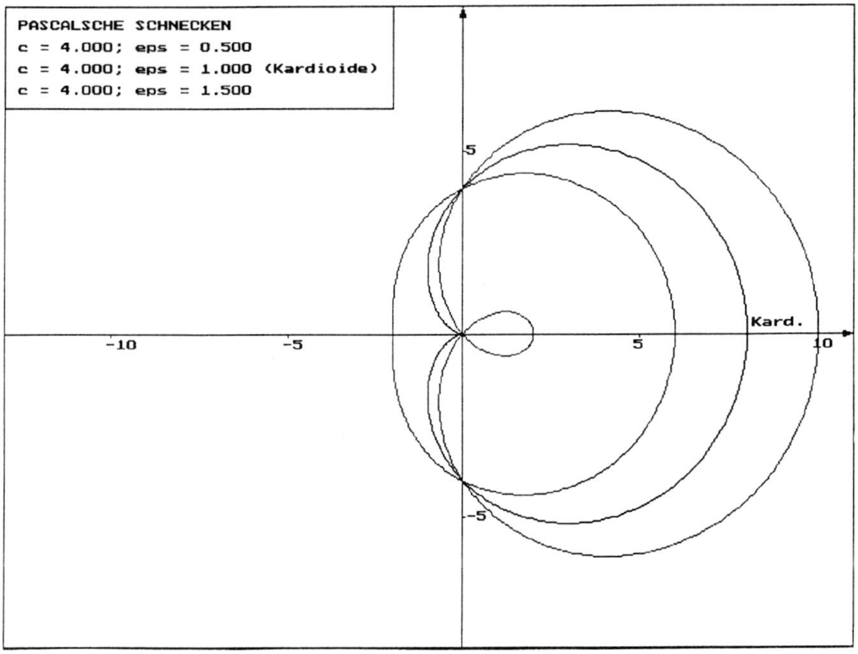

Figur 2.11

Das ist möglich für $\cos\varphi = -\frac{1}{\varepsilon}$, also zweimal für das Hyperbelbild, einmal für das Parabelbild und keinmal für das Ellipsenbild. Fig.2.11 zeigt ein Exemplar jedes Schneckentyps.

$r = c\cdot\varepsilon\cdot\cos\varphi$ ist die Gleichung eines Kreises:

$$\sqrt{x^2 + y^2} = c\cdot\varepsilon\cdot\frac{x}{\sqrt{x^2 + y^2}} \quad\Leftrightarrow\quad (x - \tfrac{1}{2}\cdot c\cdot\varepsilon)^2 + y^2 = (\tfrac{1}{2}\cdot c\cdot\varepsilon)^2.$$

Dieser Kreis verläuft durch den Ursprung; er hat den Mittelpunkt $(\frac{1}{2}\cdot c\cdot\varepsilon;0)$ und den Radius $\frac{1}{2}\cdot c\cdot\varepsilon$.
Daraus ergibt sich mit (2.26) eine einfache <u>Herstellung</u> einer PASCALschen Schnecke (Fig.2.12): Man braucht zur Länge des den Kreis bestimmenden Fahrstrahls nur jeweils c zu addieren, wobei zu beachten ist, daß der Fahrstrahl bei negativen Werten für r entgegengesetzt gerichtet ist.

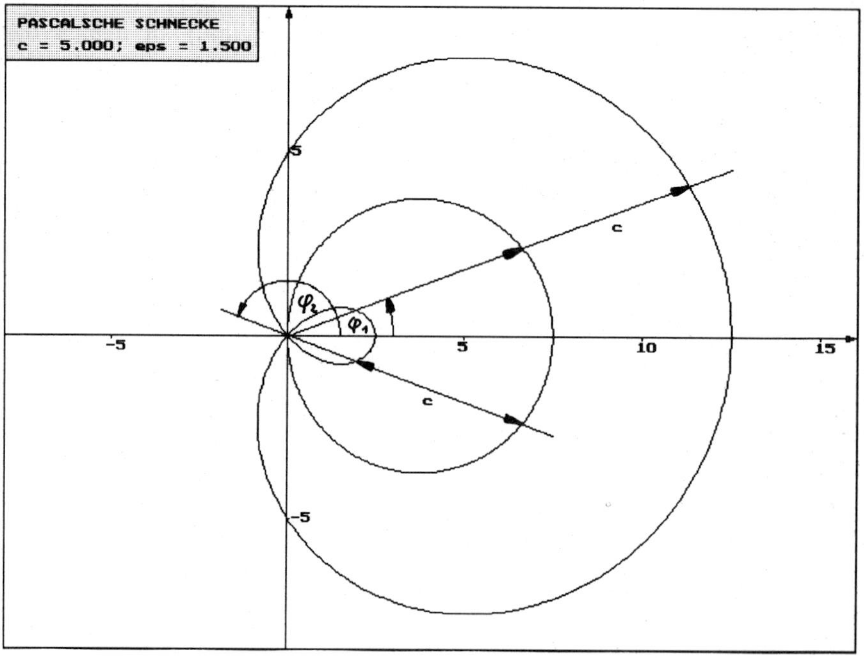

Figur 2.12

Für den Sonderfall der Herzkurve oder <u>Kardioide</u> ($\varepsilon = 1$) sehen wir in Fig.2.13, daß einer ihrer Punkte P nicht nur auf die beschriebene Weise entstanden gedacht werden kann, sondern - wegen ▫ PQRS - auch als Fußpunkt des Lotes vom Ursprung auf eine Tangente des Kreises um R(c;0) mit Radius c.

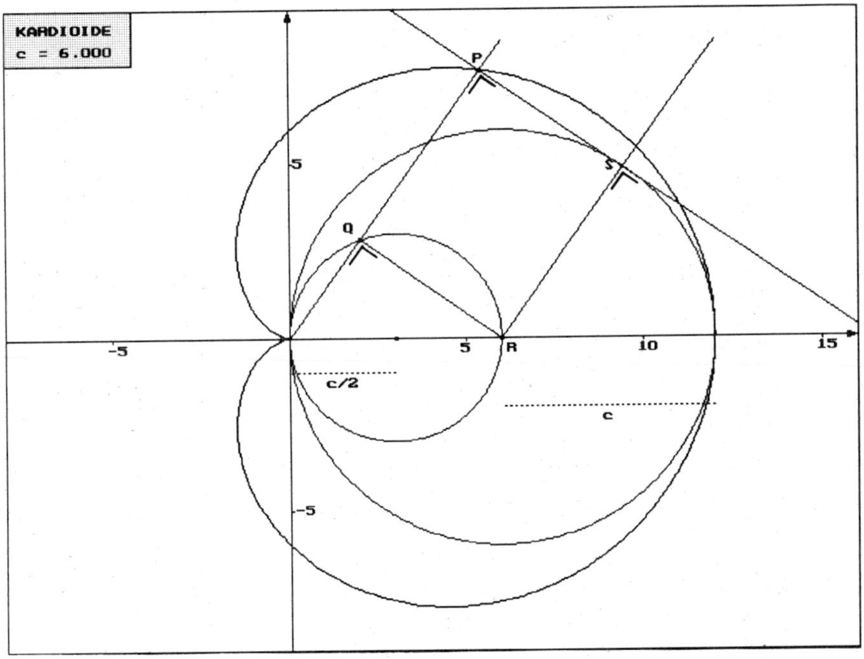

Figur 2.13

Die Kardioide ist die Fußpunktkurve eines Kreises in bezug auf einen seiner Punkte.

PASCALsche Schnecken mit $\varepsilon > 1$ haben ein "Innenteil" und ein "Außenteil". In Anlehnung an die Strophoide und die Trisektrix kann man vermuten:

PASCALsche Schnecken mit $\varepsilon > 1$ sind anallagmatisch.

Da wir es diesmal mit (im Endlichen) geschlossenen Kurven zu tun haben, müßte allerdings der Inversionskreis $\bar{K}$ nun dadurch bestimmt sein, daß er durch den Knoten verläuft und die beiden anderen x-Achsenschnittpunkte $(c\cdot(\varepsilon+1);0)$ und $(c\cdot(\varepsilon-1);0)$ ineinander übergehen (s. Fig.2.14).

Für den Radius $\bar{k}$ des Inversionskreises müßte also gelten:

$$(c\cdot(\varepsilon+1) - \bar{k})\cdot(c\cdot(\varepsilon-1) - \bar{k}) = \bar{k}^2 \;,\quad \text{d.h.}\quad \bar{k} = \frac{c\cdot(\varepsilon^2-1)}{2\varepsilon} \;.$$

Nun kann man die Vermutung wie bei der Strophoide verifizieren.

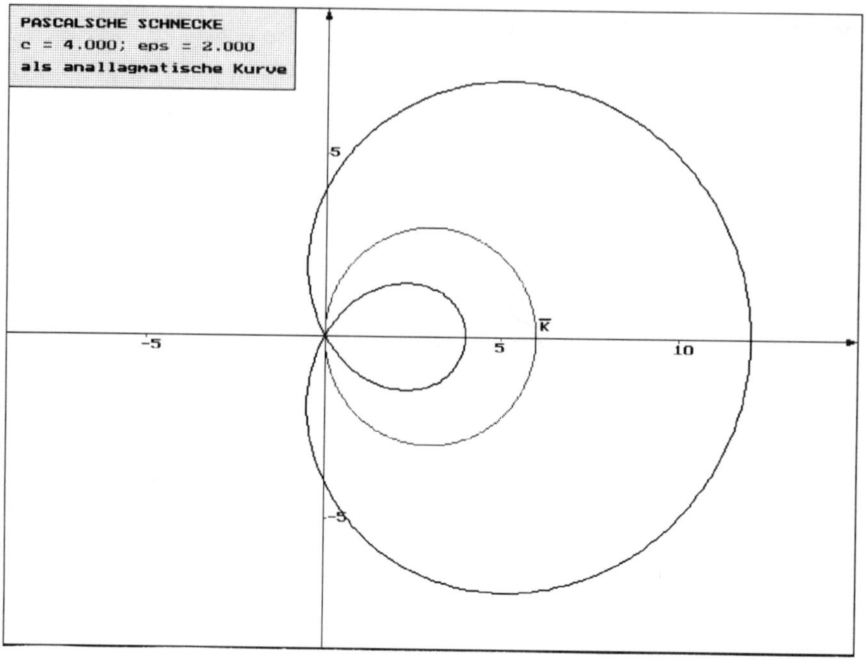

Figur 2.14

2.4.3 Kegelschnittmittelpunkt im Ursprung

Jetzt ist $\varepsilon \neq 1$ und wir können statt von der Scheitelform von der <u>Mittelpunktform</u> der Kegelschnitte ausgehen.

$$\boxed{\frac{x^2}{a^2} \pm \frac{y^2}{b^2} = 1} \tag{2.27}$$

mit $a^2 = \dfrac{p^2}{(1-\varepsilon^2)^2}$ und $b^2 = \dfrac{p^2}{|1-\varepsilon^2|}$ (s. Schupp 1988).

Setzen wir (2.4) in (2.27) ein, so folgt nach kurzer Rechnung

$$\boxed{(x^2 + y^2)^2 = \frac{k^4}{a^2} \cdot x^2 \pm \frac{k^4}{b^2} \cdot y^2} \tag{2.28}$$

Kurven dieser Art heißen nach JAMES BOOTH (1810-1878) <u>BOOTHsche Lemniskaten</u> . Offensichtlich kann eine elliptische Lemniskate nicht durch den Ursprung verlaufen, wohl aber eine hyperbolische. Außerdem ist klar (und auch aus (2.28) ablesbar), daß alle Lemniskaten die Symmetrien ihrer Urbilder beibehalten. Ihre Achsenpunkte sind die Bilder der Kegelschnittscheitel, für das Hyperbelbild kommt der Ursprung hinzu. Demnach schneidet die elliptische Lemniskate die x-Achse in $(\pm\frac{k^2}{a};0)$, die y-Achse in $(0;\pm\frac{k^2}{b})$, während die hyperbolische Lemniskate die y-Achse gar nicht, die x-Achse in $(\pm\frac{k^2}{a};0)$ und im Ursprung trifft.

Aus (2.28) folgt sofort die Polardarstellung

$$\boxed{r^2 = \frac{k^4}{a^2}\cdot\cos^2\varphi \pm \frac{k^4}{b^2}\cdot\sin^2\varphi} \qquad (2.29)$$

Fig.2.15 zeigt einige Lemniskaten. Offensichtlich haben die hyperbolischen unter ihnen im Ursprung einen Knoten. In der Tat folgt aus (2.29), daß bei ihnen $r = 0$ wird für $\cos^2\varphi = \frac{a^2}{a^2+b^2}$, d.h. für $\tan\varphi = \pm\frac{b}{a}$.

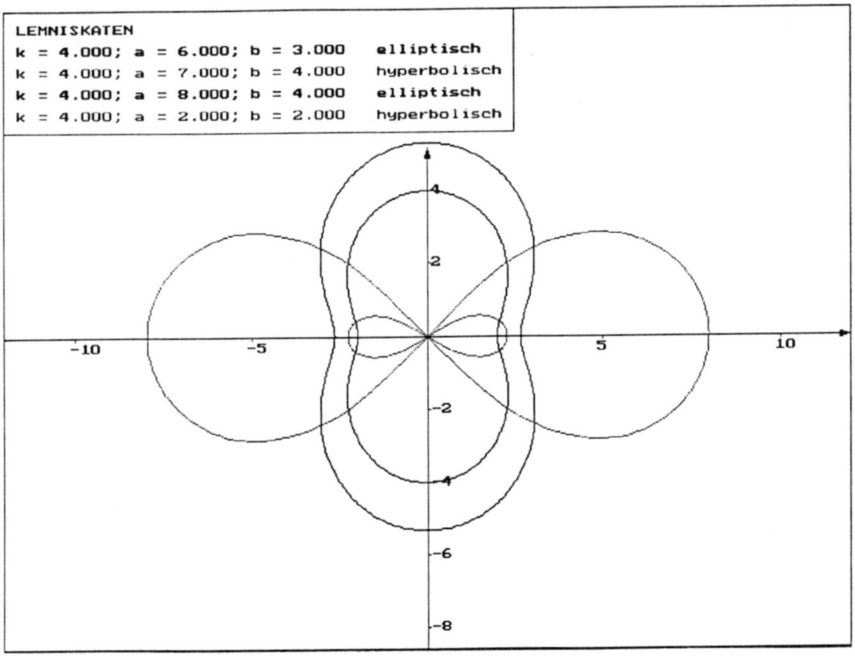

Figur 2.15

Wir betrachten schließlich einen Sonderfall: die hyperbolische Lemniskate mit a = b = k, die sog. BERNOULLIsche Lemniskate (nach JAKOB BERNOULLI (1654-1705)). Für sie gilt

$$(x^2+y^2)^2 = k^2\cdot(x^2-y^2) \tag{2.30}$$

$$r^2 = k^2\cdot\cos(2\varphi) \tag{2.31}$$

Hier durchsetzt sich die Kurve rechtwinklig ($r = 0$ für $\varphi = \frac{\pi}{4}$ und für $\varphi = \frac{3\pi}{4}$).

Sie hat viele besondere Eigenschaften, von denen wir zwei herausgreifen.

> Die BERNOULLIsche Lemniskate ist die Fußpunktkurve derjenigen Hyperbel, deren Inversionsbild sie ist, und zwar in bezug auf den gemeinsamen Mittelpunkt.

Beweis (Fig.2.16): Das Urbild ist eine gleichseitige Hyperbel mit der Gleichung $x^2 - y^2 = k^2$. Im Hyperbelpunkt $H(x_0;y_0)$ ist

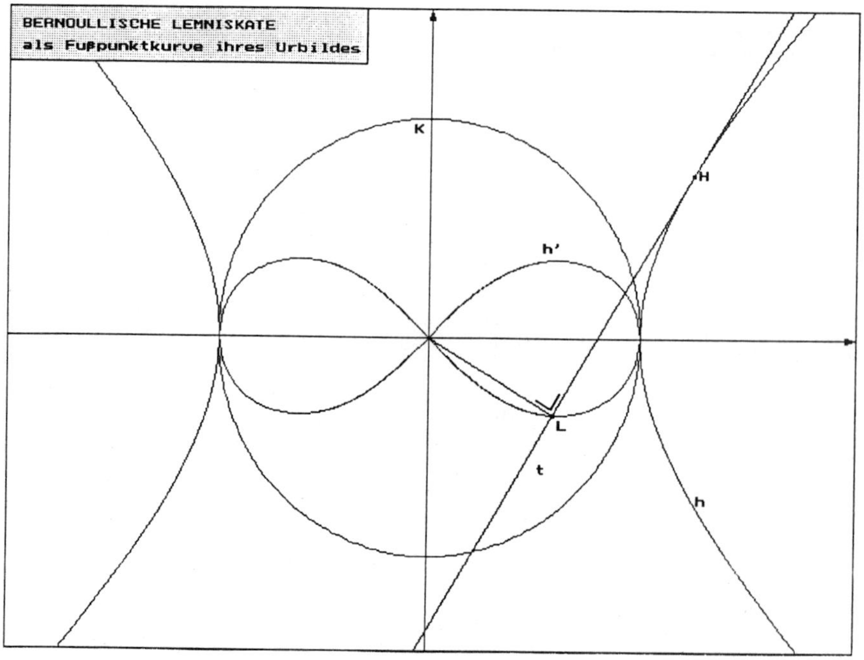

Figur 2.16

die zugehörige Tangente $x_0x - y_0y = k^2$, das Lot auf diese Tangente t durch den Ursprung $y = -(y_0/x_0)\cdot x$. Für den Lotfußpunkt L resultiert $x_0x + \frac{y^2x_0}{x} = k^2$ bzw. $x_0 = \frac{k^2\cdot x}{x^2+y^2}$ und weiter $y_0 = \frac{k^2\cdot y}{x^2+y^2}$. Da $(x_0;y_0)$ die Hyperbelgleichung erfüllt, folgt

$$\left(\frac{k^2\cdot x}{x^2+y^2}\right)^2 - \left(\frac{k^2\cdot y}{x^2+y^2}\right)^2 = k^2 \iff (x^2+y^2)^2 = k^2\cdot(x^2-y^2) \quad ■$$

Bekanntlich ist die Ellipse die Menge aller Punkte, bei denen die *Summe* ihrer Entfernungen von zwei gegebenen Punkten konstant ist. Bei der Hyperbel ist es die *absolute Differenz* der Entfernungen. Nun kommt hinzu:

> Die Menge aller Punkte, für die das *Produkt* ihrer Entfernungen von zwei Punkten im Abstand 2c ($c \in \mathbb{R}^+$) den Wert c^2 hat, ist eine BERNOULLIsche Lemniskate.

Beweis: Aus $|F_1P|\cdot|F_2P| = c^2$ folgt (wenn die gegebenen Punkte $(-c;0)$ und $(c;0)$ sind) $\sqrt{(x+c)^2+y^2}\cdot\sqrt{(x-c)^2+y^2} = c^2$, also $(x^2+2c\cdot x+c^2+y^2)\cdot(x^2-2c\cdot x+c^2+y^2) = c^4$ und schließlich $(x^2+y^2)^2 = 2c^2(x^2-y^2)$ ■

Nun interessieren wir uns noch dafür, bei welcher Abszisse die BERNOULLIsche Lemniskate "maximale Dicke" hat.
Dazu maximieren wir

$$y^2 = r^2\cdot\sin^2\varphi = k^2\cdot\cos(2\varphi)\cdot\sin^2\varphi = k^2\cdot(\cos^2\varphi - \sin^2\varphi)\cdot\sin^2\varphi$$
$$= \frac{k^2}{2}\cdot(1-2\cdot\sin^2\varphi)\cdot(2\cdot\sin^2\varphi) \; .$$

Dieses Produkt hat konstante Faktorensumme. Deshalb (s. Schupp 1992) ist es maximal für $1 - 2\cdot\sin^2\varphi = 2\cdot\sin^2\varphi$, also für $\sin\varphi = \pm\frac{1}{2}$ bzw. für $\varphi = \frac{\pi}{6}$ im Intervall $[0;\frac{\pi}{4}]$. Zu diesem φ-Wert gehört $y^2 = \frac{k^2}{8}$. Die gesuchte Dicke ist demnach $\frac{k}{2}\cdot\sqrt{2}$.

2.5 FOLGERUNGEN

Es liegt nahe, aus den bekannten Eigenschaften der Kegelschnitte einerseits und den Eigenschaften der Inversion ande-

rerseits Eigenschaften der Bildkurven herzuleiten.
Für den Bereich der Symmetrieaussagen haben wir dies ganz selbstverständlich bereits getan.
Einen zweiten Bereich liefern die Kegelschnittangenten. Da die Inversion eineindeutig und winkeltreu ist, gehen zwei einander berührende Linien in zwei Bildlinien gleicher Eigenschaft über, und zwar mit dem Bild des Berührpunktes als Berührpunkt.
Kegelschnittangenten, die Ursprungsgeraden sind, gehen in identische Tangenten der Bildkurven über. Beispielsweise gilt dies für die Asymptoten der Hyperbel in Fig.2.16 (als Tangenten in ∞); sie sind gleichzeitig Tangenten der Lemniskate im Ursprung (wie wir bereits auf umständlichere Weise bewiesen haben).
Andere Tangenten haben als Bilder Kreise, welche die Bildkurven im je entsprechenden Punkt berühren. Fig.2.17 zeigt als Beispiel eine Parabel *l*, ihre Bildkurve *l'*, eine Parabeltangente *t* sowie ihren Bildkreis *t'*. Diese Bildkreise stimmen i.a. nicht mit den jeweiligen Krümmungskreisen (s. Kapitel 5) überein; sie sind lediglich Berührkreise, die außerdem durch 0 verlaufen müssen.

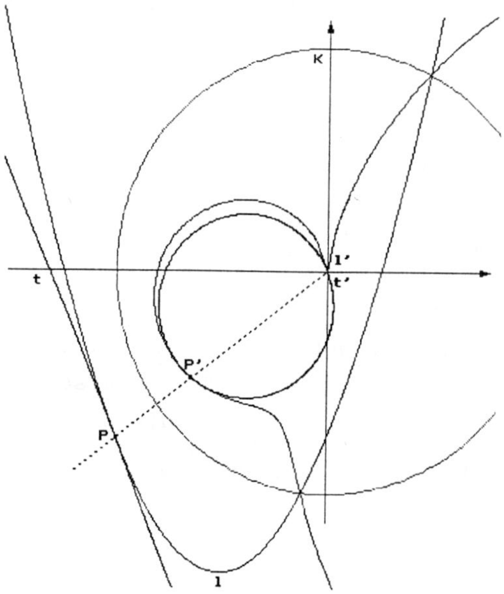

Figur 2.17

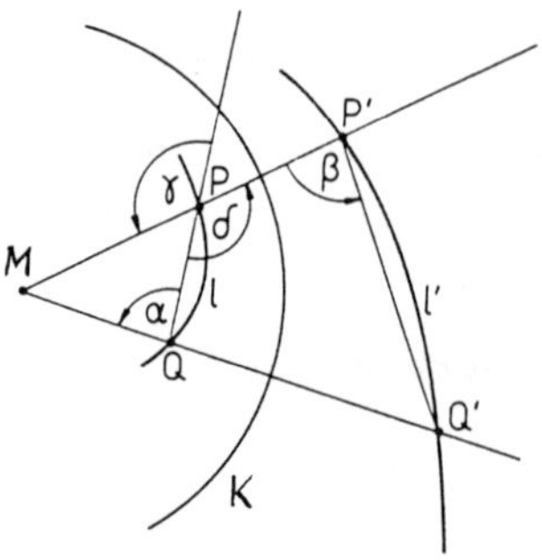

Figur 2.18

Seien nun in Fig.2.18 l und l′ ganz allgemein Kurve und Bildkurve bezüglich einer Inversion am Kreis *K*(M;k), P und Q zwei verschiedene Punkte auf l und P′ bzw. Q′ deren Bildpunkte auf l′, so daß gilt $|OP|\cdot|OP'|$ ($= k^2$) $= |OQ|\cdot|OQ'|$. Demnach sind die beiden Dreiecke OQP und OQ′P′ ähnlich und es ist $|\alpha| = |\beta|$. Wandert nun Q nach P (und demzufolge Q′ nach P′), so folgt im Grenzfall, daß $|\delta| = |\gamma| = |\alpha| = |\beta|$. Das bedeutet:

Die Tangenten an zwei zueinander kreissymmetrische Kurven in einander entsprechenden (aber verschiedenen) Punkten bilden zusammen mit der Verbindungsgerade dieser beiden Punkte ein gleichschenkliges Dreieck.

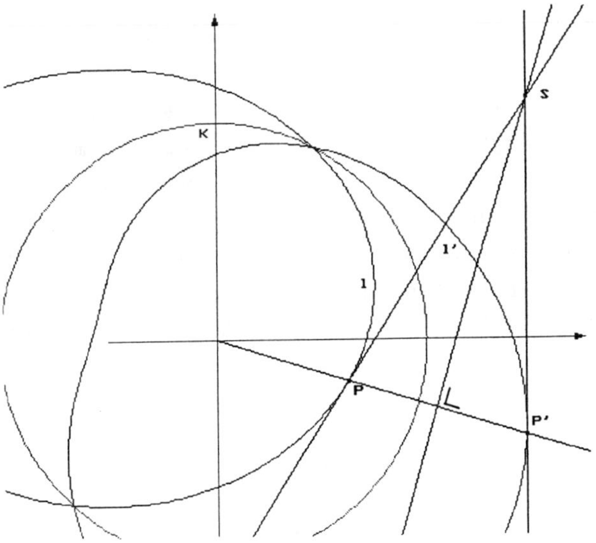

Figur 2.19

Daraus resultiert für Kegelschnittbilder eine elementargeometrische Konstruktion der Tangente im Bildpunkt P′ gemäß Fig. 2.19. Man bestimmt zunächst die Kegelschnittangente im Urpunkt P (was elementargeometrisch leicht möglich ist), schneidet diese mit der Mittelsenkrechte von PP′ und verbindet schließlich den Schnittpunkt S mit P′.
Sollte P = P′ sein, P′ also auf dem Inversionskreis liegen, dann spiegelt man die Kegelschnittangente an der zu P′ gehörenden Kreistangente.

2.6 DIDAKTISCHER KOMMENTAR

Die Inhalte dieses Kapitels werden in der gleichen Absicht präsentiert wie diejenigen des ersten Kapitels (s. 1.5). Allerdings erfordert dies nun weitaus mehr Vorwissen: Man sollte die wichtigsten Eigenschaften der Kegelschnitte bereits kennen. Kenntnisse über die Inversion sind nützlich, können aber auch ad hoc bereitgestellt werden. Dann aber erschließt sich auf natürliche, in einem abbildungsgeometrisch geführten Geometrieunterricht auch bereits bekannte Weise eine faszinierende neue Welt. Aktuelle Erfahrungen von Klietsch 1994 aus einem Profilkurs (11.Klasse) eines Berliner Gymnasiums sind ermutigend.

a) Das Auftreten neuartiger geometrischer Gebilde mit neuartigen Merkmalen

als das seinerzeit erste Kriterium greift auch hier. Die Typenvielfalt der erzeugten höheren Kurven ist diesmal sogar noch beeindruckender. Es kommt hinzu, daß man (weil von Kegelschnittscharen ausgehend) Kurven*scharen* erhält und die zugehörigen Parameter systematisch variieren kann, was offensichtlich zu einer reizvollen Metamorphose der erzeugten Bilder führt.
Zudem gilt, daß die hier auftretenden Gebilde erhebliche mathematikhistorische Bedeutung haben, beginnend in der Antike (klassische Probleme) und bis ins 18.Jahrhundert (Entwicklung der Infinitesimalrechnung, s. Toeplitz 1949 und Cantor 1965) reichend. Das sollte auch im Unterricht Erwähnung finden.

b) Die einheitliche Entstehung der geometrischen Analyseobjekte

ist ebenfalls gegeben. Sie liegt diesmal nicht in der immer gleichen Ausgangssituation, sondern in der abbildungsgeometrischen Grundstrategie.
Diese hat den Vorteil, daß man die neuen Gebilde zunächst in geometrischer Form erhält (sei es durch Verbindung einzelner "von Hand" konstruierter Bildpunkte oder computergraphisch) und ihre Merkwürdigkeiten "sieht", bevor man sie analysiert und dann auch "einsieht".

c) Das Zusammenwirken verschiedenartiger Hilfen

und das Arbeiten mit unterschiedlichen Darstellungsformen

trifft nicht minder zu.

d) Der ästhetische Reiz der neuen Gebilde
ist offenbar. Mittels computergraphischer Hilfen wird er besonders deutlich. Sie gestatten die punktweise Abbildung des Kegelschnitts, wobei frappierend ist, wie sich Kegelschnitt und Bild gleichzeitig entwickeln. Später kann er eine analytische Charakterisierung (insbesondere die Polar- und die Parameterdarstellung) direkt in eine Zeichnung übersetzen und schließlich erlaubt er das ökonomische Variieren von Gleichungsparametern und damit das Darstellen von Metamorphosen.
Aber es wäre völlig verfehlt, die Beschäftigung mit dem Thema von der Existenz eines graphikfähigen Computers abhängig zu machen. Die punktweise Abbildung kann, ja sollte selbstverständlich auch elementargeometrisch (Kathetensatz) erfolgen und mag sogar nach einiger Zeit gefühlsmäßig skizzenhaft geschehen. Das Visualisieren der erhaltenen Gleichungen wird solange in der üblichen Weise vor sich gehen können, als sie sich in der Form $y = f(x)$, $y^2 = f(x)$ oder $r = f(\varphi)$, $r^2 = f(\varphi)$ schreiben lassen. Fußpunktkurven kann man punktweise darstellen.
In jedem Falle ist das Thema attraktiv durch die Tatsache, daß es von bekannten, anschaulichen Gebilden ausgeht und zu ebenso realen, aber neuartigen Linien hinführt. Über diesbezügliche, äußerst positive Unterrichtserfahrungen berichtet Zeitler 1983.

Wie lange man bei einer einzelnen Kurve verharrt, muß natürlich der Lehrer entscheiden. Auf keinen Fall sollte er jedoch versäumen, auch auf ganz andere Erzeugungsmöglichkeiten der Inversionsbilder einzugehen, zumal wenn sie einfach und historisch relevant sind: Hüll-, Rechtwinkel-, Fahrstrahl-, Gelenkkonstruktionen. Ein Beispiel für den letztgenannten Typus bringt Aufg.2.7.2. In späteren Kapiteln dieses Buches werden weitere folgen.

2.7 AUFGABEN

2.7.1 Der Inversionskreis *K* einer Inversion ist ein Fixpunktkreis. Zeigen Sie, daß es daneben aber auch Fixkreise der Inversion gibt. Wie zeichnen sich diese geometrisch aus?

2.7.2 a) Zeigen Sie, daß in Fig.2.20 gilt

α) O,P,P′ liegen auf einer Geraden.

ß) $|OP|\cdot|OP'| = u^2 - v^2$

Anleitung: Beziehen Sie Mittelpunkt und Diagonalen der Raute APBP′ mit ein.

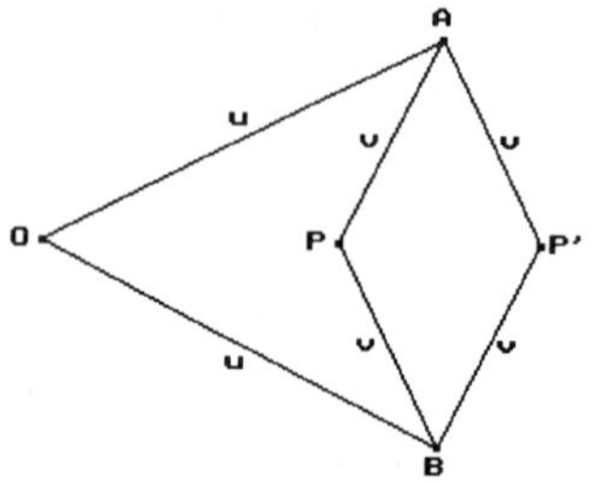

Figur 2.20

b) Zeigen Sie, daß für das sechsstäbige Gestänge OABPP′ gilt: Wird P auf einem Kreis um O geführt (was indessen nur auf einem Teilbogen möglich ist), so durchläuft P′ ein Geradenstück. Das ist der nach <u>PEAUCELLIERsche</u> <u>Inversor</u> (nach CHARLES-NICOLAS PEAUCELLIER (1832-1913)).

2.7.3 Bestimmen Sie die Gleichung der Tangente der Kissoide (2.13) im Punkt $(x_0;y_0)$.

2.7.4 Zeigen Sie, daß die Fußpunktkurve der Parabel $y^2 = 2p\cdot x$ in bezug auf ihren Scheitel (0;0) eine Kissoide ist.

2.7.5 Fig.2.5 kann auch folgendermaßen interpretiert werden: Es ist $\overrightarrow{OP} = \overrightarrow{OR} - \overrightarrow{OQ}$. In dieser Interpretation bietet sich eine zweite Kurve an: Die Menge aller Punkte (P) mit $\overrightarrow{O(P)} = \overrightarrow{OR} + \overrightarrow{OQ}$. Untersuchen Sie diese Begleitkurve der Kissoide (Darstellungen, Eigenschaften).

2.7.6 Bestimmen Sie bei der

a) Strophoide b) Trisektrix

die (größte) Breite ihrer Schleife. An welcher Abszisse wird gemessen?

2.7.7 Zeigen Sie, daß die Trisektrix anallagmatisch ist. Anleitung: Gehen Sie vor wie bei der Strophoide.

2.7.8 Bestimmen Sie bei der Kardioide

a) die kleinstmögliche Abszisse und die zugehörige Ordinate

b) die größtmögliche Ordinate und die zugehörige Abszisse.

2.7.9 Bei der PASCALschen Schnecke in Fig.2.21 ist $\varepsilon = 2$. Zeigen Sie anhand der Figur, daß sich diese Schnecke ebenfalls zur Trisektion eines Winkels eignet.

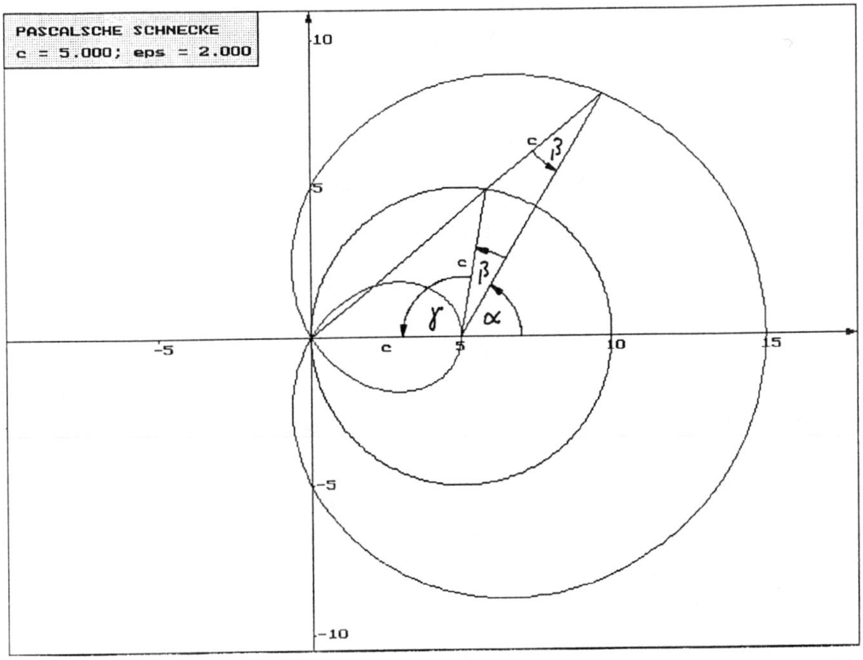

Figur 2.21

2.7.10 Bestimmen Sie (analytisch und geometrisch) die Menge aller Punkte, für die das Produkt ihrer Entfernungen von zwei festen Punkten im Abstand 2c den Wert $a^2 > c^2$ ($< c^2$) hat.

2.7.11 Zu einer gegebenen Kurve $r = f(\varphi)$ erhält man die <u>Gegenkurve</u> auf die in Fig.2.22 angedeutete Weise: P′ ist der Bildpunkt von P bezüglich der Spiegelung an der Diagonalen XY des zum Urpunkt P der Ausgangskurve gehörenden ▭ OXPY .

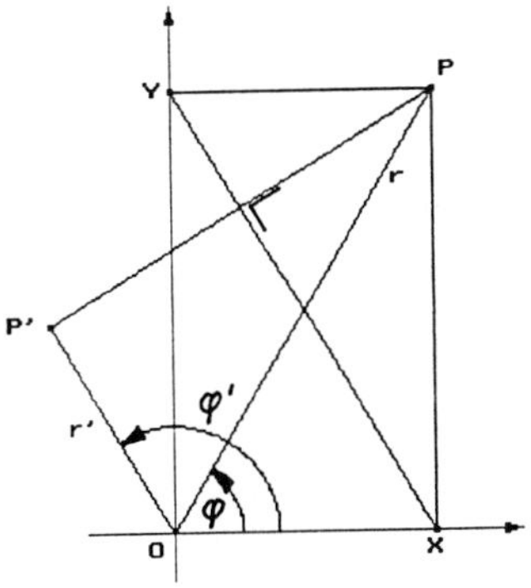

Figur 2.22

a) Zeigen Sie:

$$\varphi' = \pi - \varphi$$
$$r' = \frac{-r}{\cos(2\varphi)} \tag{2.32}$$

b) Weisen Sie nach, daß die Gegenkurve zur Hyperbel $x^2-y^2 = k^2$ mit $k \in \mathbb{R}^+$ die BERNOULLIsche Lemniskate ist.

2.7.12 Diskutieren Sie die durch folgende Gleichungen charakterisierten Kurven:

a) $x^3 + y^3 = c^3$; $c \in \mathbb{R}^+$ (Kartesische Darstellung)

b) $x = t^2$; $y = t - 2t^3$; $t \in \mathbb{R}$ (Parameterdarstellung)

c) $r = \dfrac{a}{\sin^2\varphi}$; $a \in \mathbb{R}^+$ (Polardarstellung).

2.7.13 In Fig.2.23 sind der Punkt $Z = O$ und die Gerade g: $x = c$ ($c \in \mathbb{R}^+$) gegeben. Eine Halbgerade z im Winkel φ gegen die x^+- Achse trifft g in G. Die Strecke ZG wird um die konstante Länge $d \in \mathbb{R}^+$ vergrößert bzw. verkleinert. Durchläuft φ das Intervall $[0;2\pi[$, so beschreibt P eine (aus zwei disjunkten Ästen bestehende) Kurve. Diskutieren Sie diese Kurve (<u>Konchoide</u> des NIKOMEDES (um 200 v.Chr.)).
Was haben Konchoide und Kardioide gemeinsam?

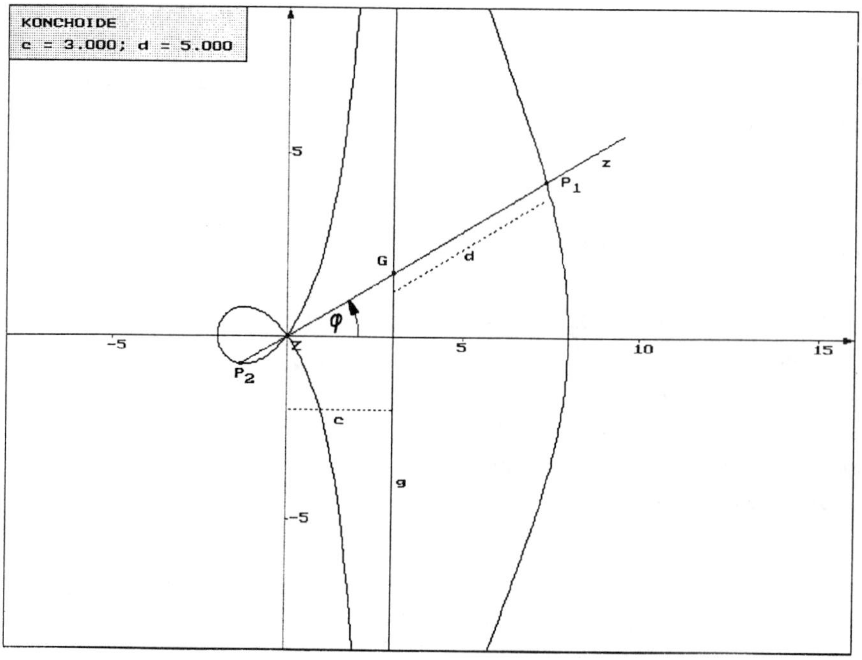

Figur 2.23

3 RADLINIEN

3.1 E N T S T E H U N G

Viele Ornamente faszinieren durch das Zusammenspiel von Symmetrie im Gesamteindruck und subtiler Linienführung im Detail. Fig.3.1 gibt hierfür ein Beispiel. Die offensichtlichen Regelmäßigkeiten sowie das Auftreten in sich zurückführender, also geschlossener Kurventeile wecken das mathematische Interesse an den Grundelementen derartiger Figuren.

Figur 3.1

Das Beispiel wurde mit einem Spirographen angefertigt. Bei diesem Zeichengerät rollt ein den Zeichenstift mitführendes Zahnrad auf einer ebenfalls gezahnten zweiten Schablone ab (s. Brieskorn; Knörrer 1986 und Möller 1992). Die Geräte gewährleisten Variationen hinsichtlich der Größe des abrollenden Kreises, des (festen) Abstandes des Stiftes von dessen Mittelpunkt und der Form der Schablone. Fig.3.2 zeigt die Bilderzeugung insbesondere auch für das Abrollen auf einem Kreis oder einer Geraden, was einer Mathematisierung leicht zugänglich scheint.

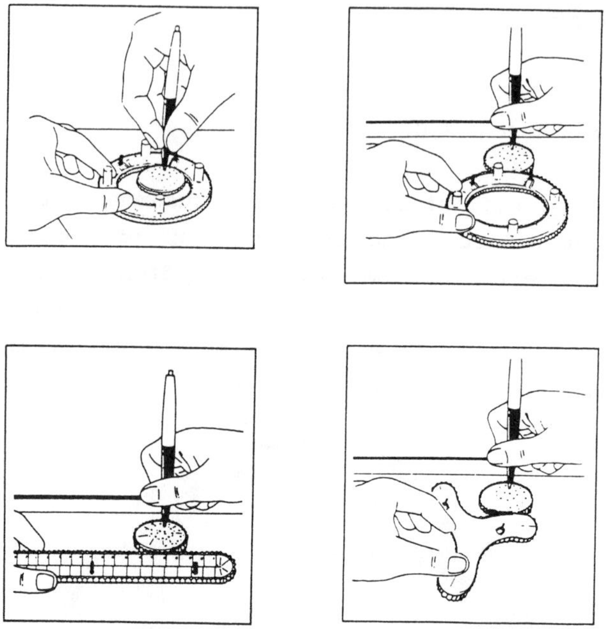

Figur 3.2

Beschränken wir uns zunächst auf Kurvenerzeugungen durch <u>Kreisrollung</u>, d.h. ein Kreis rollt auf einem anderen ab. Als grundlegendes Beispiel ist in Fig.3.3 dargestellt, wie sich ein <u>Rollkreis</u> $k(A;r)$ außen auf einem <u>Rastkreis</u> $K(O;R)$ (ohne zu gleiten) abwälzt. Die Punktbahn eines starr mit dem Rollkreis verbundenen Punktes P bezeichnet man als <u>Radlinie</u> oder <u>Trochoide</u>. Im abgebildeten Fall ist P außerhalb des Rollkreises gelegen; solche Fälle können allerdings mit dem Spirographen nicht mehr realisiert werden.
Eine weitere grundlegende Verallgemeinerung des Spirographenmodells liegt im Übergang von zahnkranzbestimmten zu unmittelbar umfangsbestimmten Rollprozessen. Waren vorher nur rationale Verhältnisse für die Anzahlen der Zähne und damit auch für die Kreisradien möglich, so können nunmehr auch irrationale Werte auftreten. Löst man sich schließlich völlig vom mechanischen Vorgehen, so erkennt man, daß sich ein ebenes System mit kon-

stanter Winkelgeschwindigkeit um einen Punkt A dreht, der seinerseits gleichförmig um ein festes Zentrum O kreist.

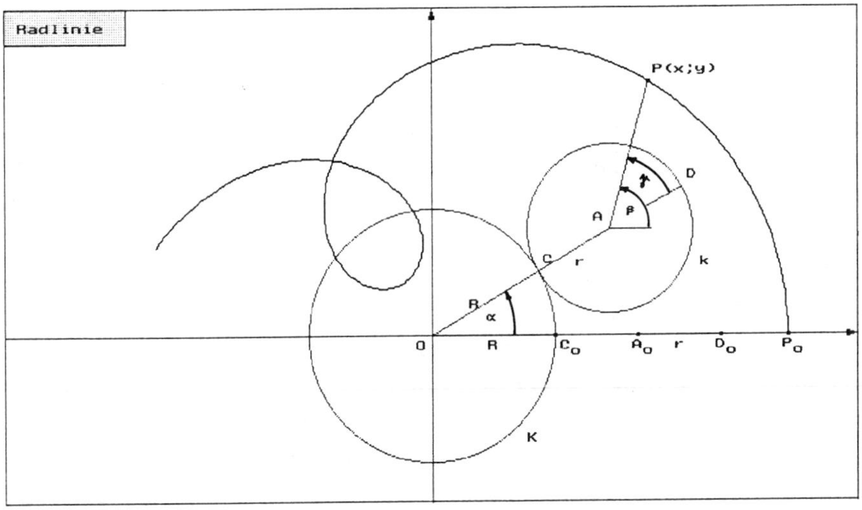

Figur 3.3

Die sich für unendlich große Radien einstellenden <u>Grenzformen</u> von Radlinien wurden naturgemäß früher erforscht als die Radlinien selbst. Für $R \to \infty$ geht es dabei um das Abrollen eines Kreises auf einer Geraden, wie es in Fig.3.4 entwickelt wird. Für $r \to \infty$ zeigt Fig.3.12 das Abwälzen einer Geraden auf einem Kreis. Im erstgenannten Sonderfall wollen wir die entstehenden Kurven <u>gewöhnliche</u> <u>Radlinien</u> oder <u>Zykloiden</u> nennen. Im zweiten Fall handelt es sich um <u>Kreisevolventen</u>.
Um die Vielfalt der entstehenden Kurven überschaubarer zu halten, beginnen wir mit diesen Sonderformen.

3.2 Z Y K L O I D E N

Unser erstes Ziel ist eine geeignete Beschreibung der Zykloiden. Die nachfolgenden Überlegungen beziehen sich weitgehend auf den Sonderfall, daß der kurvenbestimmende Punkt P dem Rand des Rollkreises angehört. Die gewonnene Parameterdarstellung wird zur Quadratur und Rektifikation der Kurve herangezogen. Eine Tangentenkonstruktion mittels der Normalen erfolgt an Hand eines Satzes über allgemeine Rollkurven, der in Kapitel 7 näher erläutert wird. Den Abschluß bilden einige Anmerkungen zu physikalisch relevanten Eigenschaften.

3.2.1 Parameterdarstellung

Der Rastkreis ist zu einer Geraden entartet. Übernehmen wir den Drehsinn des Rollkreises aus Fig.3.3 und fordern eine Weiterbewegung von links nach rechts, so muß das Abrollen unterhalb der Geraden erfolgen. (Das sich dann ergebende Kurvenbild bewährt sich später auch bei den physikalischen Anwendungen.) Fig.3.4 stellt die Gesamtsituation vor. Als Ausgangslage ist ein Auflagepunkt fixiert, bei dem der Rollkreismittelpunkt A_0 sowie der Bahnpunkt P_0 auf der y-Achse liegen.
Von der kinematischen Entstehung her wird die Periodizität der Bahnkurve hinsichtlich der Rollrichtung unmittelbar einsichtig. Dementsprechend sind Polarkoordinaten für eine einfache Bewegungsbeschreibung ungeeignet; ein kartesisches Koordinatensystem mit dem bereits erwähnten Auflagepunkt als Ursprung und der Rastgerade als x-Achse scheint günstigere Voraussetzungen zu bieten. Um unnötige negative Vorzeichen zu vermeiden, sei die positive y-Richtung nach unten festgesetzt. Wie in Fig.3.3 und angedeutungsweise in Fig.3.4 hat man auch Bahnkurven mit Schleifen zu erwarten. Eine Beschreibung als Funktionsgraphen in der Form $y = f(x)$ kommt also nicht in Frage. Die Periodizität der Bewegung bzw. der Bahnkurve ist durch den Drehwinkel β gekennzeichnet. Damit liegt eine Parametrisierung mit Hilfe des <u>Parameters</u> β nahe.
Wir bezeichnen in Fig.3.4 die (konstante) Entfernung $|AP|$ mit b sowie den Rollkreisradius mit r und lesen folgende <u>Parameterdarstellung für Zykloiden</u> unmittelbar ab:

$$\boxed{x = \beta \cdot r - b \cdot \sin\beta \quad ; \quad y = r - b \cdot \cos\beta} \tag{3.1}$$

Über $\beta \in \mathbb{R} \backslash \mathbb{R}^-$ spiegelt sich die Periodizität der Rollbewegung in diesen Gleichungen wider. Die Ordinaten der Kurvenpunkte sind vollständig über einem β-Intervall der Länge 2π zu erfassen; in x-Richtung liefert der Termteil $\beta \cdot r$ die Periodenlänge $2\pi \cdot r$.

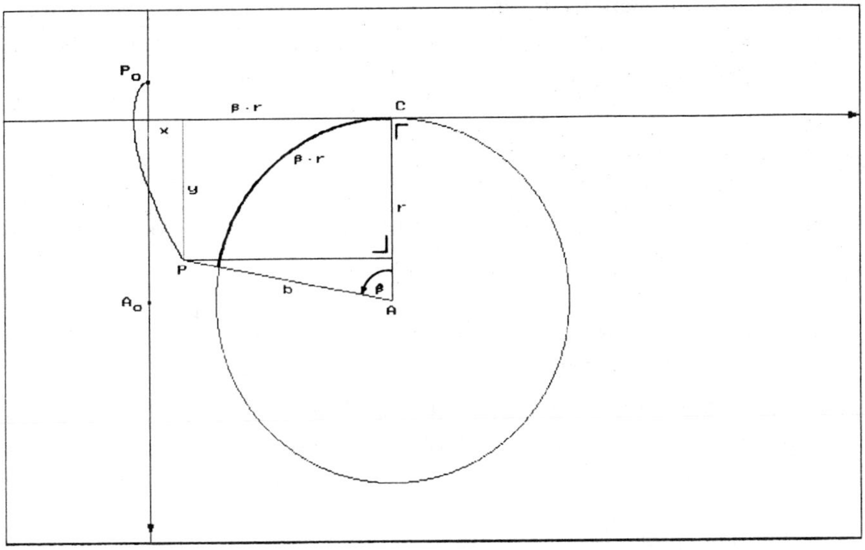

Figur 3.4

In Fig.3.5 sind die drei verschiedenen Zykloidentypen dargestellt, die sich gemäß dem Verhältnis von b = |AP| zum Rollkreisradius r ergeben. Für b > r erhält man eine <u>geschlungene Zykloide</u> (es existieren Schleifen), für b = r eine <u>gespitzte Zykloide</u> (es existieren Spitzen, und zwar für $\beta = n \cdot 2\pi$) und für b < r eine <u>gestreckte Zykloide</u>.

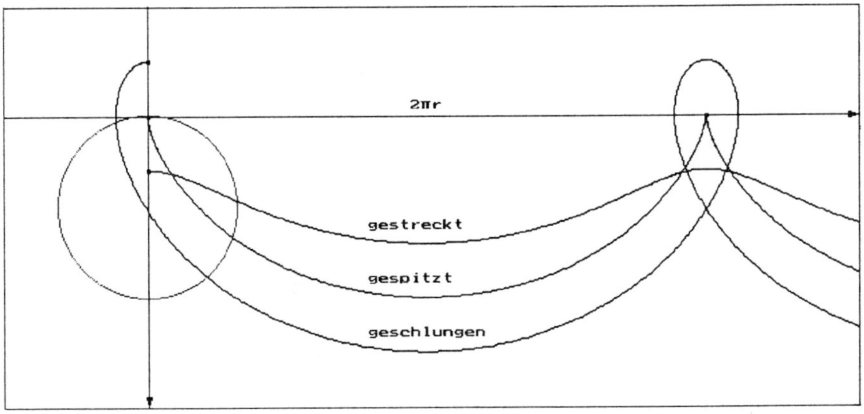

Figur 3.5

Wenn im folgenden von *der* Zykloide gesprochen wird, ist stets der gespitzte Bahntyp gemeint. Zu ihren Entdeckern soll NICOLAUS VON KUES (1401-1464) gehören. Im Jahre 1599 gab ihr GALILEO GALILEI (1564-1642) den Namen "gemeine Zykloide".

3.2.2 Der Polarwinkel

Die Gestalt der gespitzten Zykloide mit der Parameterdarstellung

$$x = r\cdot(\beta - \sin\beta) \quad ; \quad y = r\cdot(1 - \cos\beta) \tag{3.2}$$

läßt eine Betrachtung der Polarwinkel wenig sinnvoll erscheinen. Beschränken wir uns jedoch auf die erste Periode, also auf $\beta \in]0;2\pi]$, so ergibt sich aus (3.2) der Polarwinkel φ mit

$$\tan\varphi = \frac{y}{x} = \frac{1-\cos\beta}{\beta-\sin\beta} \tag{3.3}$$

Die rechte Seite von (3.3) stellt eine streng monoton fallende Funktion in β dar (s. Aufg.3.6.2); folglich ist $\tan\varphi$ und somit auch φ durch den Parameter β vollständig bestimmt und umgekehrt. Insbesondere ist φ unabhängig vom Rollkreisradius r, d.h. es liegen bei verschiedenen Zykloiden die Punkte mit gleichem Parameter β auf derselben Ursprungsgeraden. Hieraus läßt sich die Ähnlichkeit dieser Zykloiden vermuten.

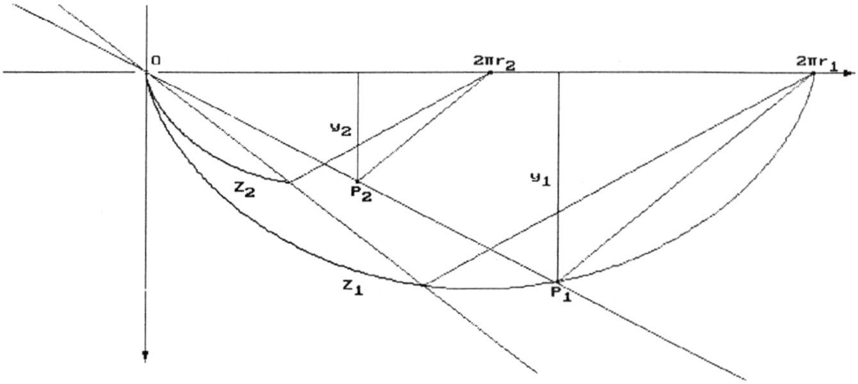

Figur 3.6

Betrachten wir einen Punkt P_1 einer Zykloide Z_1 und einen Punkt

P_2 auf der Halbgeraden $h(O;P_1)$, der seinerseits einer anderen Zykloide Z_2 angehört, so gilt gemäß (3.2)

$$\frac{r_2}{y_2} = \frac{r_1}{y_1} = \frac{\frac{y_1}{1-\cos\beta}}{y_1} = \frac{1}{1-\cos\beta} \, . \qquad (3.4)$$

Fig.3.6 verdeutlicht, wie man mit Hilfe des zweiten Strahlensatzes aus einer gegebenen Zykloide weitere Zykloiden konstruieren kann.

3.2.3 Quadratur und Rektifikation

GALILEI bemühte sich vergebens, den Flächeninhalt der von einem Zykloidenbogen und der x-Achse eingeschlossenen Fläche zu bestimmen. Dies gelang indessen im Jahre 1634 GILES PERSONE DE ROBERVAL (1602-1675).
ROBERVALs Vorgehen war kinematisch geprägt. Aus der Gleichartigkeit von vor- und rückläufiger Kreisrollung (Bewegung des Rollkreises einen Umlauf nach rechts und anschließend zurück) schloß er auf einen achsensymmetrischen Verlauf der einzelnen Zykloidenbögen. Somit konnte er sich auf die Quadratur der zu einem halben Zykloidenbogen gehörenden Fläche zurückziehen.

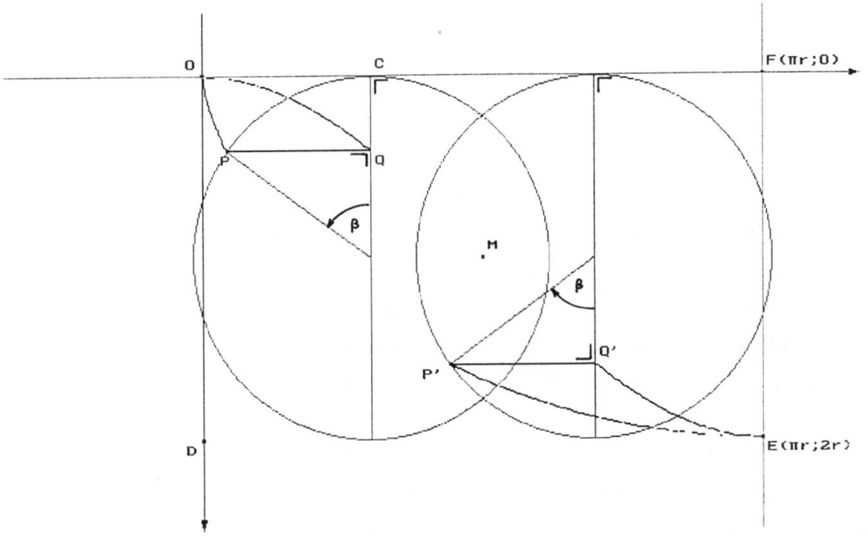

Figur 3.7

Neben diesem Halbbogen betrachtete ROBERVAL die in Fig.3.7 teilweise entwickelte Kurve OQQ'E, die dadurch entsteht, daß man einem vom Rollkreis zurückgelegten Weg OC die dem gleichen Drehwinkel β entsprechende Ordinate CQ des zugehörigen Zykloidenpunktes zuordnet. Für die Vierteldrehung $\beta = \pi/2$ ergibt sich dabei als Kurvenpunkt der Mittelpunkt M von □ ODEF, wobei E der gemeinsame Endpunkt von Hilfskurve und halbem Zykloidenbogen ist. Schließt man auch hier eine rückläufige Kreisrollung ab E in die Überlegungen ein, so erkennt man, daß zwei zu Drehwinkeln β und $\pi-\beta$ gehörende Kurvenpunkte Q und Q' punktsymmetrisch bezüglich M liegen. Die gesamte Hilfskurve ist also punktsymmetrisch mit Mittelpunkt M.

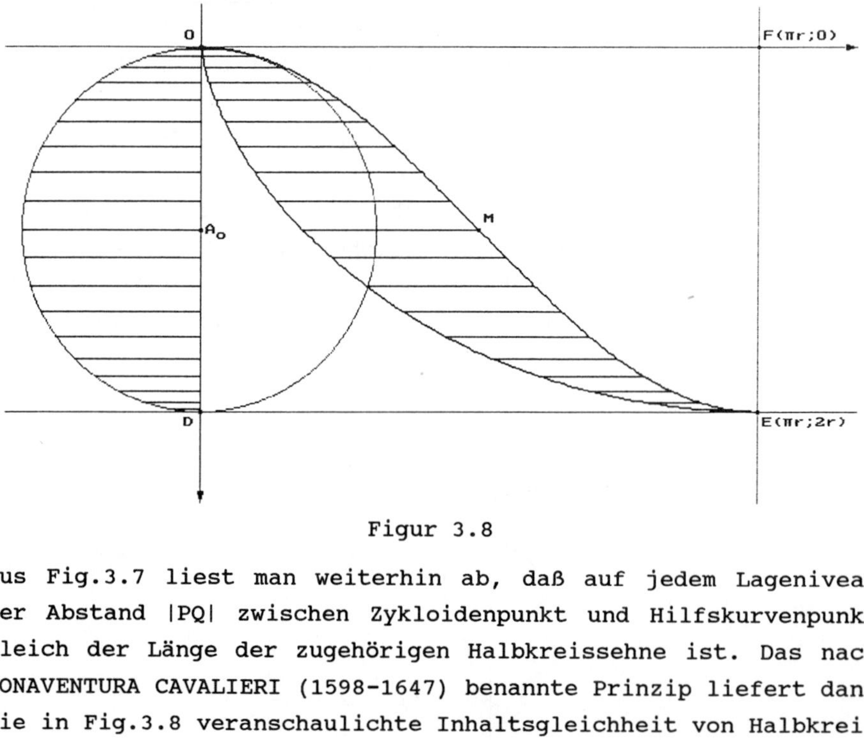

Figur 3.8

Aus Fig.3.7 liest man weiterhin ab, daß auf jedem Lageniveau der Abstand |PQ| zwischen Zykloidenpunkt und Hilfskurvenpunkt gleich der Länge der zugehörigen Halbkreissehne ist. Das nach BONAVENTURA CAVALIERI (1598-1647) benannte Prinzip liefert dann die in Fig.3.8 veranschaulichte Inhaltsgleichheit von Halbkreis und der zwischen Zykloide und Hilfskurve eingeschlossenen Fläche. Schließlich ergibt sich der Inhalt der Fläche über dem halben Zykloidenbogen als Summe aus dem Inhalt $\frac{1}{2}\cdot\pi\cdot r^2$ des eingeschlossenen Zwickels und dem Inhalt $\frac{1}{2}\cdot\pi r\cdot 2r$ der durch die Hilfskurve bestimmten halben Fläche von □ ODEF, also zu $\frac{3}{2}\cdot\pi\cdot r^2$.

Für den Flächeninhalt über dem x-Intervall $[0;2\pi\cdot r]$ bzw. dem β-Intervall $[0;2\pi]$ erhält man den doppelten Wert, also den dreifachen Inhalt des erzeugenden Kreises.
ROBERVALs Vorgehen besticht durch seine einfachen Mittel. Mit Hilfe der Integralrechnung ergibt sich für den Inhalt eines beliebigen Flächenstücks

$$A = \int_{x_1}^{x_2} y(x)\,dx = \int_{\beta_1}^{\beta_2} y^2(\beta)\,d\beta = r^2\cdot\int_{\beta_1}^{\beta_2} (1-\cos\beta)^2 d\beta$$

$$= r^2\cdot\int_{\beta_1}^{\beta_2} \left(1 - 2\cos\beta + \frac{1+\cos2\beta}{2}\right) d\beta$$

$$= r^2\cdot\left[\frac{3}{2}\cdot\beta - 2\sin\beta + \frac{1}{4}\cdot\sin2\beta\right]_{\beta_1}^{\beta_2} .$$

Neben der trigonometrischen Beziehung $\cos^2\beta = \frac{1+\cos2\beta}{2}$ fließt hier wesentlich die Besonderheit $\frac{dx}{d\beta} = y$ ein.
Die von ROBERVAL verwendete Hilfskurve verdient eigene Beachtung. Sie ist aus der Zuordnung $\beta\cdot r \longmapsto r\cdot(1-\cos\beta)$ hervorgegangen und somit Graph einer (gestreckten und verschobenen) Sinusfunktion. ROBERVAL hatte damit als erster das Bild einer trigonometrischen Funktion gezeichnet.
Die Länge s eines Bogenstücks der Zykloide kann man unter Zuhilfenahme von $1-\cos\beta = 2\sin^2(\frac{\beta}{2})$ folgendermaßen berechnen:

$$s = \int_{x_1}^{x_2} \sqrt{1+\left(\frac{dy}{dx}\right)^2}\,dx = \int_{x_1}^{x_2} \sqrt{1+\left(\frac{dy}{d\beta} : \frac{dx}{d\beta}\right)^2}\,dx$$

$$= r\cdot\int_{\beta_1}^{\beta_2} \sqrt{1+\left(\frac{\sin\beta}{1-\cos\beta}\right)^2}\cdot(1-\cos\beta)\,d\beta = r\sqrt{2}\cdot\int_{\beta_1}^{\beta_2} \sqrt{1-\cos\beta}\,d\beta$$

$$= 2r\cdot\int_{\beta_1}^{\beta_2} \sin\frac{\beta}{2}\,d\beta = 4r\cdot\int_{\beta_1/2}^{\beta_2/2} \sin\varepsilon\,d\varepsilon$$

Ein ganzer Zykloidenbogen (zwischen Spitze und Spitze, also zwischen $\beta_1 = 0$ und $\beta_2 = 2\pi$) hat die Länge 8r, was dem vierfachen Durchmesser des Rollkreises entspricht.

3.2.4 Tangenten

Wir erfassen die Lage einer Tangente *t* durch ihren Neigungswinkel τ gegen die x-Achse:

$$\tan\tau = \frac{dy}{dx} = \frac{\sin\beta}{1-\cos\beta} = \frac{2\cdot\sin\frac{\beta}{2}\cdot\cos\frac{\beta}{2}}{2\cdot\sin^2(\frac{\beta}{2})} = \cot\frac{\beta}{2} \qquad (3.5)$$

Demnach ergänzen einander τ und $\frac{\beta}{2}$ zu $\frac{\pi}{2}$, also

$$\tau = \frac{1}{2}\cdot(\pi-\beta) \qquad (3.6)$$

Dieser Zusammenhang ergibt sich auch auf kinematischem Wege. Der <u>momentane Drehpunkt</u> stimmt mit dem momentanen Kontaktpunkt C von Rollkreis und Gerade überein; die Kurvennormale in einem Bahnpunkt der Zykloide ist die Verbindungsgerade zum momentanen Drehpunkt (s. **7.2**).
In Fig.3.9 wenden wir diese Tatsache zur Tangentenkonstruktion an. (Selbstverständlich erhält man diese Konstruktion auch aus (3.6).)

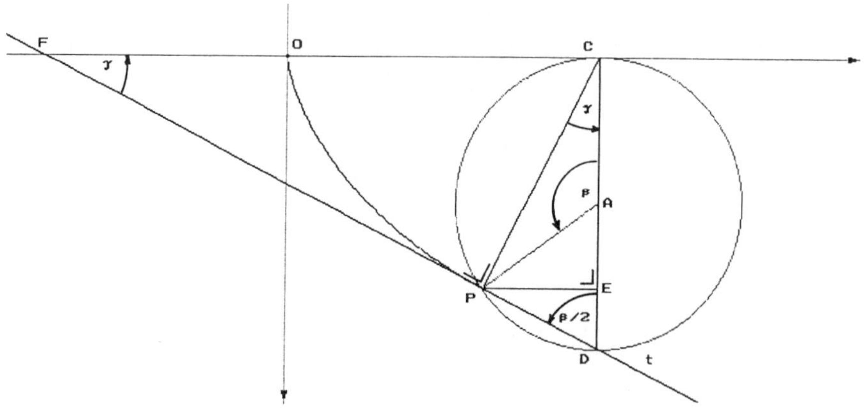

Figur 3.9

Nach der Umkehrung des THALES-Satzes schneiden die Tangente *t* und g(C;A) einander auf dem abrollenden Kreis in einem Punkt D,

und CD ist ein Durchmesser dieses Kreises. Demnach ist Δ PAD gleichschenklig mit Spitze A. Der Winkel bei A ist $\pi-\beta$, woraus sich der Winkel bei D unmittelbar zu $\beta/2$ ergibt.
In Δ PCE lesen wir $\cos\tau = y/|PC|$ ab, und |PC| ergibt sich in Δ PCD zu $2r\cdot\cos\tau$. Hieraus erhalten wir eine parameterfreie Beschreibung des Tangentenwinkels τ:

$$\cos\tau = \sqrt{\frac{y}{2r}} \qquad (3.7)$$

3.2.5 Lösung vom unmittelbaren Rollprozeß

Zur Erzeugung einer Zykloide genügt es, daß sich der Mittelpunkt A eines Kreises k_1 auf einer *in der* Kreisebene liegenden Geraden mit konstanter Geschwindigkeit v bewegt, während der Kreis mit konstanter, von seinem Radius r_1 unabhängiger Winkelgeschwindigkeit ω rotiert. Die Bewegung läßt sich dann als Rollen eines fiktiven Kreises *k* mit Mittelpunkt A und Radius $r := \frac{v}{\omega}$ deuten. Fig.3.10 veranschaulicht diese Überlegungen.

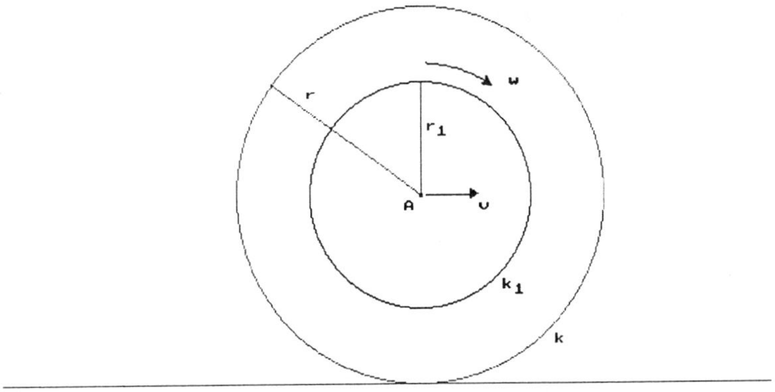

Figur 3.10

Ist b wieder der Abstand des beobachteten Punktes P vom Mittelpunkt A, so bestimmt ein Vergleich der Translationsgeschwindigkeit v mit der (relativen) Bahngeschwindigkeit $\omega\cdot b$ von P den Zykloidentyp. Ein anschauliches Alltagsbeispiel ist die Bahn der Pedale bei einem Fahrrad (s. Aufg.3.6.6).
Bewegt sich der Mittelpunkt des mit ω rotierenden Kreises mit

konstanter Geschwindigkeit v längs einer *senkrecht zur* Kreisebene liegenden Geraden, so beschreibt P eine Zylinderschraubenlinie der Ganghöhe $h = v \cdot \frac{2\pi}{\omega} = 2\pi \cdot \frac{v}{\omega}$, was der Periodenlänge vorgenannter Zykloiden entspricht. Den vollständigen Bezug stellt folgender Satz her (s. Schmidt 1949):

> Jeder Seitenriß einer Zylinderschraubenlinie ist eine Zykloide, und zwar eine gespitzte, gestreckte oder geschlungene, je nachdem der Winkel der Projektionsstrahlen gegen die Zylinderachse gleich, größer oder kleiner ist als der Winkel der Schraubenlinie gegen die Mantellinien des Zylinders.

Bewegungen der vorgenannten Art führen beispielsweise freie Ladungen in einem homogenen Magnetfeld aus. Im Schulunterricht erzeugt und beobachtet man sie üblicherweise mit Hilfe eines Fadenstrahlrohrs (s. Czech u.a. 1982).
Weitere Eigenschaften der Zykloide mit physikalischem Bezug sind in Kapitel 7 behandelt. Mehr unter mathematischen Aspekten ergänzt Kapitel 5 einige Merkmale.

3.3 KREISEVOLVENTE

Auf dem Rastkreis $K(O;R)$ wälze sich eine Gerade k ab. Die x-Achse wird so gewählt, daß der Berührpunkt C und der an k fixierte kurvenbestimmende Punkt P(x;y) zu Beginn auf ihr liegen. Fig.3.11 zeigt die Ausgangssituation zusammen mit einer weiteren Geradenlage und einem Stück der Bahnkurve von P. Dieser Kurventyp taucht erstmals wohl 1748 bei DENIS DIDEROT (1713-1784) auf.

3.3.1 Parameterdarstellung

Sei mit d die anfängliche x-Koordinate des Punktes P bezeichnet; dann ist $|d-R|$ der konstante Abstand des Punktes P von der Geraden k, und d-R ist genau dann positiv, wenn P und der Rastkreis K auf verschiedenen Seiten der Wälzgeraden k liegen. Für d = R erhält man als Punktkurve von P *die* Kreisevolvente; für andere Werte $d \in \mathbb{R}$ sprechen wir von verallgemeinerten Kreisevolventen.

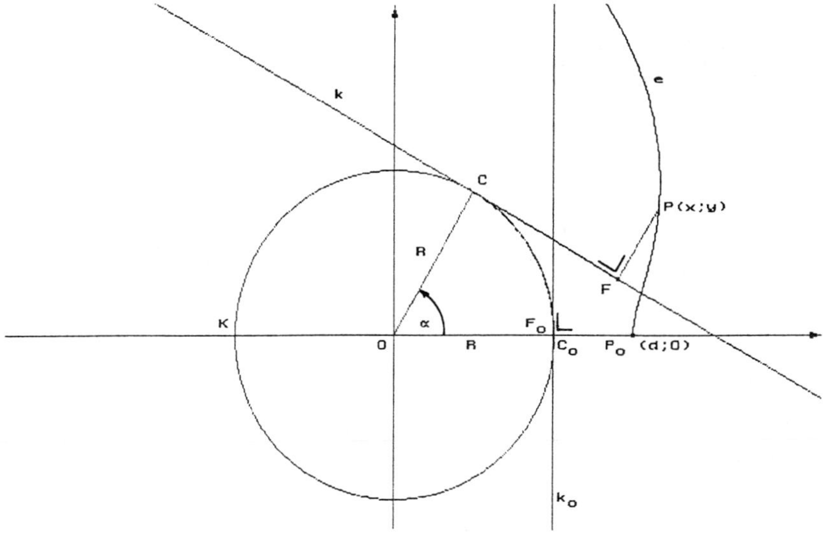

Figur 3.11

Der Name "Evolvente" ist von der Vorstellung geprägt, daß ein (unendlich oft) um *K* geschlungener Faden gestrafft abgewickelt (lat.: *evolvere* - abwickeln) wird. Fig.3.12 deutet an, daß sich je nach Vorzeichen von d-R gestreckte, gespitzte oder geschlungene Kurven ergeben, wenn man alle gezeichneten Kurven durch einen bezüglich der x-Achse symmetrischen Kurvenzweig ergänzt. Diese Zweige entstehen etwa bei Umkehrung der Wälzrichtung.
Aus Fig.3.11 lassen sich $x = R\cdot\cos\alpha + R\cdot\alpha\cdot\sin\alpha + (d-R)\cdot\cos\alpha$ und $y = R\cdot\sin\alpha - R\cdot\alpha\cdot\cos\alpha + (d-R)\cdot\sin\alpha$ ablesen. Damit gelangen wir zu der Fig.3.12 zugrundeliegenden Parameterdarstellung der (verallgemeinerten) Kreisevolventen:

$$x = d\cdot\cos\alpha + R\cdot\alpha\cdot\sin\alpha \quad ; \quad y = d\cdot\sin\alpha - R\cdot\alpha\cdot\cos\alpha \qquad (3.8)$$

Für *die* Kreisevolvente vereinfacht sich dies zu

$$x = R\cdot(\cos\alpha + \alpha\cdot\sin\alpha) \quad ; \quad y = R\cdot(\sin\alpha - \alpha\cdot\cos\alpha) \qquad (3.9)$$

Wir wollen die Wälzbewegung stets so ausführen, daß α monoton wächst und nichtnegativ ist.
Der Abstand a des Punktes P vom Ursprung ist

$$a = \sqrt{x^2 + y^2} = \sqrt{d^2 + R^2\cdot\alpha^2} \qquad (3.10)$$

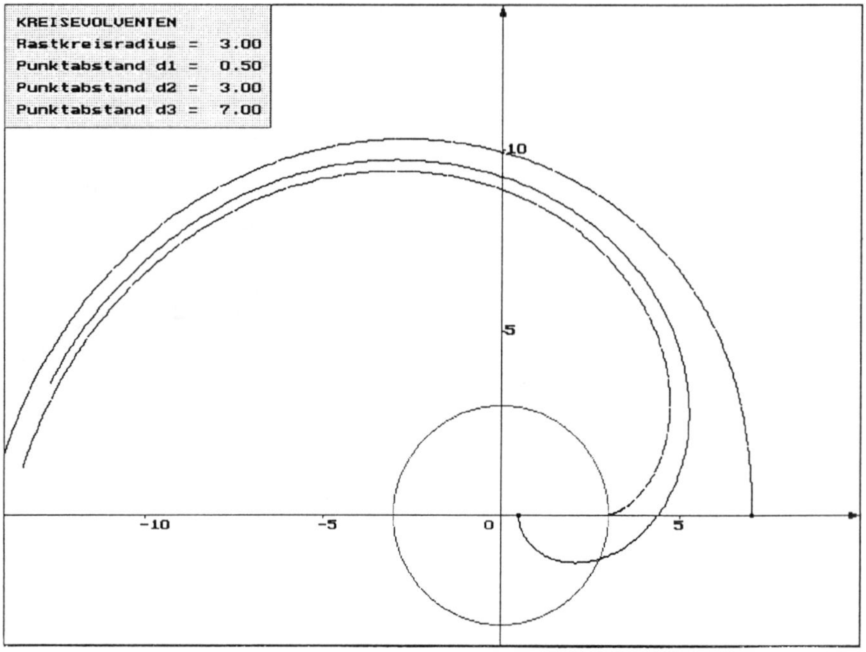

Figur 3.12

Für große α ist d^2 gegenüber $R^2 \cdot \alpha^2$ vernachlässigbar. Die Kreisevolventen nähern sich mit $a \approx R \cdot \alpha$ einer Archimedischen Spirale. Weitere Ausführungen hierzu findet man in **6.1** und **6.2**.

3.3.2 Tangenten

Wie bereits in **3.2.4** ist der Berührpunkt C von Rastkreis *K* und Gerade *k* der momentane Drehpunkt, g(P;C) demnach die Kurvennormale und deren Senkrechte in P die Tangente der Kreisevolvente *e* (auch im verallgemeinerten Sinne) im Punkt P.
Fig.3.13 verdeutlicht die Konstruktion einer Tangente *t* von einem Punkt Q an die gespitzte Kreisevolvente *e*. Eine zweite Tangente in annähernd symmetrischer Lage zu *t* auf der anderen Seite von g(O;Q) ist der Übersicht wegen nicht aufgeführt. Eine dritte Tangente t_3 mit Berührpunkt P_3 ist ohne Verdeutlichung der Konstruktion gezeichnet. Der Leser suche selbst nach einer vierten Tangente.

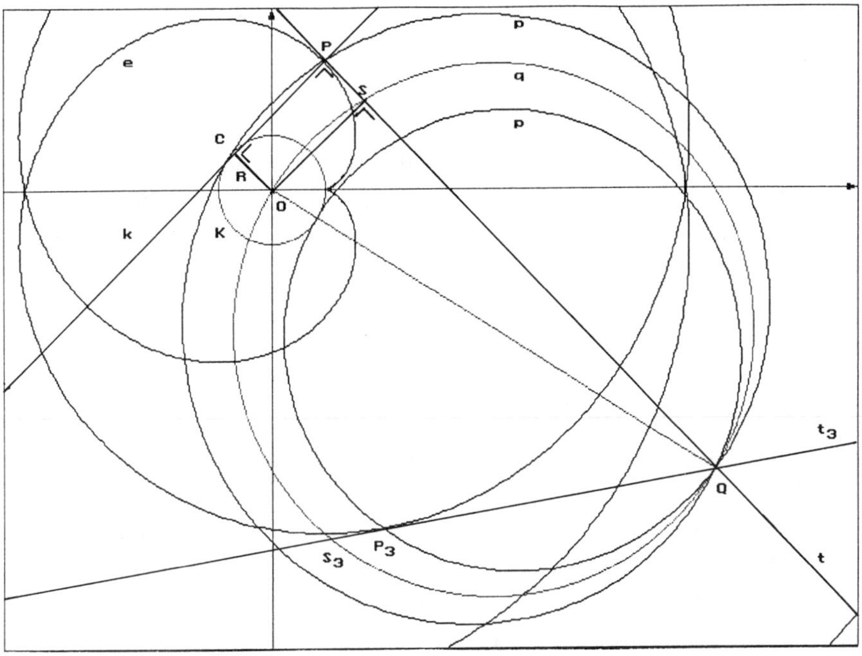

Figur 3.13

Wir bleiben exemplarisch bei der Tangente *t*. Der zum Berührpunkt P gehörige Kontaktpunkt der abrollenden Geraden *k* mit dem feststehenden Kreis *K* ist mit C bezeichnet. g(P;Q) und g(P;C) stehen senkrecht aufeinander. Die durch ihre Parallelität zu g(P;C) bestimmte Ursprungsgerade schneidet g(P;Q) in S, und PS hat die konstante Länge R. Ziehen wir nun die Erzeugbarkeit einer PASCALschen Schnecke *p* gemäß Fig.2.12 heran, so erkennen wir, daß der Berührpunkt P auf einer solchen Kurve *p* mit dem Trägerkreis *q* über QO und einer vektoriell zu addierenden Strecke der Länge c = R liegt.

Die Berührpunkte der von einem Punkt an die Kreisevolvente gelegten Tangenten liegen auf einer PASCALschen Schnecke durch diesen Punkt.

Man beachte, daß nicht jeder Schnittpunkt der zu Q gehörenden PASCALschen Schnecke mit der Kreisevolvente ein Berührpunkt einer Tangente von Q aus an die Kreisevolvente ist.

Weitere Aspekte der Kreisevolventen werden im Rahmen der Aufgaben in 3.6 und 5.8 sowie in 5.6 angesprochen.

3.4 TROCHOIDEN

Unsere Überlegungen benutzen sowohl die Erzeugung der Trochoide durch Kreisrollung als auch ihre Entstehung als Punktbahn in speziell zueinander bewegten Bezugsystemen. Zunächst wenden wir uns den charakterisierenden Größen dieser Systeme zu.

3.4.1 Drei Bezugssysteme

In Fig.3.3 ist das durch den Ursprung O und die x-Achse bestimmte Rastsystem dadurch ausgezeichnet, daß es die Bewegung vom üblichen Beobachterstandpunkt aus erfaßt. Es erscheint zweckmäßig, die mathematische Beschreibung der Bewegung in diesem System vorzunehmen. Im durch den "Steg" $\overrightarrow{OA}$ repräsentierten Hilfssystem reduziert sich die Bewegung des Punktes P auf eine gleichförmige Kreisbewegung. Das mit $\overrightarrow{AP}$ mitgeführte Gangsystem registriert P schließlich als festen Punkt.
Der gerichtete Drehwinkel des Hilfssystems gegenüber dem Rastsystem ist mit α bezeichnet. Wir wollen die Bewegung stets so ausführen, daß α monoton wächst und nichtnegativ ist. Entsprechend sei β der gerichtete Drehwinkel des Gangsystems gegenüber dem Rastsystem und γ der gerichtete Drehwinkel des Gangsystems gegenüber dem Hilfssystem. Der Zusammenhang zwischen diesen Winkeln ist unmittelbar ersichtlich:

$$\alpha = \beta - \gamma$$

Diese Beziehung gilt selbstverständlich für alle Typen von Kreiswälzungen, wie sie im folgenden Abschnitt auftreten.
Als Entdecker der Radlinien werden neben ALBRECHT DÜRER (1471-1528) auch CHARLES DE BOUVELLES (1470-1553), GÉRARD DESARGUES (1591-1661) und GALILEI genannt. Das mathematische Interesse an diesen (und anderen) Kurven war weitgehend geprägt von naturwissenschaftlichen, in erster Linie physikalisch-mechanischen Anliegen. Einige Aspekte hierzu - auch aus neuerer Zeit - werden in Kapitel 7 dargestellt.

3.4.2 Klassifikation

Man unterscheidet bei Trochoiden dahingehend, ob der Rollkreis den Rastkreis von außen oder von innen berührt. Dementsprechend bezeichnet man die Kurven als Epitrochoiden bzw. als Hypotrochoiden (griech.: epi - auf; hypo - unter). Davon unabhängig sprechen wir von Erzeugungen 1.Art bzw. 2.Art, wenn der Rollkreis den Rastkreismittelpunkt freiläßt bzw. ihn überdeckt.

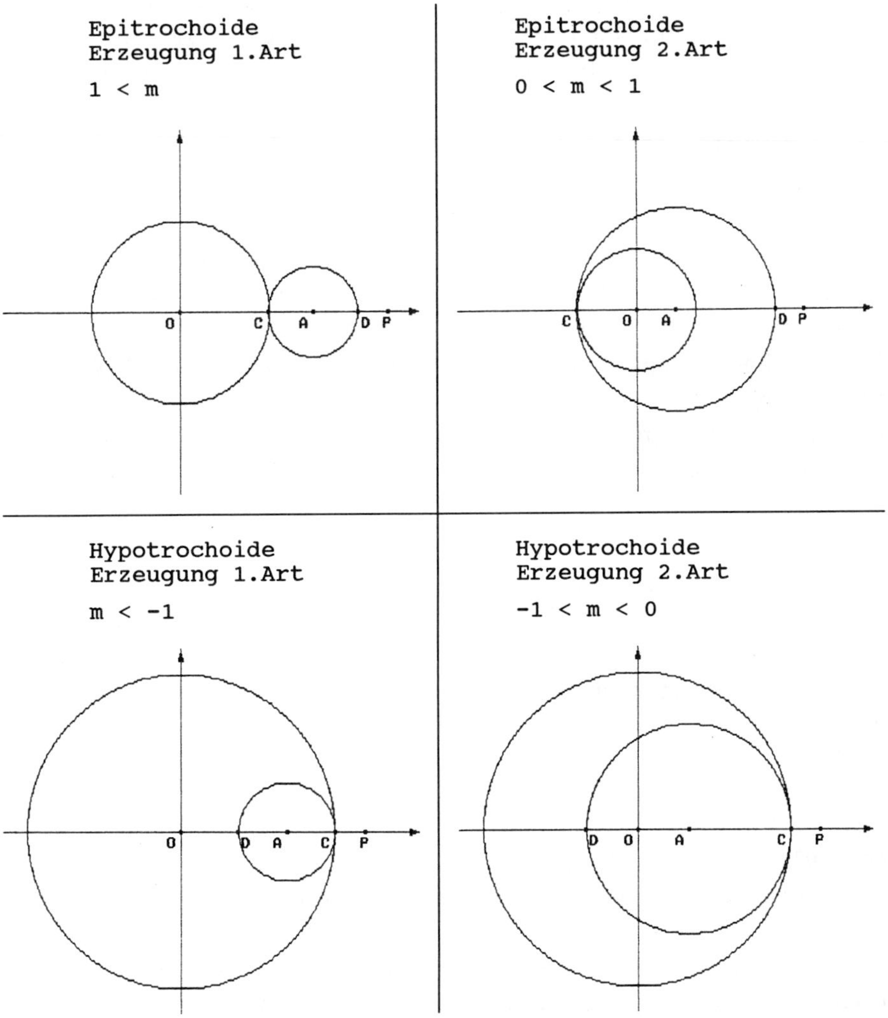

Figur 3.14

Fig.3.14 gibt einen Überblick über die auftretenden Kreisrollungstypen und stellt zugleich die Ausgangssituationen vor, auf die sich die in **3.4.3** folgenden Parameterdarstellungen beziehen. Dort sind auch Herkunft und Bedeutung des bereits hier eingebrachten Parameters m erläutert.
Ausgezeichnet durch die Figur ist zunächst Ausgangslage der beiden Kreise. Charakteristische Punkte sind neben dem Mittelpunkt des Rastkreises als Ursprung O und dem aktuellen Mittelpunkt A des Rollkreises noch der zugehörige Berührpunkt C der beiden Kreise, der dazu diametrale Punkt D des Rollkreises sowie eine Anfangslage P_0 für den kurvenbestimmenden Punkt.

3.4.3 Parameterdarstellung

Mit dem Ziel, möglichst umfassende Charakterisierungen zu erreichen, führen wir nun <u>richtungsbestimmte</u> <u>Radien</u> ein. Das positive Vorzeichen sei durch die Richtung von $\overrightarrow{OA}$ festgelegt. In Anlehnung an diese Grundorientierung seien Betrag und Vorzeichen von Rastkreisradius R bzw. Rollkreisradius r durch $\overrightarrow{OC}$ bzw. $\overrightarrow{AD}$ bestimmt.
Bei den einzelnen Rollungstypen führt diese Vorzeichenfestsetzungen zu den folgenden Konstellationen:

$$\left.\begin{array}{lll} \text{Epitrochoide 1.Art:} & R \text{ positiv}, & r \text{ positiv} \\ \text{Epitrochoide 2.Art:} & R \text{ negativ}, & r \text{ positiv} \\ \text{Hypotrochoide 1.Art:} & R \text{ positiv}, & r \text{ negativ} \\ \text{Hypotrochoide 2.Art:} & R \text{ positiv}, & r \text{ negativ} \end{array}\right\} \qquad (3.11)$$

Die <u>Rollbedingung</u> kann nun ohne Rücksicht auf die mitunter verschiedenen Vorzeichen der Drehwinkelmaße α und γ formuliert werden:

$$\alpha \cdot R = \gamma \cdot r \,. \qquad (3.12)$$

Anschaulich besagt dies, daß die durch Anfangspunkt und gemeinsamen Berührpunkt bestimmten Kreisbögen auf Rastkreis und Rollkreis gleichlang sein müssen.
Ebenso ergibt sich für den konstanten Abstand a der Mittelpunkte von Rastkreis und Rollkreis die einheitliche Beziehung

$$a := |OA| = R + r \tag{3.13}$$

Schließlich bezeichnen wir mit b den konstanten Abstand der Punkte P und A:

$$b := |AP| \tag{3.14}$$

Der Quotient

$$m := \frac{\beta}{\alpha} = 1 + \frac{\gamma}{\alpha} = 1 + \frac{R}{r} \tag{3.15}$$

ermöglicht uns eine Unterscheidung der einzelnen Rollungstypen. Bei Epitrochoiden 1.Art sind α und γ (sowie R und r) vorzeichengleich, und es ist $m > 1$. Bei Epitrochoiden 2.Art muß $|R| < |r|$ erfüllt sein. Wegen unterschiedlicher Vorzeichen von α und γ bzw. R und r erhält man dann $0 < m < 1$. Bei Hypotrochoiden ist m stets negativ; denn der Quotient $\frac{R}{r}$ ist negativ und zusätzlich ist bei Erzeugung 1.Art $0 < 2 \cdot |r| < |R|$ bzw. bei Erzeugung 2.Art $|R| \leq 2 \cdot |r| < 2 \cdot |R|$. Genauer ergeben sich für $m < -1$ Hypotrochoiden 1.Art und für $-1 \leq m < 0$ solche 2.Art. Schließlich beachte man noch, daß die Werte $m = 0$ und $m = 1$ nicht auftreten können, da hier kein Abrollvorgang stattfindet.

Wir konzentrieren uns zunächst auf die durch Fig.3.3 repräsentierten Epitrochoiden 1.Art und erhalten für die Koordinaten x und y von P

$$x = a \cdot \cos\alpha + b \cdot \cos\beta = a \cdot \cos\alpha + b \cdot \cos(\alpha+\gamma)$$
$$y = a \cdot \sin\alpha + b \cdot \sin\beta = a \cdot \sin\alpha + b \cdot \sin(\alpha+\gamma).$$

Aus Fig.3.15, Fig.3.16 und Fig.3.17 ist ersichtlich, daß dieser Ansatz auch für Epitrochoiden 2.Art sowie für Hypotrochoiden trägt.

Setzen wir nun den Parameter m aus (3.15) ein, so erhalten wir die allen <u>Trochoiden gemeinsame Parameterdarstellung</u>

$$\boxed{x = a \cdot \cos\alpha + b \cdot \cos(\alpha m) \quad ; \quad y = a \cdot \sin\alpha + b \cdot \sin(\alpha m)} \tag{3.16}$$

Der Fall $m = -1$ mit $b = a$ ist geometrisch ausgezeichnet. Wie Fig.3.18 verdeutlicht, setzen sich hier die beiden Kreisbewegungen zu einer geradlinigen Bewegung zusammen.

Wegen $m = -1$ gilt nämlich $|\measuredangle\, POA| = |\measuredangle\, PAE|$, und wegen $a = b$ ist $|OA| = |AP|$. Berücksichtigt man noch die rechten Winkel bei E und F, ergibt sich die Kongruenz von Δ OAF und Δ PAE .

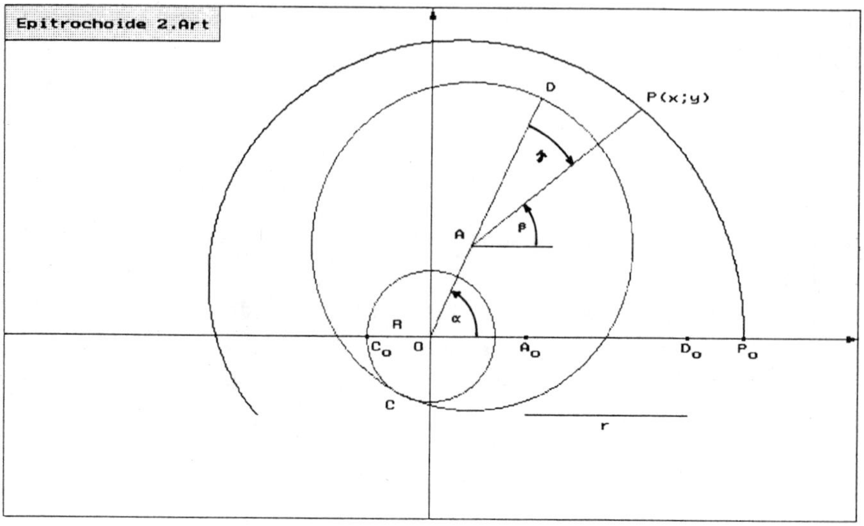

Figur 3.15

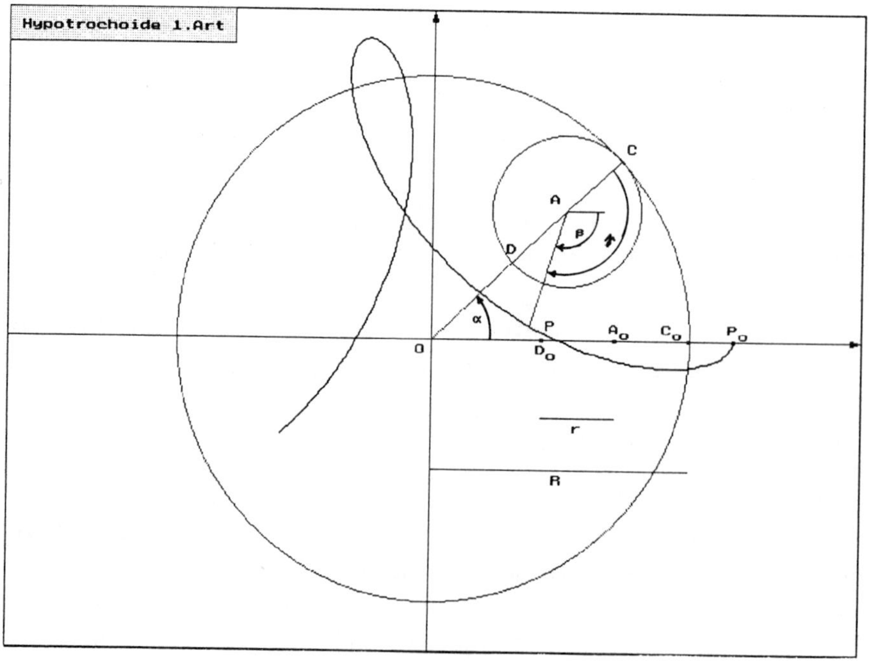

Figur 3.16

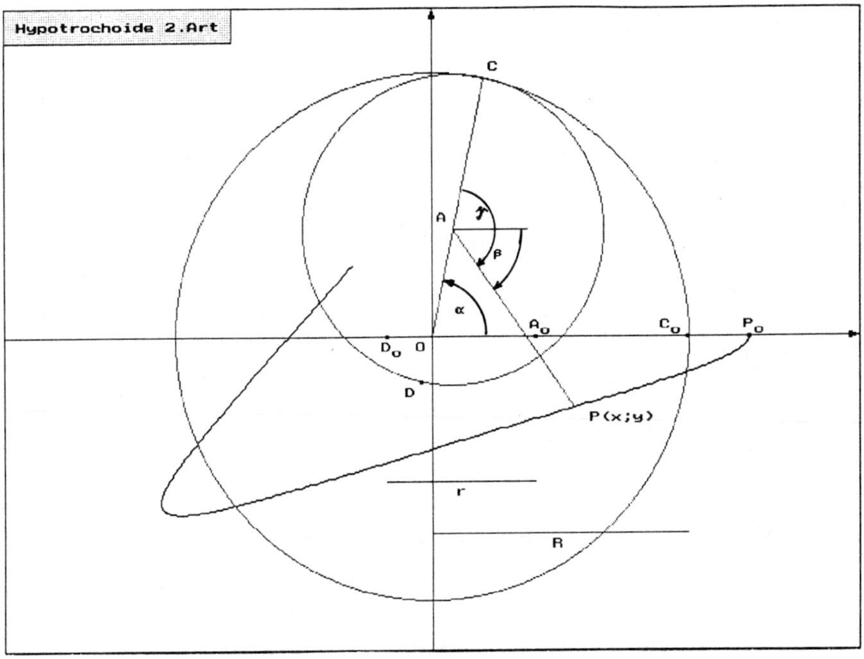

Figur 3.17

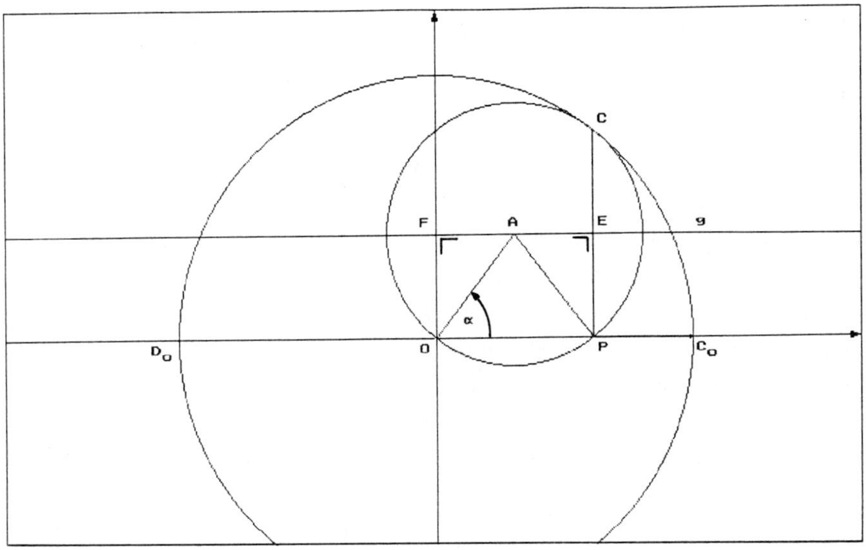

Fig.3.18

Aus dieser Kongruenz folgt |FO| = |EP|. Somit liegt P stets auf der x-Achse. Analytisch ergibt sich $y \equiv 0$ direkt aus (3.16). Dieses Ergebnis ist interessant als eine Lösung des die Kinematik durchziehenden Problems der Geradführung, d.h. der mechanischen Erzeugung und Führung linearer Bewegungen. Der genaue Bewegungsablauf stellt sich nach (3.6) folgendermaßen dar: Wächst α in der Zeit t mit konstanter Winkelgeschwindigkeit ω, so gilt $x(t) = 2a \cdot \cos(\omega t)$. P vollführt demnach eine harmonische Schwingung um den Ursprung.

3.4.4 Beispiele

Fig.3.19 zeigt für einige positive Werte des Artparameters m die zugehörigen Epitrochoiden zusammen mit dem durch den Mittelpunkt des Rastkreises gegebenen Ursprung des zugrundeliegenden Koordinatensystems. Fig.3.20 stellt den zuvor mit positivem m gezeichneten Epitrochoiden die Hypotrochoiden mit den entsprechenden negativen Werten für m gegenüber.
Insbesondere finden wir hier wie bereits bei den Zykloiden und Kreisevolventen geschlungene, gespitzte und gestreckte Kurventypen gemäß dem Verhältnis von b zu |r|. Die Einordnung in die Typenklassen beruht jeweils auf dem gleichen Kriterium.
So erhält man für Erzeugungen 1.Art eine geschlungene bzw. eine gespitzte bzw. eine gestreckte Trochoide, wenn der bahnbestimmende Punkt P außerhalb bzw. auf bzw. innerhalb des Rollkreises liegt. Bei Erzeugungen 2.Art ist die Reihenfolge der Punktlagen umzukehren.
Für die gespitzten Bahnkurven sind auch die Bezeichnungen Epizykloide bzw. Hypozykloide gebräuchlich.
Die allen Trochoiden gemeinsame Parameterdarstellung (3.16) weist auf den (für $m = -1$ bereits angesprochenen) Spezialfall $b = a$ hin, bei dem die Kurven durch den Mittelpunkt des Rastkreises verlaufen. Bei Hypotrochoiden ergeben sich dann die sogenannten Rosenkurven oder Rhodoneen.
Für $m = 2$ und $m = 0.5$ treffen wir auf die bereits aus Fig.2.11 bekannte PASCALsche Schnecke. Auch finden wir die in Fig.1.7 eingeführte Astroide für $m = -3$ wieder.

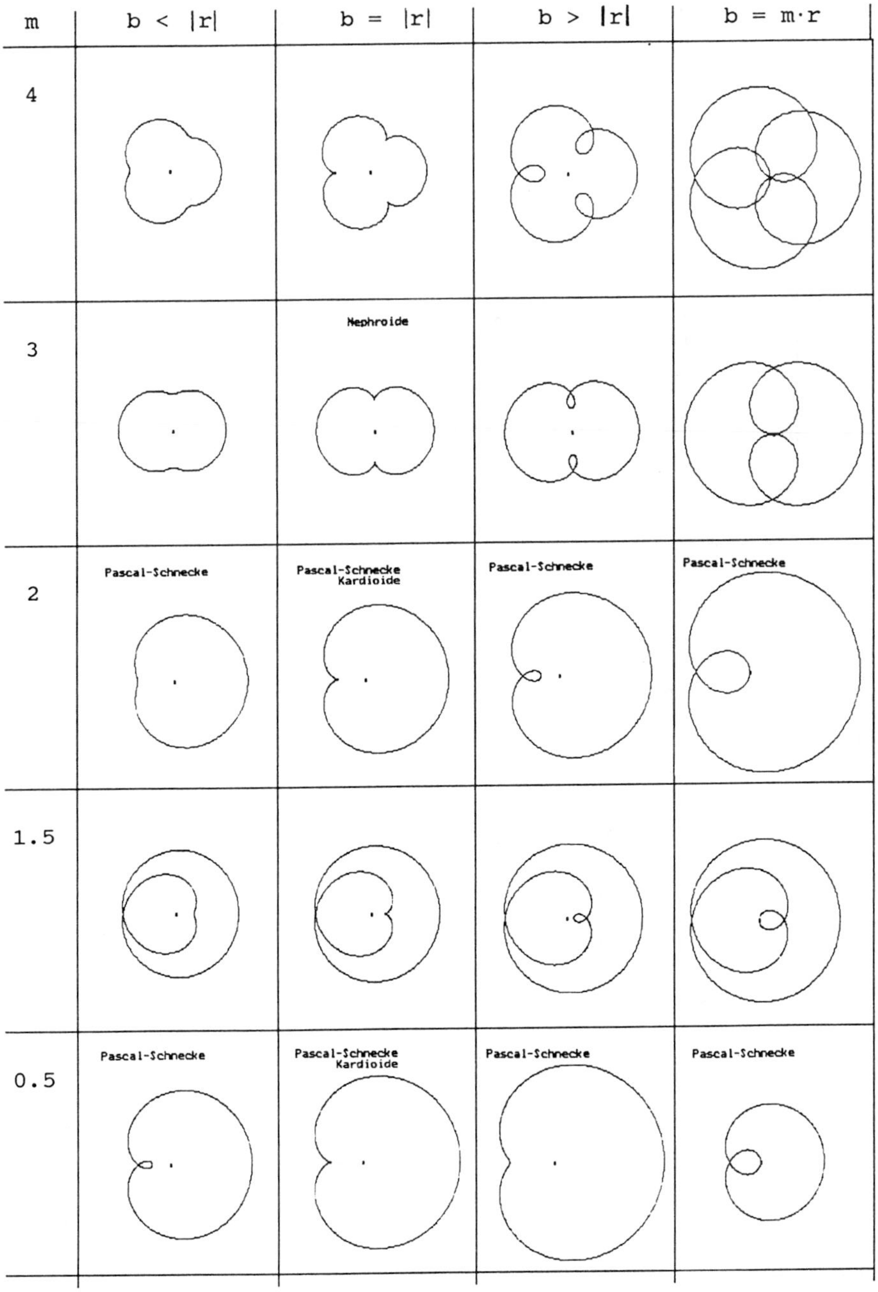
m
b < |r|
b = |r|
b > |r|
b = m·r
4
3
Nephroide
2
Pascal-Schnecke
Pascal-Schnecke
Kardioide
Pascal-Schnecke
Pascal-Schnecke
1.5
0.5
Pascal-Schnecke
Pascal-Schnecke
Kardioide
Pascal-Schnecke
Pascal-Schnecke

Figur 3.19

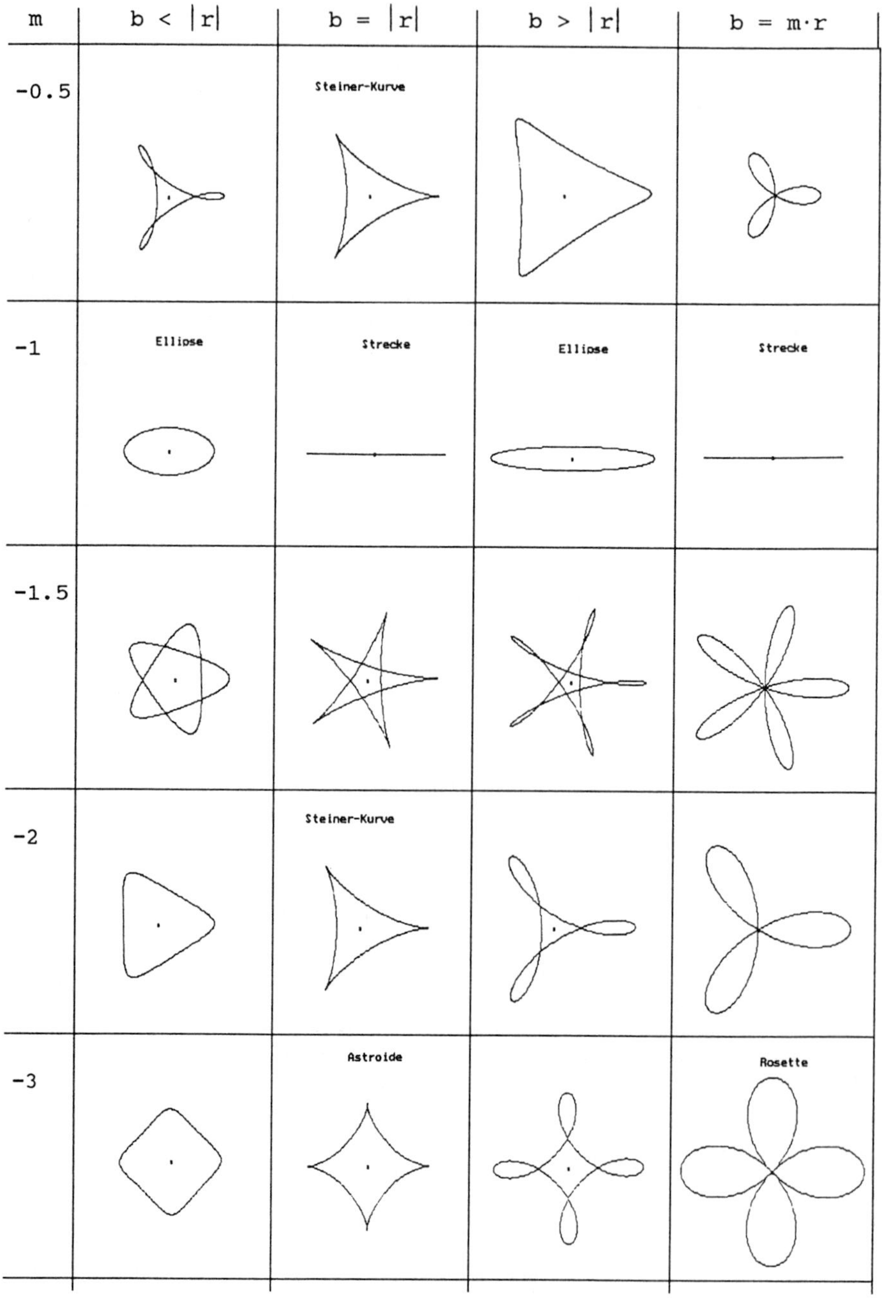
m
b < |r|
b = |r|
b > |r|
b = m·r
-0.5
Steiner-Kurve
-1
Ellipse
Strecke
Ellipse
Strecke
-1.5
-2
Steiner-Kurve
-3
Astroide
Rosette

Figur 3.20

Jede der Bildfolgen in den Zeilen der beiden Übersichten wurde durch Variation von b unter Konstanthalten der restlichen Formvariablen erzeugt. Selbstverständlich läßt sich dies fortsetzen, wie etwa mit Fig.3.21, die den Fall m = -1.5 mit b > m·r repräsentiert.

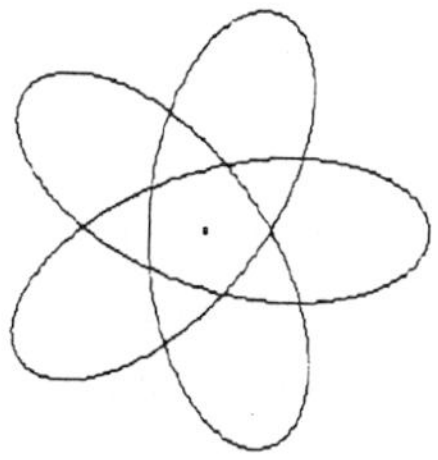

Figur 3.21

3.4.5 Analyse der Gestalt

Wir betrachten nun die Form der in Fig.3.19 und Fig.3.20 abgebildeten Kurven. Der Übergang von geschlungenen zu gestreckten Kurvenformen vollzieht sich über den gespitzten Typ. Dieser repräsentiert als Grenzfall die beiden anderen Erscheinungsformen mit, so daß wir uns im folgenden auf ihn beschränken.

Für m < 0 zeigen die Spitzen der Kurven nach außen, und es ergibt sich eine sternförmige Gestalt, für m > 0 bewirken die nach innen gerichteten Spitzen blumenartige Formen, sogenannte Anemonenkurven. Auf derartige Singularitäten gehen wir in 5.2 näher ein.

Für ganzzahlige Werte von m bestimmt |m-1| die Anzahl der Zacken bzw. Blätter. $|m-1| = \frac{|R|}{|r|}$ gibt nämlich an, wie oft der Umfang des Rollkreises im Umfang des Rastkreises enthalten ist, also die Anzahl der Umdrehungen bis zur wiedererreichten Ausgangslage. Insbesondere liegen demnach für ganzzahlige m geschlossene Kurven vor. Aus $|m-1| = \frac{\text{Umfang des Rastkreises}}{\text{Umfang des Rollkreises}}$ erklären sich auch die Zacken- bzw. Blätteranzahlen bei anderen rationalen Werten von m. Ist $\frac{u}{v}$ die gekürzte Bruchdarstellung von |m-1|, so muß der Rollkreis $\frac{\text{kgV}(u;v)}{v}$ vollständige Umdrehungen ausführen, um in seine Ausgangslage zurückzufinden. Die Trochoide ist also auch hier stets geschlossen.

Für irrationale Werte von |m-1| bzw. m (was mit dem Computer nicht nachvollzogen werden kann!) gelangt der Rollkreis nicht mehr in seine Ausgangslage.

3.4.6 Doppelte Erzeugbarkeit

Bei den in Fig.3.19 und Fig.3.20 gezeigten Radlinien fällt auf, daß sich für einen Wert m und seinen Kehrwert mitunter dieselbe Kurvenform ergibt. Bei den nach wachsendem Parameter α gezeichneten Hypotrochoiden werden die einander entsprechenden Kurven entgegengesetzt durchlaufen (vgl. Fig.3.16 und 3.17).
Wir machen uns das erstgenannte Phänomen im Falle der Epitrochoiden 1.Art an dem in Fig.3.22 dargestellten Gelenkparallelogramm OAPB klar. Die Bewegung des Stabpaares OAP sei in der bekannten Weise an eine Kreisrollung mit den Drehwinkeln α und β gekoppelt, so daß P eine Epitrochoide beschreibt. Gleichzeitig wird dieselbe Kurve auch von dem Stabpaar OBP erzeugt. Die zugehörigen Drehwinkel sind nun β und α.
Damit haben wir den berühmten Satz über die doppelte Erzeugbarkeit jeder Radlinie durch Kreisrollung illustriert. Er wird nach LEONHARD EULER (1707-1783) benannt, obwohl er auch schon PHILIPPE DE LA HIRE (1640-1718) bekannt war, von dem die erste methodische Abhandlung über Radlinien stammt (1706).

Jede Trochoide läßt sich auf zwei Arten durch Kreisrollung erzeugen.

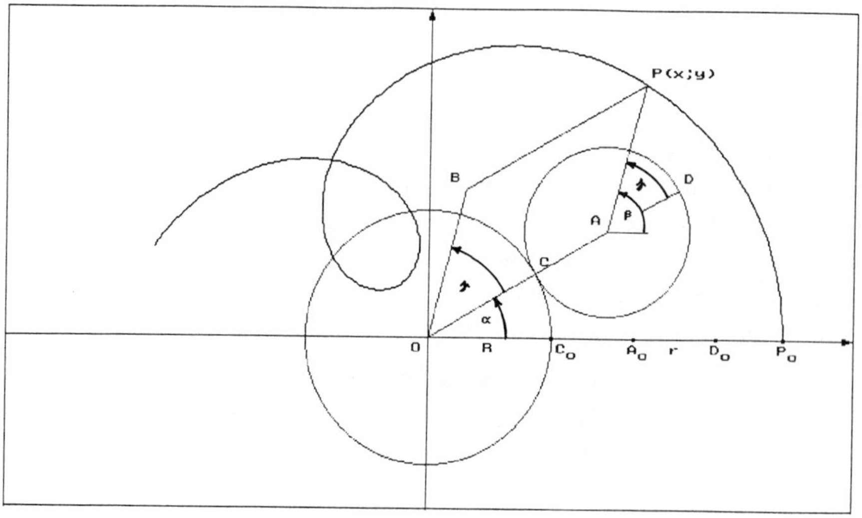

Figur 3.22

Unser Ziel ist es nun, die zweite erzeugende Kreisrollung durch ihre Radien und die Art des Rollprozesses zu erfassen, und zwar für alle Trochoidenarten. Ist die erste Erzeugung wie in (3.16) charakterisiert, so kennzeichnen wir die Parameterdarstellung der zweiten Erzeugung durch Querstriche über den Variablen. Es ist dann $\bar{a} = b$ und $\bar{b} = a$ sowie $\bar{\alpha} = \beta = m \cdot \alpha$ und $\bar{\beta} = \bar{m} \cdot \bar{\alpha} = \alpha$. Das letzte Gleichungspaar liefert $m \cdot \bar{m} = 1$ in Übereinstimmung mit unseren Beobachtungen an den Beispielkurven.
Weiter ist $b = \bar{a} = \bar{R} + \bar{r}$ und $\bar{m} = 1 + \bar{R}/\bar{r}$, also $1/m = b/\bar{r}$ und schließlich $\bar{r} = m \cdot b$ sowie $\bar{R} = b - \bar{r} = (1-m) \cdot b$. Fassen wir die <u>Transformationsgleichungen</u> zusammen:

$$\left.\begin{array}{ll} \bar{a} = b & \bar{b} = a \\ \bar{\alpha} = m \cdot \alpha & \bar{m} = \frac{1}{m} \\ \bar{R} = (1-m) \cdot b & \bar{r} = m \cdot b \end{array}\right\} \qquad (3.17)$$

Aus $\bar{m} = \frac{1}{m}$ folgt, daß Epitrochoiden 1.Art in solche 2. Art übergehen und umgekehrt. Analoges gilt für Hypotrochoiden.

> Jede Trochoide kann sowohl mit Hilfe eines den Rastkreismittelpunkt freilassenden als auch mit einem diesen überdeckenden Rollkreis erzeugt werden.

Bei Hypotrochoiden wird mit wachsendem positivem α der Parameter $\bar{\alpha}$ negativ und monoton fallend. Da der Computer gemäß (3.16) stets mit positiv wachsendem α zeichnet, erklärt sich hieraus der beim Zeichnen der beiden Hypotrochoidenarten zu beobachtende entgegengesetzte Umlaufsinn.
Eine naheliegende Verallgemeinerung des Radlinienbegriffs ergibt sich, wenn man in Fig.3.22 das Stabpaar OAD zu einem <u>mehrgliedrigen Gelenkpolygon</u> erweitert. Bei ihm rotiert der jeweils folgende Stab mit einer bestimmten Winkelgeschwindigkeit um den Endpunkt des vorangehenden. Auf diese Weise gelangt man zu sogenannten <u>höheren Radlinien</u> (s. Wunderlich 1970).

3.5 DIDAKTISCHER KOMMENTAR

Die <u>Thematik</u> der Radlinien wird in diesem Kapitel auf kinematische Weise, also <u>genetisch angegangen</u>. Die ständige Anlehnung an die Kreisrollung führt zu einsichtigen Mathematisierungen, andererseits eröffnet sie Kontrollmöglichkeiten für einmal erhaltene Modelle.

Die Evidenz der realen Situation und der Herleitungen ist zusammen mit der sich erschließenden Formenvielfalt hochmotivierend. Der ästhetische Reiz vieler Figuren unterstützt diese affektive Komponente.

Radlinien können durch konkrete Handlungen erzeugt werden. Ein erstes Beispielreservoir verschafft man sich etwa mit Hilfe eines Spirographs oder von Teilen aus Mechanikbaukästen. Nach der Mathematisierung der Bewegungen kann eine durch den Taschenrechner gestützte punktweise Auswertung eines Rollvorgangs und schließlich der Einsatz computergraphischer Hilfsmittel erfolgen.

Die mathematische Erfassung der Situation fasziniert insbesondere dadurch, daß die an *einem* Kreisrollungstyp gewonnenen Beschreibungen auf alle Radlinien übertragen werden können, so daß sich viele der Erkenntnisse in einer einzigen Parameterdarstellung manifestieren. Die Systematik der Kurvenentstehung und der Kurvengestalt korrespondiert dabei mit den auftretenden Kurvenparametern und den Formvariablen, wobei dem Quotienten m gemäß (3.15) eine Sonderrolle zukommt. Wir haben hier ein exemplarisches Beispiel für die Nützlichkeit von Variablen, das sich auch gut zur Einführung von Parameterdarstellungen eignet.

Angesichts der recht großen Anzahl der Variablen (r,R,b,m,α) eröffnet erst der Computer einen umfassenden phänomenologischen Eindruck. Sortieren, Klassifizieren und Erklären der gewonnenen Abbildungen fordern das gezielte Erstellen weiterer Kurven heraus. Der Unterricht wird dann phasenweise experimentell ausgerichtet sein.

Radlinien bieten ausgezeichnete Gelegenheit zum Abstrahieren und Erweitern, zumal die Kurvenentstehung nicht an unmittelbare Kreisrollungen gekoppelt sein muß. Auch wir sind ja mit der Behandlung von Sonderfällen in die Thematik eingestiegen. Bei der Herleitung der doppelten Erzeugbarkeit einer Radlinie wird diese als Ergebnis eines fiktiven Rollprozesses angesehen; hieraus ergeben sich auf deduktivem Wege die Charakteristika der realen

Bewegung. Dabei treten die Stärken der analytischen Geometrie zum Vorschein, die bei den heute üblichen bloßen Anwendungen im Bereich der linearen Geometrie eher verborgen bleiben.

Die der Thematik immanente Verflechtung von Analysis und Geometrie schlägt sich selbstverständlich auch in den Methoden nieder. Den sich spannenden Bogen erkennt man etwa beim Vergleich der kinematisch-geometrisch geprägten Zykloidenquadratur durch ROBERVAL mit der (später entwickelten) Vorgehensweise über den Integralbegriff. Getragen wird die mit diesem Beispiel angedeutete, aber wesentlich breiter angelegte Vielfalt der Methoden durch den einheitlichen Kontext.

Im Rahmen der Beschäftigung mit den Radlinien wurde mit der Kreisevolvente eine neue Kurvenerzeugungsmöglichkeit vorgestellt. Die gezeigte Vorgehensweise ist verallgemeinerbar und wird in Kapitel 5 weiter untersucht.

Der Unterricht wird kaum so glatt verlaufen, wie es hier dargestellt wurde. Geht man etwa von anderen Anfangssituationen als in Fig.3.14 aus, müssen die Parametrisierungen keineswegs übereinstimmen. Problemlösestrategien wie das Fallunterscheiden oder das Erkennen von Gemeinsamkeiten sind gefordert. Eine zentrale Stelle ist dabei der Übergang zu vorzeichenbehafteten Radien, um gemeinsame Formeln zu erzeugen.

Bei einem konkreten Lehrgang über Radlinien wird man sich inhaltlich sicherlich einschränken bzw. eine Auswahl treffen müssen. Sehr nahe an der Alltagserfahrung der Schüler liegt etwa die gemeine Zykloide. Die in 3.2 vorgestellten Aspekte der Zykloidenuntersuchung betreffen nahezu alle Bereiche der Schulmathematik und bringen darüberhinaus noch innovative Elemente (z.B. unterschiedliche Darstellungsmöglichkeiten) ins Spiel.

Infolge ihrer weitgehend physikalisch und technisch geprägten Erforschung weisen die Radlinien zahlreiche in die diesbezüglichen Fächer hineinreichenden Aspekte auf. Exemplarisch sind in Kapitel 7 für die Zykloide einige Eigenschaften (Brachistochronie, Tautochronie) angesprochen, die sich zumindest partiell in den Physikunterricht einbinden lassen. Nicht vergessen sollte man dabei den historischen Gehalt der Thematik - auch mit Blick auf die Genese von Mathematik.

3.6 AUFGABEN

3.6.1 Erstellen Sie Bedingungsgleichungen für eine geschlungene Zykloide, bei der benachbarte Schleifen einander berühren. Wann können Schleifen einander überdecken?

3.6.2 Zeigen Sie, daß die rechte Seite von (3.3) eine streng monoton fallende Funktion in β ist (Fallunterscheidung!).

3.6.3 Auf welcher Kurve liegen die Extrempunkte der ersten Periode einer Schar von Zykloiden in der Darstellung (3.3)?

3.6.4 Gegeben sei eine gespitzte Zykloide und ein Punkt außerhalb. Konstruieren Sie eine weitere gespitzte Zykloide durch diesen Punkt.

3.6.5 Skizzieren Sie den Weg, den ein Hund beschreibt, der seinen (geradlinig gleichförmig) voranschreitenden Herrn ständig umkreist, dabei aber stets seine Umlaufrichtung umkehrt, wenn er sich genau vor seinem Herrn befindet.

3.6.6 Viele Fahrräder haben eine Kettenschaltung. Mit der Tretkurbel sind in der Regel 2 oder 3 Zahnräder, mit der Hinterradachse 5 bis 7 Zahnräder fest verbunden. Fig.3.23 zeigt eine Konstellation für die Wahl eines bestimmten Ganges, der der Übersetzung (Anzahlverhältnis der Zähne) 1:4 entspricht. Im folgenden beziehen wir uns auf den Fall einer Bereifung mit "27er Rädern" die einen Umfang von etwa 215 cm haben.

a) Untersuchen Sie die Bahnkurven eines Reifenpunktes, eines Speichenreflektors, eines Pedals und anderer beweglicher Fahrradteile bei der vorgegebenen Übersetzung.

b) Zu welchen Änderungen kann ein Wechsel des Ganges führen?

c) Führen Sie Beobachtungen und Messungen an ihrem eigenen Fahrrad durch.

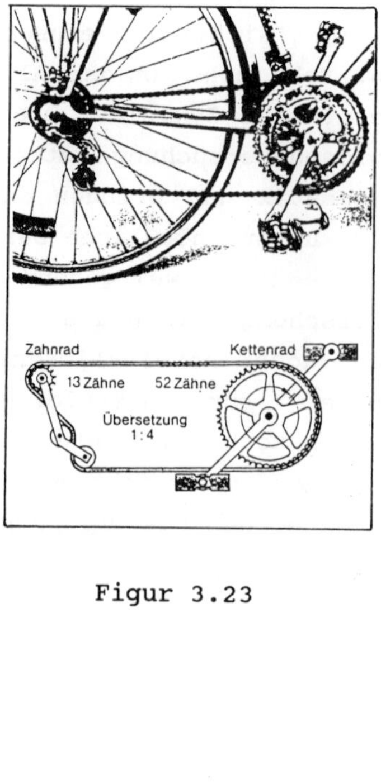

Figur 3.23

3.6.7 Die Kreisevolvente kann als Grenzfall einer gespitzten Epizykloide für Rollkreisradien $|r| \to \infty$ angesehen werden. Verdeutlichen Sie dies an Hand der Parametergleichungen.

3.6.8 Berechnen Sie die Kurvenlänge der Kreisevolvente sowie den Inhalt der vom Fahrstrahl OP überstrichenen Fläche für ein Parameterintervall der Form $[0;\alpha]$.

3.6.9 Beweisen Sie den in Fig.3.24 veranschaulichten Satz von VICTOR MAYER AMÉDÉE MANNHEIM (1831-1906):
Die bei der Kreisevolvente zwischen dem Kreisbogen, dem zugehörigen Evolventenbogen und der zugehörigen Tangente des Kreisbogens liegende Fläche ist gleich einem Drittel des Produkts aus der Länge jener beiden Bögen.

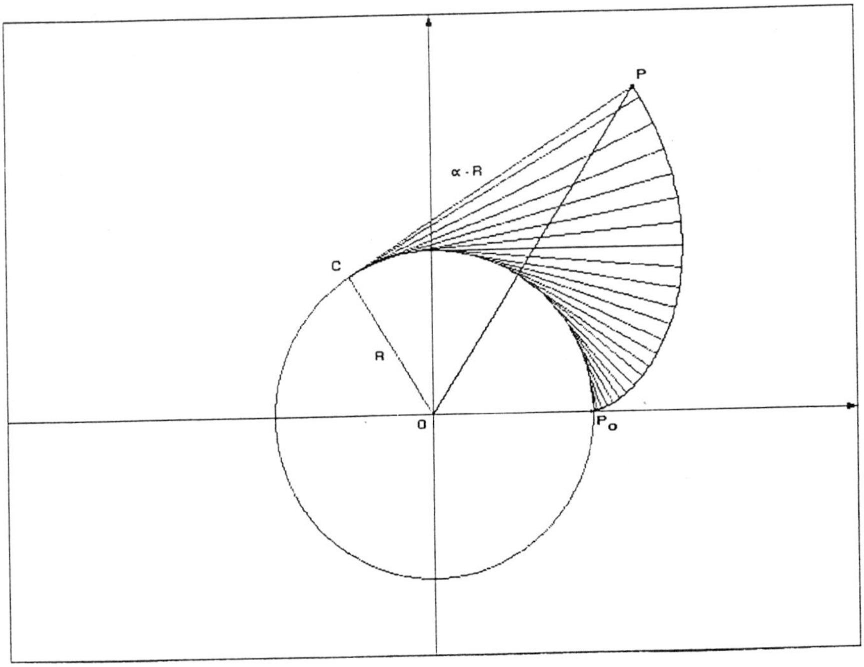

Figur 3.24

3.6.10 Geben Sie sich Werte für die Parameter m, a und b einer Trochoide vor und beschreiben Sie an Hand dieser Angaben die Gestalt der Kurve.

3.6.11 Welches ist der Punkt der Nephroide, der am weitesten links (rechts, oben, unten) liegt?

3.6.12 Zeigen Sie, daß die in Kapitel **3** auftretenden Trochoiden Ellipse, Astroide, Rosette und Kardioide mit ihren früheren Darstellungen aus **1.2** bzw. **1.3** bzw. **1.4** bzw. **2.4** verträglich sind.

3.6.13 Betrachten Sie das Abwälzen eines Quadrats.

a) Was passiert mit dem Mittelpunkt des Quadrats beim Abwälzen auf einer Geraden?

b) Auf welcher Kurve muß sich ein Quadrat abwälzen, damit sein Mittelpunkt eine Gerade beschreibt?

3.6.14 Der Planet Jupiter umläuft die Sonne einmal in 11,86 Jahren. Der Jupitermond Sinope (entdeckt 1914) benötigt mit 758 Tagen die längste Umlaufzeit aller Jupitersatelliten.
Welche Bahnformen kommen für Sinope damit in Frage? Welche Zusatzinformationen sind zu einer genaueren Beschreibung der Bahn noch erforderlich?

4 CHARAKTERISIERUNG UND ERSTE ANALYSE VON KURVEN

4.1 ZUM KURVENBEGRIFF

Mit dem Begriff "Kurve" verbinden sich gewisse Tätigkeiten und Erfahrungen im täglichen Leben. So treffen wir etwa auf Kurven bei linienhaften Gegenständen (z.B. Fäden, Schnüren, Kabeln), beim Zeichnen runder Objekte oder bei der Untersuchung von Bahnen bewegter Körper.
Wenn es nun darum geht, den Kurvenbegriff mathematisch zu erfassen und zu präzisieren, so suchen wir in der Formulierung K.Hahns "einen Begriff, der möglichst viele Gebilde in sich faßt, die gemeinhin als Kurve bezeichnet zu werden pflegen, und, von notwendigen Verallgemeinerungen abgesehen, möglichst wenig Gebilde, die gemeinhin nicht als Kurven gelten würden" (s. Noack 1962, S.386). Um die Natürlichkeit der Begriffsbildung nachzuempfinden, gehen wir auf die zeitliche und inhaltliche Entwicklung des Begriffs ein. Dabei beschränken wir uns auf die Betrachtung <u>ebener Kurven</u>, also auf Gebilde im zweidimensionalen Euklidischen Raum.
Nach ersten, von der unmittelbaren Anschauung geprägten Vorstufen des Kurvenbegriffs im Altertum bilden sich im wesentlichen zwei Grundkonzepte heraus. Zum einen ist dies die <u>Kurve als Bild einer Strecke</u>, zum anderen die Charakterisierung von <u>Kurven als lineare Punktmengen</u>. Wir haben uns bisher auf Kurven der erstgenannten Art konzentriert und deuten daher die zweite Typisierung nur kurz an.

4.1.1 Der Kurvenbegriff in der Antike

Die griechischen Mathematiker behandeln Kurven als "gerade", "gebrochene", "gebogene" oder "gemischte" <u>Linien</u>. Der erste belegte Versuch der Definition einer Linie findet sich im ersten

Band der *Elemente* von EUKLID (um 300 v.Chr.). Er spricht darin von einer Linie als Länge ohne Breite und von der Grenze der Fläche. HERON (um 100 n.Chr.) bringt in einem Kommentar zu diesen Begriffsbildungen die Linie als Bahn eines Punktes sowie Dimensionsbetrachtungen in die Diskussion ein. Diese recht bescheiden anmutenden Anfänge einer Systematisierung gehen einher mit durchaus anspruchsvollen Untersuchungen gewisser Kurven (s. **8.1.1**).

4.1.2 Die Herausbildung des JORDANschen Kurvenbegriffs

Die Entwicklung arithmetischer Charakterisierungen geometrischer Gebilde durch PIERRE DE FERMAT (1601-1665) und insbesondere RENÉ DESCARTES (1596-1650) stützt sich auf die Korrespondenz zwischen Punkten der Ebene und Paaren reeller Zahlen im Sinne von Koordinaten. DESCARTES betrachtet Kurven, die sich durch Gleichungen erklären lassen; präzise und in moderner Symbolik fomuliert heißt dies, daß die kartesischen Koordinaten ihrer Punkte einer algebraischen Gleichung der Form

$$\boxed{F(x;y) = 0} \tag{4.1}$$

genügen. Von diesen algebraischen Kurven (wie etwa die Rosette in Fig. 1.13) unterscheidet er sogenannte mechanische Kurven (z.B. die Zykloide in Fig.3.5), welche sich durch keinerlei algebraische Gleichungen bestimmten Grades beschreiben lassen. Für derartige Größen führt GOTTFRIED WILHELM LEIBNIZ (1646-1716) im Jahre 1686 die Bezeichnung transzendent ein.

Die Ansätze von DESCARTES verknüpfen die Begriffe "Kurve" und "Funktion" miteinander. Im Sinne der Aussage des Satzes von der impliziten Funktion (s. **4.2.2**) kann eine Linie letztlich als charaktergleiches Bild der (reellen analytischen) Zahlengerade (bzw. eines Ausschnittes derselben) angesehen werden. Diese Auffassung prägt zunächst die weitere Entwicklung des Kurvenbegriffs.

Bei der Anwendung der analytischen Methode in der Mechanik werden die Koordinaten von Bahnkurvenpunkten sinnvollerweise als Funktionen der Zeit beschrieben. Mit diesem Übergang zu einer

Parameterform vereinfacht sich auch der Zugang zu transzendenten Kurven. CAMILLE JORDAN (1838-1922) gibt eine analytische Definition des Kurvenbegriffs.

Eine Kurve ist die Menge der Punkte P(x;y), die durch das Gleichungssystem $x = f_1(t) \wedge y = f_2(t)$ mit Funktionen f_1 und f_2 einer unabhängigen Variablen t dargestellt werden.

Sind die Funktionen f_1 und f_2 stetig, so nennt JORDAN die Kurve stetig. Und weiter bemerkt er, daß die Kurve geschlossen ist, falls die beiden Funktionen f_1 und f_2 eine gemeinsame Periode besitzen. Die Deutung des Parameters t als Zeit ist selbstverständlich möglich und häufig auch angebracht, aber keineswegs notwendig. Indem der Parameter t ein Definitionsintervall durchläuft, kann die Menge der zugehörigen Punkte P(x;y) auch als kontinuierliche Punktfolge interpretiert werden.

Beschränken wir uns auf stetige Kurven, was unserer natürlichen Vorstellung von einer Linie entspricht, so ist obige analytische Definition gleichwertig mit der geometrischen Charakterisierung einer Kurve als eindeutiges und stetiges Bild einer Strecke.

Sowohl die JORDANsche Kurvenauffassung als auch jene DESCARTES' umgreifen selbstverständlich die in der Schule übliche Charakterisierung der Kurve als Graph y = f(x) einer (im wesentlichen) stetigen Funktion f. Als implizite Kurvenbeschreibung ergibt sich hier nämlich

$$F(x;y) \equiv y - f(x) = 0 \tag{4.2}$$

und die Parameterwahl t := x führt in JORDANs Definition zu den darstellenden Funktionen f_1 = id und f_2 = f, also zu

$$x = t \quad ; \quad y = f(t) \tag{4.3}$$

Die in den Kapiteln 1 bis 3 vorgestellten Kurven zeigen, daß es häufig möglich ist, eine implizite Darstellung in eine Parameterdarstellung überzuführen und umgekehrt. Zwangsläufig ist dies jedoch nicht.

4.1.3 PEANO-Kurven und KOCH-Kurven

Im Jahre 1890 zeigt GIUSEPPE PEANO (1858-1932), daß unter den Kurvenbegriff JORDANs auch Gebilde fallen, die man nicht zu den Linien rechnen möchte. Er gibt als Beleg die nachfolgend beschriebene Kurve an. Diese originale PEANO-Kurve entsteht als Grenzgebilde aus einem rekursiven (und damit auch iterativen) Prozeß, der eine Strecke in die Ebene abbildet (s. Schupp; Berg 1990).

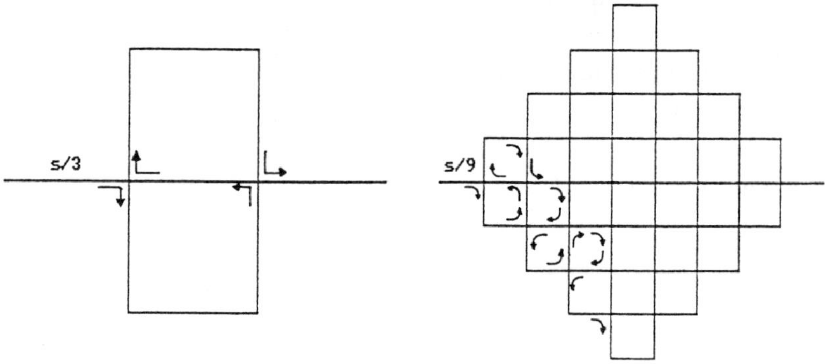

a) b)

Figur 4.1

Im ersten Schritt wird die Ausgangsstrecke der Länge s ersetzt durch eine Konfiguration (s. Fig.4.1 a)), die aus 9 Strecken der Länge $\frac{s}{3}$ besteht. So erhält man die PEANO-Kurve auf der 1.Stufe. Im n-ten Schritt wird mit jeder Teilstrecke der (n-1)-ten Stufe (der Länge $s/3^{n-1}$) in gleicher Weise verfahren. Fig.4.1 b) zeigt die PEANO-Kurve 2.Stufe. Die sukzessive Zerlegung der Ausgangsstrecke läßt erkennen, daß auf jeder Stufe die Ausgangsstrecke vollständig in eine Linie der Ebene abgebildet wird. PEANO hat nun aber nachgewiesen, daß die durch unendliche Fortsetzung des beschriebenen Iterationsprozesses entstehende Kurve die Fläche eines Quadrats vollständig ausfüllt, was sich mit unserer Vorstellung einer Kurve als Linie nicht mehr deckt. Wir identifizieren nun das Definitionsintervall des eingeführten Parameters t mit der Ausgangsstrecke. Die durch den Grenz-

fall gegebene Abbildung ist zudem auch stetig. Somit scheint JORDANs Kurvenbegriff korrekturbedürftig.
Um den Durchlaufsinn der PEANO-Kurve herauszustellen, ist in Fig.4.2 eine durch Abrundung der Ecken entstehende Variante der Kurve 5.Stufe aufgeführt.

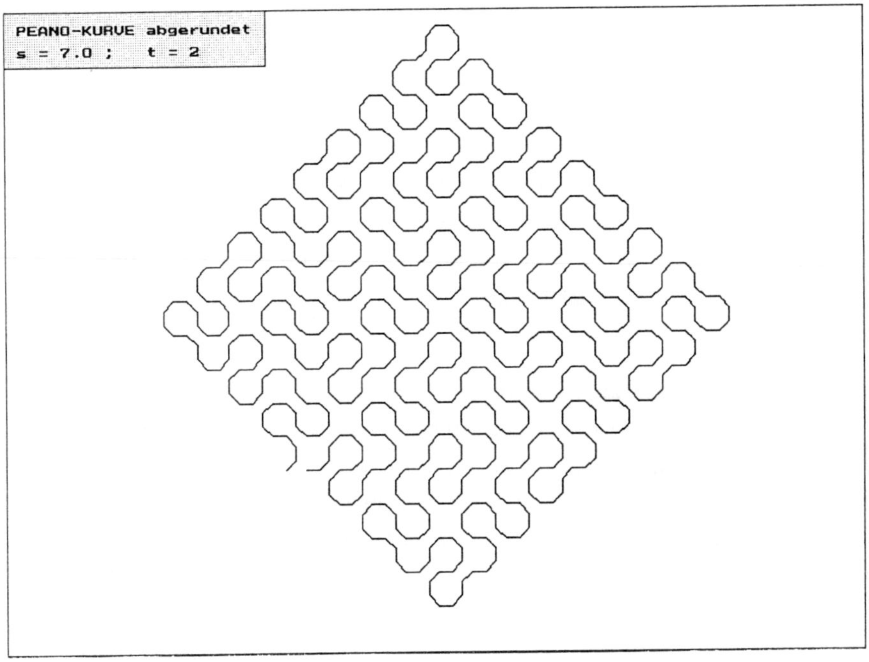

Figur 4.2

Man kann nun zeigen, daß bei jeder Abbildung einer Strecke auf eine Fläche Punkte der Fläche existieren, die Bilder mehrerer Streckenpunkte sind (s. Lusin 1940). Es ist also naheliegend, für Eineindeutigkeit der Abbildungen zu sorgen. Ist man damit die pathologischen Kurven los?
HELGE VON KOCH (1870-1924) liefert 1904 ein vieldiskutiertes Beispiel. Er benutzt die in Fig.4.3 a) dargestellte Grundfigur und ersetzt die Teilstrecken sukzessive durch auf der n-ten Stufe um den Faktor $1/3^n$ verkleinerte Abbilder der Grundfigur. Fig.4.3 b) zeigt die zugehörige Kurve 2.Stufe. Die Eineindeutigkeit der Abbildung ist hier zweifellos gegeben. Dennoch gelangt VON KOCH mit diesem durch PEANOs <u>Prinzip der Selbstähn-</u>

lichkeit geprägten Vorgehen im Grenzfall zu einer Kurve, die nirgends glatt ist, also keine Tangenten besitzt.

a)

b)

Figur 4.3

Zur weiteren Charakterisierung der Kurven schlägt FELIX HAUSDORFF (1868-1942) im Jahre 1919 die Einführung nichtganzzahliger Dimensionen vor. Für in obiger Weise konstruierte Kurven bildet sich in der weiteren mathematischen Entwicklung der Begriff der fraktalen Dimension D mit

$$D := \frac{\log N}{\log (1/f)}$$

heraus, wobei N die Anzahl der jeweils benötigten Teilstrecken und 1/f der den Schritt zwischen zwei Stufen charakterisierende Ähnlichkeitsfaktor bedeuten. Für die originale PEANO-Kurve erhält man $D = \log 9/\log 3 = 2$ (die herkömmliche Dimension einer Fläche), bei der vorgestellten triadischen KOCH-Kurve (man erfinde eigene Varianten!) gelangt man zu $D = \log 4/\log 3 \approx 1{,}26$. Der zweite Wert ist größer 1 (die Dimension einer Gerade). In der Tat haftet der triadischen KOCH-Kurve etwas "Flächiges" an.

Die in diesem Abschnitt aufgeführten Beispiele zeigen, daß der JORDANsche Kurvenbegriff - auch bei Verwendung eineindeutiger stetiger Abbildungen - über unsere alltagsbestimmte Vorstellung hinausreicht. Andererseits ist es durchaus noch denkbar, daß eine im naiven Sinne existierende Kurve nicht durch JORDANs Definition erfaßt wird. Darüber hinaus haben wir bei unseren Beispielen bisher noch nicht auf die Eigenschaft der Stetigkeit verzichtet, was JORDAN ausdrücklich zuläßt.

4.1.4 Der CANTORsche Kurvenbegriff

In der zweiten Hälfte des 19. Jahrhunderts entfalten sich auf der Grundlage von Arbeiten GEORG CANTORs (1845-1918) mengen-

theoretische Behandlungsmethoden mathematischer Fragen. Sie ermöglichen CANTOR, das Problem der Definition einer Kurve in Richtung auf eine ebene Punktmenge mit spezifischen Eigenschaften anzugehen.
CANTOR gelangt zu folgender (hier in der heutigen Sprechweise der Topologie formulierten) Definition:

> Unter einer Kurve versteht man ein Kontinuum C, bei dem zu jedem Punkt $P \in C$ und jeder Zahl $\varepsilon > 0$ ein Punkt $Q \notin C$ existiert, dessen Abstand von P kleiner als ε ist.

Unter einem Kontinuum ist eine nichtleere, zusammenhängende und kompakte Menge zu verstehen. Eine Menge M heißt zusammenhängend, wenn es bei jeder Zerlegung von M in zwei disjunkte Teilmengen in mindestens einer dieser Mengen einen Punkt gibt, welcher Häufungspunkt der anderen ist. Für eine Menge M im n-dimensionalen Euklidischen Raum ist Kompaktheit gleichwertig dazu, daß sie beschränkt und abgeschlossen (M enthält alle Häufungspunkte) ist.
Eine übersichtliche Einführung der eben und im folgenden verwendeten Grundbegriffe aus der Topologie findet man z.B. in Parchomenko 1957. Auf diese Quelle sei auch bezüglich einiger hier ohne Beweis aufgeführter Sachverhalte verwiesen.
Aus obiger Definition CANTORs und der Festlegung des Begriffs "offene Menge" (als Menge, die nur innere Punkte enthält) ergibt sich, daß ein Kontinuum C genau dann eine CANTORsche Kurve (in der Ebene) ist, wenn es keine offene Teilmenge enthält. Da demnach keine auch noch so kleine Umgebung eines Kurvenpunktes vollständig zur Kurve gehören darf, fallen flächenfüllende Kurven nicht unter CANTORs Kurvenbegriff.
Während JORDAN die Brauchbarkeit seiner Kurvendefinition an Eigenschaften von Abbildungen einer Strecke festmacht, legt CANTOR sein Hauptaugenmerk auf den Zusammenhangsbegriff. In der Auseinandersetzung zwischen beiden Definitionen räumt das sogenannte CANTORsche Diskontinuum den naiven Trugschluß aus, daß das eineindeutige Bild einer Strecke ein Kontinuum sein müsse.
CANTOR geht von der Einheitsstrecke aus, dreiteilt sie und entfernt die inneren Punkte der mittleren Strecke. In gleicher Weise verfährt er sukzessiv mit den jeweils verbleibenden Rest-

strecken und erhält bei unendlicher Fortsetzung als Restmenge eine diskrete, also nicht zusammenhängende Punktmenge *D*. Fig. 4.4 erweitert die Situation durch Bildung des kartesischen Produkts *D* x *D* auf die Ebene (hier für die nach dem 3.Schritt entstehende Restmenge), der dreidimensionale Fall ergibt sich analog.

Figur 4.4

Sowohl *D* als auch *D* x *D* und *D* x *D* x *D* sind Kompakta und erstaunlicherweise eineindeutige Bilder der Einheitsstrecke und damit jeder anderen Strecke. Somit erweist sich ein lineares Kontinuum gleichmächtig zu einem Diskontinuum. Zwischen diskreten Punktmengen und linearen, ebenen und räumlichen Kontinua besteht daher kein grundlegender Unterschied.
Wie eine von WACLAW SIERPINSKI (1882-1969) konstruierte Kurve zeigt, läßt auch CANTORs Definition recht unorthodoxe Gebilde zu. Er erhält den nach ihm benannten SIERPINSKI-Teppich durch Übertragung der CANTORschen Löschmethode auf die Ebene. Er teilt zunächst ein Quadrat in 9 gleiche Quadrate und entfernt aus dem mittleren Quadrat die inneren Punkte. In gleicher Weise verfährt er mit den jeweils verbleibenden 8 Quadraten, bis nach

Ausführung aller (unendlich vielen) Operationen eine Punktmenge S zurückbleibt. Fig.4.5 verdeutlicht die Konstruktionsmethode.

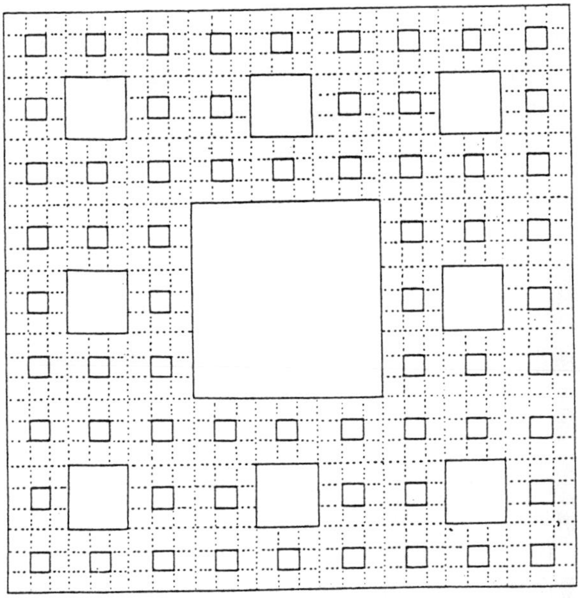

Figur 4.5

Der Nachweis, daß die oben erhaltene Restmenge S den CANTORschen Definitionskriterien genügt, liefert einen exemplarischen Einblick in topologische Argumentationsweisen. Zunächst läßt sich S als Durchschnitt einer Folge von Kontinua darstellen: Das erste Kontinuum besteht aus den acht Quadraten erster Ordnung, das zweite aus den 64 Quadraten zweiter Ordnung u.s.w., wobei jedes Kontinuum im dem in der Ordnung vorangehenden Kontinuum enthalten ist. Diese Eigenschaft von S gewährleistet, daß auch S selbst ein Kontinuum ist. Weiterhin gibt es zu jedem Punkt $P \in S$ und jedem $\varepsilon > 0$ eine natürliche Zahl n derart, daß P zu einem Quadrat Q_P^n n-ter Ordnung mit Diagonale $< \varepsilon$ gehört. Das Innere des Quadrats wird dieser Stufe nicht gelöscht, so daß in der ε-Umgebung von P sicher auch Punkte Q der weggelassenen zu Q_P^n benachbarten Quadrate liegen. Diese Punkte Q gehören insbesondere nicht zur Restmenge S.

Mit der in Fig.4.6 abgebildeten Sinusoide geben wir noch ein Beispiel dafür, daß sich nicht jede CANTORsche Kurve in Parameterform darstellen läßt. Die Sinusoide ist bestimmt als Vereinigung der durch die Gleichung $y = \sin \frac{\pi}{2x}$ mit $0 < x \leq 1$ bestimmten Punktmenge und deren "Grenzstrecke", die durch $x = 0 \wedge -1 \leq y \leq 1$ beschrieben ist. Als zusammenhängende und kompakte Menge ist die Sinusoide ein Kontinuum und, da sie keine offene Teilmenge enthält, eine CANTORsche Kurve.

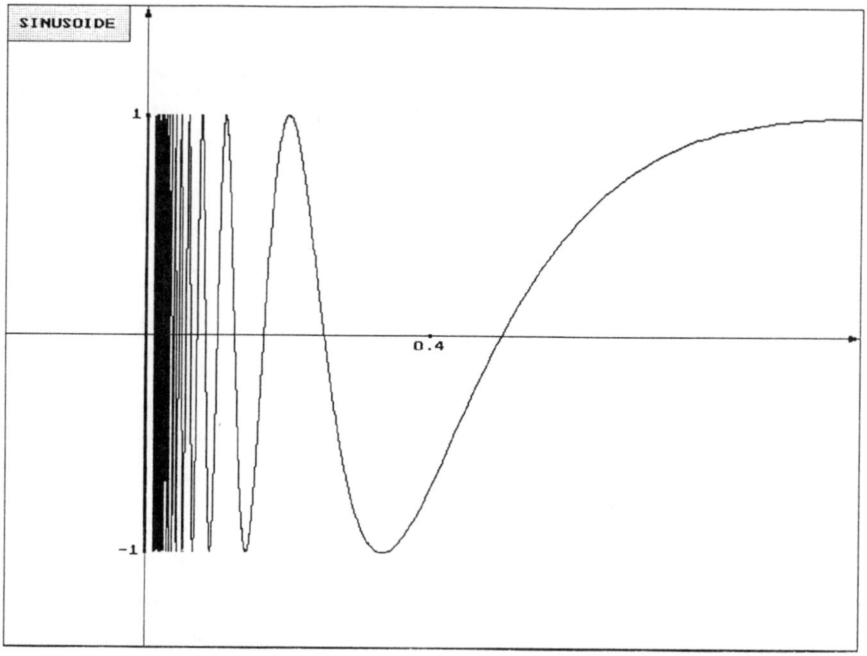

Figur 4.6

Man kann nun zeigen, daß ein Kontinuum C, insbesondere also eine CANTORsche Kurve, genau dann stetiges Bild eines Intervalls ist, wenn jeder seiner Punkte in C eine beliebig kleine zusammenhängende Umgebung besitzt. Gleichwertig zu letztgenannter Forderung ist, daß C für jedes $\varepsilon > 0$ als Vereinigung endlich vieler Kontinua von einem Durchmesser kleiner ε dargestellt werden kann.

Im Falle der Sinusoide beziehen wir uns auf die erste Bedingung und betrachten eine Umgebung U des Ursprungs mit Durchmesser $\varepsilon \ll 1$. In ihr liegen unendlich viele Nullstellen (Sie sind von der Form $\frac{1}{2n}$). Die (fast senkrecht verlaufenden) Kurventeile in-

nerhalb von U, denen diese Nullstellen angehören, hängen jedoch nicht zusammen. Somit ist die Sinusoide keine JORDAN-Kurve.
Wenden wir uns jetzt noch der zweiten Bedingung zu. Für den SIERPINSKI-Teppich erhalten wir eine endliche Zerlegung in beliebig kleine Kontinua, indem wir Quadrate hinreichend hoher Ordnung benutzen. Jeder in einem solchen Teilquadrat enthaltene Teil des SIERPINSKI-Teppichs ist ein Kontinuum (sogar selbst ein solcher Teppich!). Demnach ist der SIERPINSKI-Teppich gemäß obigem Kriterium stetiges Bild eines Intervalls, also durch Parametergleichungen darstellbar. Folglich ist er Kurve sowohl im CANTORschen als auch im JORDANschen Sinne.

4.1.5 Ausblick auf die URYSOHNsche Definition

Innerhalb der üblichen mathematischen Praxis lassen sich ebene Kurven mit CANTORs Kurvendefinition vollständig erschließen. Deren Übertragung auf den Raum scheitert indessen an der Tatsache, daß etwa ein Quadrat zwar ein Kontinuum ist, das keine (im Raum) offenen Mengen enthält, jedoch nicht unter den Begriff Kurve fallen sollte.
PAUL URYSOHN (1898-1924) schickt seiner Kurvendefinition zunächst eine Dimensionsbetrachtung voraus. Für ihn hat ein Kontinuum C in einem Punkt $P \in C$ die Dimension 1, wenn es für jedes $\varepsilon > 0$ eine in C offene Menge von einem Durchmesser $< \varepsilon$ gibt, die den Punkt P enthält und deren Rand kein Kontinuum enthält, das aus mehr als einem Punkt besteht. Ein Kontinuum hat die Dimension 1, wenn es in jedem seiner Punkte die Dimension 1 hat. Damit ist URYSOHNs <u>Kurvendefinition</u> vorgezeichnet:

> Ein eindimensionales Kontinuum heißt Kurve.

Nun ist der Kurvenbegriff in seiner vollen Allgemeinheit erfaßt. Man kann zeigen, daß jede Kurve im Sinne CANTORs auch eine Kurve im Sinne URYSOHNs ist.

4.1.6 Rahmen dieser Abhandlung

Der Überblick in den vorangehenden Abschnitten ist bewußt sehr kasuistisch gehalten und gibt keineswegs ein vollständiges Bild

über die historische Entwicklung des Kurvenbegriffs. Für weitergehende Informationen sei auf Noack 1962 verwiesen. Die von uns aufgeführten klassischen Beispiele verdeutlichen die wesentlichen und unvermeidbaren Schwierigkeiten, die sich beim Versuch der Exaktifizierung im Spannungsfeld zwischen naiven Vorstellungen und scharfen Definitionen ergeben.
In der Regel basiert das Wissen um diese Schwierigkeiten auf recht artifiziellen Kurven (Monstern), die jeweils mit dem Ziel der Demontage bestehender Definitionen geschaffen wurden (s. Lakatos 1979). Im üblichen Erfahrungsbereich geht es allerdings mehr darum, konkret vorgegebene Kurven - etwa im Bereich der Kinematik - zu untersuchen. Inwieweit die verwendeten Methoden und Begrifflichkeiten bei weiteren bzw. allgemeineren Gebilden greifen oder versagen, ist von untergeordneter Bedeutung.
Selbstverständlich untersuchen wir in den vorangegangenen und nachfolgenden Kapiteln auch Kurven, die situativ oder über eine Ortslinieneigenschaft bestimmt sind; allerdings wählen wir nur solche aus, bei denen wir uns letztendlich auf eine analytische Kennzeichnung zurückziehen können. In diesem Sinne verstehen wir unter einer Kurve

- einen Graph der Art $F(x;y) = 0$,
  d.h. eine Punktmenge der Form $\{ (x;y) \mid F(x;y) = 0 \}$
  (kartesische Darstellung)
- eine Punktmenge der Form $\{ (x;y) \mid x = f_1(t) \wedge y = f_2(t) \}$,
  wobei t die Werte eines reellen Intervalls bzw. einer Vereinigung mehrerer Intervalle durchläuft
  (Parameterdarstellung)

mit gewissen Voraussetzungen für die beteiligten Funktionen, wozu auch (mitunter willkürliche) Einschränkungen des Variabilitätsbereichs der beteiligten Variablen gehören. Solche Einschränkungen treten bisweilen notwendigerweise auf, wenn wir bei $F(x;y) = 0$ auch nichtalgebraische Verknüpfungen zulassen.
Unser Standpunkt ist bewußt nicht am URYSOHNschen Kurvenbegriff ausgerichtet. So zählen wir etwa den Funktionsgraph $y = \frac{1}{x}$ zu den Kurven, obwohl er nicht zusammenhängend ist. Insofern deckt sich der von uns propagierte schulische Kurvenbegriff nicht mit dem streng mathematischen (s. Weth 1992); es ist jedoch auch im

Durchschnitt der beiden Konzepte ein vielseitiges Kurvenangebot gesichert.

4.1.7 Polarkoordinaten

Die vorgenannten Typisierungen stützen sich visuell auf das nach DESCARTES benannte kartesische Koordinatensystem; in Umkehrung der Blickrichtung erhält man hieraus ihre symbolische Beschreibung. Formal betrachtet können die bei den Gleichungen beteiligten Variabeln x und y aber frei interpretiert werden.
Bei Polarkoordinaten identifiziert man mit der zweiten Variable den Abstand r (Radius) eines Punktes P von einem festen Ursprung O (Polarzentrum), mit der ersten Variable den Drehwinkel φ der Halbgeraden h(O;P) (Fahrstrahl) gegen eine feste, von O ausgehende Halbgerade (Polarachse). Negative Werte von r werden durch eine Spiegelung am Ursprung geometrisch umgesetzt.

$$\boxed{r = f(\varphi)} \tag{4.4}$$

heißt Polardarstellung einer Kurve. Die Punkte der Kurve werden dann in der Form $P(\varphi;r)$ geschrieben.
Aus jeder Polardarstellung läßt sich unmittelbar eine Parameterdarstellung mit Parameter φ gewinnen. Aus der geometrischen Situation erhält man

$$\begin{vmatrix} x = f(\varphi)\cdot\cos\varphi \\ y = f(\varphi)\cdot\sin\varphi \end{vmatrix} \tag{4.5}$$

Die Graphen zu $r = f(\varphi)$ sind also tatsächlich Kurven in unserem Sinn. Gehen wir von einer kartesischen Darstellung aus, weisen die Transformationsgleichungen

$$\begin{vmatrix} r = \sqrt{x^2+y^2} \\ \varphi = \begin{cases} \arctan \frac{y}{x} & \text{für } x > 0 \\ \arctan \frac{y}{x} + \pi & \text{für } x < 0 \end{cases} \end{vmatrix} \tag{4.6}$$

den Weg zu einer eventuell möglichen Polardarstellung. Umgekehrt kann man aus einer kartesischen Darstellung über

$$\begin{vmatrix} x = r\cdot\cos\varphi \\ y = r\cdot\sin\varphi \end{vmatrix} \tag{4.7}$$

möglicherweise eine übersichtliche Polardarstellung erhalten (s. Kapitel **1** und **2**).
Natürlich sind Polarkoordinaten nicht formal, sondern aus konkreten Situationen heraus erstanden. Bei der Analyse real gegebener Kurven bieten sie sich immer dann an, wenn sich die Kurve in irgendeiner Art auf ein Zentrum hin ausrichtet (z.B. bei der Rosette in Fig.1.13).
Die Stärke von Polarkoordinaten zeigt sich beispielsweise in der Tatsache, daß alle nichtentarteten Kegelschnitte durch *eine* Polargleichung der Form

$$\boxed{r = \frac{p}{1 - \varepsilon \cdot \cos\varphi}}$$

dargestellt werden können (s. Schupp 1988), wobei die sogenannte numerische Exzentrizität $\varepsilon \geq 0$ die Art der Kegelschnittkurve bestimmt und der Parameter p die Rolle eines Streckfaktors spielt.
Die in Kapitel **2** vorgestellte Inversion am Einheitskreis reduziert sich bei Verwendung von Polarkoordinaten auf

$$\left| \begin{array}{l} \varphi' = \varphi \\ r' = \dfrac{1}{r} \end{array} \right. \qquad (4.8)$$

Inversionszentrum und Polarzentrum stimmen hierbei überein.

4.2 WEITERE CHARAKTERISIERUNGEN

Eine erste Einteilung der Kurven erfolgte im vorigen Abschnitt auf der Grundlage ihrer Definition oder der Art ihrer Darstellung. Nun treiben wir die Begriffsbildung voran und untersuchen dabei sowohl Merkmale innerhalb der verschiedenen Darstellungstypen (kartesisch, mit Parameter, in Polarform) als auch wechselseitige Beziehungen.

4.2.1 Interpretation impliziter Kurven im Raum

Bei der impliziten Beschreibung einer Kurve durch $F(x;y) = 0$ hat man sich auf einen Spezialfall zurückgezogen. Natürlich könnte auf der rechten Seite anstelle der Null jede andere (reelle) Zahl c stehen. Anschaulich geht es dann letztlich darum, durch die i.a. räumlich gewölbte Fläche F(x;y) = z einen zur x-y-Ebene parallelen ebenen Schnitt im (orientierten) Abstand c zu legen. Das resultierende Schnittgebilde ist die Kurve zu F(x;y) = c.

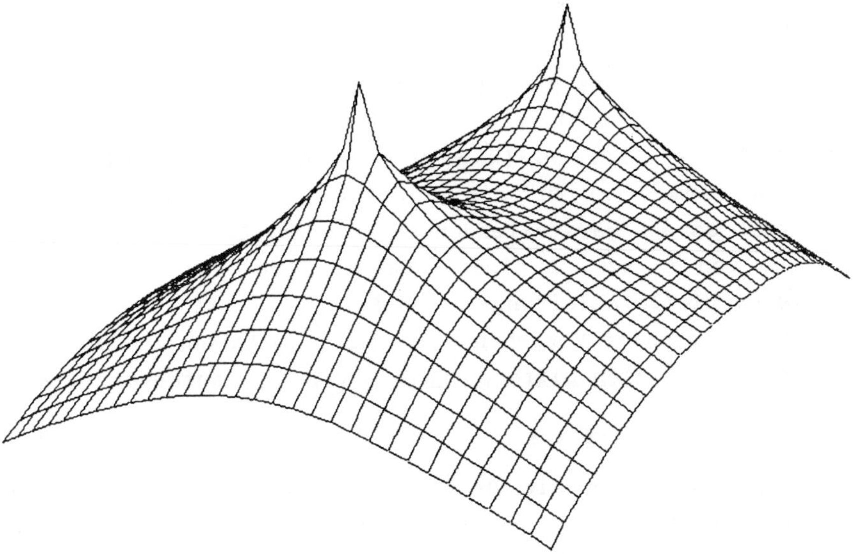

Figur 4.7

Derartige Kurven entsprechen den aus der Kartographie bekannten Höhenlinien oder Isohypsen. Fig.4.7 zeigt in einem x-y-Raster das Gebirge, dessen Höhenlinien die in Fig.9.14 dargestellten CASSINIschen Kurven sind.

4.2.2 Der Satz von der impliziten Funktion

Im allgemeinen ist eine Punktmenge *M*, die in kartesischer Darstellung durch eine Gleichung F(x;y) = 0 beschrieben ist, kein Funktionsgraph der Art y = f(x) oder x = g(y). Andererseits legt die naive Vorstellung einer Kurve nahe, zumindest Teile der Kurve als Funktionsgraph zu interpretieren und damit auch im Sprachgebrauch der Schule zu bleiben. Setzen wir dementsprechend für die Kurve lokal y = f(x) an (analog x = g(y)), so wird die kurvenbestimmende Gleichung F(x;y) = 0 zur Identität

$F(x;f(x)) \equiv 0$. Differenzierbarkeit voraussetzend hat man dann auch $\frac{dF}{dx} \equiv 0$.

Als Beispiel betrachten wir die vom Marquis DE L'HOSPITAL (1661 -1704) im Jahre 1696 aufgefundene Schnabelspitze, welche zur Kurve mit der Gleichung

$$(x^2-y)^2 - x^5 = 0$$

gehört. Mit dem Ansatz $y = f(x)$ erhalten wir über die Kettenregel $\frac{dF}{dx} = 2\cdot(x^2 - f(x))\cdot(2x - f(x)) - 5x^4 \equiv 0$. Ist nunmehr $-2\cdot(x^2 - f(x)) \neq 0$ bzw. $-2\cdot(x^2 - y) \neq 0$, so gewinnt man hieraus leicht den Term $f'(x)$ für die Ableitung der die Kurve M lokal als Funktionsgraph darstellenden Funktion f. Der die erfolgreiche Suche von f' bzw. f einschränkende Term $-2\cdot(x^2-y)$ ist gerade die partielle Ableitung F_y von F.

Betrachten wir unser Vorgehen allgemein, so haben wir das Verschwinden des totalen Differentials $\frac{dF}{dx}(x;f(x))$ ausgenutzt, also

$$F_x(x;f(x)) + F_y(x;f(x))\cdot f'(x) \equiv 0 \qquad (4.9)$$

Rechentechnisch läuft die Bestimmung von $f'(x)$ also auf das bloße Ableiten von $F(x;y) \equiv 0$ nach der Kettenregel hinaus. Diese vereinfachende Sichtweise kommt etwa in Kapitel 9 mehrmals zum Tragen.

Wir präzisieren jetzt noch die Voraussetzungen. Wir fordern stetige partielle Ableitungen F_x und F_y von F und betrachten die Kurve in der Umgebung eines Punktes $B(x_0;y_0) \in M$, in dem mindestens eine der partiellen Ableitungen von F nicht verschwindet, also etwa $F_y(x_0;y_0) \neq 0$ ist (sonst vertausche man x und y).

Der Satz von der impliziten Funktion rechtfertigt dann unser Vorgehen. Er besagt, daß unter den eben genannten Voraussetzungen eine Umgebung U von B existiert, in der die Gleichung $F(x;y) = 0$ äquivalent ist zu einer Gleichung der Form $y = f(x)$, wobei die (eindeutig bestimmte) sogenannte implizite Funktion f stetig differenzierbar ist und der Differentialgleichung (4.9) genügt.

Aus dieser Differentialgleichung läßt sich die Ableitung der Kurve in kartesischen Koordinaten gewinnen:

$$f'(x_0) = -\frac{F_x(x_0;y_0)}{F_y(x_0;y_0)} \qquad (4.10)$$

Setzen wir jetzt noch die Existenz stetiger partieller Ableitungen zweiter Ordnung voraus, so führt die Bildung des totalen Differentials mittels

$$\frac{d}{dx} = \frac{\partial}{\partial x} + \frac{\partial}{\partial y}\cdot\frac{dy}{dx}$$

aus (4.10) zu

$$f''(x_0) = -\frac{F_{xx}\cdot F_y^{\,2} - 2\cdot F_{xy}\cdot F_x\cdot F_y + F_{yy}\cdot F_x^{\,2}}{F_y^{\,3}} \qquad (4.11)$$

wobei die Spezifikationen $(x_0;y_0)$ auf der rechten Seite einfachheitshalber weggelassen sind. Der Exponent 3 im Nenner verdient besondere Beachtung.

Einen <u>Beweis des Satzes von der impliziten Funktion</u> findet man in fast jedem Lehrbuch der Analysis (z.B. in Fichtenholz 1964, Bd.I). Neben der bereits durchgeführten Plausibilitätsbetrachtung zeigen wir hier noch eine weitere Herleitung der Beziehung (4.9) und folgen dabei einer Idee von Kofler 1976. Sie besticht neben der Anschaulichkeit durch die Vielfalt und die vergleichsweise Einfachheit der eingesetzten Beweismittel (was die Herleitung auch für die Schule interessant macht), setzt allerdings ebenfalls die Existenz von $f'(x)$ voraus.

Gemäß Fig.4.8 werden dazu an der räumlichen Fläche $F(x;y) = z$ die Schnittkurven $F(x_0;y) = z$ und $F(x;y_0) = z$ durch den Punkt $B(x_0;y_0;0)$ betrachtet. Die Richtungsvektoren der Tangenten an diese Schnittkurven im Punkt B stehen senkrecht auf dem Normalenvektor der Fläche in diesem Punkt bzw. auf dem <u>Gradient</u>

$$\begin{pmatrix} F_x(x_0;y_0) \\ F_y(x_0;y_0) \\ -1 \end{pmatrix}$$

der Funktion G mit $G(x;y;z) = F(x;y) - z$, sind also Vielfache von

$$u := \begin{pmatrix} 0 \\ 1 \\ F_y(x_0;y_0) \end{pmatrix} \quad \text{und} \quad v := \begin{pmatrix} 1 \\ 0 \\ F_x(x_0;y_0) \end{pmatrix}$$

In der durch u und v aufgespannten Tangentialebene an die Fläche liegt auch der Richtungsvektor

$$\boldsymbol{w} := \begin{pmatrix} 1 \\ y'(x_0) \\ 0 \end{pmatrix}$$

der Tangente der ursprünglichen Kurve M. Die Komplanarität der Vektoren u, v und w liefert über den Determinantenkalkül die gewünschte Aussage (4.9).

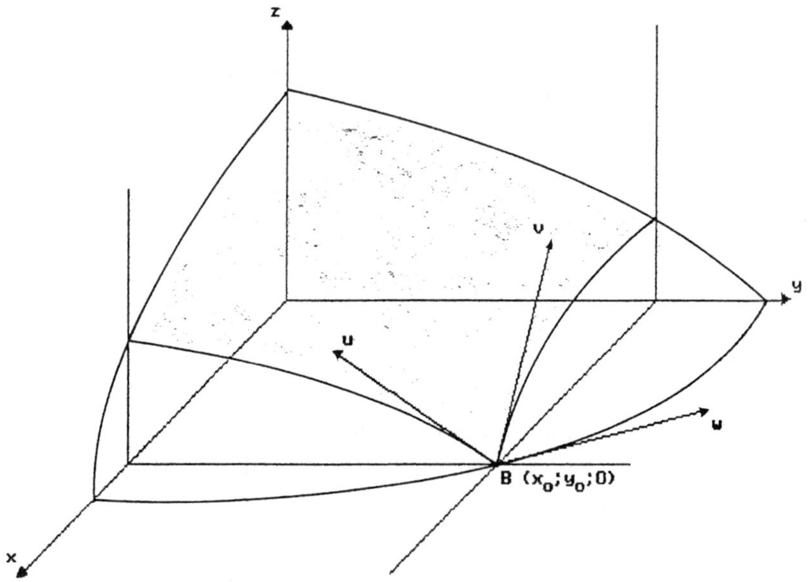

Figur 4.8

Der Satz von der impliziten Funktion ist eine Existenzaussage und führt im allgemeinen nicht auf die Bestimmung der Funktion f. Bei der Beispielkurve von DE L'HOSPITAL läßt sich diese aber auf anderem Wege gewinnen.
Wir sehen unmittelbar, daß neben dem Ursprung auch die Punkte $B_1(1;0)$ und $B_2(1;2)$ der Punktmenge angehören. Die partiellen Ableitungen berechnen sich zu $F_x(x;y) = 4x\cdot(x^2-y) - 5x^4$ und $F_y(x;y) = -2\cdot(x^2-y)$. F_y hat den Wert 0 für $x^2-y = 0$. Setzen wir diese Bedingung in die Kurvengleichung ein, so erhalten wir $-x^5 = 0$. Somit ist der Ursprung der einzige Punkt der Kurve, in dem F_y verschwindet. Im Ursprung hat aber auch F_x den Wert 0, so daß hier der Satz von der impliziten Funktion nicht anwendbar ist. Bei allen anderen Punkten aber sichert er jeweils in

einer gewissen Umgebung die Darstellbarkeit der Punktmenge als Graph einer jeweils eindeutig bestimmten Funktion.
Die konkreten impliziten Funktionen für Umgebungen der Punkte B_1 und B_2 sind in unserem Beispiel einfach durch Auflösen der Kurvengleichung nach y zu erreichen. Man erhält so die auf $\mathbb{R}^+$ definierten Funktionen $f_1\colon x \longmapsto x^2-x^{5/2}$ und $f_2\colon x \longmapsto x^2+x^{5/2}$. Wegen der Eindeutigkeit sind dies gerade die impliziten Funktionen. Sie sind es nicht nur für gewisse Umgebungen von B_1 bzw. B_2, vielmehr ist in jedem Kurvenpunkt außer dem Ursprung die zugehörige implizite Funktion entweder f_1 oder f_2. Fig. 4.9 zeigt die Graphen der beiden impliziten Funktionen.

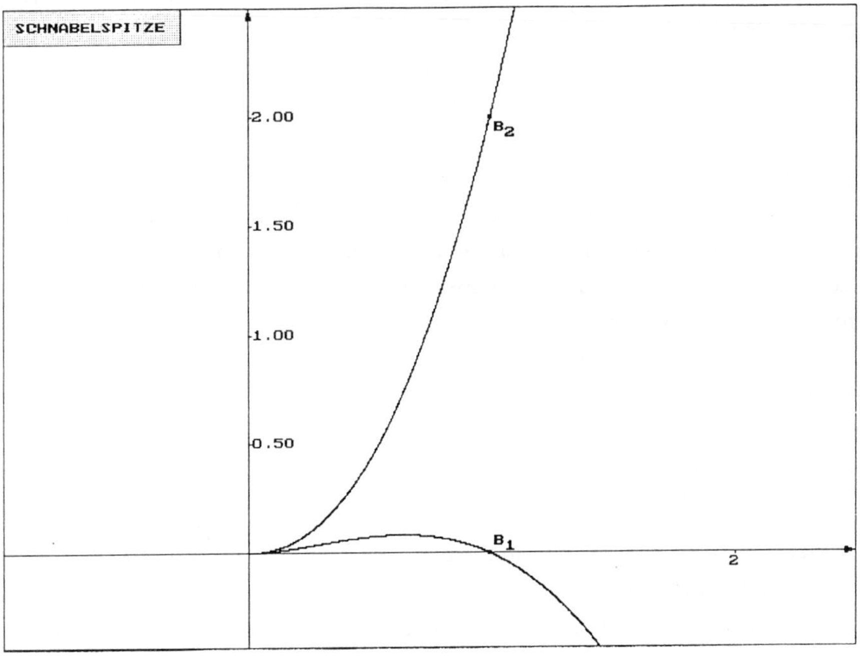

Figur 4.9

Noch einige Bemerkungen zur verwendeten Symbolik. Ableitungen nach der zum Funktionssymbol gehörenden Funktionsvariable kennzeichnen wir stets durch "Strich". Sind Mißverständnisse zu befürchten, weichen wir auf Schreibweisen wie z.B. $\frac{d}{dx}$ oder $\frac{d}{dt}$ bzw. bei partiellen Ableitungen auf $\frac{\partial}{\partial x}$ o.ä. aus. Bedeutet der Parameter t die Zeit, machen wir Ableitungen nach t mit dem von

ISAAC NEWTON (1643-1727) in die Physik eingeführten "Punkt" ersichtlich. So bedeutet etwa $\ddot{s}(t)$ die zweite zeitliche Ableitung des Weges s(t), also die Beschleunigung.

4.2.3 Konturskizzen impliziter Kurven mit dem Computer

Wie kann man die zeichnerische Darstellung einer Kurve der Art F(x;y) = 0 erhalten, wenn nicht alle impliziten Funktionen zugänglich sind? Hier hilft ein Computerprogramm, das über den Bildschirm ein kartesisches Koordinatensystem legt und die Koordinaten der einzelnen Pixel P(x;y) dahingehend überprüft, ob sie einen Kurvenpunkt darstellen oder zumindest in unmittelbarer Nähe eines solchen liegen. Da der erste Fall in aller Regel äußerst selten auftritt, ist man auf die Vorgabe einer Ungenauigkeitsschranke $0 < \varepsilon \ll 1$ angewiesen. Gezeichnet werden also alle Pixel P(x;y) mit

$$| F(x;y) | \leq \varepsilon$$

Natürlich wird man bei der Wahl von ε etwas experimentieren müssen, um einerseits allzu verwischte Punktmengen und andererseits ein Unterdrücken von Punkten zu vermeiden (s. Weth 1992). Sinnvolle Ergebnisse darf man bei diesem Vorgehen selbstverständlich nur dann erwarten, wenn F stetig ist.
In Fig.4.10 ist mit der eben beschriebenen Methode die "Kurve" (Pixelmenge) zu

$$\boxed{x^2 + x\cdot\ln(y) + \sin(y) = 0}$$

mit Toleranz ε = 0,05 dargestellt. Es wird hieran deutlich, daß das Nichtberücksichtigen eines Ebenenpunktes sowohl auf der Nichtdefiniertheit des Funktionsterms als auch auf dem Nichterfüllen der Bedingung beruhen kann. Im gegebenen Beispiel entspricht die Definitionsmenge von F der oberen Halbebene. Weiterhin räumt die Zeichnung mit der Fehlvorstellung auf, ein aus F(x;y) = 0 mit stetiger Funktion F entstehendes Gebilde müßte zusammenhängend sein (oder ist das Pixelraster zum Widerlegen einer solchen Behauptung noch zu grob?). Bei genauerer Untersuchung erweist sich das scheinbar zerfallende Kurvenstück unmittelbar oberhalb der positiven x-Achse als zusammenhängend.

x-Achse als zusammenhängend.

Die Deutung einer Kurve als Schnitt durch die Oberfläche eines "Gebirges" erscheint jetzt im neuen Licht. Räumlich bedeutet unser Zeichenverfahren eine senkrechte Parallelprojektion der zwischen den Ebenen $z = -\varepsilon$ und $z = \varepsilon$ liegenden Gebirgsfläche auf die x-y-Ebene. Ein schmaler Verwischungsbereich in Fig.4.10 kennzeichnet somit einen Bereich eng beieinanderliegender Höhenlinien, also einen steilen Gebirgsabschnitt. Analog steigt der Gebirgshang bei einem breiten Verlauf der Kurvennäherung nur wenig an. Senkrecht verlaufende Steilwände treten hier nicht auf, da sonst die Eindeutigkeit der Funktion F verletzt wäre.

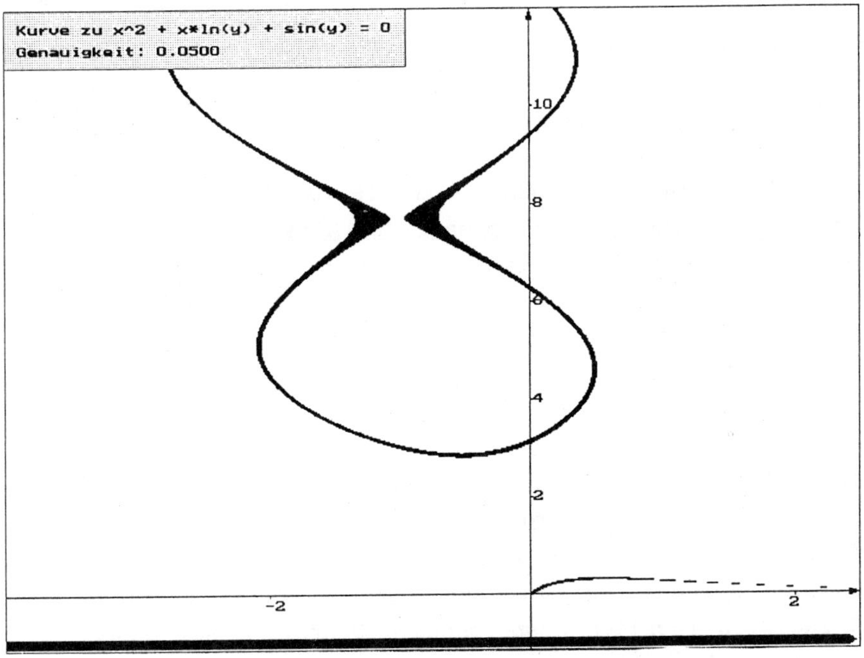

Figur 4.10

4.2.4 Algebraische Kurven

Wir konzentrieren uns vorübergehend auf <u>algebraische Funktionen</u>, d.h. auf Funktionen der Art

$$F(x;y) = \sum_{\mu=0}^{m} \sum_{\nu=0}^{n} a_{\mu\nu} x^{\mu} y^{\nu} \qquad (4.12)$$

mit reellen Koeffizienten $a_{\mu\nu}$, die nicht alle den Wert 0 haben. Die algebraischen Funktionen sind dann auf $\mathbb{R} \times \mathbb{R}$ bzw. in der gesamten Euklidischen Ebene definiert. Ihre partiellen Ableitungen existieren und sind stetig. Die zu $F(x;y) = 0$ gehörige Punktmenge heißt eine algebraische Kurve.

Die höchste in (4.12) vorkommende Exponentensumme $\mu+\nu$ nennt man den Grad der Funktion oder die algebraische Ordnung der Kurve. Um eine anschauliche Interpretation dieser Ordnung zu erhalten, betrachten wir die Schnittpunkte der Kurve mit einer ihr nicht vollständig angehörenden Geraden $y = mx + b$ (im Fall $x = c$ kann analog argumentiert werden). Die x-Koordinaten dieser Schnittpunkte genügen der Gleichung

$$\sum_{\mu=0}^{m} \sum_{\nu=0}^{n} a_{\mu\nu} x^{\mu} (mx+b)^{\nu} = 0$$

Der 1801 erstmals von CARL FRIEDRICH GAUSS (1777-1855) vollständig bewiesene Fundamentalsatz der Algebra sichert die Existenz einer der algebraischen Ordnung entsprechenden Anzahl komplexer Lösungen. Läßt man nur reelle Lösungen zu, so beschränkt die algebraische Ordnung die Anzahl der Kurvenschnittpunkte mit einer Geraden nach oben. Eine weitere Beschränkung entsteht, wenn man auch noch Vielfachheiten außer acht läßt. Die tatsächlich (über alle möglichen Geraden) angenommene Maximalanzahl dieser Schnittpunkte heißt nach CHRISTIAN JUEL (1855-1935) die geometrische Ordnung der Kurve.

Auf weitere Eigenschaften algebraischer Kurven gehen wir in den folgenden Abschnitten ein. Für einen historisch orientierten und zugleich fachlich ansprechenden Überblick sei das Sammelwerk von Loria 1902 empfohlen. Eine kurze Zusammenstellung der wichtigsten Gleichungen findet man in Beutel 1909.

4.2.5 NEWTONs Einteilung der algebraischen Kurven 3. Ordnung

Während die algebraischen Kurven 2.Ordnung bereits von MENAICHMOS (um 350 v.Chr.) im Zusammenhang mit dem Delischen

Problem entdeckt und von APOLLONIUS (262?-190? v.Chr.) schließlich umfassend als Kegelschnitte charakterisiert werden, erfolgt eine systematische Erfassung der Kurven 3.Ordnung erst 1706. In seiner *Enumeratio linearum tertii ordinis* proklamiert ISAAC NEWTON fünf Kurvenklassen (s. Kline 1972).

NEWTON zeigt zunächst, daß jede algebraische Gleichung 3.Grades nach geeigneter Koordinatentransformation als $ax^3+bx^2+cx+d = g(x;y)$ geschrieben werden kann, wobei die rechte Seite eine der Formen y, xy, y^2 oder $xy^2 + ey$ annimmt. Die dritte Form umfaßt dann fünf Kurvenklassen, je nach Art der drei Nullstellen der linken Seite:

- drei verschiedene reelle
- eine reelle und zwei (zueinander konjugiert) komplexe
- zwei gleiche reelle, größer als die dritte reelle
- zwei gleiche reelle, kleiner als die dritte reelle
- drei gleiche reelle Nullstellen.

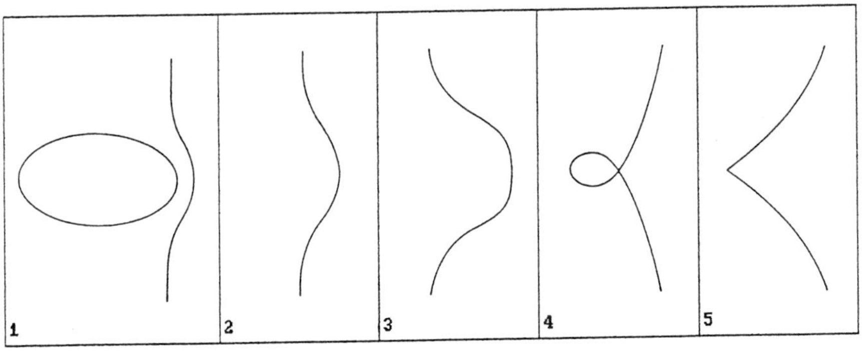

Figur 4.11

Die fünf Klassen sind in dieser Reihenfolge durch die Kurven der Fig.4.11. repräsentiert (s. Aufg.4.8.8). Die Symmetrie bzgl. der x-Achse ist der Gleichung unmittelbar zu entnehmen.

Vor dem Hintergrund dieser fünf Fälle stellt NEWTON die (erst später von anderer Seite bewiesene) Behauptung auf, *jede* Kurve 3.Ordnung könne aus einer solchen Kurve erzeugt werden. Die von ihm verwendete Konstruktionsmethode ist dieselbe, mit der sich jede Kurve 2.Ordnung als Schnitt durch den geraden Kreiskegel ergibt. NEWTON betrachtet Schnitte durch beliebige Zentralprojektionen der Kurven seiner fünf Klassen und entdeckt auf diese

Weise 72 Kurventypen 3.Ordnung, vier weitere findet JAMES STIRLING (1692-1770), und schließlich fügt JEAN-PAUL DE GUA (1712-1786) noch zwei hinzu.

4.2.6 Transzendente Kurven

Die im üblichen Kanon der Schule behandelten transzendenten Kurven sind die Graphen der Exponentialfunktion und der trigonometrischen Funktionen sowie die Graphen ihrer (mitunter nur abschnittsweise definierten) Umkehrfunktionen (die Koordinaten x und y der Kurvenpunkte sind gleichberechtigt).
Als anschauliches Erkennungsmerkmal transzendenter Kurven kann das Vorhandensein unendlich vieler Kurvenschnittpunkte mit einer Geraden dienen, also quasi eine unendliche geometrische Ordnung. So schneidet die in Fig.4.10 auszugsweise gezeichnete Kurve die y-Achse an den unendlich vielen Stellen $n \cdot \pi$ mit $n \in \mathbb{N}^*$ und ist daher transzendent.

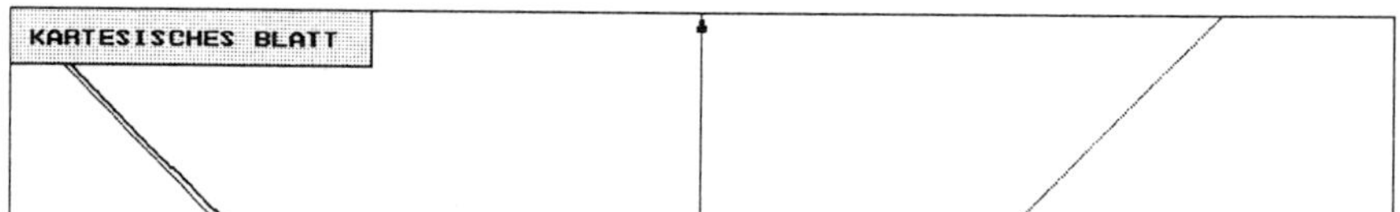

Figur 4.12

Verwendet man zur Darstellung einer Kurve Polarkoordinaten, erscheint die Gleichung vieler algebraischer Kurven in "transzendentem Gewand".
Als Beispiel betrachte man das <u>kartesische</u> <u>Blatt</u> (folium cartesii) in Fig.4.12

$$x^3 + y^3 = 3k \cdot xy \quad \text{mit } k \in \mathbb{R}^+$$

mit seiner Polarkoordinatendarstellung (s. Aufg.4.8.9)

$$r = \frac{3k \cdot \sin\varphi \cdot \cos\varphi}{\sin^3\varphi + \cos^3\varphi}$$

Allgemein gilt, daß die Kurve algebraisch ist, wenn in der Polarform $r = f(\varphi)$ der Polarwinkel φ nur mittelbar, d.h. über $r = f(\sin(n\varphi);\cos(m\varphi))$ auftritt. Sobald φ in einer nicht rein trigonometrischen Funktion vorkommt, ist die Kurve transzendent. Als Beispiele mögen die Spiralen in Kapitel 6 dienen.

4.2.7 Das Signierungsprinzip

Wir wenden uns nun einigen besonderen Umformungen der kurvenbestimmenden Gleichung $F(x;y) = 0$ zu. Die resultierenden Strategien gelten in jedem Falle für algebraische Gleichungen und Kurven, bei transzendenten Kurven kann eine eingeschränkte Definitionsmenge die Anwendung komplizieren.
Betrachten wir zunächst eine <u>Faktorisierung</u> des Terms $F(x;y)$, also $F(x;y) = g(x;y) \cdot h(x;y)$. Die Kurve mit $F(x;y) = 0$ ist dann äquivalent beschrieben durch $g(x;y) = 0 \vee h(x;y) = 0$ und setzt sich demnach aus den beiden Kurven zu $g(x;y) = 0$ und $h(x;y) = 0$ zusammen. Entsprechend läßt sich natürlich auch bei mehr als zwei Faktoren argumentieren.
Zerfällt der algebraische Term $F(x;y)$ über dem Körper der reellen Zahlen in ein Produkt mehrerer Ausdrücke niedrigeren Grades, nennt man die Kurve <u>reduzibel</u>, sonst <u>irreduzibel</u>. Zum Beispiel ist die Kurve zu

$$F(x;y) \equiv 2y^2-xy-6x^2-y-5x-1 = (y-2x-1) \cdot (2y+3x+1)$$

die Vereinigung zweier einander schneidender Geraden, also ein entarteter Kegelschnitt.
Wir betrachten nun eine lineare Kombination der Form $F(x;y) = g(x;y) - \lambda \cdot h(x;y)$ mit einer geeigneten Konstanten $\lambda \in \mathbb{R}$. Die kurvenbestimmende Gleichung $F(x;y) = 0$ wird dann zu

$$g(x;y) = \lambda \cdot h(x;y)$$

Das Signierungsprinzip beruht darauf, daß diese Gleichung nur bei Vorzeichengleichheit beider Seiten erfüllt werden kann. Mit Hilfe dieser Bedingung werden Gebiete ausgezeichnet, in denen die Kurve nicht verlaufen kann. Dazu faktorisiert man beide Seiten soweit wie möglich, bringt sie also in die Form

$$g_1(x;y) \cdot \ldots \cdot g_m(x;y) = \lambda \cdot h_1(x;y) \cdot \ldots \cdot h_n(x;y) \tag{4.13}$$

Jede der Gleichungen $g_i(x;y) = 0$ und $h_j(x;y) = 0$ bestimmt eine neue, mitunter einfach zu zeichnende Kurve. Jede der Funktionen g_i und h_j ist Null für alle auf der jeweiligen Kurve liegenden Punkte, für alle anderen Punkte also positiv oder negativ (oder nicht definiert). Die jeweilige Kurve trennt also positivwertige und negativwertige Bereiche voneinander.
Die Gesamtheit aller Signierungslinien - so nennt man die Kurven zu $g_i(x;y) = 0$ und $h_j(x;y) = 0$ - unterteilt die Ebene in einzelne Gebiete. Innerhalb eines Gebietes müssen die Seiten von (4.13) entweder einheitlich vorzeichengleich oder -ungleich sein. In Gebieten der zweiten Art kann die ursprüngliche Kurve mit $F(x;y) = 0$ keine Punkte haben. Überschreitet man zu einem Nachbargebiet hin nur *eine* Signierungslinie, so wechselt das Vorzeichenverhalten in (4.13). Damit genügt es in der Regel, das Verhalten innerhalb *eines* Gebietes etwa durch Einsetzen eines dortigen Punktes zu erfassen, um sich dann schrittweise weitertasten zu können. Mit dem Signierungsprinzip kommt man also auch ohne Computer zu recht brauchbaren Aussagen über die Kurvengestalt.
Aus der Darstellung von F als lineare Kombination folgt unmittelbar, daß die Schnittpunkte zweier Signierungslinien $g_i(x;y) = 0$ und $h_j(x;y) = 0$ Punkte der Ausgangskurve sind. Selbstverständlich hängen die Signierungslinien und damit die Art der Aufteilung in Signierungsgebiete von der gewählten Zerlegung

und der Faktorisierung (4.13) ab. Mitunter kann man durch Kombination mehrerer Signierungen die Informationsdichte über die Ausgangskurve erhöhen. Zahlreiche Beispiele hierzu findet man in Lauter o.J. (s. Aufg.4.8.10).

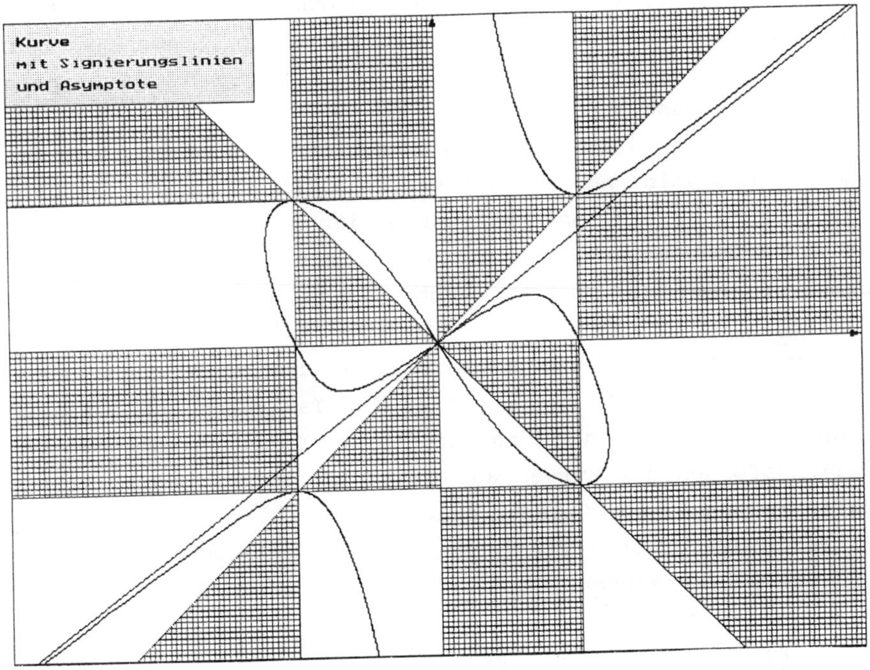

Figur 4.13

In Fig.4.13 sind die Signierungslinien zu einer algebraischen Kurve 4.Ordnung in der Zerlegung

$$(x-1)\cdot(x+1)\cdot(x+y)\cdot(x-y) \quad = \quad x\cdot y\cdot(y-1)\cdot(y+1)$$

samt der Kurve dargestellt. In den schraffierten Gebieten haben die beiden Seiten der Gleichung unterschiedliches Vorzeichen. Das Signierungsprinzip greift auch bei geeigneten transzendenten Kurven, z.B. bei der Kurve in Fig.4.10.

4.3 KURVE UND GERADE

Der Begriff der <u>Tangente</u> an eine ebene Kurve ist mit mehreren <u>intuitiv geprägten</u> Vorstellungen belegt. Nach der Namensgebung verbindet man mit ihm eine die Kurve (in einem Punkt) berührende (lat.: *tangere* - berühren) Gerade. Ebenso kann man aber auch die Tangente in einem Kurvenpunkt als bestmögliche lineare Approximation der Kurve in der Umgebung dieses Punktes auffassen. Betont man schließlich den Richtungscharakter, kennzeichnet die Tangente die aktuelle Steigung der Kurve bzw. ihre momentane Richtung. Dieser letzte Aspekt ist insbesondere in der Kinematik von Interesse.

Die Normale in einem Punkt im Sinne der Senkrechten auf die Tangente erscheint nur auf den ersten Blick als bloßer Folgebegriff. Er zeigt z.B. bei Abstandsbestimmungen, bei Untersuchungen zum Krümmungsverhalten (s. **5.4.1**) oder bei der Analyse von Abrollvorgängen (s. **7.2.1**) durchaus eigenständige inhaltliche Qualitäten.

Nunmehr präzisieren und ergänzen wir die eben angedeuteten (z.T. definierenden) Eigenschaften von Tangenten und Normalen. Besonderes Augenmerk wird angesichts der unterschiedlichen Darstellungsformen der Kurven auf die spezifischen Beschreibungsmöglichkeiten dieser Geraden gelegt.

Für Beispiele greifen wir in verstärktem Maße auf bereits eingeführte Kurven zurück.

4.3.1 Zum Begriff der Tangente

Die möglichen Lagebeziehungen (Passante, Tangente, Sekante) einer Gerade bezüglich einer Kreislinie sind Anlaß, nach einer Verallgemeinerung der dort getroffenen Begriffsbildung zu suchen. Das Hauptaugenmerk liege zunächst auf der Anzahl der gemeinsamen Punkte von Gerade und Kurve. Aber schon das Beispiel der kubischen Parabel $y = x^3$ macht die damit verbundenen Schwierigkeiten offenkundig:

- eine Gerade kann mit der Kurve mehr als zwei Punkte gemeinsam haben,
- die Eigenschaft, Tangente in einem Kurvenpunkt zu sein, ist lokal, d.h. nur auf eine gewissen Umgebung des Punktes zu beziehen,
- durch einen Kurvenpunkt kann es durchaus mehrere Geraden

(sogar unendlich viele) geben, die mit der Kurve keinen weiteren Punkt gemeinsam haben,
- es gibt Kurvenpunkte, in denen jede durch sie verlaufende Gerade - also auch die Tangente - die Kurve durchsetzt,
- eine einfache allgemeine konstruktive Definitionsmöglichkeit für die Tangente scheint nicht zu existieren,
- ein Rückzug auf die Eigenschaft des "Berührens" verlagert das Definitionsproblem auf eben diesen Begriff.

Einen naheliegenden Einstieg bietet die Tatsache, daß der Sekantenbegriff im Sinne der Geraden durch zwei Kurvenpunkte desselben Kurvenbogens unmittelbar fortsetzbar ist. Wir halten B als einen dieser Kurvenpunkte fest und betrachten den zweiten Punkt P auf der Kurve in einer gewissen Umgebung (auf beiden Seiten von B) als variabel. Strebt nun P gegen B, so zeigen die Sekanten g(B;P) möglicherweise ein Grenzverhalten, indem ihre Lage *einer* Geraden (bei Annäherung von beiden Seiten an B) zustrebt. Existiert eine solche Grenzgerade, nennt man sie <u>die Tangente an die Kurve im Punkt</u> B, wobei man deren Eindeutigkeit schon einbezieht. Der Kurvenpunkt B heißt dann der (ein) <u>Berührpunkt</u> dieser Tangente (auch dann, wenn die Tangente die Kurve durchsetzt oder ein weiteres Mal berührt oder schneidet).

Ein Grenzverhalten der Sekanten durch einen Kurvenpunkt B ist geometrisch auch so erfaßbar: Eine Gerade ist im Punkt B genau dann Tangente an die Kurve, wenn sich die Kurve in jeden noch so schmalen "Trichter" um diese Gerade einfangen läßt, d.h. geeignet nahe bei B vollständig im Trichter verläuft.

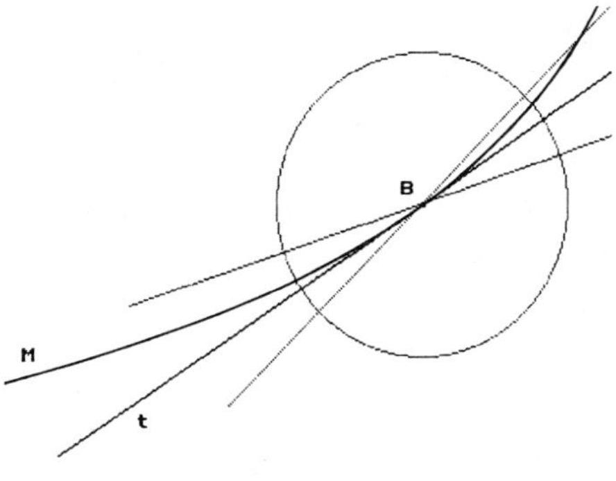

Figur 4.14

In Fig.4.14 denke man sich zunächst eine Gerade *t* als mögliche Tangente in B vorgegeben. Um die Tangentendefinition nachzustellen, werden alle Trichter (insbesondere diejenigen mit beliebig kleinem Öffnungswinkel) betrachtet, die den Scheitel B haben und t enthalten. Findet man zu jedem solchen Trichter eine Umgebung von B, innerhalb der die Kurve ganz im Trichter liegt, so ist t die gesuchte Tangente.

4.3.2 Tangenten und Normalen bei expliziter kartesischer Darstellung

Die Kurve M sei durch die Gleichung $y = f(x)$ dargestellt. Im Sinne unserer Tangentendefinition aus **4.3.1** betrachten wir zunächst die Gleichung

$$(y - y_0) = \frac{f(x_1) - f(x_0)}{x_1 - x_0}\cdot(x - x_0) \qquad (4.14)$$

der Sekante durch $B(x_0;y_0)$ und einen anderen Kurvenpunkt $P(x_1;y_1)$. Die Existenz einer Tangente in B ist damit in üblicher Weise auf die Existenz des Grenzwertes des Differenzenquotienten für $x_1 \rightarrow x_0$ und somit auf die Differenzierbarkeit von f an der Stelle x_0 zurückgeführt. Die Sekantengleichung (4.14) geht dann über in die Tangentengleichung

$$(x - x_0)\cdot f'(x_0) + (y - y_0)\cdot(-1) = 0 \qquad (4.15)$$

Der Wert $f'(x_0)$ der Ableitung ist also gleich der Steigung der Tangente und somit auch gleich dem Tangenswert des Neigungswinkels der Tangente gegen die x-Achse. Bezeichnen wir das Maß dieses Winkels mit τ, so gilt also

$$\tan\tau = f'(x_0) \qquad (4.16)$$

Zur Normale in B gehört der Neigungswinkel $\frac{\pi}{2} - \tau$. Zur Gleichung der Normale gelangt man über die trigonometrische Beziehung $\tan(\tau)\cdot\tan(\frac{\pi}{2} - \tau) = -1$ und erhält

$$(x - x_0)\cdot 1 + (y - y_0)\cdot f'(x_0) = 0 \qquad (4.17)$$

Wir stellen jetzt die Tangente gemäß (4.15) dem Anspruch gegenüber, beste Approximation zu sein. Dazu betrachten wir die Funktion f im Innern eines Intervalls, das die Stelle x_0 enthält, und fordern darüber hinaus die stetige Differenzierbarkeit von f bis einschließlich der Ordnung n+1. Mit der Bezeichnung $f^{(i)}$ für die i-te Ableitung gilt die von BROOK TAYLOR (1685-1731) gefundene Formel (s. Fichtenholz 1964):

$$f(x) = \sum_{i=0}^{n} \frac{1}{i!}\cdot(x - x_0)^i \cdot f^{(i)}(x_0) + R_n(x) \qquad (4.18)$$

wobei das Restglied $R_n(x)$ nach JOSEPH LOUIS LAGRANGE (1736-1813) in der Form

$$R_n(x) = (x - x_0)^{n+1}\cdot\frac{f^{(n+1)}(\xi)}{(n+1)!} \qquad (4.19)$$

mit einer geeigneten Stelle ξ zwischen x und x_0 dargestellt werden kann. Für n = 0 entspricht (4.18) mit (4.19) gerade der Aussage des Mittelwertsatzes. Für n = 1 vergleichen wir die TAYLORsche Darstellung $f(x) = (x - x_0)\cdot f'(x_0) + R_1(x)$ der Funktion f mit der Tangente (4.15) an den Graph. Das Restglied $R_1(x)$ enthält keinen linearen Anteil mehr, der (die Tangente definierende) Anfangsterm schöpft also die Möglichkeiten einer linearen Annäherung völlig aus.
Auf eine Approximation des Graph der Funktion f in zweiter Ordnung, gehen wir in **5.4** ein. Schon jetzt sei deutlich darauf hingewiesen, daß hier nicht allein der Grad der Approximation, sondern auch das der Annäherung zugrundeliegende Abstandsmaß eine wesentliche Rolle spielt. Bei der TAYLOR-Entwicklung wird das Abweichen in y-Richtung erfaßt.

4.3.3 Tangenten und Normalen bei impliziter Darstellung

Bei der Astroide bereitete das Bestimmen der Tangentengleichung (1.8) insofern keine Schwierigkeiten, als man sich auf die gewohnte Formel (4.15) zurückziehen konnte. Wie ist das bei der Rosette

$$(x^2 + y^2)^3 = c^2x^2y^2 \quad \text{mit } c \neq 0$$

Aus Symmetriegründen ist klar, daß die Tangenten in den Schnittpunkten mit den Winkelhalbierenden senkrecht zu diesen stehen. Im Ursprung hingegen treten die Achsen als Tangenten auf; denn mit Bezugnahme auf die Polardarstellung

$$r = \frac{c}{2}\cdot\sin(2\varphi)$$

fallen in der Grenzlage $r = 0$ Fahrstrahl und Tangenten zusammen. Aber sonst?
Wenn man wie in **4.2.2** vorgeht und beide Seiten der kartesischen Darstellung nach x ableitet und nach y' auflöst bzw. gleich (4.10) benutzt, erhält man für die Steigung der Astroide in $B(x_0;y_0)$

$$f'(x_0) = \frac{3(x_0^2+y_0^2)^2 \cdot 2x_0 - 2c^2x_0y_0^2}{2c^2x_0^2y_0 - 3(x_0^2+y_0^2)^2 \cdot 2y_0}$$

und hat wieder über (4.15) die Tangente.
Im allgemeinen Fall sei die Kurve M wie in **4.2.2** gegeben durch $F(x;y) = 0$ mit stetigen partiellen Ableitungen von F, welche in $B(x_0;y_0) \in M$ nicht beide verschwinden. Wir setzen (4.10) bzw. im Falle $F_x(x_0;y_0) \neq 0$ die dazu analoge Aussage in (4.15) ein und erhalten die Gleichung der Tangente im Punkt $B(x_0;y_0)$ zu

$$(x - x_0) \cdot F_x(x_0;y_0) + (y - y_0) \cdot F_y(x_0;y_0) = 0 \tag{4.20}$$

Daraus folgt wegen (4.17) die Gleichung der Normale in $B(x_0;y_0)$ zu

$$(x - x_0) \cdot F_y(x_0;y_0) - (y - y_0) \cdot F_x(x_0;y_0) = 0 \tag{4.21}$$

4.3.4 Tangenten und Normalen bei Parameterdarstellung

Im folgenden durchlaufe der Parameter t die Werte eines reellen Intervalls, und die Kurve sei beschrieben als Punktmenge M der Form $\{(x;y) \mid x = f_1(t) \;\wedge\; y = f_2(t)\}$ vermöge zweier stetig differenzierbarer Funktionen f_1 und f_2.
Wir betrachten einen Wert t_0 mit $f_1'(t_0) \neq 0$ und den zugehörigen Kurvenpunkt $B(x_0;y_0)$. In einer gewissen Umgebung U von t_0 ist dann f_1 invertierbar, und t ist als Funktion $\overline{f}_1$ der x-Koordinaten der Kurvenpunkte darstellbar. In dieser Umgebung U gilt demnach $y = f_2(t) = f_2(\overline{f}_1(x)) \equiv g(x)$. In Anwendung der Kettenregel und des Satzes über die Ableitung der Umkehrfunktion (s. Fichtenholz 1964) erhalten wir

$$g'(x_0) = f_2'(\overline{f}_1(x_0)) \cdot \overline{f}_1'(x_0) = \frac{f_2'(t_0)}{f_1'(t_0)} \tag{4.22}$$

über (4.15) die Tangentengleichung

$$(x - f_1(t_0))\cdot f_2'(t_0) - (y - f_2(t_0))\cdot f_1'(t_0) = 0 \qquad (4.23)$$

und über (4.17) die Normalengleichung

$$(x - f_1(t_0))\cdot f_1'(t_0) + (y - f_2(t_0))\cdot f_2'(t_0) = 0 \qquad (4.24)$$

Sowohl (4.23) als auch (4.24) ergeben sich analog für den Fall, daß $f_2'(t_0) \neq 0$ erfüllt ist. Den Fall, daß für einen Wert t_0 die Ableitungen beider Komponentenfunktionen verschwinden, behandeln wir in Kapitel **5**. Dort und in **4.5.2** werden wir auch auf den Term für die zweite Ableitung zugreifen, der Aufg.4.8.5 entnommen werden kann.

Als Beispiel untersuchen wir die Normale der gemeinen Zykloide. Mit $f_1(\beta) = r\cdot(\beta - \sin\beta)$ und $f_2(\beta) = r\cdot(1 - \cos\beta)$ ergibt sich wegen (4.24) die Normalengleichung

$$(x-r\cdot(\beta_0 - \sin\beta_0))\cdot(1-\cos\beta_0) + (y-r\cdot(1 - \cos\beta_0))\cdot\sin\beta_0 = 0 .$$

Der momentane Auflagepunkt $C(r\cdot\beta_0;0)$ des auf der y-Achse abrollenden Kreises erfüllt die Normalengleichung, legt also zusammen mit dem Kurvenpunkt $(f_1(\beta_0);f_2(\beta_0))$ den Verlauf der Normale geometrisch fest und erlaubt so eine einfache Konstruktion. Auf die Deutung des Punktes C als momentaner Drehpunkt kommen wir in Kapitel **7** zu sprechen.

4.3.5 Tangenten und Normalen bei Polardarstellung

Die Tangente der Rosette kennen wir aus **4.3.3** über einen recht aufwendigen und daher wenig befriedigenden Term. Vielleicht führt uns die Polarform auf eine einfachere Form der Tangentensteigung?

Wir können auf die Formeln des vorigen Abschnitts zurückgreifen, wenn wir $r = f(\varphi)$ gemäß (4.5) in eine kartesische Darstellung mit Parameter φ transformieren. Die ersten Ableitungen ergeben sich unmittelbar zu

$$\left.\begin{aligned} \frac{dx}{d\varphi} &= \frac{df}{d\varphi}\cdot\cos\varphi + f(\varphi)\cdot\sin\varphi \\ \frac{dy}{d\varphi} &= \frac{df}{d\varphi}\cdot\sin\varphi - f(\varphi)\cdot\cos\varphi \end{aligned}\right\} \qquad (4.25)$$

Die Terme für die zweiten Ableitungen (die wir in Kapitel 5 benötigen) sind in Aufg.4.8.2 aufgeführt.
Aus (4.25) erhalten wir für die Tangentensteigung im Punkt $B(x_0;y_0) = B(\varphi_0;r_0)$ den Term

$$g'(x_0) = \frac{f'(\varphi_0)\cdot\sin\varphi_0 + f(\varphi_0)\cdot\cos\varphi_0}{f'(\varphi_0)\cdot\cos\varphi_0 - f(\varphi_0)\cdot\sin\varphi_0} \tag{4.26}$$

Für die <u>Rosette</u> führt dies zu

$$g'(x_0) = \frac{\sin\varphi_0\cdot(3\cdot\cos^2\varphi_0 - 1)}{\cos\varphi_0\cdot(1 - 3\sin^2\varphi_0)}$$

was ebenfalls keine angenehme Tangentenkonstruktion ermöglicht.

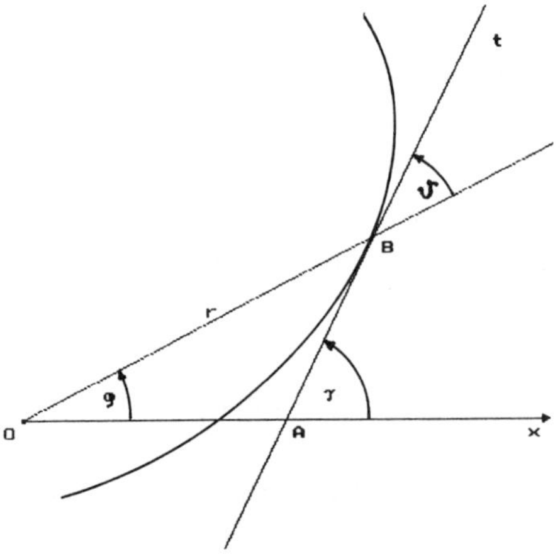

Figur 4.15

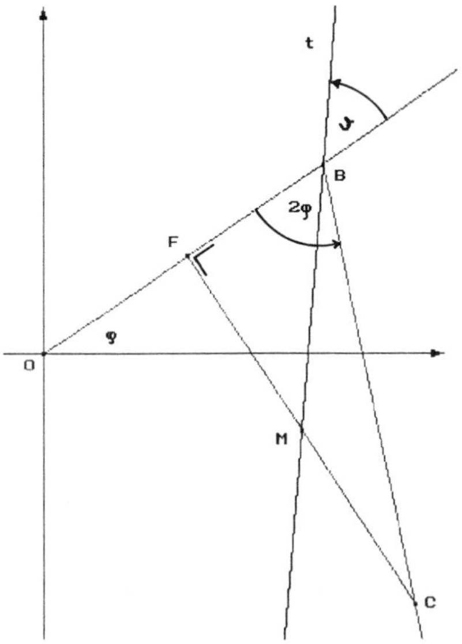

Figur 4.16

Wir versuchen nun einen direkten, d.h. geometrischen Weg. Seien τ bzw. ϑ die Winkel, die die Tangente mit der x-Achse bzw. mit dem Fahrstrahl bildet. Dann gilt gemäß Fig.4.15 $\vartheta = \tau - \varphi$ und damit $\tan\vartheta = \tan(\tau-\varphi) = \frac{\tan\tau - \tan\varphi}{1 + \tan\tau\cdot\tan\varphi}$. Schließlich kommt man wegen $\tan\tau = \frac{dy}{dx}$ sowie $\tan\varphi = \frac{y}{x}$ mit (4.26) und (4.7) zu

$$\tan\vartheta = \frac{f(\varphi_0)}{f'(\varphi_0)} \tag{4.27}$$

Bei Polarkoordinaten ist also <u>der Winkel ϑ zwischen Fahrstrahl und Tangente</u> die geeignetere Beschreibungsmöglichkeit für die Richtung der Tangente.
Wir kehren nun zur Untersuchung der <u>Rosette</u> zurück und gelangen über ihre Polarform und (4.27) zu $\tan\vartheta = \frac{1}{2}\cdot\tan(2\varphi)$. Daraus ergibt sich für sie nun doch eine recht einfache Tangentenkonstruktion.
Fig.4.16 veranschaulicht den Weg: Trage in B an OB den Winkel 2φ an. Wähle einen Punkt C auf dem freien Schenkel. Fälle von C das Lot auf g(O;B) mit Fußpunkt F. Bestimme den Mittelpunkt M von FC. Dann ist g(B;M) die Tangente an die Rosette durch B.

4.3.6 Subtangenten und Subnormalen

In diesem Abschnitt haben wir zum Ziel, weitere Möglichkeiten der Konstruktion von Tangenten und Normalen aufzuzeigen.
Zunächst beziehen wir uns dabei auf die explizite kartesische Darstellung einer Kurve *M*. Gemäß Fig.4.17 mögen die Tangente und die Normale im Punkt $B(x_0;y_0)$ die x-Achse in den Punkten T bzw. N schneiden. Weiter sei B′ die senkrechte Projektion von B auf die x-Achse.

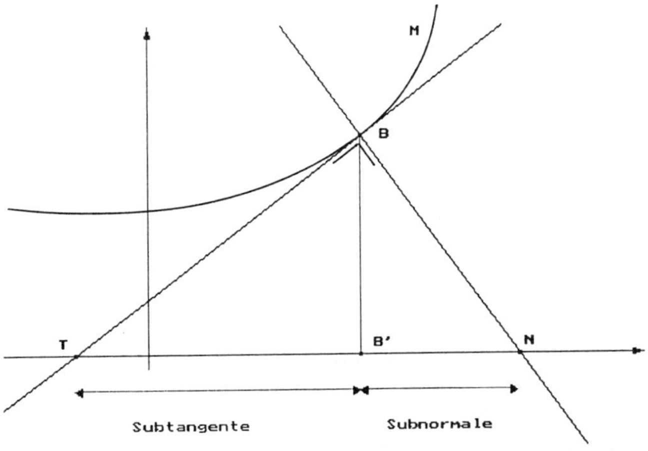

Figur 4.17

Die Strecken B′T bzw. B′N heißen <u>Subtangente</u> bzw. <u>Subnormale der Kurve *M* im Punkt</u> B. Diesen Abschnitten entsprechen positive oder negative Werte je nach ihrer Richtung auf der x-Achse. Offensichtlich gilt:

$$\text{Länge der Subtangente} = \left| -\frac{f(x_0)}{f'(x_0)} \right| \tag{4.28}$$

$$\text{Länge der Subnormale} = |f(x_0)\cdot f'(x_0)| \tag{4.29}$$

Selbstverständlich kann man mit Hilfe einer dieser Beziehungen Tangente und Normale in einem Kurvenpunkt B konstruieren.
Bei impliziter Kurvendarstellung $F(x;y) = 0$ oder bei Parameterdarstellung bleiben obige Formeln insofern relevant, als $f'(x_0)$ gemäß (4.10) durch $-F_x(x_0;y_0)/F_y(x_0;y_0)$ bzw. durch den Quotienten $f_2'(t_0)/f_1'(t_0)$ gemäß (4.22) ersetzt werden kann.

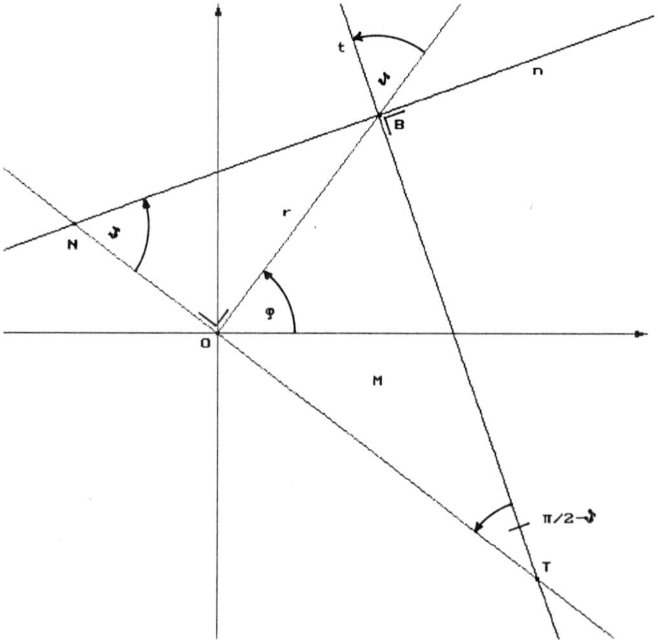

Figur 4.18

Im Falle von Polarkoordinaten betrachtet man nicht die Schnittpunkte von Tangente und Normale mit der Polarachse, sondern die Schnittpunkte N und T mit der zum Fahrstrahl senkrechten Ursprungsgeraden (s. Fig.4.18). Die Strecken ON bzw. OT heißen polare Subnormale bzw. polare Subtangente der Kurve *M* im Punkt B. Man erkennt unmittelbar:

$$\text{Länge der polaren Subnormale} = |f'(\varphi_0)| \tag{4.30}$$

womit auch der Ableitung nach dem Polarwinkel eine geometrische Bedeutung zukommt. Im Sonderfall $f'(\varphi_0) = 0$ steht die Tangente senkrecht auf dem Fahrstrahl. Dies wird auch aus der Beziehung

$$\text{Länge der polaren Subtangente} = \left| - \frac{(f(\varphi_0))^2}{f'(\varphi_0)} \right| \tag{4.31}$$

ersichtlich, die sich mit Hilfe von (4.27) aus Fig.4.18 ergibt.

Sehr vorteilhaft erweisen sich unsere neuen Begriffsbildungen z.B. bei der PASCALschen Schnecke

$$\boxed{r = a \cdot \cos\varphi + b \quad \text{mit } a \neq 0}$$

Fig.4.19 veranschaulicht ein Konstruktionsverfahren für Normale und Tangente in einem Punkt B dieser Schnecke.

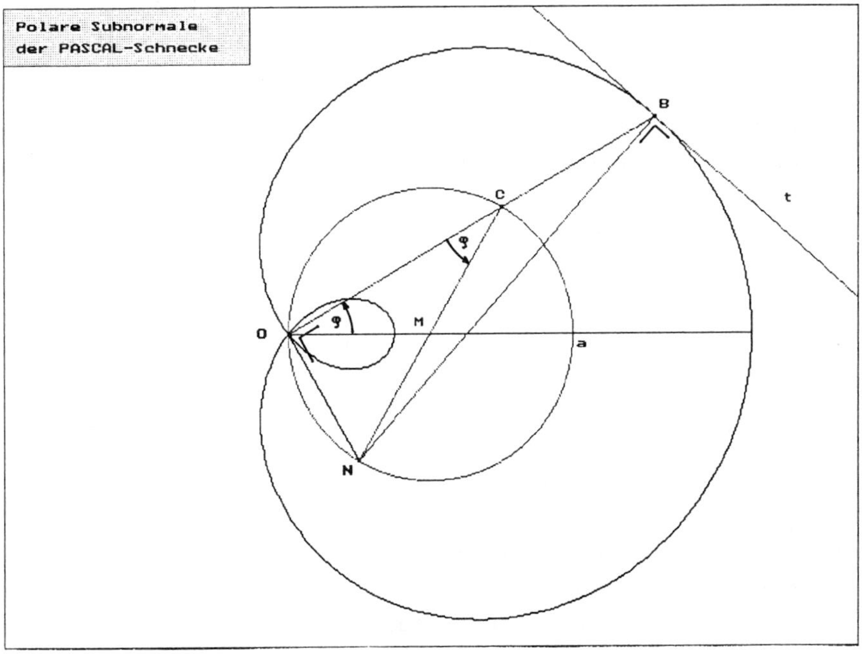

Figur 4.19

Hier hängt die Länge $|-a \cdot \sin\varphi|$ der polaren Subnormale nicht von b ab. Man kann sie demnach für jedes a anhand der Kurve zum Parameterwert b = 0, also des Kreises mit Mittelpunkt $(\frac{a}{2};0)$ und Radius $\frac{a}{2}$ gewinnen. Hält man a fest und variiert b, so ist für die auf demselben Fahrstrahl liegenden Punkte verschiedener Schnecken der Normalenschnittpunkt N mit demjenigen des genannten Kreises identisch. Dessen Lage ist über den THALES-Satz festzumachen, und dann kann man mit seiner Hilfe für alle Schnecken leicht die Normalen zeichnen.

4.3.7 Asymptoten

Beim Durchlaufen einer Kurve wird sich die Tangente entsprechend dem jeweiligen Berührpunkt B in Richtung und Lage ständig ändern, wenn die Kurve nicht selbst schon geradlinig verläuft. Erstreckt sich die Kurve ins Unendliche, d.h. entfernen sich ihre Punkte vom Ursprung beliebig weit, kann es vorkommen, daß die Tangenten eine feste Gerade als Grenzlage aufweisen.

Die Grenzlage der Tangente bei ständig wachsender Entfernung des Berührpunktes vom Ursprung heißt Asymptote an die Kurve.

Die Existenz einer Asymptote ist durch diese Definition keineswegs gesichert, wie man sich an Funktionsgraphen unmittelbar klar macht. Auch kann eine Kurve durchaus mehrere Asymptoten aufweisen, z.B. wenn sie verschiedene Zweige hat.
Im folgenden gehen wir von einer Asymptote aus, welche nicht parallel zur y-Achse verläuft (sonst vertausche man die Rollen von x und y). Jeder Punkt der Asymptote genügt dann einer Geradengleichung

$$y = a \cdot x + b$$

deren reelle Koeffizienten a und b in Abhängigkeit von der Kurve zu bestimmen sind. Für die nachfolgenden Überlegungen diene Fig.4.20 als Orientierungshilfe.
Die Asymptotensteigung a ist gleich dem Grenzwert der Tangentensteigung für $x \to +\infty$ oder für $x \to -\infty$ (wir lassen eine Spezifikation der Grenze künftig weg). Andererseits hat auch die Steigung der Geraden durch B(x;y) und den Achsenabschnittspunkt A(0;b) der Asymptote den Grenzwert a. Damit gilt

$$a = \lim \frac{dy}{dx} = \lim \frac{y-b}{x-0} = \lim \frac{y}{x}$$

b ergibt sich als Grenzwert:

$$b = \lim (y - y'\cdot x) = \lim (y - a\cdot x)$$

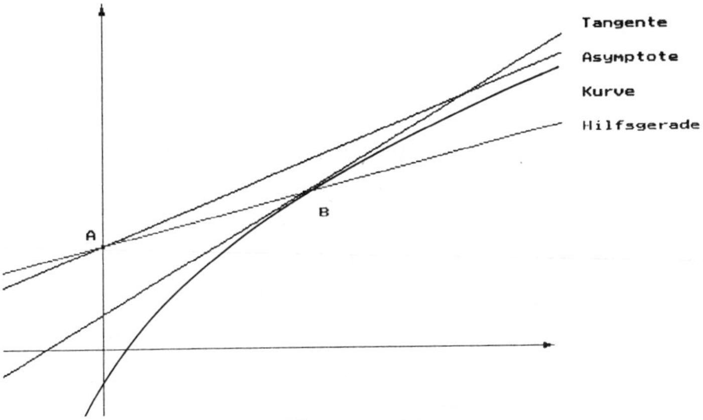

Figur 4.20

Selbstverständlich setzen wir bei unseren Überlegungen die Existenz einer Asymptote bzw. die Existenz der Grenzwerte voraus. Diese Ansätze zur Bestimmung der Asymptote greifen bei <u>explizit gegebenen Kurven</u> unmittelbar. Bei <u>Kurven in Parameterdarstellung</u> vollzieht sich das Abrücken des Kurvenpunktes ins Unendliche über einen Grenzprozeß beim Parameter t. Mit entsprechender Interpretation des Limeszeichens kommen wir auch hier mit obigen Gleichungen zum Ziel.

Bei <u>impliziter Kurvendarstellung</u> führen sie allerdings nur mittelbar weiter. Da implizite transzendente Kurven bei uns eine untergeordnete Rolle spielen, beschränken wir uns auf die Bestimmung von Asymptoten bei <u>algebraischen Kurven</u>.

Sei jetzt $F(x;y) = 0$ eine algebraische Kurve gemäß (4.12) und h die algebraische Ordnung von F. Für $x \to \pm\infty$ beschreiben wir nun die Kurve auch mittels Gleichungen der Form

$$\frac{F(x;y)}{x^i} = 0 \quad \text{mit } i \in \mathbb{N} \qquad (4.32)$$

Für i = h bringen wir die linke Seite in die Gestalt

$$\left.\begin{aligned} \frac{F(x;y)}{x^h} &= U_h(\tfrac{y}{x}) + x^{-1}\cdot U_{h-1}(\tfrac{y}{x}) + \ldots + x^{-h}\cdot U_0(\tfrac{y}{x}) \\ \text{mit} & \\ U_j(\tfrac{y}{x}) &= c_{jj}\cdot\left(\frac{y}{x}\right)^j + c_{jj-1}\cdot\left(\frac{y}{x}\right)^{j-1} + \ldots + c_{j0} \end{aligned}\right\} \quad (4.33)$$

Im Grenzfall $x \to \pm\infty$ entsteht aus (4.33) die Bestimmungsgleichung

$$U_h(a) \equiv c_{hh}\cdot a^h + c_{hh-1}\cdot a^{h-1} + \ldots + c_{h0} = 0 \quad (4.34)$$

für die Steigung a der Asymptote. Den h Lösungen dieser Gleichung entsprechen h Richtungen, in denen unendlich ferne Punkte der Kurve liegen, wobei man allerdings nichtreelle Lösungen einbezieht. Hat in (4.34) der Leitkoeffizient c_{hh} den Wert 0, reduziert sich zwar der Grad der Gleichung, nicht aber die Zahl der Asymptoten. Vertauscht man nämlich die Rollen von x und y, dann liefert $F(x;y)/y^h = 0$ im Grenzfall $y \to \pm\infty$ die Lösung 0 für $\frac{x}{y}$, welche als Kehrwert zu a auf eine zur x-Achse senkrechte Asymptote führt. Entsprechend entstehen zwei solche Asymptoten, wenn zusätzlich auch c_{hh-1} verschwindet, u.s.w..
Zur Bestimmung des Ordinatenabschnitts b schreiben wir unseren Ansatz $y = a\cdot x + b$ für die Asymptote in der Form $\frac{y}{x} = a + \frac{b}{x}$ und setzen in (4.33) ein. Gleichzeitig entwickeln wir die Glieder U_j in eine TAYLOR-Reihe um die Stelle a (mit $\frac{y}{x}$ als neuer Funktionsvariable) und erhalten

$$\begin{aligned} \frac{F(x;y)}{x^h} &= U_h(a) + U_h'(a)\cdot\frac{b}{x} + \frac{1}{2}\cdot U_h''(a)\cdot\left(\frac{b}{x}\right)^2 + \ldots \\ &\quad + U_{h-1}(a) + U_{h-1}'(a)\cdot\frac{b}{x} + \frac{1}{2}\cdot U_{h-1}''(a)\cdot\left(\frac{b}{x}\right)^2 + \ldots \\ &= U_h(a) \\ &\quad + x^{-1}\cdot\left(U_{h-1}(a) + U_h'(a)\cdot b\right) \\ &\quad + x^{-2}\cdot\left(U_{h-2}(a) + U_{h-1}'(a)\cdot b + U_h''(a)\cdot\frac{b^2}{2}\right) \\ &\quad + \ldots \end{aligned}$$

Berücksichtigt man, daß a eine Lösung von (4.34) ist, reduziert sich die Kurvengleichung (4.32) mit $i = h-1$ für $x \to \pm\infty$ auf

$$U_{h-1}(a) + U_h'(a)\cdot b = 0 \quad (4.35)$$

Sollten sowohl $U_{h-1}(a)$ als auch $U'_h(a)$ den Wert 0 haben, gelangt man über (4.32) mit i = h-2 zu

$$U_{h-2}(a) + U'_{h-1}(a)\cdot b + U''_h(a)\cdot\frac{b^2}{2} = 0 \qquad (4.36)$$

Hat diese Bestimmungsgleichung für b zwei verschiedene reelle Wurzeln, so besitzt die Kurve zwei parallele Asymptoten mit der Steigung a. Die Behandlung weiterer Sonderfälle kann unterbleiben.

Auf diesen recht theoretischen Teil soll ein Beispiel folgen. Beim kartesischen Blatt in **4.2.6** ist h = 3, $U_3 = \left(\frac{y}{x}\right)^3 + 1$ und so $c_{33} = 1$, $c_{32} = 0$, $c_{31} = 0$, $c_{30} = 1$. Die Gleichung $a^3 + 1 = 0$ liefert eine Parallele zur zweiten Winkelhalbierenden als einzige Asymptote der Kurve. Weiterhin ist $U_2(\frac{y}{x}) = -3k\cdot\left(\frac{y}{x}\right)$ und $U'_1(\frac{y}{x}) = 3\left(\frac{y}{x}\right)^2$. Die Gleichung $-3k\cdot(-1) + 3\cdot(-1)^2\cdot b = 0$ hat die Lösung b = -k . Demnach ist y = -x - k die Gleichung der einzigen Asymptote des kartesischen Blattes.-

Abschließend untersuchen wir noch Asymptoten von Kurven, die in Polarform $r = f(\varphi)$ vorliegen. Hier hat man jene Werte φ_0 zu bestimmen, für welche

$$\lim_{\varphi\to\varphi_0} f(\varphi) = \pm\infty$$

gilt. Durch φ_0 ist die Richtung der Asymptote festgelegt, ihr Abstand d zum Ursprung berechnet sich gemäß Fig.4.21 als

$$d = \lim_{\varphi\to\varphi_0} d_B = \lim_{\varphi\to\varphi_0} f(\varphi)\cdot\sin(\varphi_0-\varphi) \qquad (4.37)$$

Aus den Vorzeichen der Grenzwerte kann man schließen, auf welcher Seite des Polarstrahls mit Richtungswinkel φ_0 die Asymptote liegt. Strebt f beispielsweise einem positiven Wert zu und ist d ebenfalls positiv, dann war und bleibt φ_0 größer als φ, und die Asymptote liegt wie in Fig.4.21 rechts des durch φ_0 gekennzeichneten Polarstrahls.

Als Beispiel betrachten wir die in Fig.4.22 abgebildete Kurve mit der Gleichung

$$\boxed{r = \frac{k\cdot\varphi}{\varphi - 1} \quad \text{mit} \quad k \in \mathbb{R}^+}$$

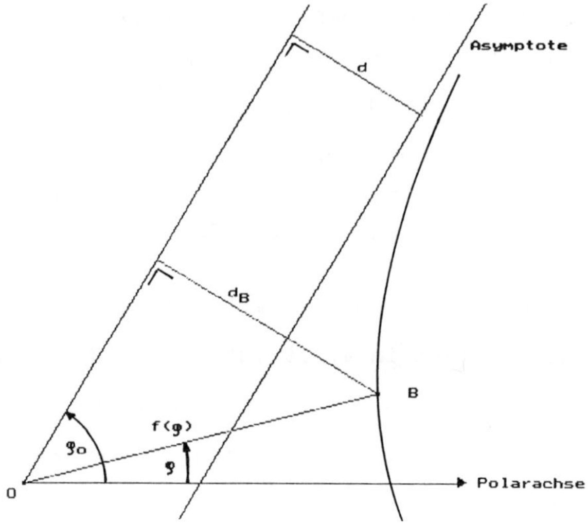

Figur 4.21

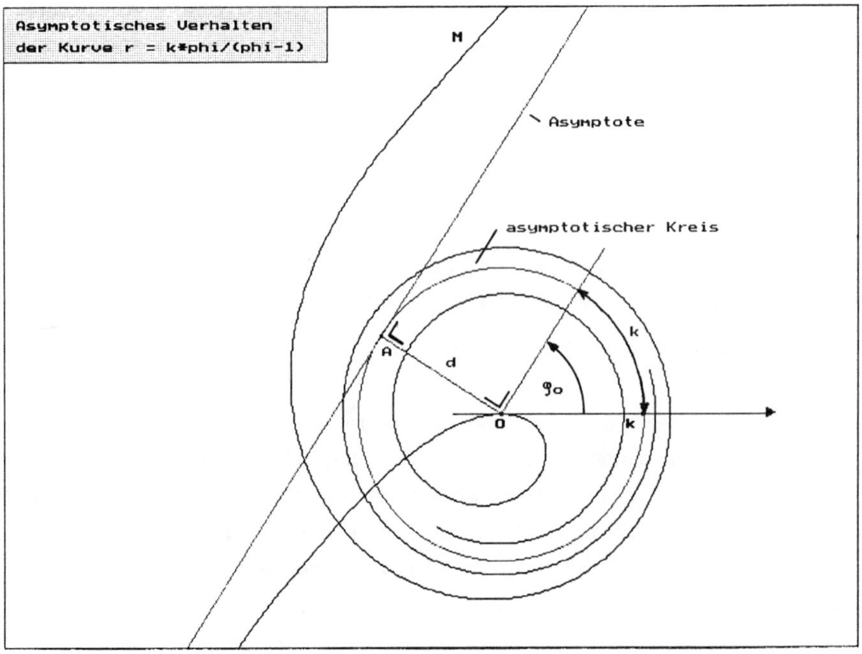

Figur 4.22

Die einzige Asymptote liegt in der durch $\varphi_0 = 1$ bestimmten Richtung. Ihr Abstand zum Ursprung ergibt sich nach (4.37) über

$(-k)\cdot \lim_{\varphi\to 1} \varphi\cdot\frac{\sin(\varphi - 1)}{\varphi - 1}$ als -k. Die Asymptote liegt also links des Polarstrahls mit Richtungswinkel 1.

Wir untersuchen noch das Verhalten dieser Kurve für betragsgroße Werte des Polarwinkels. Für $\varphi \to +\infty$ kommt r dem Wert k von oben her beliebig nahe, für $\varphi \to -\infty$ dem gleichen Wert von unten her. Dies bedeutet, daß sich die Kurve in immer enger werdenden Windungen beidseitig dem Ursprungskreis mit Radius k nähert. Fig.4.22 zeigt die Kurve, wobei das zuletzt beschriebene Annäherungsverhalten natürlich nur angedeutet werden kann.

Neben die durch die Definition gegebene Deutung als Tangentengrenzlage tritt intuitiv auch die Interpretation der Asymptote als Annäherungsgerade für die Kurve in einem gewissen Grenzbereich. Sie ist die im Mathematikunterricht übliche und wird von uns auch bei den Kurvendiskussionen in Kapitel 9 verwendet.

Diese erweiterte Vorstellung einer Asymptote deckt sich nicht mit der eingangs erfolgten Definition. Beispielsweise nähert sich die transzendente Kurve

$$y = a\cdot x + b + c\cdot\frac{\sin x}{x} \quad \text{mit } a,b,c \in \mathbb{R}\setminus\{0\}$$

für $x \to \infty$ zwar der Geraden $y = a\cdot x + b$, eine Grenzlage der Tangente existiert jedoch nicht, weil sich kein y-Achsenabschnitt einstellt.

Andererseits erlaubt diese letzte Auffassung asymptotischen Verhaltens eine Erweiterung auf <u>krummlinige Asymptoten</u>, wie etwa auf den Kreis in Fig.4.22 oder den Graph des ganzrationalen Anteils bei einer gebrochenrationalen Funktion (s. auch die Kurve in 9.3).

4.4 INHALTE KRUMMLINIG BERANDETER EBENER FLÄCHEN

Bereits in der Antike beschäftigten sich Mathematiker mit der Flächeninhaltsberechnung krummlinig berandeter ebener Figuren und beschränkten sich dabei keineswegs nur auf auf kreisbogenbegrenzte Flächen. Bekannt ist die Berechnung des Parabelsegments durch ARCHIMEDES (287-212 v.Chr.) (s. Schupp 1988).

Erst nach der Wiederentdeckung und Neuherausgabe seiner Schriften im 16.Jahrhundert entwickelten sich Methoden der Inhaltsbestimmung, die nicht bei jedem weiteren Problem neue Kunstgriffe erforderten. Mit der Begründung der Infinitesimalrechnung durch NEWTON und LEIBNIZ setzt man sich schließlich endgültig über den antiken Rahmen hinweg, der geprägt ist von logischer Strenge und einer gewissen Scheu vor dem Unendlichen.
Der Grundgedanke der neuen Methoden ist die vollständige Erfassung der Flächen durch eine unendliche Anzahl unendlich kleiner (und damit nicht wirklich existierender) Bestandteile, die ihrerseits unmittelbar oder nach einer gewissen Lageveränderung einem Kalkül zugänglich gemacht werden.

4.4.1 Das CAVALIERIsche Prinzip

In seinem im Jahre 1635 erschienenen Werk *Geometrie der kontinuierlichen Indivisiblen, nach einer gewissen neuen Methode vorgebracht* zeigt BONAVENTURA CAVALIERI (1598-1647) mit folgendem Satz eindrucksvoll die Stärke der neuen Denkweise. Wir wählen hier eine auf die Anwendung im Raum bezogene Formulierung, eine analoge Aussage gilt natürlich auch für die Bestimmung von Flächeninhalten in der Ebene.

> Körper, die in gleichen Höhen über einer gedachten gemeinsamen Grundebene gleichgroße Querschnittsflächen besitzen, sind volumengleich.

Diese Darstellung des Prinzips von CAVALIERI ist recht pragmatisch gehalten, für formale Präzisierungen und Verallgemeinerungen sei z.B. auf Bachmann 1975, Bd.2 oder Mangoldt-Knopp 1954, Bd.3 verwiesen.
Als Beispiel für eine Anwendung dieses Satzes im Bereich der ebenen Kurven haben wir bereits in **3.2.3** die Bestimmung des Inhaltes der Fläche unter einem Zykloidenbogen vorgestellt.

4.4.2 Flächen zwischen x-Achse und Funktionsgraph

Wir betrachten im folgenden den Graph $y = f(x)$ einer stetigen Funktion f über einem Intervall $[x_1;x_2]$ und fordern zusätzlich, daß f im vorbezeichneten Intervall nur nichtnegative Werte annehme (andernfalls ersetze man f durch |f|). Der Hauptsatz der Differential- und Integralrechnung führt die Bestimmung des Inhaltes A der Fläche zwischen Graph und x-Achse über dem Intervall $[x_1;x_2]$ in bekannter Weise über die zugehörige Stammfunktion durch:

$$A = \int_{x_1}^{x_2} f(x)\,dx = F(x_2) - F(x_1) =: \Big[F(x)\Big]_{x_1}^{x_2} \qquad (4.38)$$

wobei $F' = f$.

Beispielsweise hat die in Fig.4.9 vom unteren Ast der Schnabelspitze und der x-Achse berandete Fläche den Inhalt

$$A = \int_0^1 (\xi^2-\xi^{5/2})\,d\xi = \left[\frac{1}{3}\,\xi^3 - \frac{2}{7}\,\xi^{7/2}\right]_0^1 = \frac{1}{21}\,.$$

Das Vorgehen gemäß (4.38) bleibt in bestimmten Fällen auch dann möglich, wenn die Begrenzungslinie in parametrisierter Form vorliegt, also durch eine Punktmenge $\{(f_1(t);f_2(t))\}$ mit nichtnegativwertigem f_2 über einem Parameterintervall $[t_1;t_2]$ beschrieben ist. Die Eigenschaft, Funktionsgraph zu sein, kann durch die Forderung nach strenger Monotonie der Funktion f_1 gesichert werden. Ist f_1 schließlich noch stetig differenzierbar, wird (4.38) durch Substitution zu

$$A = \left| \int_{t_1}^{t_2} f_2(t)\cdot f_1'(t)\cdot dt \right| \qquad (4.39)$$

wobei durch das Betragszeichen der Fall Berücksichtigung findet, daß die Kurve mit wachsendem t in Richtung der negativen x-Achse durchlaufen wird, also $f_1'(t) \le 0$ gilt.

Als Beispiel sei auf die Berechnung der Fläche für einen nach dem Drehwinkel β parametrisierten Bogen der (gemeinen) Zykloide in **3.2.3** verwiesen. Mit gleicher Methode unter zusätzlicher Ausnutzung der Symmetrie ist in **1.4** die von der Rosette umschlossene Fläche berechnet.

4.4.3 Die LEIBNIZsche Sektorenformel

Wir betrachten jetzt eine in Polarform $r = f(\varphi)$ mit stetiger Funktion f gegebene Kurve *M*. Von einer bestimmten Anfangslage $(\varphi_1;r_1)$ bis zu einer gewissen Endlage $(\varphi_2;r_2)$ überstreicht der Fahrstrahl eine Sektorfläche, für deren Inhalt wir uns interessieren. Dazu ziehen wir uns auf die Beschreibung des Inhalts ΔA eines zwischen den Strahlen $r(\varphi)$ und $r(\varphi+\Delta\varphi)$ eingeschlossenen kleinen Sektorteils zurück, in dem f monoton wächst (bei monoton fallendem f sind die Abschätzungen umzukehren). Aus Fig.4.23 a) können wir $\frac{1}{2}\cdot f^2(\varphi)\cdot\Delta\varphi \le \Delta A \le \frac{1}{2}\cdot f^2(\varphi+\Delta\varphi)\cdot\Delta\varphi$ lesen, woraus sich für $\Delta\varphi \to 0$ die infinitesimale Beziehung $dA = \frac{1}{2}\cdot f^2(\varphi)\cdot d\varphi$ ergibt.

Somit ist die Bestimmung des gesamten Sektorinhalts auf die Berechnung des Integrals

$$A = \frac{1}{2}\cdot\int_{\varphi_1}^{\varphi_2} f^2(\varphi)\cdot d\varphi \tag{4.40}$$

zurückgeführt. (4.40) heißt LEIBNIZsche Sektorenformel.

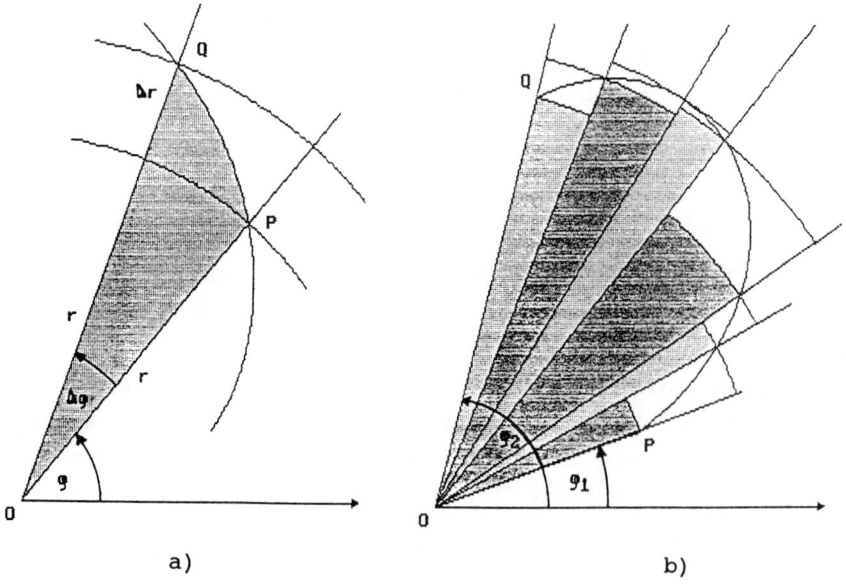

Figur 4.23

Selbstverständlich kann man zu ihrer Herleitung auch wie in Fig.4.23 b), nämlich analog zum üblichen Integral mit Ober- und Untersummen von Kreissektorinhalten argumentieren (s. Fichtenholz 1964, Bd.2).

Die Formel (4.40) läßt sich für die Situation ausbauen, daß die Polarform $r = f(\varphi)$ in eine beliebige Parametrisierung der Art $(f_1(t);f_2(t))$ mit stetig differenzierbaren Koordinatenfunktionen f_i übergeht. Der Polarwinkel φ ist dann seinerseits vom Parameter t abhängig und aus $\tan\varphi = f_2(t)/f_1(t)$ erhalten wir durch Differenzieren nach t

$$\frac{1}{\cos^2\varphi}\cdot\frac{d\varphi}{dt} = \frac{f_1(t)\cdot f_2'(t)-f_2(t)\cdot f_1'(t)}{f_1^2(t)}$$ und wegen $f_1(t) = f(\varphi)\cdot\cos\varphi$

schließlich $f^2(\varphi)\cdot d\varphi = (f_1(t)\cdot f_2'(t) - f_2(t)\cdot f_1'(t))\cdot dt$. Die Sektorenformel schreibt sich dann als

$$A = \frac{1}{2}\cdot\int_{t_1}^{t_2} (f_1(t)\cdot f_2'(t) - f_2(t)\cdot f_1'(t))\cdot dt \qquad (4.41)$$

Als Beispiel untersuchen wir den Flächeninhalt A der Schleife des <u>kartesischen</u> <u>Blattes</u>. Wir verwenden die Polardarstellung aus **4.2.6** und erhalten über (4.40)

$$A = \frac{9\cdot k^2}{2}\cdot\int_0^{\pi/2} \frac{\sin^2\varphi\cdot\cos^2\varphi}{(\sin^3\varphi + \cos^3\varphi)^2}\,d\varphi$$

$$= \frac{3\cdot k^2}{2}\cdot\int_0^{\pi/2} \frac{3\cdot\tan^2\varphi\cdot\cos^{-2}\varphi}{(1 + \tan^3\varphi)^2}\,d\varphi = \frac{3\cdot k^2}{2}\cdot\left[\frac{-1}{1 + \tan^3\varphi}\right]_0^{\pi/2}$$

$$= \frac{3\cdot k^2}{2}\ .$$

Bezüglich einer Anwendung von (4.41) sei auf Aufg.4.8.21 verwiesen.

4.5 BESONDERE KURVENPUNKTE

Der Betrachter einer Kurve sieht diese häufig in einen situativen Kontext eingebunden oder nimmt bei ihrer Beschreibung Be-

zug auf einen künstlichen Rahmen, wie ihn z.B. ein Koordinatensystem darstellt. Aus solchen Wechselbeziehungen zwischen Kurve und ihrem Umfeld resultieren die nachfolgend beschriebenen Besonderheiten von Kurvenpunkten.
Im Gegensatz zu den jetzt zu behandelnden Punkten sind z.B. Doppelpunkte kurvenimmanent charakterisierbar. Derartigen darstellungsunabhängigen Kurvenphänomenen ist Kapitel 5 gewidmet.

4.5.1 Nullstellen

Bei jeder Art der Kurvenbeschreibung kommt einem Kurvenpunkt, in dem eine der beteiligten Funktionen oder Variablen den Wert Null annimmt, eine spezifische geometrische Interpretation zu. Für kartesische Koordinaten sind durch die Bedingungen $x = 0$ bzw. $y = 0$ die Schnittpunkte der Kurve mit der y-Achse bzw. der x-Achse erfaßt. Wir greifen einige frühere Beispiele wieder auf. Bei der Schnabelkurve aus **4.2.2** führt die Forderung $y = 0$ zur Bestimmungsgleichung $x^4-x^5 = 0$ und damit zu den Schnittpunkten (0;0) und (0;1) mit der x-Achse. Im Falle der gemeinen Zykloide (3.2) erhält man über $y(\beta) = r\cdot(1 - \cos\beta) = 0$ die Parameterwerte $\beta = n\cdot\pi$ und mit $x(\beta) = r\cdot(\beta - \sin\beta)$ die Schnittpunkte $(r\cdot n\pi;0)$ mit der x-Achse.
Bei Polardarstellung $r = f(\varphi)$ kennzeichnet $\varphi = \varphi_0 + n\cdot 2\pi$ die Kurvenschnittpunkte mit der durch φ_0 bestimmten vom Polarzentrum ausgehenden Halbgeraden, für $\varphi_0 = 0$ also die Schnittpunkte mit der Polarachse. Somit sind derartige Schnittpunkte durch bloße Einsetzung zugänglich. Anspruchsvoller ist die geometrische Analyse der Bestimmungsgleichung $f(\varphi) = 0$. Ihre Lösung erbringt diejenigen Polarwinkel, für welche die Kurve - wenn überhaupt - durch das Polarzentrum geht. Neben der Anzahl der Lösungen interessieren auch deren Werte, da sie die jeweiligen Tangenten festlegen. Als Beispiel betrachten wir wieder das kartesische Blatt. Dort führt $r = 0$ über dem Intervall $]\frac{-\pi}{4};\frac{3\pi}{4}[$ (wegen der Symmetrie $f(\frac{\pi}{4} + \varphi) = f(\frac{\pi}{4} - \varphi)$ genügt dieses Intervall zur vollständigen Kurvenbeschreibung) auf $\sin\varphi\cdot\cos\varphi = 0$ mit den Lösungen $\varphi_1 = 0$ und $\varphi_2 = \frac{\pi}{2}$, die bereits als Integrationsgrenzen am Ende von **4.4.3** aufgetreten sind.

4.5.2 Extrempunkte

Wir betrachten jetzt Kurvenpunkte, die in bezug auf ein zugrundegelegtes Koordinatensystem eine extremale Lage einnehmen. In kartesischen Koordinaten fragen wir nach Kurvenpunkten mit maximaler bzw. minimaler x- oder y-Koordinate, bei Polarkoordinaten interessieren Kurvenpunkte mit maximaler bzw. minimaler Entfernung vom Polarzentrum.

Sind die kurvenbeschreibenden Funktionen stetig mit kompakter Definitionsmenge, so ist die Existenz solcher Maximal- bzw. Minimalpunkte gesichert (Satz von WEIERSTRASS). Bei nichtkompakter Definitionsmenge bietet es sich an, zunächst nur kompakte Teilbereiche zu betrachten, um schließlich durch Vergleich aller dieser Teilbereiche und der verbleibenden Restbereiche weiterzukommen.

In der Regel interessiert man sich nicht allein für Kurvenpunkte, die ein Extremalverhalten bezüglich aller anderen Kurvenpunkte aufweisen (globale Extrempunkte), sondern bezieht den Vergleich auch nur auf eine unmittelbare Umgebung (lokale Extrempunkte).

Wir geben einen Einblick in die Argumentationsweise am Beispiel des in Fig.4.12 abgebildeten kartesischen Blattes und wenden uns anschließend erst der mathematischen Analyse des Vorgehens zu.

In der kartesischen Darstellung des Blattes sind die Variablen x und y vertauschbar, was auf die Achsensymmetrie der Kurve zur ersten Winkelhalbierenden hinweist. Die Polargleichung zeigt Definitionslücken bei $\varphi_0 = \frac{3}{4}\cdot\pi$ sowie $\varphi_0 = \frac{7}{4}\cdot\pi$ und weiter, daß für $\varphi \longrightarrow \varphi_0$ die zugehörigen Radien unbegrenzt wachsen. Demnach ergibt sich - wie bereits in **4.3.7** dargelegt - als Asymptote der Kurve eine Parallele zur zweiten Winkelhalbierende. In bezug auf Polarkoordinaten oder kartesische Koordinaten dürfen wir also keine globalen Maximalpunkte erwarten. Andererseits verläuft die Kurve durch den Ursprung, so daß hier trivialerweise ein Kurvenpunkt minimaler Entfernung von O vorliegt.

Sowohl in der kartesischen Darstellung als auch in der Polarform ist die kurvenbeschreibende Funktion (partiell) differen-

zierbar und man erhält die lokalen Extrempunkte über die Nullstellen der Ableitungen.
In kartesischen Koordinaten gelangen wir mit (4.10) oder einfach durch Ableiten der kartesischen Gleichung zu

$$\frac{dy}{dx} = 0 \Rightarrow y = \frac{x^2}{k} \quad \text{bzw. zu} \quad \frac{dx}{dy} = 0 \Rightarrow x = \frac{y^2}{k}.$$

Mögliche Extrempunkte liegen also auf zwei Parabeln mit Scheitel im Ursprung. Im Ursprung selbst verschwinden allerdings beide partiellen Ableitungen, worauf wir in Kapitel 5 näher eingehen. Eingesetzt in die kartesische Gleichung führen obige Parabelgleichungen auf $x_1 = k\cdot 2^{1/3}$ bzw. $y_2 = k\cdot 2^{1/3}$ als jeweilige Koordinate zweier möglicher Extrempunkte P_1 und P_2. Die je andere Koordinate $y_1 = x_2 = k\cdot 4^{1/3}$ findet sich am einfachsten über die zugehörige Parabelgleichung. Da die zweiten partiellen Ableitungen F_{xx} in P_1 und F_{yy} in P_2 nicht verschwinden, ist wegen (4.11) auch $y''(x_1) \neq 0$ und analog $\frac{d^2x}{dy^2} \neq 0$. Also sind P_1 und P_2 tatsächlich lokale Extrempunkte, was die Entfernung von der y-Achse bzw. von der x-Achse anbetrifft.
Wir können die Extrempunkte bezüglich der kartesischen Koordinaten auch bei parametrisierter Kurvendarstellung gewinnen. Eine <u>Parametrisierung des kartesischen Blattes</u> erhält man, indem man den Parameter t über $y = t\cdot x$ einführt.

$$f_1(t) = \frac{3kt}{t^3+1} \quad ; \quad f_2(t) = \frac{3kt^2}{t^3+1} \quad \text{mit} \quad t \neq -1$$

Die notwendige Bedingung $\frac{dy}{dx} = 0$ führt mit (4.22) auf $f_2'(t) = 0$ und so auf $3k\cdot t\cdot(2-t^3) = 0$ mit $t_0 = 0$ und $t_1 = 2^{1/3}$ als Lösungen. Als möglicher Extrempunkt ergibt sich der bereits oben bestimmte Punkt P_1. Auch hier bedeutet das Nichtverschwinden der zweiten Ableitung $f_2''(t_1)$, daß tatsächlich ein Extremum vorliegt. Analog gelangt man über die Ableitung der ersten Koordinatenfunktion zum Extrempunkt P_2.
Gehen wir jetzt zu Polarkoordinaten über und betrachten die Entfernung r zum Ursprung. Aus der Polardarstellung ergibt sich

$$\frac{dr}{d\varphi} = 0 \quad\Rightarrow\quad (\sin^3\varphi + \cos^3\varphi)\cdot(\cos^2\varphi - \sin^2\varphi) - (3\sin^2\varphi\cdot\cos\varphi - 3\cos^2\varphi\cdot\sin\varphi)\cdot\sin\varphi\cdot\cos\varphi = 0\ ,$$

wobei sich auf der linken Seite $(\cos\varphi - \sin\varphi)$ ausklammern läßt. Für $\varphi = \frac{\pi}{4}$ hat $\frac{dr}{d\varphi}$ den Wert Null. Der zugehörige Kandidat für einen Extrempunkt ist $P_3(\frac{3k}{2};\frac{3k}{2})$. Seine Entfernung zum Polarzentrum ist $\frac{3k}{2}\cdot\sqrt{2}$. Für $\varphi = 0$ und $\varphi = \frac{\pi}{2}$ ist $\frac{dr}{d\varphi}$ keineswegs Null, obwohl der zugehörige Kurvenpunkt mit dem Polarzentrum zusammenfällt und somit die Entfernung den (lokalen und globalen) Extremwert 0 annimmt. Hintergrund dieses Kuriosums ist, daß für r negative Werte zugelassen sind und bei $\varphi = 0$ und $\varphi = \frac{\pi}{2}$ lediglich Übergänge zwischen positiven und negativen Werten stattfinden.

Die <u>theoretischen</u> <u>Grundlagen</u> der am Beispiel des kartesischen Blattes ausgeführten Methode lassen sich recht gut an der TAYLOR-Formel (4.18) festmachen. Man kann dort nämlich x so nahe an x_0 wählen, daß das letzte Summenglied das gleiche Vorzeichen hat wie der aus ihm durch Hinzunahme des Restgliedes $R_n(x)$ entstehende Term (s. Scheffers 1901). Sind nun alle vorangehenden Ableitungen $f^{(1)}(x_0) = \ldots = f^{(n-1)}(x_0) = 0$,dann hat nach dem eben Gesagten die Differenz $f(x) - f(x_0)$ dasselbe Vorzeichen wie das letzte Summenglied $\frac{1}{n!}\cdot(x - x_0)^n\cdot f^{(n)}(x_0)$. Dieses Vorzeichen wechselt an der Stelle x_0, wenn n ungerade ist, bleibt dagegen unverändert, wenn n gerade ist.

Eine hinreichend oft stetig differenzierbare Funktion f hat an der Stelle x_0 nur dann ein lokales Extremum, wenn die erste nicht verschwindende Ableitung $f^{(n)}(x_0)$ gerade Ordnung n hat, und zwar ein Maximum oder Minimum, je nachdem der Ableitungswert negativ oder positiv ist.

Da man sich in der eben angestellten Überlegung auf kleine Umgebungen von x_0 zurückgezogen hat, sind auf diesem Wege natürlich nur lokale Extrema zugänglich, wobei zusätzlich die Funktion f noch hinreichend oft differenzierbar sein muß.

Wir interpretieren unsere zuvor analytisch ausgerichteten Vorzeichenbetrachtungen jetzt geometrisch. Eine Nullstelle der ersten Ableitung - je nach Kurvendarstellung also $f'(x_0) = 0$

oder $F_x(x_0;y_0) = 0$ bzw. $F_y(x_0;y_0) = 0$ oder $f_1'(t_0) = 0$ bzw. $f_2'(t_0) = 0$ oder $f'(\varphi_0) = 0$ - klassifiziert eine besondere Lage der Tangente im zugehörigen Kurvenpunkt. Bei kartesischen Koordinaten ist diese dann parallel zu einer Koordinatenachse, bei Polarkoordinaten steht sie nach (4.27) senkrecht auf dem Fahrstrahl. Die erste nicht verschwindende Ableitung entscheidet weitergehend darüber, ob die Kurve in einer gewissen Umgebung des Berührpunktes vollständig auf einer Seite der Tangente verläuft (bei gerader Ordnung dieser Ableitung, Extrempunkt) oder diese quert (bei ungerader Ordnung).
Der Grundgedanke dieser Argumentation trägt nicht nur bei Tangenten in Extrempunkten, sondern allgemein bei allen Tangenten. Ob eine Tangente die Kurve in ihrem Berührpunkt durchsetzt - man spricht dann von einem Wendepunkt - oder sich nur einseitig anschmiegt, ist eine vom Umfeld oder Bezugssystem unabhängige Eigenschaft (s. Kapitel 5).

4.5.3 Lotfußpunkte

Im vorigen Abschnitt haben wir unseren Blick von einer Kurve M zu ihrer Umgebung gerichtet. Jetzt nehmen wir unseren Standpunkt in einem festen Punkt $Q \notin M$ und fragen nach dessen Abstand zur Kurve M.
Mit Polarkoordinaten haben wir das Problem bereits für den Spezialfall $Q = O$ gelöst. Minimaler Abstand des Polarzentrums von der Kurve geht nämlich mit einem minimalem Polarradius einher. Die diesbezügliche Argumentation über die Ableitung und damit letztlich über Tangente und Normale zeigt auch hier den Weg. Aus der Lotungleichung (die eine Konsequenz der Dreiecksungleichung ist) folgt:

> Lokal extremale Entfernung zum Punkt Q können nur solche Kurvenpunkte L haben, bei denen LQ senkrecht zur Tangente in L, also in Normalenrichtung verläuft.

Wir nennen einen solchen Punkt L einen Lotfußpunkt von Q auf die Kurve M. Selbstverständlich muß es nicht in jedem Falle einen Lotfußpunkt von Q auf M geben; insbesondere besteht keine Notwendigkeit der Existenz, wenn die Kurventangente bzw. -normale nicht durchgängig definiert werden kann.

Die Frage, ob die Entfernung zu Q in einem zugehörigen Lotfußpunkt L tatsächlich einen Extremwert annimmt und welcher Art ein solcher gegebenenfalls ist, macht eine genauere Betrachtung erforderlich. Vorgängig ist klar, daß die Orte konstanter Entfernung von Q auf konzentrischen Kreisen um Q liegen. Ansatz für ein Kriterium über Auftreten und Art eines Extremums ist demnach die Lage der Kurve zum Kreis um Q mit Radius $|QL|$. Wir wollen diesen Ansatz aber vorerst nicht weiter verfolgen, sondern die Situation mehr von der analytischen Seite her angehen (s. Fichtenholz 1964, Bd.1).

Sei $Q(\xi;\eta) \notin M$ fest; sei weiter mit $P(x;y)$ ein beliebiger Kurvenpunkt und mit d die Entfernung $|QP|$ bezeichnet. O.B.d.A. seien y und d Funktionen von x. Dann finden wir die möglichen Extremstellen von d bzw. von $\frac{1}{2}\cdot d^2 = \frac{1}{2}\cdot[(x-\xi)^2 + (y-\eta)^2]$ über die Nullstellen der Ableitung $(x-\xi) + y'(x)\cdot(y-\eta)$. Im Extremfall erfüllt der Punkt Q die Gleichung der Normalen der Kurve in P gemäß (4.17) und P ist Lotfußpunkt.

Die Frage, ob d im Lotfußpunkt $L(x_0;y_0)$ einen Extremwert annimmt, beantworten wir über die zweite Ableitung von $\frac{1}{2}\cdot d^2$ an der Stelle x_0. Der Ausdruck $1 + (y'(x_0))^2 + (y-\eta)\cdot y''(x_0)$ wird auf der Normalen nur im Punkt $M(\xi_0;\eta_0)$ mit den Koordinaten

$$\left.\begin{aligned} \xi_0 &= x_0 - y'(x_0)\cdot\frac{1 + (y'(x_0))^2}{y''(x_0)} \\ \eta_0 &= y_0 + \frac{1 + (y'(x_0))^2}{y''(x_0)} \end{aligned}\right\} \qquad (4.42)$$

gleich Null ($y''(x_0) \neq 0$ vorausgesetzt). Das Problem bleibt für diesen Punkt M vorläufig noch offen. Fest steht aber:

> Der Punkt $M(\xi_0;\eta_0)$ trennt auf der Normalen in $L(x_0;y_0)$ die Punkte Q, für die $(\frac{1}{2}\cdot d^2)'' < 0$ und die Entfernung $d = |QL|$ maximal ist, von denjenigen Punkten Q , für die $(\frac{1}{2}\cdot d^2)'' > 0$ und d minimal ist.

Auf weitere bemerkenswerte Eigenschaften dieses Grenzpunktes M mit den Koordinaten aus (4.42) kommen wir in Kapitel 5 zu sprechen, wo wir auch den oben abgebrochenen Gedanken über den Vergleich der Kurve mit Kreisen wieder aufgreifen.

4.6 BEGLEITENDE KURVEN

Im folgenden konstruieren wir neue Kurven aus gegebenen Kurven. Vereinzelt haben wir dies schon in Kapitel **1**, durchgängig in Kapitel **2** getan. In Kapitel **2** war das Konstruktionsmittel eine geometrische Abbildung, die Inversion. Jetzt orientieren wir uns wieder an den in Kapitel **1** angedeuteten Möglichkeiten.

4.6.1 Fußpunktkurven

In **4.5.3** haben wir die Lote von einem festen Punkt Q aus direkt auf eine gegebene Kurve *M* gefällt. In aller Regel ergibt sich hierbei eine endliche Anzahl von Loten bzw. Lotfußpunkten. Jetzt betrachten wir die Lote von Q auf die Tangenten von *M* und erhalten zu jeder Tangente *t* genau einen Lotfußpunkt L, wobei wir diesen mit Q identifizieren, falls $Q \in t$ gilt. Insbesondere dann, wenn sich die Lage der Tangente stetig ändert, erhalten wir als Menge aller dieser Lotfußpunkte eine Kurve, die Fußpunktkurve von *M* bezüglich Q.
Im konkreten Fall wird man selten an allen Fußpunktkurven zu einer Kurve *M* interessiert sein, sondern sich nur auf (z.B. aufgrund von Symmetrien) ausgezeichnete Punkte Q beziehen. Bei Polarkoordinaten bietet sich der Ursprung unmittelbar an. So haben wir in **1.4** die Rosette als Fußpunktkurve der Astroide erhalten, wobei überwiegend geometrisch argumentiert werden konnte.
Wir gehen nun das Problem der analytischen Beschreibung von Fußpunktkurven an. Meist wird man keine zentralorientierte Situation vorfinden, so daß die Verwendung von kartesischen Koordinaten naheliegt. Sei jetzt F_Q die Fußpunktkurve der Kurve *M* bezüglich des festen Punktes $Q(\xi;\eta)$. Wir bezeichnen mit $t(x_0;y_0)$ bzw. $n(x_0;y_0)$ die Tangente bzw. die Normale im Punkt $B(x_0;y_0)$ an bzw. auf die Kurve *M*. Ersetzt man in den Gleichungen (4.17), (4.21) und (4.24) für die Normale die Differenzen

$(x - x_0)$ und $(x - y_0)$ durch $(x - \xi)$ und $(y - \eta)$, so erhält man die <u>Gleichung der Lotgeraden</u> $l(x_0;y_0)$ von $Q(\xi;\eta)$ auf $t(x_0;y_0)$. Der Schnittpunkt $L(x;y)$ von $t(x_0;y_0)$ und $n(x_0;y_0)$ ist *ein* Punkt der Fußpunktkurve F_Q. *Alle* Punkte dieser Kurve erhält man durch Variation des Tangentenberührpunktes $B(x_0;y_0)$.

Die Tatsache, daß wir hier zu keiner geschlossenen allgemeinen Beschreibungsform für eine Fußpunktkurve gelangen, deutet auf Schwierigkeiten im konkreten Fall hin. Als Beispiel wählen wir für M die nach JAKOB STEINER (1796-1863) benannte Trochoide, die sich aus (3.16) mit m = -2 und a = 2b ergibt. Die Parameterdarstellung der <u>STEINER-Kurve</u> lautet also

$$\boxed{\begin{aligned} x &= 2b\cdot\cos t + b\cdot\cos(2t) \\ y &= 2b\cdot\sin t - b\cdot\sin(2t) \end{aligned}}$$

Als fester Punkt Q bietet sich aus Symmetriegründen ein Punkt der x-Achse an, etwa $Q(\xi;0)$. Die Gleichung der Tangente in einem Punkt $B(x(t_0);y(t_0)) \in M$ ist (s. Aufg.7.10.1)

$$x\cdot\sin\frac{t_0}{2} + y\cdot\cos\frac{t_0}{2} = b\cdot\sin\frac{3t_0}{2},$$

und somit ist die Lotgerade von $Q(\xi;0)$ auf die Tangente gegeben durch

$$(x - \xi)\cdot\cos\frac{t_0}{2} - y\cdot\sin\frac{t_0}{2} = 0 .$$

Durch Verschieben der Kurve um $-\xi$ in x-Richtung bzw. Ersetzen von x durch $x + \xi$ entsteht hieraus das folgende Gleichungssystem zur Bestimmung der Koordinaten x und y des Lotfußpunktes

$$(*) \qquad x\cdot\sin\frac{t_0}{2} + y\cdot\cos\frac{t_0}{2} = b\cdot\sin\frac{3t_0}{2} - \xi\cdot\sin\frac{t_0}{2}$$

$$(**) \qquad x\cdot\cos\frac{t_0}{2} - y\cdot\sin\frac{t_0}{2} = 0 .$$

Ziel ist es jetzt, aus einer der beiden Gleichungen den Parameter t_0 zu elimieren. (**) liefert zusammen mit bekannten trigonometrischen Einsichten

$$\tan\frac{t_0}{2} = \frac{x}{y} \;;\quad \sin\frac{t_0}{2} = \frac{x}{\sqrt{x^2+y^2}} \;;\quad \cos\frac{t_0}{2} = \frac{y}{\sqrt{x^2+y^2}} .$$

Mit der Formel $\sin(3\beta) = 3\cdot\sin\beta - 4\cdot\sin^3\beta$ wird (*) zu

$$x \cdot \sin\frac{t_0}{2} + y \cdot \cos\frac{t_0}{2} = (3b-\xi)\cdot\sin\frac{t_0}{2} - 4b\cdot\sin^3\frac{t_0}{2},$$

und die aus (**) resultierenden Beziehungen lassen hieraus den Parameter t_0 verschwinden. Nach einfachen Umformungen folgt als Gleichung der (um $-\xi$ verschobenen) Fußpunktkurve der STEINER-Kurve

$$(x^2+y^2)^2 + x\cdot((b+\xi)\cdot x^2 - (3b-\xi)\cdot y^2) = 0$$

Als Sonderform ergibt sich für $\xi = b$ das in Fig.4.24 zusammen mit der Ausgangskurve dargestellte Gerade Dreiblatt

$$(x^2+y^2)^2 + 2bx\cdot(x^2 - y^2) = 0$$

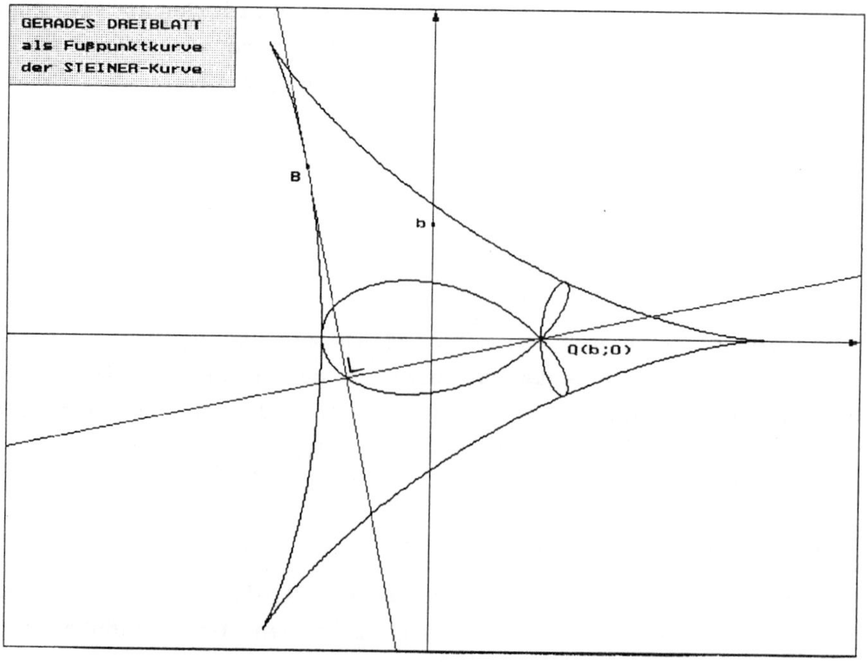

Figur 4.24

Die Abbildung illustriert auch die Kennzeichnung eines Punktes der Fußpunktkurve.

Für $\xi = -b$ erhält man das Gerade Zweiblatt

$$(x^2+y^2)^2 - 4bxy^2 = 0$$

Als eine weitere Fußpunktkurve liefert $\xi = 3b$ und zusätzliche Spiegelung $x \longmapsto -x$ das Einblatt oder falsche KEPLERsche Ei (zur Namensgebung s. Fußnote in Fladt 1962, S.247)

$$(x^2+y^2)^2 - 4bx^3 = 0$$

bzw.

$$r = 4b \cdot \cos^3\varphi$$

Wir haben die beiden Kurventypen in Fig.4.25 a),b) abgebildet (s. auch Aufg.4.8.29).

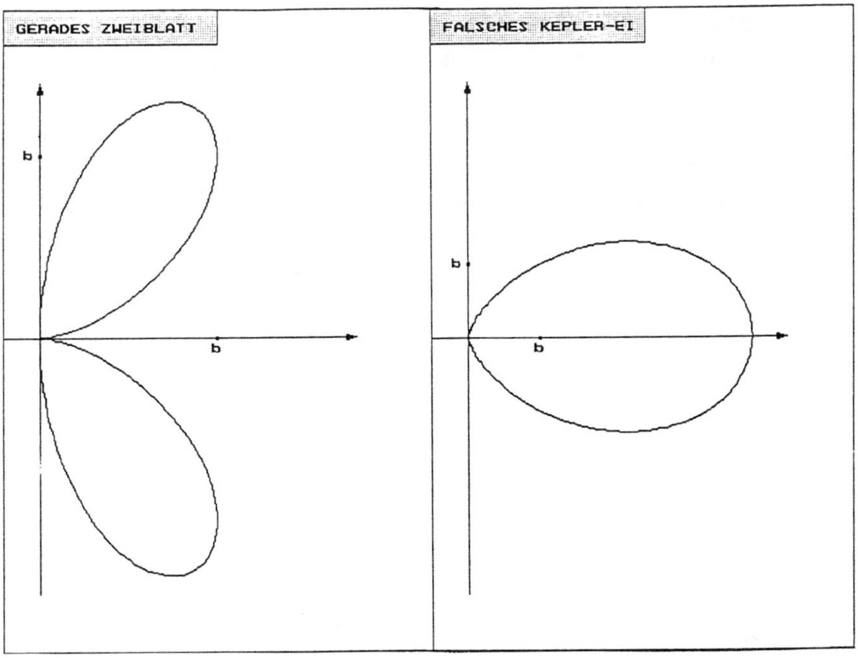

a) b)

Figur 4.25

Schließlich erhält man für $\xi = 0$ (die auf den Ursprung bezogene Fußpunktkurve der STEINER-Kurve) das regelmäßige Dreiblatt

$$(x^2+y^2)^2 + bx\cdot(x^2 - 3y^2) = 0$$

welches wir als Trochoide (3.16) mit $m = -2$ und $a = b$ ebenso wie die STEINER-Kurve bereits aus Fig.3.20 kennen. Man beachte insbesondere die Analogie zur Rosette als auf den Ursprung bezogene Fußpunktkurve der Astroide.

4.6.2 Hüllkurven

In den zuletzt aufgeführten Kurvengleichungen tritt außer den Koordinaten x und y noch eine willkürliche Konstante b auf. Durch Variation dieses Wertes b erhalten wir unendlich viele Kurven (die in obigen Fällen keineswegs einander ähnlich oder gar kongruent sind). Wir sprechen dann von einer einparametrigen Kurvenschar mit Parameter b. Geometrisch entspricht diese Metamorphose dem Vorgehen, daß wir den Bezugspunkt Q fest lassen und die STEINER-Kurve über eine zentrische Streckung mit Streckfaktor b und Streckzentrum O variieren. Selbstverständlich können wir vorgängig auch b und damit die STEINER-Kurve konstant halten und den Bezugspunkt $Q(\xi;0)$ die x-Achse entlang wandern lassen. Auf diese Weise gelangen wir zu einer Kurvenschar mit Parameter ξ.
Wir lösen uns jetzt von der konkreten Situation und betrachten eine Schar von Kurven, die vermöge einer Gleichung

$$F(x;y;b) = 0 \tag{4.43}$$

mit Parameter b gegeben ist. Die Gesamtheit dieser Kurven wird vielleicht nur einen Teil der Ebene überdecken (wie z.B. eine Schar zueinander kongruenter Kreise mit Mittelpunkt auf einer festen Geraden), und der überdeckte Bereich (der durchaus in einzelne Felder zerfallen kann) wird durch Grenzlinien vom kurvenfreien Teil der Ebene getrennt sein. Da die Kurven (4.43) bis an die Grenzlinie herangehen, sie aber nicht überschreiten, werden sie die Grenzlinien im allgemeinen berühren.
In Kapitel 1 haben wir die Astoide als Hüllkurve einer Geradenschar (Fig.1.7) und einer Ellipsenschar (Fig.1.10) kennengelernt. Unser Anliegen ist es jetzt, die Grenzlinie allgemein

bei Kurvenscharen zu charakterisieren und so eine neuartige Kurve - wir nennen sie die Hüllkurve oder Enveloppe der Schar - zu finden.

Jede Kurve *M*(b) der Schar (4.43) wird von der Hüllkurve *H* in einem Punkt B berührt. Umgekehrt gibt es zu jedem Punkt $P(\bar{x};\bar{y})$ der Hüllkurve *H* mindestens einen Parameter b, so daß *M*(b) die Kurve *H* in P berührt. Somit können wir die Koordinaten $\bar{x}$ und $\bar{y}$ der Hüllkurvenpunkte P als Funktionen des Parameters b auffassen: $\bar{y} = \bar{y}(b)$ und $\bar{x} = \bar{x}(b)$. Da P einer Kurve der Schar angehört, gilt stets

$$F(\bar{x};\bar{y};b) = 0 \tag{4.44}$$

Führen wir hier die vollständige Differentiation nach b durch, gelangen wir zur Differentialgleichung

$$F_{\bar{x}}(\bar{x};\bar{y};b)\cdot\frac{d\bar{x}}{db} + F_{\bar{y}}(\bar{x};\bar{y};b)\cdot\frac{d\bar{y}}{db} + F_b(\bar{x};\bar{y};b) = 0\,.$$

Andererseits müssen die Tangenten in P an *H* und *M*(b) übereinstimmen, was auf

$$F_{\bar{x}}(\bar{x};\bar{y};b)\cdot\frac{d\bar{x}}{db} + F_{\bar{y}}(\bar{x};\bar{y};b)\cdot\frac{d\bar{y}}{db} = 0$$

und mit dem vollständigen Differential schließlich auf

$$\boxed{F(\bar{x};\bar{y};b) = 0 \quad\wedge\quad F_b(\bar{x};\bar{y};b) = 0} \tag{4.45}$$

führt.

Eine Hüllkurve ist vorhanden, sobald das Gleichungssystem (4.45) keinen Widerspruch ergibt und sich durch Auflösen nach $\bar{x}$ und $\bar{y}$ Funktionen von b ergeben, von denen wenigstens eine nicht konstant ist.

Läßt sich dagegen der Parameter b aus $\bar{x}$ *und* $\bar{y}$ eliminieren, so liefert das System nur einen oder auch mehrere Punkte, die dann zwar allen Kurven der Schar gemeinsam sind, aber in ihrer Gesamtheit keine Hüllkurve darstellen. Die Kurvenschar ist in diesem Falle ein Kurvenbüschel, die gemeinsamen Punkte nennt man die Scheitel des Büschels. Diese dürfen nicht verwechselt werden mit den in **5.4.4** behandelten Scheitelpunkten einer einzelnen Kurve.

Als Beispiel für den jetzt angesprochenen Ausnahmefall betrachten wir die in Fig.4.26 abgebildete Schar der Kegelschnitte $x^2 + b \cdot y^2 - 1 - b = 0$. Die Bedingungen (4.45) führen dann auf $\bar{x}^2 + b \cdot \bar{y}^2 - 1 - b = 0 \ \wedge \ \bar{y}^2 = 1$, und damit auf die vier Scheitel P(±1;±1).

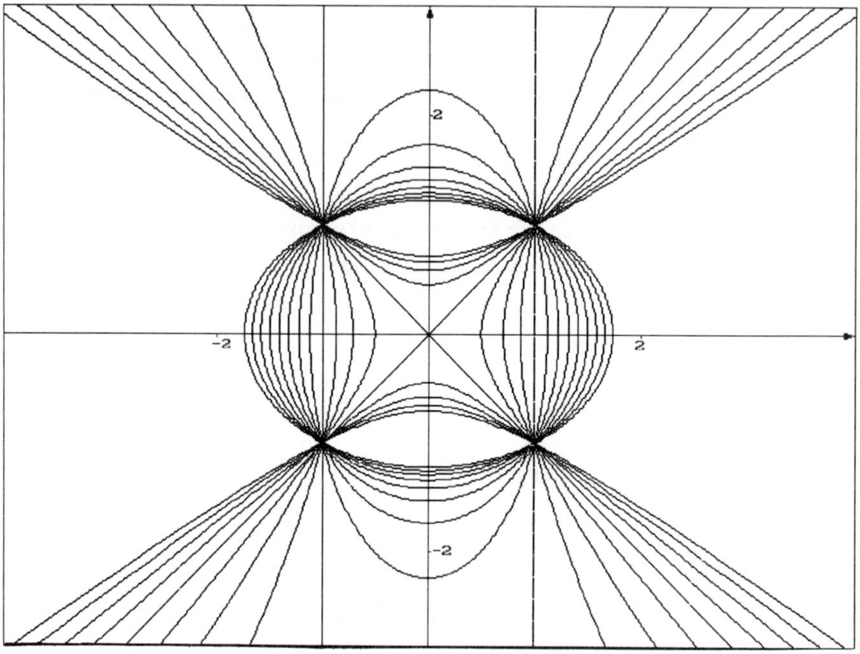

Figur 4.26

In **1.3** wird einiger Aufwand getrieben, um die Astroide als Hüllkurve der "gleitenden Leiter" zu sichern. Mit dem Parameter α aus Fig.1.6 wird die Schar der die Leiterpositionen charakterisierenden Geraden beschrieben durch

$$\boxed{y \cdot \tan\alpha + x - c \cdot \sin\alpha \ = \ 0}$$

Die Ableitung nach dem Parameter α führt auf $\bar{y} = c \cdot \cos^3\alpha$ und - eingesetzt in die Schargleichung der Leiterpositionen - auf $\bar{x} = c \cdot \sin^3\alpha$. Damit ist (1.3) als Gleichung der Hüllkurve der gleitenden Leiter schon erreicht.

Nun gehen wir dem Zusammenhang zwischen der Existenz einer Hüllkurve und der gegenseitigen Lage der Scharkurven nach.

Wir betrachten zwei zu benachbarten Parametern b und b+Δb gehörende Kurven einer Schar (4.43). Die Koordinaten $\overline{x}$ und $\overline{y}$ der gemeinsamen Punkte $S(\overline{x};\overline{y})$ beider Kurven erfüllen das Gleichungssystem $F(\overline{x};\overline{y};b) = 0 \wedge F(\overline{x};\overline{y};b+\Delta b) = 0$, das äquivalent ist zu

$$F(\overline{x};\overline{y};b) = 0 \quad \wedge \quad \frac{F(\overline{x};\overline{y};b+\Delta b) - F(\overline{x};\overline{y};b)}{\Delta b} = 0 \qquad (4.46)$$

Für $\Delta b \longrightarrow 0$ wird hieraus das die Hüllkurve der Schar (4.43) bestimmende Gleichungssystem (4.45).

Die Hüllkurve einer Kurvenschar ist die Menge der Grenzlagen der Schnittpunkte jeder Kurve der Schar mit einer benachbarten Kurve der Schar.

Jede Kurve *M* beschreibt in natürlicher Weise eine Geradenschar, nämlich die Schar ihrer Tangenten. *M* erfüllt alle Forderungen, die an die Hüllkurve der Tangentenschar gestellt werden.

Jede Kurve ist die Hüllkurve der Schar ihrer Tangenten.

Somit kann eine Kurve nicht nur als "Punktort" sondern auch als "Geradenort" aufgefaßt werden. JULIUS PLÜCKER (1801-1868) war der erste, der mit diesem Dualitätsprinzip Punkt und Gerade als gleichwertige erzeugende Elemente nebeneinanderstellte. Hier wird auch besonders deutlich, daß die einzelne Scharkurve selbst - eine Gerade - von geringem Interesse ist und sich die mathematische Substanz mehr in der Art der Scharbildung zeigt.

Besitzt umgekehrt eine einparametrige Schar von Geraden eine Hüllkurve, so ist es diejenige Kurve, deren Tangenten die Schar bilden. Wir nehmen jetzt als Parameter einer solchen Geradenschar den Winkel τ mit der x-Achse und beschreiben die Schar in der Form

$$x \cdot \sin\tau - y \cdot \cos\tau - c(\tau) = 0 \qquad (4.47)$$

mit einer Funktion c, die nicht konstant ist, falls nicht alle Schargeraden zueinander parallel sind. Differenzieren wir (4.47) nach τ und kombinieren beide Gleichungen, ergeben sich die Koordinaten $\overline{x}$ und $\overline{y}$ der Punkte der Hüllkurve zu

$$\left.\begin{aligned} \overline{x} &= c(\tau)\cdot\sin\tau + c'(\tau)\cdot\cos\tau \\ \overline{y} &= -c(\tau)\cdot\cos\tau + c'(\tau)\cdot\sin\tau \end{aligned}\right\} \qquad (4.48)$$

Die Hüllkurve einer Geradenschar ist also einfach parametriesierbar. Bei der gleitenden Leiter führt die Schargleichung mit $\tau = \frac{\pi}{2} - \alpha$ zu $c(\tau) = c\cdot\cos\tau\cdot\sin\tau = c\cdot\frac{1}{2}\cdot\sin2\tau$.

4.7 DIDAKTISCHER KOMMENTAR

Die Kapitel **4** und 5 stellen die theoretischen Grundlagen für die Behandlung höherer Kurven bereit. Insofern schließen sich auch Lücken aus den vorangehenden Kapiteln, wo bereits einige der jetzt erst thematisierten Mittel an konkreten Kurven zum Einsatz gekommen sind. Zur Analyse der Kurven selbst tritt nun die Betrachtung der Analysemethoden. In den Kapiteln **6** und **7** wird schließlich über alle vorgestellten Begriffe, Sätze und Bezeichnungen allgemeiner Art verfügt.

Selbstverständlich beschränken wir unsere Darlegung des wissenschaftlichen Hintergrundes auf seine Bezüge zum Schulstoff und richten sie auf eine Auseinandersetzung mit konkreten höheren Kurven aus. Dennoch sei einem möglichen Mißverständnis vorgebeugt: Die Kapitel **4** und **5** sind nicht als Vorlage für eine unterrichtliche Gestaltung gedacht, sondern verstehen sich als Quelle von Materialien und Einsichten für den Lehrenden.

Um eine Orientierung hinsichtlich der didaktischen Rolle der einzelnen Inhalte zu erleichtern, ist der weitere Kommentar zweigeteilt in Erläuterungen zur fachwissenschaftlichen Aufbereitung und in eine mehr unterrichtsbezogene Würdigung der behandelten Begriffe und Verfahren. Insbesondere findet der Lehrer im letztgenannten Teil auch Hinweise, in welche Bereiche des Mathematikunterrichts (Analytische Geometrie, Analysis, gesonderte Unterrichtseinheit) und auf welche Art einzelne Theorieteile eingebracht werden können.

Die Andersartigkeit des vorliegenden Kapitels schlägt sich auch in der Art der zugehörigen Aufgaben nieder. Der Schwerpunkt wurde auf Ergänzungen und Vertiefungen der angesprochenen Inhalte gelegt. Zum einfachen Einüben orientiere man sich an den aufgeführten Beispielen und versuche sich an selbstgewählten Kurven, etwa aus den Kapiteln **1** bis **3**. Gute Anregungen bietet hier auch die Fachliteratur, etwa Fichtenholz 1964, Bd.1 u. 2, Smirnow 1956, Teil 1, Fladt 1962, Schmidt 1949 und (stellvertretend für viele zu Beginn des 20.Jahrhunderts erschienene Lehrbücher der Analysis) Kiepert 1923 und 1926.

4.7.1 Anmerkungen zum fachwissenschaftlichen Inhalt

In Lehrveranstaltungen werden neue Begriffe häufig über eine formale Definition eingeführt, wobei aus methodischen Gründen konkrete Beispiele voran- und nachgestellt werden. Unter enger Führung der Lehrperson werden Exemplifizierungen ausgewählt und behandelt, die Teile des Definiendums repräsentieren oder (im Sinne von Gegenbeispielen) vermissen lassen.
Diese Vorgehensweise schafft zweifellos Einsicht in neue mathematische Begrifflichkeiten, läßt sie andererseits aber noch sehr willkürlich erscheinen und erschwert dadurch die inhaltliche Akzeptanz auf Seiten des Lernenden. Selten wird dabei deutlich, daß um Begriffe oft über Jahrhunderte hinweg gerungen wird und daß der gegenwärtige Stand eine mehr oder weniger zwingende Konsequenz einer Entwicklung über viele Zwischenstadien ist.
Ebenso kann die Leistung bedeutender Mathematiker nicht allein dadurch zum Ausdruck kommen, daß man sie als Urheber von Sätzen oder Definitionen nennt; vielmehr schafft erst das Wissen um den Stellenwert ihrer Erkenntnisse für die Fortentwicklung der Mathematik die gewünschte Würdigung und Wertschätzung.
Die in **4.1** vorgestellte Entwicklung des Kurvenbegriffs versucht, den aufgeführten Defiziten Rechnung zu tragen und die Chance wertender historischer Betrachtungen zu nutzen. Die Erzeugung von Gegenbeispielen zu bestehenden Festlegungen fordert in hohem Maße mathematische Phantasie und Kreativität; die nachträgliche Auseinandersetzung mit ihnen verdeutlicht, wie wenig Vertrauen man in vermeintliche Evidenz setzen darf. Andererseits ist aber gerade die Anschauung die Quelle und der Träger der Weiterentwicklung des Kurvenbegriffs. Diese Ambiva-

lenz der Anschauung durchzieht die Entstehung vieler mathematischer Begriffe (für den Funktionsbegriff vgl. Steiner 1969).
Leider kann man immer wieder beobachten, daß sich der Anschauung entspringende Formalismen verselbständigen und auf der abstrakten Stufe ausgebaut werden, ohne daß eine weitere Veranschaulichung erfolgt. Im Gegensatz dazu bleibt bei der in **4.2** vorgestellten Behandlung der Kurven ein Bezug zur Anschauung stets gewahrt. Mehr noch: Gleichartige formale Prozesse wie Ableiten und Integrieren lassen durchaus unterschiedliche Interpretationen zu. Z.B. ist der Wert der ersten Ableitung als $f'(x)$ die Steigung einer Tangente und als $|f'(\varphi)|$ die Länge der polaren Subnormale.

In eine ähnliche Richtung gehen die Deutung der implizit gegebenen Kurven als Schnitte durch eine Fläche im Raum und die Auffassung der Hüllkurve als senkrechte Projektion des "Randes" einer solchen Fläche (s. Aufg.4.8.34). Derartige Verflechtungen von in der Ebene angelegten Beschreibungen und Interpretationen im Raum schulen nicht nur das räumliche Vorstellungsvermögen, sondern fordern und fördern auch einen flexiblen Umgang mit den verschiedenen Variablentypen (unabhängige und abhängige Variablen, Formvariablen bzw. Parameter). Die resultierende Anschaulichkeit ist hier nicht a priori gegeben, sondern erst eine Folge formaler Betrachtungen.

Die wenigen Beispiele zeigen, wie bei der Behandlung von Kurven formale und anschauliche Argumentationen einander bereichern. Dieses Spannungsfeld (s. dazu auch Weth 1993) bleibt bei allgemeinen Beschreibungen ebenso wie bei konkreten Untersuchungen gewahrt. Bereits in Kapitel **3** haben wir diesbezüglich die Rolle kinematisch erzeugter Kurven hervorgehoben. Die unterrichtliche Relevanz derartigen Vorgehens ist evident.

Selbstverständlich lassen sich Kurven auch künstlich erzeugen, indem man die kurvenbeschreibenden Terme willkürlich vorgibt oder mit gewissen Intentionen aufstellt. Der Anspruch, die Kurve auch zeichnen zu wollen (den die Fachwissenschaft allerdings nicht unbedingt erhebt) brachte in der Vergangenheit einschneidende Beschränkungen mit sich, insbesondere im Bereich der Kurven mit impliziter Darstellung. Durch den Computer als

Zeichner führen auch ausgesprochen artifizielle Termgebilde zu einem ansprechenden Resultat. Die damit stets verbundene Gefahr, analysierende Mathematik obsolet erscheinen zu lassen, wird aber dadurch stark reduziert, daß der in **4.2.3** angesprochene Verwischungsbereich genauere Methoden herausfordert.

Neben dem Computer ist über das lange Zeit dominierende Signierungsprinzip ein recht einfacher Zugang zu allen bereits formelmäßig erfaßten Kurven gegeben. Meist sind die entstehenden Signierungslinien leichter zu handhaben als die Ausgangskurve.

Bezeichnend für die in **4.3** und **4.4** auftretenden Überlegungen ist die Korrespondenz von infinitesimalen Prozessen der Geometrie mit ihrer durch den Kalkül getragenen analytischen Beschreibung. Analytische Geometrie und Analysis treten als echte Bereicherung einer hier nur unzureichend handhabbaren synthetischen Geometrie hervor.

Die Tangente als lokale geometrische Annäherung der Kurve ist über die erste Ableitung erfaßt. Mittels der TAYLOR-Reihe wird die annähernde Beschreibung der Kurve auf beliebig hohe numerische Genauigkeit gehoben. Als geometrisch einfach interpretierbare und konstruierbare Gebilde kommen zu den Tangenten als Näherungen auf erster Stufe später allerdings nur noch die Kreise auf einer nicht im TAYLORschen Sinne zu verstehenden zweiten Stufe hinzu (für eine Ausnahme s. **9.3**).

4.5 bringt mit der Bestimmung von Extremwerten und den Lotfußpunkten zwei Anwendungen der Differentialrechnung, von denen sich zumindest die zweite von den in der Schule üblichen Routinen in ansprechender Weise abhebt, ohne die dort zugrundegelegte Theorie zu verlassen. Auf jeder Normalen ergibt sich ein ausgezeichneter Punkt M (der später als Krümmungsmittelpunkt wieder aufgegriffen wird). Bei seiner Festlegung benötigt man die zweite Ableitung als typisierende Größe für einen Extremwert.

Die Herleitung dieses Punktes M ist ein exzellentes Beipiel dafür, wie sich aus darstellungsbezogenen Betrachtungen Übergänge zur natürlichen (inneren) Geometrie der Kurve ergeben.

Die Behandlung der Fußpunktkurven und der Hüllkurven in **4.6** erweitert das Anwendungsfeld der Grundbegriffe "Tangente" und

"Normale" über die vorgelegte Kurve hinaus. Bei beiden Erzeugungsarten können im konkreten Fall große Schwierigkeiten in der analytischen Beschreibung der resultierenden Kurve auftreten. Trotz solcher algebraischer Probleme kann ein Computerprogramm einen visuellen Eindruck der Endkurve vermitteln, da es über die kurvenbestimmenden Elemente in beliebig großer Anzahl schnell verfügen kann.
Das von uns gewählte Beispiel zur Fußpunktkurve verbindet in vortrefflicher Weise die Besonderheiten einer geometrischen Situation mit ihrer algebraischen Beschreibbarkeit. Erst die geschickte Wahl des Bezugssystems führt auf eine einfache analytische Kurvenkennzeichnung. Spätestens hier wird klar, daß eine Kurve auch nach Wahl einer bestimmten Koordinatenart ihre Gleichung keineswegs eindeutig bestimmt. Ein Koordinatensystem - welches auch immer - sollte stets so gelegt werden, daß die Kurvenbeschreibung möglichst einfach ausfällt.
Nebenbei entsteht die Schar der Fußpunktkurven der STEINER-Kurve. Die herausgegriffenen Sonderfälle betonen die Verschiedenartigkeit der einzelnen Kurven.

4.7.2 Anmerkungen zur unterrichtlichen Umsetzung

Aus den bereits in **4.7.1** angesprochenen Gründen ist die historische Würdigung mathematischer Begriffe und Methoden als wichtiger Bestandteil eines allgemeinbildenden Mathematikunterrichts anzusehen. Wir halten aber eine unterrichtliche Behandlung der Geschichte des Kurvenbegriffs für wenig geeignet, da die Thematik begrifflich stark überladen ist und für die eigentliche Arbeit an Kurven kaum Früchte trägt (und auch fachwissenschaftlich keine Rolle spielt). Allenfalls die selbstähnlichen Kurven (Fig.4.1 bis Fig.4.3) oder die Sinusoide (Fig.4.6) tragen einige schulisch interessante Aspekte (z.B. Rekursion, Dimension, Häufungspunkte), die aber an den bei Kurven angestrebten Zielen vorbeiführen.
Weth 1993 stellt eine mehr sachlich als historisch ausgerichtete Lernsequenz vor, die u.a. zu einer "kritischen Reflexion des Kurvenbegriffs" beitragen soll. Es wird aber auch hier deut-

lich, daß dann der Rahmen beträchtlich über die unmittelbare Mathematik an Kurven hinaus erweitert wird, weswegen die Zielsetzung und Erfolgsprognose für einen solchen Unterricht gesondert zu überdenken wäre. Wir möchten uns in dieser Abhandlung auf die Kurven selbst konzentrieren und verzichten daher auf eine weitere Würdigung dieser Ansätze.

Kurven und ihre Beschreibungen sind eng mit den <u>verschiedenen Koordinatensystemen</u> verbunden. Deren Kenntnis sollte schon vorher aufgebaut und verfügbar sein. Mit dem kartesischen System kann man bereits in Klassenstufe 5 beginnen, z.B. spielerisch als Schatzsuche anhand vorgegebener Karten. Polarkoordinaten lassen sich etwa bei den Kegelschnitten oder bei der Behandlung der Kreisbewegung im Rahmen der Physik einführen. Dort bietet die Wurfparabel Gelegenheit zum Kennenlernen auch einer parametrisierten Kurve. Verschiebungen des kartesischen Koordinatensystems oder der Kurve und deren Auswirkung auf kurvenbeschreibende Terme werden üblicherweise erstmals bei den Graphen quadratischer Funktionen ins Spiel gebracht. Höhere Kurven dienen dann zum <u>Wiederholen</u> <u>und</u> <u>Kombinieren</u> der früher gelernten Techniken.

Die Einbeziehung von Raumkoordinaten ist äußerst behutsam anzugehen. Zuvor sollten "Gebirge" ohne Bezug zu Kurven irgendwo im Schulunterricht - etwa beim Studium topographischer Strukturen in der Geographie - samt der Betrachtung von Schnittgebilden (z.B. Höhenlinien) thematisiert worden sein. Bevor man dann bei Kurven den Schritt zu räumlichen Interpretationen wagt, muß in der Ebene auf einem gewissen Niveau sicher agiert werden können.

Wir haben bereits angeschnitten, daß die Behandlung höherer Kurven auf Inhalten des traditionellen Kanons basiert. Weth 1993 nennt zahlreiche Stellen, an denen Kurven zumindest mittelbar im üblichen Schulunterricht vorkommen. Zu den grundlegenden Voraussetzungen für die Behandlung höherer Kurven zählt selbstverständlich auch die Diskussion von Funktionsgraphen. Wir propagieren diese allerdings nicht in der derzeit üblichen Form und mit anderer Intention. Für Details sei auf die Kapitel 8 und 9 verwiesen.

Aus dem traditionellen Rahmen fällt der Satz von der impliziten Funktion. Er erschließt eine Kurve von den partiellen Ableitungen her. In Hinblick auf die einfache Begründbarkeit konkreter Berechnungen über die Kettenregel sollte auf einen exakten Beweis, der insbesondere den Charakter des Satzes als Existenzaussage betont, verzichtet werden.
Mit dem Computer steht ein Medium zur Verfügung, welches das Bild der Kurve weitgehend problemlos darbietet. Da ein preisgünstiger Zugang der Schüler zu diesem Medium in Form von programmierbaren Taschenrechnern mit kleinem Bildschirm abzusehen ist, wird die schematische Untersuchung von Kurven (etwa zum Zwecke einer Zeichnung) immer mehr an Motivationsgehalt und damit an Bedeutung verlieren. Dagegen gewinnen Betrachtungsweisen an didaktischem Wert, die sich an speziellen Eigenschaften einzelner Kurven ausrichten (etwa an der vielfältigen Erzeugbarkeit der Astroide als Radlinie, Hüllkurve und Fußpunktkurve). Eine anfängliche Computerzeichnung kann dazu eine erste Orientierung geben. In der Konsequenz ist ein (in der Schule noch unterschwellig vorhandener) Anspruch auf eine irgendwie geartete Vollständigkeit der Kurvendiskussion zu verneinen. Fragen der Diskussion müssen aus der Situation oder der Eigenart der Kurve entspringen. Über Methoden der Diskussion muß frei verfügt werden können und nicht im Rahmen starrer Schemata.
Man sollte hier auch trennen zwischen der Untersuchung von Kurven, die mittels einer Gleichung gegeben sind, und solchen, deren Gleichung erst aufgestellt werden muß. Der letztgenannte Aspekt kommt im gegenwärtigen Unterricht zu kurz, weil dieser im wesentlichen auf die Reproduktion von Funktionsgraphen ausgerichtet ist.
Nicht als antiquiert abtun darf man das computerfreie Zeichnen von Kurven mit Hilfe des Signierungsprinzips. Bei der Wahl der Termumformungen und der Interpretation der zugehörigen Zerlegungen in Gebiete wird Problemlöseverhalten geschult. Ausgesprochen gut kommt die Problemlösestrategie der Reduktion auf einfachere Teilprobleme zum Tragen, hier allerdings in sehr bereichsspezifischer Ausprägung. Nicht zu unterschätzen ist dabei das Gefühl, unabhängig vom Computer zu sein, überspitzt formu-

liert: auch bei Stromausfall Mathematik an Kurven treiben zu können.

In **4.3** werden Geraden aus geometrischer und analytischer Sicht in Bezug zu Kurven gesetzt. Neu ist für den Schüler wiederum das Zusammenspiel der Komponenten. Die Tangente beschreibt wie gewohnt eine Näherung, die Normale erscheint als Verallgemeinerung des Lots bei Geraden. Hier wird der Lehrer entscheiden müssen, ob er nicht den Rechnungen an konkreten Kurven den Vorzug gegenüber umfassenden allgemein theoretischen Untersuchungen gibt. Es scheint z.B. sinnvoll, sich stets auf (4.15) zurückzuziehen. Man beachte, daß der Schüler ohnehin nicht alle hergeleiteten Formeln für die einzelnen Darstellungsarten im Gedächtnis behalten kann.

Bei der Behandlung der Asymptoten algebraischer Kurven geht u.E. die formale Darstellung des Vorgehens über den schulischen Horizont hinaus. Man beschränke sich hier in jedem Falle auf konkrete Kurven sowie auf das Verständnis der Asymptote als Näherungsgerade oder -kurve.

Der Inhalt von **4.4** ist weitgehend klassischer Schulstoff. Führt man die Grundtechniken an Funktionsgraphen ein, so kann man sie recht schnell auf Kurven übertragen und dort einüben. Die LEIBNIZsche Sektorenformel ergibt sich wie dargestellt oder aus einem einfachen Transfer des Vorgehens von kartesischen zu Polarkoordinaten. Sie ist unverzichtbarer Bestandteil eines Unterrichts über Kurven.

Die besonderen Kurvenpunkte in **4.5** und hier vor allem die Extrema laufen Gefahr, mit dem Abspulen eines Kalküls assoziiert zu werden. Bei Kurven zwingt die Vielfalt dessen, was extremal werden kann, zu einem vorgängigen Nachdenken. Hier heben sich Kurven angenehm von stumpfsinnigen Funktionsbetrachtungen in x-y-Sichtweise ab (s. auch Kapitel 9).

Die Herleitung der Lage des Grenzpunktes (4.42) auf dem Lot vermittelt einen hervorragenden Einblick in die tatsächliche Stärke des Kalküls. Eingebunden in eine interessante Fragestellung führt eine geschickte nichttriviale Kombination recht einfacher Teilschritte zu einem anschaulich und formal tragenden Ergebnis, das - mit Blick auf die natürliche Geometrie der Kur-

ven - über sich hinaus weist. In diesem Sinne empfehlen wir eine unterrichtliche Behandlung.
Die Fußpunktkurven und Hüllkurven in **4.6** haben gemeinsam, daß sich der allgemeine Fall nicht in ein geschlossenes Lösungsschema pressen läßt. Andererseits können die Überlegungen im konkreten Fall durchaus schnell zur gesuchten Kurve führen. Wie unsere Darstellung wird sich auch der Unterricht an dieser Stelle erst an den Beispielen entfalten können.
Für einen naiven Zugang zu Hüllkurven verweisen wir auch auf Petermann; Hagge 1935, die für die damalige Volksschule nach umfangreichen Unterrichtserfahrungen u.a. vorschlagen, im spielerischen Umgang mit dem Zirkel ausgehend von der bekannten Kreisrose zu Kreisen, Geraden und (PASCALschen) Schnecken als Hüllkurven von Kreisscharen zu kommen. Sie sehen dies als typisch für die von ihnen propagierte *Gewachsene Raumlehre* an, in der neue Figuren und Einsichten aus bekannten geometrischen Formen und Eigenschaften auf natürliche Weise hervorgehen. Auf etwas höherer mathematischer Ebene und mit mehr Beispielen argumentiert in gleicher Weise Menninger 1960.

In Zusammenfassung des Kommentars zum vorliegenden Kapitel sei klargestellt, daß der Lehrer bei der gegebenen Vielfalt sowohl der Methoden und Begriffe als auch der Beispielkurven sorgfältig auswählen muß, um sowohl einen zeitlichen Rahmen einzuhalten als auch den Schülern den Überblick nicht zu verbauen. Um Lücken wird er dabei nicht herumkommen. Wesentlich bleibt jedoch, den Schülern eine aspektreiche Sicht von Kurven zu vermitteln.

4.8 AUFGABEN

4.8.1 Als selbstähnliche Kurven sind in **4.1.3** die PEANO-Kurve und die triadische KOCH-Kurve eingeführt worden.
a) Erfinden Sie weitere selbstähnliche Kurven und bestimmen Sie jeweils deren fraktale Dimension.
b) Konstruieren Sie eine selbstähnliche Kurve, die überall "glatt" ist, also überall Tangenten besitzt.

4.8.2 Leiten Sie her, daß bei Transformation einer in Polardarstellung $r = f(\varphi)$ gegebenen Kurve in die entsprechende kartesische Darstellung $y = g(x)$ die Ableitungen den Formeln

$$\frac{d^2x}{d\varphi^2} = \frac{d^2f}{d\varphi^2}\cdot\cos\varphi - 2\cdot\frac{df}{d\varphi}\cdot\sin\varphi - f(\varphi)\cdot\cos\varphi$$

$$\frac{d^2y}{d\varphi^2} = \frac{d^2f}{d\varphi^2}\cdot\sin\varphi + 2\cdot\frac{df}{d\varphi}\cdot\cos\varphi - f(\varphi)\cdot\sin\varphi$$

und damit

$$g''(x_0) = \frac{f(\varphi_0)^2 + 2\cdot f''(\varphi_0) - f(\varphi_0)\cdot f''(\varphi_0)}{(f'(\varphi_0)\cdot\cos\varphi_0 - f(\varphi_0)\cdot\sin\varphi_0)^3} \tag{4.49}$$

genügen.

4.8.3 Auf einem Kreis mit Radius R bewegen sich zwei Punkte P_1 und P_2 im gleichen Umlaufsinn, und zwar P_2 doppelt so schnell wie P_1. Der Mittelpunkt P der Strecke P_1P_2 beschreibt dabei eine Kurve.

a) Bestimmen Sie die Bahnkurve von P in parametrisierter Form. Benutzen Sie als Parameter den Drehwinkel α von P_1.

b) Erstellen Sie die Polargleichung dieser Kurve und lassen Sie die Kurve durch einen Computer zeichnen.

c) Welchen Winkel bilden eine Verbindungsgerade $g(P_1;P_2)$ und die zugehörige Kurventangente *t* miteinander?

d) Zeigen Sie, daß die Hüllkurve aller Geraden $g(P_1;P_2)$ eine Kardioide ist.

4.8.4 Untersuchen Sie, inwieweit der Satz von der impliziten Funktion für die folgenden algebraischen Kurven nützlich ist. Probieren Sie, für gewisse Kurvenabschnitte explizite Darstellungen anzugeben. Untersuchen Sie die Kurven auf Symmetrie und zeichnen Sie sie.

a) $x^3 - 2x^2 - y^2 + x = 0$

b) $(x^2 + y^2 - 6x)^2 - x^2 - y^2 = 0$

c) $x^4 + y^4 - 8x^2 - 10y^2 + 16 = 0$

d) $(x^2 + y^2)^3 - 27x^2y^2 = 0$ (Rosette)

4.8.5 Führen Sie (4.22) über $\frac{dg'}{dx} = \frac{dg'}{dt}\cdot\frac{dt}{dx}$ fort zu

$$g''(x_0) = \frac{f_1'(t_0)\cdot f_2''(t_0) - f_1''(t_0)\cdot f_2'(t_0)}{\left(f_1'(t_0)\right)^3} \tag{4.50}$$

4.8.6 Zeigen Sie, daß für eine Kurve $y = f(x)$, die durch

$$F(x;y) \equiv \sum_{\mu=0}^{m} \sum_{\nu=0}^{n} a_{\mu\nu} x^{\mu} y^{\nu} = 0$$

charakterisiert ist, $f'(x) = - \frac{F_x(x;y)}{F_y(x;y)}$ gilt.

Anleitung: Betrachten Sie zunächst einen einzelnen Summanden.

4.8.7 Untersuchen Sie, ob bei der transzendenten Kurve in Fig. 4.10 Punkte existieren, in denen der Satz von der impliziten Funktion nicht greift.
Für welche y-Werte läßt sich die Gleichung nach x auflösen?
Wie verhält sich die Kurve für große x-Werte?

4.8.8 Wir beziehen uns auf die typisierenden Eigenschaften der fünf in Fig.4.11 gezeichneten Kurvenklassen NEWTONs.
a) Suchen sie jeweils ein konkretes Beispiel und zeichnen Sie die zugehörige Kurve.
b) Deuten Sie Ihre (NEWTONs) Kurven im Sinne von Uferlinien. Lassen Sie den Wasserspiegel in Gedanken sinken und steigen.

4.8.9 Diskutieren Sie das kartesische Blatt. Insbesondere:
a) Zeigen Sie, daß die Gleichungen in **4.2.6** und **4.5.2** dieselbe Kurve darstellen.
b) Wie wird das kartesische Blatt in seiner Parameterdarstellung durchlaufen?
c) Zeigen Sie, daß der Inhalt der von der Schleife eingeschlossenen Fläche gleich dem Inhalt des zwischen Kurve und Asymptote liegenden Flächenstücks ist.

4.8.10 Jede Art der Zerlegung eines Terms $F(x;y)$ in eine Differenz zweier Produkte steht für eine Anwendung des Signierungsprinzips auf die Kurve $F(x;y) = 0$. Betrachten Sie diesbezüglich die Terme

$$F_1(x;y) \equiv y^2 - x^3 - x^2 + x \quad \text{und} \quad F_2(x;y) \equiv x^2 - xy + x - 1$$

a) Führen Sie zu jeder Zerlegung von $F_i(x;y)$ eine Gebietseinteilung durch und überlagern Sie diese beiden Einteilungen.
b) Zeichnen Sie mindestens zwei aufgrund der Gebietseinteilung noch denkbare qualitativ verschiedene Kurven. Bestimmen Sie den wahren Kurvenverlauf.

4.8.11 Bestimmen Sie für die Radlinien (3.16) die Gleichungen der Tangenten und Normalen.

4.8.12 Beweisen Sie: Bei der Kreisevolvente (3.9) ist die Tangente t_P in einem Kurvenpunkt P parallel zum entsprechenden Kreishalbmesser OC, und g(P;C) ist die Normale.

4.8.13 Zeichnen Sie für einige $m \in \mathbb{N}^*$ die durch die Polarform $r^m = b^m \cdot \cos(m\varphi)$ gegebene Kurve. Berechnen Sie allgemin den Winkel ϑ zwischen Tangente und Fahrstrahl.

4.8.14 Berechnen Sie die Länge der Subnormale und der Subtangente und bestimmen Sie die Gleichungen von Normale und Tangente folgender Kurven:

a) $y^2 = 2ax$

b) $y^2 = x \cdot \sin^2 x$.

c) $x = a \cdot \cos t \;\wedge\; y = a \cdot \sin t \cdot \cos t$
mit $a \in \mathbb{R}^+$ und $-\pi \le t \le \pi$

d) Zykloide (3.2).

4.8.15 Zeigen Sie, daß für a > 0 die Subtangenten der Kurve zu $y = a \cdot \exp(\frac{x}{a})$ eine konstante Länge haben. Wie lassen sich demnach die Tangenten konstruieren?
Berechnen Sie die Länge der Tangente und der Normale (d.i. gemäß Fig.4.17 |BT| bzw. |BN|) in Abhängigkeit von der Ordinate des Kurvenpunktes B.

4.8.16 Berechnen Sie bei einigen in Polarform gegebenen Kurven die Länge der polaren Subnormale.

4.8.17 Bestimmen Sie den Winkel zwischen Fahrstrahl und Tangente bei der BERNOULLIschen Lemniskate

$$r^2 = k^2 \cdot \cos(2\varphi) \quad \text{mit } k \neq 0$$

4.8.18 Die Asymptote einer Kurve F(x;y) = 0 für $x \longrightarrow +\infty$ sei gegeben durch $y = a \cdot x + b$. Durch die Transformation

$$\begin{vmatrix} \bar{x} = \frac{1}{x} \\ \bar{y} = \frac{y}{x} \end{vmatrix}$$

geht diese Geradengleichung in $\bar{y} = b \cdot \bar{x} + a$ und die Kurvengleichung in $\bar{F}(\bar{x};\bar{y}) = 0$ über.

a) Welche Rolle spielt die Gerade $\overline{y} = b\cdot\overline{x} + a$ bei der neuen Kurve $\overline{F}(\overline{x};\overline{y}) = 0$?

b) Inwieweit kann man diesen Zusammenhang zur Asymptotenbestimmung heranziehen? Versuchen Sie ein Beispiel durchzurechnen.

4.8.19 Bestimmen Sie die Asymptoten folgender Kurven.

a) $x^3 - 3xy^2 - k^3 = 0$ mit $k \in \mathbb{R}$

b) $x\cdot(x^2 - k^2) - 2y\cdot(y^2 - k^2) - 3xy^2 - k^3 = 0$ mit $k \in \mathbb{R}$.

4.8.20 Die Kardioide haben wir in Kapitel **2** in der Polardarstellung $r = c\cdot\cos\varphi + c$ und in Kapitel **3** in der Parameterdarstellung $x = 2b\cdot\cos\alpha + b\cdot\cos(2\alpha) \ \wedge \ y = 2b\cdot\sin\alpha + b\cdot\sin(2\alpha)$ kennengelernt. Weiterhin existiert die auf ein anderes Zentrum bezogene Polardarstellung $r = 4b\cdot\cos^2(\frac{\varphi}{2})$.

a) Berechnen Sie den Inhalt der von der Kardioide eingeschlossenen Fläche.

b) Welcher Punkt liegt ganz links (rechts, oben, unten)?

4.8.21 Berechnen Sie mittels (4.41) den Flächeninhalt

a) der Astroide (1.3)

b) eines Sektors der Kreisevolvente (3.9)

4.8.22 Untersuchen Sie folgende Kurven bezüglich verschiedener Sichtweisen auf extremale Punkte.

a) die Astroide

b) die STEINER-Kurve

c) die von GABRIEL CRAMER (1704-1752) angegebene <u>Teufelskurve</u>

$$y^4 - a^2y^2 = x^4 - b^2x^2 \quad \text{mit } a, b \in \mathbb{R}$$

bzw.

$$r^2 = \frac{a^2\cdot\sin^2\varphi - b^2\cdot\cos^2\varphi}{\sin^2\varphi - \cos^2\varphi}$$

4.8.23 Zeigen Sie, daß die durch $y^x = x^y$ gegebene Kurve die Parameterdarstellung

$$f_1(t) = (1 + \tfrac{1}{t})^t \quad ; \quad f_2(t) = (1 + \tfrac{1}{t})^{t+1} \quad \text{mit } t \in \mathbb{R}\setminus\{0\}$$

besitzt. Zeichnen Sie die Kurve mit Hilfe eines Computers.

4.8.24 Errichten Sie in einem beliebigen Punkt L des Halbkreises mit der Gleichung $y = \sqrt{r^2 - x^2}$ die Normale. Untersuchen Sie mit Hilfe von (4.42), für welche Punkte der Normale der Abstand zum Punkt L ein minimaler Abstand zur Kreislinie ist.

4.8.25 Wählen Sie eine Kurve und geben Sie sich einen Punkt Q vor, der ihr nicht angehört. Bestimmen Sie dessen Abstand zur Kurve. Verwenden Sie für die Beispielkurve unterschiedliche Darstellungsarten.

4.8.26 Zeigen Sie, daß die Fußpunktkurve der Parabel mit der Gleichung $y^2 = -2p\cdot(x + b)$ bzgl. des Ursprungs die Gleichung $py^2 = 2x\cdot(x^2 + y^2 + bx)$ hat.
Geben Sie explizite Darstellungen dieser Fußpunktkurve an und lassen Sie sie durch einen Computer zeichnen.

4.8.27 Lösen Sie die Gleichung für die Fußpunktkurven der STEINER-Kurve nach y^2 auf. Erstellen Sie Bedingungen für die Auflösbarkeit bezogen auf die Parameter b und ξ.
Begründen Sie die Symmetrie der Kurven zur x-Achse und lassen Sie die beiden Kurvenscharen zeichnen, die bei Variation je *eines* Parameters entstehen.

4.8.28 Begründen Sie: Die Parameterdarstellung einer ebenen Kurve mittels des Tangentenwinkels τ (gegen die x-Achse) als Parameter ist von der Form (4.48).

4.8.29 Leiten Sie die Polargleichung für das gerade Dreiblatt

$$r = -2b\cdot\cos\varphi\cdot\cos(2\varphi)$$

und für das gerade Zweiblatt

$$r = 2b\cdot\sin\varphi\cdot\sin(2\varphi)$$

her.

4.8.30 Eine implizit gegebene Kurvenschar sei von der Form $g(x;y) + b\cdot h(x;y) = 0$ mit $b \in \mathbb{R}$.
Begründen Sie, daß dies ein Kurvenbüschel ist, dessen Scheitel die Schnittpunkte der Kurven $g(x;y) = 0$ und $h(x;y) = 0$ sind.

4.8.31 Zeigen Sie, daß jede Kurve Hüllkurve der Schar ihrer Tangenten ist.

4.8.32 Durch die Gleichung

$$(x-b)^2 + y^2 - 2bp + p^2 = 0 \quad \text{mit } p \in \mathbb{R}^+$$

ist über den Parameter b eine <u>Schar</u> <u>von</u> <u>Kreisen</u> gegeben. Zeichnen Sie für einige Werte von p die Scharen. Untersuchen Sie allgemein die Kurvenschar auf Existenz einer Hüllkurve. Interpretieren Sie das Verhalten der Kurvenschar für $\frac{p}{2} < b < p$.

4.8.33 Leiten Sie mit Hilfe des Gleichungssystems (4.45) her, daß die Astroide die Hüllkurve der Bahnellipsenschar aus **1.2** ist, welche durch $(c-b)^2 \cdot x^2 + b^2 \cdot y^2 - b^2 \cdot (c-b)^2 = 0$ beschrieben werden kann.

4.8.34 Die Kurvenschar $F(x;y;b) = 0$ läßt sich auch als Gleichung einer Fläche im x-y-b-Raum deuten (wobei b der üblichen z-Richtung entspricht).

a) Welches Merkmal haben die Punkte $R(\overline{x};\overline{y};b)$ dieser Fläche, die durch (4.45) ausgewählt werden?

b) Machen Sie sich anschaulich klar, daß die Hüllkurve der Kurvenschar mit der Hüllkurve der Schnittgeraden der Tangentialebenen der Punkte R mit der x-y-Ebene übereinstimmt.

5 NATÜRLICHE EIGENSCHAFTEN HÖHERER KURVEN

5.1 ZUM BEGRIFF DER "NATÜRLICHEN" EIGENSCHAFT

Auf den Straßenverlauf muß ein Autofahrer durch Lenkbewegungen reagieren. Banal ist die Unterscheidung der beiden möglichen Fahrtrichtungen, will der Fahrer doch an sein Ziel kommen. Allerdings besteht auch bei Beibehaltung der Fahrtrichtung durchaus die Möglichkeit, einige Orte mehrfach zu passieren, dann aber auf unterschiedlichen Wegen. Natürlich interessiert den Fahrer auch die Länge des Weges, den er (in einer gewissen Zeit oder zwischen zwei Orten) zurücklegt. Alle diese Eigenschaften des Reiseweges lassen sich ohne Rückgriff auf ein äußeres Bezugssystem ausmachen. Zwar plant der Fahrer seine Route meist anhand eines solchen Systems, doch bleibt die eigentliche Fahrtausführung davon unberührt.

Derartige Überlegungen finden sich auch in der Mathematik der Kurven. Die Kurve wird in einem (äußeren) Koordinatensystem beschrieben und - etwa mittels einer Parametrisierung - in einem gewissen Richtungssinne durchlaufen. Die spezielle Wahl der Darstellung nimmt keinen Einfluß auf die Gestalt der Kurve, z.B. auf das Auftreten von Schleifen. Ebenso sollte eine brauchbare Definition der Länge der Kurve zwischen zwei Kurvenpunkten von der Wahl der Darstellung unabhängig sein. Die Festlegung einer Länge für ein durchlaufenes Kurvenstück führt zusammen mit der Interpretation eines (linear anwachsenden) Parameters als Zeit auf einen sinnvollen Geschwindigkeitsbegriff. Die Geschwindigkeit in einem bestimmten Kurvenpunkt hängt dann allerdings von der gewählten Parameterdarstellung ab.

Offensichtlich muß unterschieden werden zwischen darstellungsabhängigen und sogenannten natürlichen Eigenschaften einer Kurve. Eine natürliche Eigenschaft darf weder durch eine (zulässige) Parametertransformation auf der Kurve noch durch einen

Wechsel des zugrundeliegenden Koordinatensystems verändert werden. Im ersten Fall sprechen wir von Parameterinvarianz und, sofern der Koordinatentyp beibehalten wird, im zweiten Fall von Bewegungsinvarianz.
In diesem Kapitel fordern wir neben der Differenzierbarkeit (u.U. auch partiell bzw. von höherer Ordnung) der auftretenden Funktionen auch die Stetigkeit der Ableitungen. Mitunter wird die Entwickelbarkeit der Funktionen in eine TAYLOR-Reihe verwendet. Unsere Voraussetzungen sind bisweilen strenger als für die jeweilige Begriffsbildung erforderlich. Dies erleichtert Verständigung und Argumentation, ohne daß eine der bekannten bzw. wichtigen Kurven herausfiele.

5.2 SINGULÄRE PUNKTE

Greifen wir unsere Ausgangssituation wieder auf. Ein Ort, den der Fahrer mehrmals passiert, ist in natürlicher Weise ausgezeichnet. Ebenso ein Punkt, in dem der Fahrer ein Wendemanöver ausführt, der Wagen also seine Fahrtrichtung umkehrt und zugleich eine andere Bahn einschlägt.
In den bisherigen Kapiteln sind uns derartige singuläre Punkte schon häufig begegnet. Bei der Rosette (s. Fig.1.13) und beim kartesischen Blatt (s. Fig.4.12) ist der Ursprung ein mehrfacher Kurvenpunkt. Die Spitzen bei der Astroide (s. Fig.1.7), der gemeinen Zykloide (s. Fig.3.5) und der Kurve in Fig.4.9 sind Rückkehrpunkte beim Durchlaufen der jeweiligen Kurve.
Im folgenden versuchen wir, die beobachteten Phänomene mathematisch zu erfassen und umgekehrt Bedingungen für ihr Auftreten zu erstellen, ohne die Kurve zeichnen zu müssen. Selbstverständlich werden wir uns dabei an den verschiedenen Darstellungsweisen für Kurven orientieren.

5.2.1 Singuläre Punkte bei impliziter Kurvendarstellung

Im Falle $F(x;y) = 0$ mit stetigen partiellen Ableitungen F_x und F_y darf in Anbetracht des Satzes von der impliziten Funktion (s. **4.2.2**) eine geometrische Besonderheit nur für Punkte erwartet werden, bei denen sowohl F_x als auch F_y verschwindet. In allen anderen Punkten verhält sich die Kurve wie ein glatter Funktionsgraph, also unauffällig.

Ein Punkt einer implizit gegebenen Kurve, in dem beide partielle Ableitungen den Wert 0 annehmen, heißt singulärer Punkt. Alle anderen Punkte der Kurve wollen wir gewöhnliche Punkte nennen.

Ist diese Definition bewegungsinvariant, kennzeichnet sie also eine natürliche Eigenschaft? Ein neues kartesisches Koordinatensystem gehe aus dem alten System durch eine Bewegung hervor. Diese ist darstellbar als Verkettung einer Verschiebung mit den Komponenten a_1 und a_2 und einer Drehung mit dem Drehwinkel α um den neuen Ursprung. Mittels der Transformationsgleichungen

$$\begin{aligned} x &= \bar{x}\cdot\cos\alpha - \bar{y}\cdot\sin\alpha + a_1 \\ y &= \bar{x}\cdot\sin\alpha + \bar{y}\cdot\cos\alpha + a_2 \end{aligned} \qquad (5.1)$$

wird aus F eine Funktion $\bar{F}$ der neuen Koordinaten $\bar{x}$ und $\bar{y}$, und es gilt nach der Kettenregel

$$\bar{F}_{\bar{x}} = F_x\cdot\cos\alpha + F_y\cdot\sin\alpha \quad ; \quad \bar{F}_{\bar{y}} = -F_x\cdot\sin\alpha + F_y\cdot\cos\alpha \quad .$$

Damit verschwinden auch die beiden neuen partiellen Ableitungen in jedem bezüglich der alten Koordinaten singulären Punkt. Der Punkt bleibt also im neuen System singulär. Weiter rechnet man leicht nach, daß infolge der Transformation auch keine singulären Punkte hinzutreten können.

Durch eine geeignete Bewegung des Koordinatensystems läßt sich insbesondere stets erreichen, daß ein betrachteter singulärer Punkt in den Ursprung fällt. Bei der Behandlung der Fußpunktkurven der STEINER-Kurve in **4.6.1** haben wir eine Verschiebung als einfachste derartige Bewegung zum Erstellen eingängiger Kurvengleichungen eingesetzt.

Daß unsere analytische Definition singulärer Punkte durchaus Schwächen aufweist, zeigt sich z.B. an der transzendenten Kurve

$$F(x;y) \equiv \sin^2(x) - \exp(y^2) + 1 = 0$$

Sie hat in x die Periode π. Die beiden partiellen Ableitungen $F_x(x;y) = \sin(2x)$ und $F_y(x;y) = -2y\cdot\exp(y^2)$ nehmen jedoch nur im Ursprung den gemeinsamen Wert 0 an, liefern also nur diesen einen singulären Punkt. Geometrische und analytische Besonderheit stimmen bei obiger Definition nicht notwendig überein.

5.2.2 Rechnerische Behandlung singulärer Punkte bei impliziter Darstellung

Wir betrachten nun einen singulären Punkt P_0 einer implizit gegebenen Kurve $F(x;y) = 0$ und nehmen zusätzlich an, daß er kein Häufungspunkt der Menge aller singulären Kurvenpunkte ist. In der (punktierten) Umgebung von P_0 sind die Kurvenpunkte also gewöhnlich und die Existenz eines Tangentenwinkels τ ist über

$$\tan\tau = \frac{dy}{dx} = -\frac{F_x(x;y)}{F_y(x;y)} \tag{5.2}$$

gesichert (evtl. sind die Koordinatenachsen zu vertauschen). Im singulären Punkt $P_0(x_0;y_0)$ selbst verschwinden die beiden partiellen Ableitungen, und eine unmittelbare geometrische Interpretation von (5.2) ist nicht möglich. Nach der Regel von DE L'HOSPITAL (1661-1704) versuchen wir dann eine Berechnung des Grenzwertes von $\frac{dy}{dx}$ für $x \to x_0$ über den Quotienten der Ableitungen von Zähler und Nenner:

$$\lim_{x\to x_0} \frac{dy}{dx} = -\lim_{x\to x_0} \frac{F_{xx}(x;y) + F_{xy}(x;y)\cdot\frac{dy}{dx}}{F_{yx}(x;y) + F_{yy}(x;y)\cdot\frac{dy}{dx}}$$

Wenn dieser Grenzwert existiert, also die zweiten partiellen Ableitungen im Punkt P_0 nicht sämtlich verschwinden oder sämtlich unendlich groß werden, darf man die Koordinaten von P_0 einsetzen und erhält unter Weglassen des Limeszeichens nach einfacher Umformung mit Berücksichtigung von $F_{xy} = F_{yx}$ die quadratische Bestimmungsgleichung

$$F_{xx} + 2\cdot F_{xy}\cdot\frac{dy}{dx} + F_{yy}\cdot\left(\frac{dy}{dx}\right)^2 = 0$$

für den Wert von $\frac{dy}{dx}$ im Punkt P_0. Die Werte der dort auftretenden Terme beziehen sich auf den Punkt P_0 bzw. dessen Koordinaten $(x_0;y_0)$. Wir verzichten einfachheitshalber auf ein Mitführen der dies kennzeichnenden Symbolik.

Der Fall $F_{yy} = 0$ ist geometrisch nicht interessant. Hierunter fällt z.B. die "Kurve" $(x - a)\cdot(y - b) = 0$ mit $a, b \in \mathbb{R}$ und ihr Verhalten in $P(a;b)$.
Für $F_{yy} \neq 0$ zeigt

$$\frac{dy}{dx} = \frac{-F_{xy} \pm \sqrt{F_{xy}^{\,2} - F_{xx}\cdot F_{yy}}}{F_{yy}} \tag{5.3}$$

daß im Punkt P_0 zwei Tangenten an die Kurve existieren. Diese sind je nach Vorzeichen des Radikanden reell oder nichtreell. Die geometrische Bedeutung der unterschiedlichen Lösbarkeit von (5.3) machen wir zunächst an einem Beispiel klar. Bei der zur x-Achse symmetrischen Kurvenschar

$$\boxed{F(x;y) \equiv y^2 - (x-a)^2\cdot(x-b) = 0 \quad \text{mit } a,b \in \mathbb{R}}$$

ist $F_x(x;y) \equiv (x-a)\cdot(-3x + a + 2b)$ und $F_y(x;y) \equiv 2y$ und weiter

$F_{xx}(x;y) \equiv -6x + (4a + 2b)$, $F_{xy}(x;y) \equiv 0$ sowie $F_{yy}(x;y) \equiv 2$.

Die Kurve kann über die beiden Zweige $y = \pm(x-a)\cdot\sqrt{x-b}$ auch explizit dargestellt werden. Der gemeinsame Punkt $P_0(a;0)$ der beiden Zweige ist ein singulärer Punkt der Kurve, und (5.3) liefert $\frac{dy}{dx} = \pm\sqrt{a-b}$.

Für $a > b$ liegen in P_0 zwei verschiedene reelle Tangenten vor, d.h. zwei reelle Kurvenzweige schneiden einander. Wir nennen den singulären Punkt P_0 dann einen <u>Knoten</u>. Die Kurve liegt rechts von der Geraden $x = b$, weil $(\frac{y}{x-a})^2 \geq 0$ ist. Nach (5.2) ist diese Gerade die Kurventangente in $S(b;0)$. Fig.5.1 zeigt, wie die Kurve eine <u>Schleife</u> mit Knoten P_0 bildet.

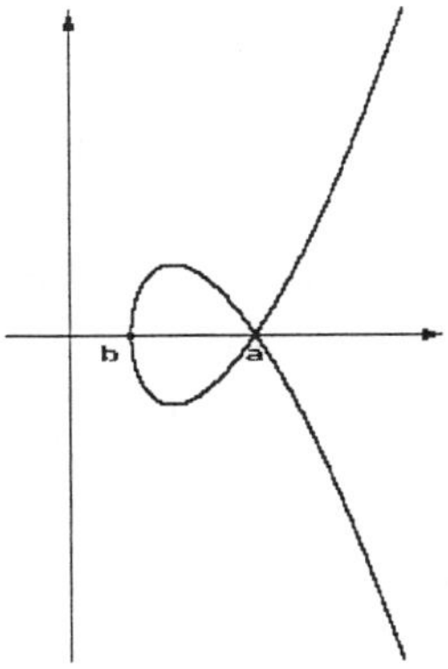

Figur 5.1

Die Metamorphose der Kurvenschar ist in den Figuren 5.2 und 5.3 ersichtlich. Für $a = b$ zieht sich die Schleife auf den Punkt P_0 zusammen und erzeugt so eine <u>Spitze</u>, die zwei mit der x-Achse zusammenfallende Tangenten hat. Für $a < b$ löst sich die Spitze vom eigentlichen Kurvenverlauf und wird zu einem isolierten Punkt oder Einsiedler.

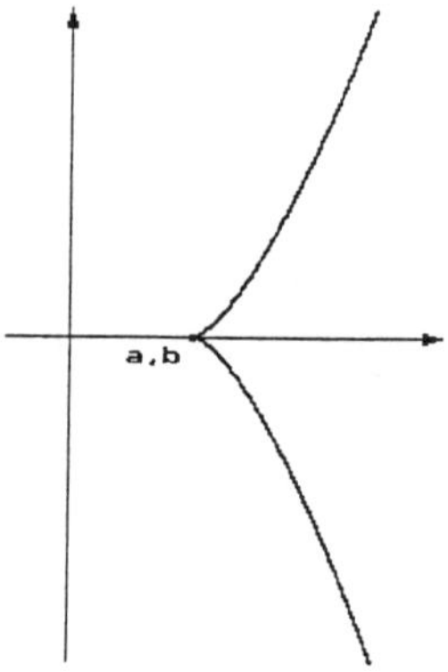

Figur 5.2

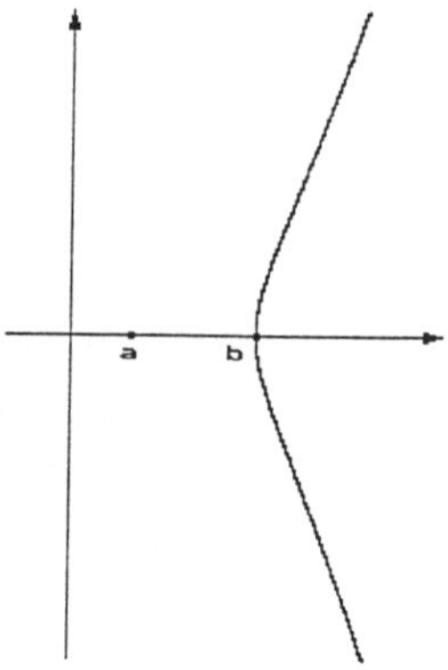

Figur 5.3

Das im konkreten Beispiel gezeigte Vorgehen ist verallgemeinerbar. Interpretieren wir das Verhalten der Tangenten als lokales Verhalten von Kurvenzweigen, so eröffnet (5.3) folgende Fallunterscheidung:

$$F_{xy}^{2} - F_{xx} \cdot F_{yy} \begin{cases} > 0 & \text{Zweifach-Knoten} \\ = 0 & \text{Spitze} \\ < 0 & \text{isolierter Punkt} \end{cases} \tag{5.4}$$

Die Formel (5.3) ist nur sinnvoll, wenn mindestens eine partielle Ableitung zweiter Ordnung in P_0 von 0 verschieden ist. Nehmen auch höhere partielle Ableitungen von F im Punkt P_0 durchgängig den Wert 0 an, kann man auf folgende Bestimmungsgleichung zurückgreifen

$$\left(F_x(x;y) + F_y(x;y) \cdot \frac{dy}{dx} \right)^{(n)} = 0 \tag{5.5}$$

und erhält (s. Kiepert 1923, Bd.II):

> Sind die n-ten partiellen Ableitungen von F die ersten, welche in P_0 nicht sämtlich verschwinden, so findet man dort aus (5.5) n (weder notwendig verschiedene noch notwendig reelle) Werte von $\frac{dy}{dx}$ bzw. n Tangenten an n Zweige der Kurve.

Aussagen zu einem n-fachen Punkt P_0 bzw. zu Art und Lage der n inzidierenden Kurvenzweige bedürfen gesonderter, in der Regel an der speziellen Kurve ausgerichteter Untersuchungen. Für algebraische Kurven führen wir die Überlegungen in **5.2.3** noch etwas weiter. Heuristische Unterstützung bietet aber in jedem Falle der in **4.2.3** vorgestellte Kurvenskizzierer.

Den zitierten Satz wenden wir bei der zur y-Achse symmetrischen Kurve

$$F(x;y) \equiv (x^2+y^2)^3 - y\cdot(y^2-3x^2) = 0$$

an. Hier verschwinden im Ursprung alle partiellen Ableitungen erster und zweiter Ordnung. Für die dritten partiellen Ableitungen gilt $F_{xxx}(0;0) \equiv 0$, $F_{xxy}(0;0) \equiv 6$, $F_{xyy}(0;0) \equiv 0$ sowie $F_{yyy}(0;0) \equiv -6$.

Der Term $\left(F_x(x;y) + F_y(x;y)\cdot\frac{dy}{dx} \right)^{(3)}$ kann in die Form

$$F_{xxx}(x;y) + 3\cdot F_{xxy}(x;y)\cdot\frac{dy}{dx} + 3\cdot F_{xyy}(x;y)\cdot\left(\frac{dy}{dx}\right)^2 + F_{yyy}(x;y)\cdot\left(\frac{dy}{dx}\right)^3$$

gebracht werden, und (5.5) liefert im Ursprung die Bestimmungsgleichung

$$18\cdot\frac{dy}{dx} - 6\cdot\left(\frac{dy}{dx}\right)^3 = 0 .$$

Deren drei reelle Lösungen führen auf die drei Tangentenwinkel 0^0, 60^0 und 120^0 . Fig.5.4 zeigt den dreifachen Punkt $P_0(0;0)$ als Knoten. Mit Knoten bezeichnen wir Kurvenpunkte, in denen sich zwei oder auch mehrere Zweige der Kurve durchsetzen.

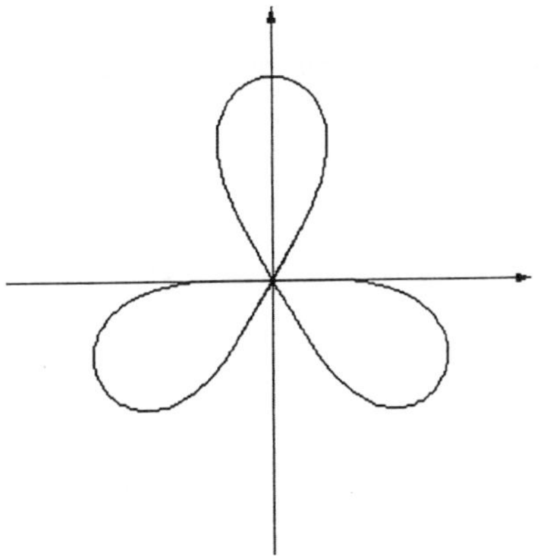

Figur 5.4

So haben wir hier einen Dreifach-Knoten etwa im Kontrast zum Zweifach-Knoten oder Doppelknoten in Fig.5.1 oder auch beim kartesischen Blatt. Von Knoten zu unterscheiden sind die sogenannten Selbstberührungspunkte, bei denen die Kurvenzweige einander berühren.

Das beschriebene Vorgehen hilft keineswegs immer weiter. Bei der Kurve $F(x;y) \equiv \sin(x\cdot y) - x\cdot y = 0$ verschwinden alle partiellen Ableitungen gleich welcher Ordnung im Ursprung, so daß der oben zitierte Satz nicht einsetzbar ist (s. Aufg.5.8.9).
Die Fallunterscheidung in (5.4) wird an der Determinante der HESSEschen Matrix vollzogen. Die untersuchten Terme sind also dieselben wie bei Extremwertbetrachtungen an Flächen im dreidimensionalen Raum (s. Ewald 1982). Mit Blick auf die in **4.2.1** angesprochene Interpretation von Kurven als Höhenlinien liegt es nahe, das Auftreten von Singularitäten bei einer implizit gegebenen Kurve mit der besonderen Form der zugehörigen Fläche zusammenzubringen.
In der Tat ist z.B. an Hand von Fig.4.7 unmittelbar einsichtig, daß in einem Gipfel (bzw. im tiefsten Punkt einer Senke) der Fläche ein isolierter Kurvenpunkt der entsprechenden Höhenlinie vorliegt. Doppelpunkte der Kurve entstehen beispielsweise an Sattelpunkten der Fläche, je nach deren Formgebung als Spitzen, Knoten oder Selbstberührungspunkte. Disjunkte Kurventeile sind vorstellbar als Linien gleicher Höhe benachbarter Berge. Metamorphosen konkretisiere man sich als Küstenlinien bei allmählicher Überflutung eines Gebirges.

5.2.3 Singuläre Punkte algebraischer Kurven

Eine algebraische Kurve

$$F(x;y) \equiv \sum_{\mu=0}^{m} \sum_{\nu=0}^{n} a_{\mu\nu} x^{\mu} y^{\nu} = 0 \quad \text{mit } a_{\mu\nu} \in \mathbb{R} \tag{5.6}$$

kann formal als Gleichung vom Grad n (in bezug auf y) aufgefaßt werden. Zu jedem festen x-Wert a gehören n Werte von y, die reell oder imaginär sein können. Betrachtet man die gleiche Situation für einen nur wenig veränderten x-Wert $a+\varepsilon$, so erhält man auch hier n y-Werte, die i.a. von den y-Werten zu a umso weniger abweichen, je kleiner ε ist. Danach lassen sich die Lösungen der Gleichung zu Funktionszweigen zusammenstellen. Jedem Funktionszweig entspricht ein Zweig der algebraischen Kurve. Die geometrische Darstellung berücksichtigt nur die reellen

Zweige, jedoch geben gerade auch die imaginären Zweige Aufschluß über das Verzweigungsverhalten. Im Hinblick auf den Satz von der impliziten Funktion ist ein spektakuläres Aufeinandertreffen verschiedener Zweige nur in einem singulären Punkt zu erwarten.

Treffen sich zwei (über einem gemeinsamen x-Bereich) reelle Zweige $y = f_1(x)$ und $y = g_1(x)$ an einer Stelle x_0, so ist $y_0 := f_1(x_0) = g_1(x_0)$ eine doppelte zu x_0 gehörende Wurzel von (5.6) . Die beiden Zweige schneiden oder berühren einander in $P_0(x_0;y_0)$, was in Fig.5.5 illustriert ist. Außer als Knoten (unterschiedliche Tangenten) kann P_0 also auch als Selbstberührungspunkt (mit gleichen Tangenten) auftreten.

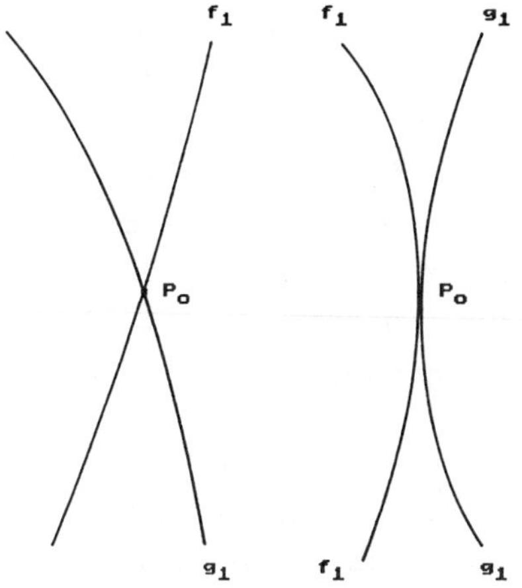

Figur 5.5

Knoten sind schon in vielen Beispielkurven vorgekommen. Wir beschränken uns hier auf ein Beispiel für Selbstberührung.

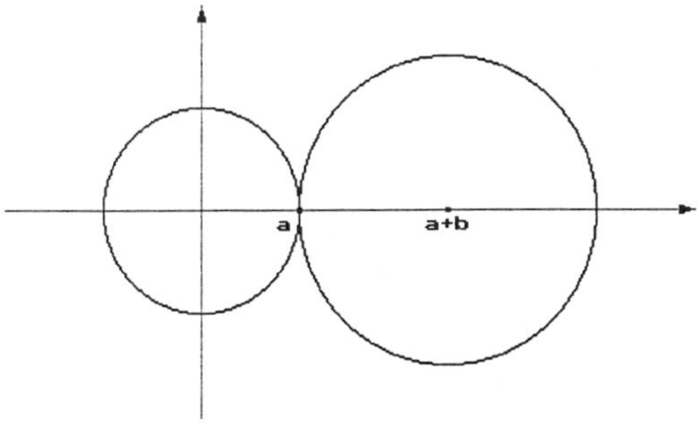

Figur 5.6

Die in Fig.5.6 aus zwei Kreisen zusammengesetzte (und daher reduzible) Kurve

$$(x^2+y^2-a^2)\cdot((x-a-b)^2+y^2-b^2) = 0 \quad \text{mit } a,b \in \mathbb{R}^+$$

hat im Punkt $P_0(a;0)$ einen Selbstberührungspunkt. Trivialerweise entsteht ein solcher Punkt immer dann, wenn man eine Kurve mit ihrer Tangente im Berührpunkt vereint, d.h. die kurvenerzeugenden Terme miteinander multipliziert.

Ist jetzt $y = f_1(x)$ ein Zweig, der rechts (analog für links) von x_0 reelle und auf der anderen Seite von x_0 komplexe Werte annimmt, so gibt es, da komplexe Wurzeln algebraischer Gleichungen mit reellen Koeffizienten stets paarweise konjugiert komplex zueinander auftreten, notwendigerweise auch einen Zweig $y = g_1(x)$, der links von x_0 die konjugiert komplexen y-Werte $g_1(x) = \overline{f_1(x)}$ aufweist und rechts von x_0 reellwertig ist. Die zu zeichnenden reellen Teilzweige beginnen im gemeinsamen Punkt $P_0(x_0;y_0)$. Wir werden zeigen, daß dies immer derart geschieht, daß die Zweige hier dieselbe Tangente haben. In Fig.5.7 sind die beiden verbleibenden Möglichkeiten skizziert. Die komplexen Teilzweige sind hierbei durch Strichelung angedeutet. P_0 hat somit entweder den Charakter eines gewöhnlichen Punktes oder einer Spitze.

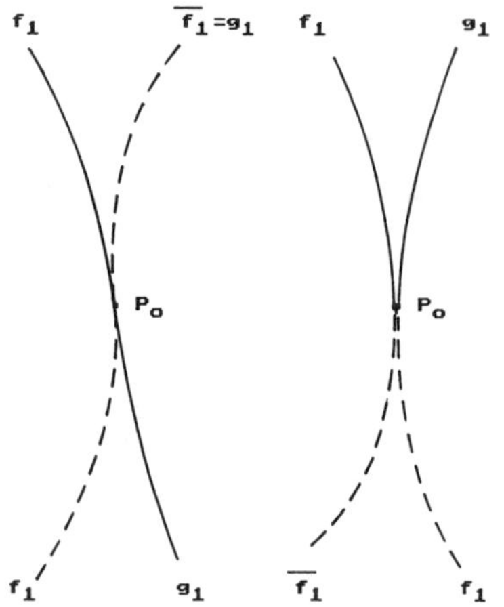

Figur 5.7

Der gewöhnliche Punkt verrät sich, wenn man die Rollen von x und y vertauscht, Fig.5.7 also von der Seite betrachtet. Die beiden reellen Teilzweige, die über die Wahl von y als Lösungsvariable entstanden sind, bilden hinsichtlich der Lösungsvariablen x einen einzigen durchgängigen reellen Zweig.

Es bleibt noch zu begründen, warum die reellen Teilzweige in P_0 dieselbe Tangente haben. Wir begnügen uns mit einer Plausibilitätsbetrachtung. Differenzieren wir (5.6) nach x, so erhalten wir

$$F_x(x;y) + F_y(x;y)\cdot\frac{dy}{dx} = 0$$

Faßt man in dieser Gleichung y als Formvariable auf, so ergibt sich eine algebraische Gleichung $G(x;\frac{dy}{dx}) = 0$, in der y' in die Rolle der Lösungsvariable schlüpft. Die Gleichung beschreibt

also die Steigung der Tangente an die Ausgangskurve. Dem reellen Teilzweig von $y = f_1(x)$ der Ausgangskurve entspricht *ein* (die Tangenten sind eindeutig bestimmt und reell) reeller Teilzweig $y' = f_1^*(x)$ der neuen Kurve, und ebenso erzeugt der reelle Teilzweig von $y = g_1(x)$ einen reellen Teilzweig $y' = g_1^*(x)$. Die beiden reellen Teilzweige der neuen Kurve beginnen als reelle Teilzweige (mit komplexer Fortsetzung) einer algebraischen Kurve notwendigerweise (wie wir oben begründet haben) an einem gemeinsamen Punkt $(x_0;y_0')$. Somit stimmen die Tangenten an die Zweige der Ausgangskurve in P_0 überein.
Ist schließlich $y = f_1(x)$ ein im gesamten Verlauf komplexer Zweig, so gibt es nach der bereits eben angewandten Argumentation auch den Zweig $y = \overline{f_1(x)}$. Ist x_0 eine reelle Nullstelle des Imaginärteils beider Zweige, so hat an dieser Stelle der gemeinsame Realteil und haben damit f_1 und $\overline{f_1}$ einen gemeinsamen Wert y_0, und die beiden Zweige erzeugen den isolierten Punkt $P_0(x_0;y_0)$.
Unsere Überlegungen haben gezeigt, daß eine algebraische Kurve (bei unbeschränktem Variabilitätsbereich für x und y) im Endlichen niemals enden, d.h. niemals abbrechen kann. Wo nämlich ein Zweig der Kurve endet, setzt ein zweiter den Kurvenverlauf fort. Dies ist keineswegs selbstverständlich, wie der am Ursprung abbrechende Zweig der transzendenten Kurve in Fig.4.10 belegt.
Transzendente Kurven bieten offensichtlich eine größere Artenvielfalt an Singularitäten. Sie entzieht sich bislang jeder umfassenden Systematisierung. Der Leser suche selbst nach weiteren Erscheinungsformen, evtl. unter Rückgriff auf Flächen im Raum.

5.2.4 Singuläre Punkte bei expliziter kartesischer Darstellung

Wir gehen nun von einer Kurve $y = f(x)$ mit stetig differenzierbarer Funktion f aus. Nach unserer Definition existieren keine singulären Punkte, weil die partielle Ableitung F_y der Funktion $F(x;y) := y - f(x)$ den konstanten Wert 1 hat.
Selbstverständlich kann man geometrisch ausgezeichnete Punkte

wie z.B. Eckpunkte stets dadurch erreichen, daß man Kurvenstükke so zusammensetzt, daß die Gesamtkurve an der Nahtstelle nicht mehr differenzierbar ist. Ein klassisches Beispiel ist der Graph von $y = |x|$. Eine andere Ausnahme besteht darin, daß explizit gegebene Kurven Lücken mit unterschiedlichen Tangentengrenzlagen aufweisen (s. Aufg.5.8.11).

5.2.5 Singuläre Punkte bei Parameterdarstellung

Wie wir gesehen haben, zeichnet sich ein singulärer Punkt einer Kurve in der Regel durch eine Merkwürdigkeit der Kurventangente aus, während die Tangenten von Punkten in der Umgebung dieses Punktes normales Verhalten zeigen. Für in Parameterdarstellung gegebene Kurven $x = f_1(t) \wedge y = f_2(t)$ bedeutet "normal" die Existenz eines Tangentenwinkels τ gemäß (4.22)

$$\tan\tau = \frac{f_2'(t)}{f_1'(t)} \tag{5.7}$$

(evtl. erst nach einer Vertauschung der Koordinatenachsen). Wie in (5.2) besteht eine gewisse Unbestimmtheit der Tangentenrichtung also dann, wenn Zähler und Nenner in (5.7) an derselben Stelle t den Wert 0 annehmen. Es wäre aber voreilig, damit den Begriff "singulärer Punkt" definieren zu wollen. Unterschiedliche Tangentenrichtungen können ja auch im Gefolge der Tatsache entstehen, daß derselbe Kurvenpunkt bei zwei verschiedenen Parameterwerten angenommen wird. Indessen haben wir ein erstes Kriterium:

> Ein Punkt einer in Parameterdarstellung gegebenen Kurve, der zu zwei verschiedenen Parameterwerten gehört, ist ein möglicher singulärer Punkt der Kurve.

So gehört z.B. der Knoten im Ursprung beim kartesischen Blatt aus **4.2.6** zum Parameterwert $t = 0$ und wird auch für $t \to \infty$ angestrebt. Andererseits ist beim Kreis $x^2 + y^2 - r^2 = 0$ bzw. $x = r\cdot\cos t \wedge y = r\cdot\sin t$ keiner der Kurvenpunkte singulär, obwohl jeder Kurvenpunkt unendlich oft über dem Parameterbereich $\mathbb{R}$ angenommen wird.

Man beachte, daß in den beiden Beispielen die Parameterwerte zum selben Punkt einen nicht verschwindenden Abstand haben.

Bei der Normalparabel in der Parameterdarstellung

$$x = t^2 \; ; \; y = t^4$$

ist dies nicht der Fall. Zu zwei entgegengesetzt gleichen Parameterwerten gehört derselbe Kurvenpunkt, und in der Nähe des Ursprungs rücken die zu gleichen Punkten gehörenden Parameterwerte beliebig nahe zueinander. Im Ursprung selbst verschwinden die Ableitungen beider Koordinatenfunktionen. Aber weder der Ursprung noch sonst ein Kurvenpunkt verdienen als Punkte der Normalparabel $y = x^2$ die Bezeichnung singulär.
Um solche <u>scheinbaren Singularitäten</u> zu vermeiden, fordern wir von den Parameterdarstellungen, daß es zu jedem Parameterwert t_0 stets eine Umgebung (im Parameterbereich) gibt, in der zu zwei verschiedenen Werten von t niemals derselbe Kurvenpunkt gehört. Anschaulich bedeutet dies, daß ein endliches Stück der Kurve durchlaufen werden muß, bevor man einen Kurvenpunkt ein weiteres Mal passiert.
Kehren wir nun zu der durch (5.7) angedeuteten heuristischen Hilfe zurück.

> Ein Punkt einer in Parameterdarstellung gegebenen Kurve, in dem die Ableitungen beider Koordinatenfunktionen verschwinden, ist ein möglicher <u>singulärer Punkt der Kurve</u>.

Wie man leicht nachrechnet, bewährt sich dieses Vorgehen etwa am Beispiel der Spitzen der gemeinen Zykloide in der Darstellung (3.2) und der durch (1.3) beschriebenen Astroide.
Für unsere beiden Kriterien spricht übrigens auch, daß sie bei Funktionsgraphen $y = f(x)$ bzw. $x = t \wedge y = f(t)$ keine singulären Punkte bestimmen.
Bevor wir auf der Grundlage der beiden Erkennungshilfen weiterarbeiten, prüfen wir sie auf <u>Parameterinvarianz</u>. Dazu sei t_0 Parameterwert zum möglichen singulären Punkt P_0, und t_0 sei das Bild von s_0 unter einer Parametertransformation h. Es gelte also $t = h(s)$ und damit auch

$$x = f_1(h(s)) \quad \wedge \quad y = f_2(h(s)) \tag{5.8}$$

Um von hier zur alten Darstellung zurückfinden zu können, fordern wir zusätzlich noch die Umkehrbarkeit von h. Damit erhalten wir zu zwei verschiedenen t-Werten stets auch verschiedene s-Werte. Durch Parameterwechsel sollen möglichst auch keine Nullstellen der Ableitungen der Koordinatenfunktionen f_i (und damit auch keine neuen Kandidaten für Singularitäten) geschaffen werden. Nach Anwendung der Kettenregel in den Termen $\frac{dx}{ds} = f_1'(h(s))\cdot h'(s)$ und $\frac{dy}{ds} = f_2'(h(s))\cdot h'(s)$ trifft dies gerade dann zu, wenn die Ableitung $\frac{dh}{ds}$ nirgends verschwindet.

Transformationen, die neben den o.a. Forderungen auch noch diese zusätzliche Eigenschaft haben, heißen <u>zulässige Parametertransformationen</u> (s. Aufg.5.8.3).

Gehen wir jetzt von einem Punkt $P_0(f_1(t_0);f_2(t_0))$ mit verschwindenden Ableitungen der f_i in t_0 aus, so läßt sich durch Transformation der Koordinaten und des Parameters eine neue Darstellung

$$\boxed{\begin{aligned} x &= g_1(t) := f_1(t+t_0) - f_1(t_0) \\ y &= g_2(t) := f_2(t+t_0) - f_2(t_0) \end{aligned}} \qquad (5.9)$$

erreichen, bei der P_0 im Ursprung liegt und zum Parameterwert 0 gehört. Verwenden wir für die Koordinatenfunktionen wieder die eingeführten Bezeichnungen f_i, so können wir im folgenden o.B.d.A.

$$f_1(0) = f_2(0) = f_1'(0) = f_2'(0) = 0$$

voraussetzen. Die TAYLOR-Entwicklungen von f_1 und f_2 sind dann von der Form

$$f_i(t) = b_{i2}\cdot t^2 + b_{i3}\cdot t^3 + \ldots .$$

Die Tangente der Kurve im Ursprung kann wie gewohnt als Grenzlage der Sekante durch den Ursprung für $t \to 0$ definiert werden. Für den Sekantenwinkel σ der Sekante durch den Ursprung und den Punkt $P(x(t);y(t))$ gilt

$$\tan\sigma = \frac{b_{2n}\cdot t^n + b_{2n+1}\cdot t^{n+1} + \ldots}{b_{1m}\cdot t^m + b_{1m+1}\cdot t^{m+1} + \ldots},$$

wobei b_{1m} bzw. b_{2n} der jeweils erste von 0 verschiedene Koeffizient der TAYLOR-Entwicklung ist. Die Tangente im Ursprung bildet dann mit der positiven x-Achse einen Winkel τ_0 mit

$$\tan\tau_0 = \begin{cases} 0 & \text{falls } m < n \\ \frac{b_{2n}}{b_{1m}} & \text{falls } m = n \\ \infty & \text{falls } m > n \end{cases}$$

Durch eine Drehung des Koordinatensystems läßt sich stets erreichen, daß die Tangente mit der x-Achse übereinstimmt, also $\tau_0 = 0$ und $m < n$ ist. Die Koordinatenachsen selbst werden so orientiert, daß die durch TAYLOR-Entwicklung bestimmte Kurve sowohl mit positivem b_{1m} als auch positivem b_{2n} beschrieben ist (die anderen Koeffizienten passen ihr Vorzeichen entsprechend an).

Die durch die f_i gegebene Kurve weicht in der Umgebung des Ursprungs als singulärem Anfangspunkt von der Hilfskurve

$$x = b_{1m}\cdot t^m \quad ; \quad y = b_{2n}\cdot t^n$$

umso weniger ab, je kleiner diese Umgebung ist.

Wenn m bzw. n ungerade ist, wird x bzw. y mit t positiv oder negativ. Wenn m bzw. n gerade ist, wird x bzw. y stets positiv. Aus dieser Fallunterscheidung gewinnt man die in Fig.5.8 dargestellten Grundformen des Kurvenverlaufs in einem singulären Punkt.

Für ungerades m zeigt sich das besondere Verhalten mehr in analytischer als in geometrischer Weise. Die erste Koordinatenfunktion der Hilfskurve liefert zu jedem reellen von 0 verschiedenen x-Wert m verschiedene Parameterwerte t, von denen genau einer reellwertig ist. Mit Hilfe der zweiten Gleichung resultieren hieraus insgesamt m Werte für y. Diese sind mitunter komplex und nicht notwendig verschieden, aber es kommt genau ein reeller Wert vor. Z.B. haben im Falle $m|n$ alle y denselben reellen Wert. Wir wollen die zugehörigen Kurvenpunkte nicht als singulär bezeichnen. Den Unterfall eines ungeraden n-Wertes behandeln wir später gesondert.

Für gerades m treten in Fig.5.8 Spitzen auf. Wir unterscheiden dabei die Hellebardenspitze (bei ungeradem n) von der Schnabelspitze (bei geradem n). Beide sind uns bereits in Fig.5.2 bzw. Fig.4.9 im Rahmen impliziter Kurvendarstellungen begegnet.

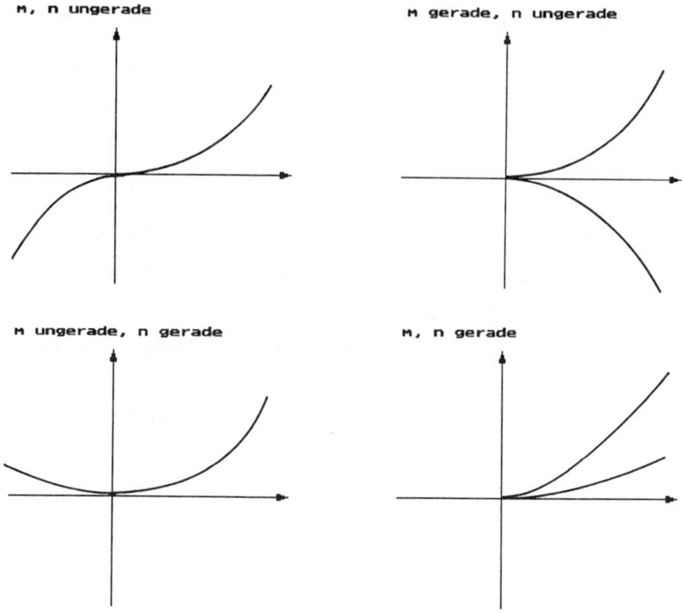

Figur 5.8

5.2.6 Singuläre Punkte bei Polardarstellung

Bei einer in Polarform $r = f(\varphi)$ dargestellten Kurve gilt unser Augenmerk zunächst den mehrfachen Punkten, d.h. den Punkten, die über mehrere φ-Werte erreicht werden.
Trivialerweise ist dies im Ursprung bei Vorhandensein mehrerer Nullstellen der Funktion f der Fall. Schreiben wir etwa die Kurve aus Fig.5.4 in Polarform

$$\boxed{r^3 = \sin\varphi \cdot (4 \cdot \sin^2\varphi - 3)}$$

so erkennen wir die oben bestimmten drei Tangentenwinkel $\tau_0 = 0$ und $\tau_0 = \pm \frac{2\pi}{3}$ als Nullstellen wieder.
Eine weitere Klasse von Mehrfachpunkten $P_0(\varphi_0;r_0)$ ergibt sich aus der Bestimmungsgleichung $f(\varphi_0) = f(\varphi_0 + z \cdot 2\pi)$ für φ_0 mit Formvariable $z \in \mathbb{Z}$. Und schließlich bleiben noch Mehrfachpunkte P_0, die eine Gleichung der Form $f(\varphi_0) = -f(\varphi_0 + (2z+1) \cdot \pi)$ erfüllen. Selbstverständlich reduziert sich das relevante φ-Intervall bei periodischer Funktion f.

Weitere Untersuchungsmethoden für Singularitäten gründen auf der als (4.27) hergeleiteten Formel

$$\tan\vartheta = \frac{f(\varphi_0)}{f'(\varphi_0)}$$

für den Winkel ϑ zwischen Fahrstrahl und Tangente. Da f eine Funktion ist, darf mit Besonderheiten gerechnet werden, wenn beide kollinear sind (vgl. senkrechte Tangente im kartesischen System).

Die Forderung $\vartheta = 0$ oder $\vartheta = \pm\pi$ führt über $\tan\vartheta = 0$ und (4.27) zunächst auf $f(\varphi_0) = 0 \wedge f'(\varphi_0) \neq 0$. Geometrisch ist es aber wenig sinnvoll, im Ursprung eine Richtung des Fahrstrahls zu postulieren. (4.27) liefert also nur den Verlauf der Kurve durch den Ursprung; dieser kann durchaus als Mehrfachpunkt singulären Charakter annehmen.

Nun kann $\tan\vartheta = 0$ auch durch $f(\varphi_0) \neq 0 \wedge f'(\varphi) \longrightarrow \pm\infty$ für $\varphi \longrightarrow \varphi_0$ erreicht werden. Dies bedeutet, daß f in φ_0 zwar definiert, aber nicht differenzierbar ist. Wir haben derartige Funktionen f zwar vorgängig ausgeschlossen, andererseits treten sie aber fast zwangsläufig auf.

So wurde etwa die Astroide in **1.3** als Hüllkurve einer Geradenschar entwickelt. Wir verschaffen uns jetzt die Polardarstellung der Astroide. Über $\tan\varphi = \frac{y}{x}$ und (1.3) erhalten wir zunächst $\tan\alpha = \tan^{-1/3}\varphi$, und daraus ergibt sich mittels gebräuchlicher Formeln $\tan 2\alpha = 2/(\tan^{1/3}\varphi - \tan^{-1/3}\varphi)$ sowie $\sin^2(2\alpha) = 4/(\tan^{1/3}\varphi + \tan^{-1/3}\varphi)^2$. Schließlich führt (1.10) zur Polargleichung

$$\boxed{r = c\cdot\frac{\sqrt{|\tan^{2/3}\varphi + \tan^{-2/3}\varphi - 1|}}{|\tan^{1/3}\varphi + \tan^{-1/3}\varphi|}}$$

Für $\varphi = 0$ und $\varphi = \frac{\pi}{2}$ ist demnach bereits eine Grenzwertbestimmung erforderlich, es muß stetig ergänzt werden. Bezüglich der ersten Ableitung im ersten Quadranten (dort können die Betragszeichen entfallen) erhalten wir nach einer längeren, aber elementaren Rechnung

$$\tan\vartheta = \frac{f(\varphi)}{f'(\varphi)} = \frac{1}{\tan^{1/3}\varphi - \tan^{-1/3}\varphi} .$$

Für $\varphi \to 0$ ergibt sich $\tan\vartheta \to 0$, also $\vartheta \to 0$, ebenso für $\varphi \to \frac{\pi}{2}$, ohne daß der Term an diesen Stellen definiert ist. Die Astroide ist also ein Beispiel dafür, wie Singularitäten im geometrischen Sinne bei Kurven in Polardarstellung (wie bei expliziter kartesischer Darstellung) an stetig behebbaren Definitions- und Differenzierbarkeitslücken der kurvenbeschreibenden Funktion f entstehen.

Probleme mit $\tan\vartheta$ gemäß (4.27) treten im Ursprung auf, wenn zugleich auch die Ableitung f′ verschwindet. Die Bedingung $f(\varphi_0) = 0 \wedge f'(\varphi_0) = 0$ geht in die zweite Erkennungshilfe aus **5.2.5** über, wenn wir die Kurve mit Hilfe von $x = f(\varphi)\cdot\cos\varphi$ und $y = f(\varphi)\cdot\sin\varphi$ durch den Polarwinkel φ parametrisieren. Als mögliche Typen singulärer Punkte kommen dann in Übertragung von Fig.5.8 nur Spitzen in Frage. Als Beispiel diene die Kardioide ((2.26) mit $\varepsilon = 1$).

5.3 BOGENLÄNGE

In der Ausgangssituation (s. **5.1**) interessieren wir uns jetzt für die Länge des von einem Pkw zwischen zwei Orten zurückgelegten Wegstücks. Dazu ziehen wir uns auf einfache Kurven zurück. Bei ihnen kann kein Punkt der Kurve mehrfach erreicht werden, es sei denn, Anfangs- und Endpunkt des betrachteten Kurvenstücks fielen zusammen, d.h. es wäre geschlossen.

Da die mathematische Modellierung des Problems wohlbekannt ist, begnügen wir uns mit einem Überblick. Für Beweise und Details verweisen wir auf Fichtenholz 1964, Bd 1.

5.3.1 Der Durchlaufsinn einer Kurve

Wenn wir von Anfangs-, End- und Mehrfachpunkten sprechen, haben wir bereits die Vorstellung, daß die Kurvenpunkte in einer gewissen Reihenfolge durchlaufen werden, und vernachlässigen den Charakter der Kurve als Punktmenge. Mathematisch läßt sich dies am besten bei einer in Parameterform gegebenen Kurve präzisieren. Sind die Kurvenpunkte P(x;y) mittels zweier stetiger Koordinatenfunktionen f_1 und f_2 durch $t \in [t_A;t_B]$ parametrisiert, so definiert die Sequenz der Kurvenpunkte, wenn t von t_A bis t_B wächst, den positiven Durchlaufsinn auf der Kurve. Entsprechend heißen die Punkte $A(f_1(t_A);f_2(t_A))$ und $B(f_1(t_B);f_2(t_B))$ Anfangs- bzw. Endpunkt des betrachteten Kurvenstücks. Analog erhält man den negativen Durchlaufsinn beim Durchlaufen der Kurve mit fallendem Parameter.

Der Durchlaufsinn des Kurvenstücks "zwischen" A und B ist insofern unabhängig von der Parameterdarstellung, als er bei einer Beschreibung der Kurve mittels zweier anderer stetiger Koordinatenfunktionen g_1 und g_2 über einem Parameterintervall $[s_A;s_B]$ erhalten bleibt, wenn $f_i(t_A) = g_i(s_A)$ und $f_i(t_B) = g_i(s_B)$ zusätzlich gilt, d.h. Anfangs- und Endpunkt nicht verändert werden.

Bei einer geschlossenen Kurve kann man den Durchlaufsinn mit Hilfe zweier von A verschiedener Kurvenpunkte A′ und B′ festlegen und spricht, falls der Parameter zu A′ kleiner ist als der zu B′, vom einem positiven Durchlaufsinn der Kurve von A über A′ und B′ nach A.

5.3.2 Rektifizierbarkeit

Erinnern wir uns an die bereits eingangs erhobene Forderung, daß die Länge eines Kurvenstücks nicht von der gewählten Darstellung abhängen soll. Für geradlinige Kurvenstücke oder Polygonzüge kommt man mit der üblichen Längendefinition, d.h. durch direkten Vergleich mit der Einheitsstrecke aus. Ist die Kurve nun krummlinig und kann ein Richtungssinn definiert werden, so wählen wir in der durch den positiven Durchlaufsinn vorgegebenen Reihenfolge auf dem Kurvenstück von A nach B endlich viele Kurvenpunkte $A = P_0, P_1, \dots ,P_n = B$ und betrachten die Länge des Streckenzuges $\overline{P_0 \dots P_n}$.

Unter der Bogenlänge des Kurvenstücks zwischen den Punkten A und B versteht man das Supremum s aller solcher Streckenzüge. Wenn es existiert, heißt das Kurvenstück rektifizierbar.

Fig.5.9 verdeutlicht diese Begriffsbildung und bereitet die explizite Bestimmung von s vor.

Daß die Bogenlänge von der Kurvendarstellung unabhängig ist, folgt unmittelbar aus der Definition. Sie ist also eine natürliche Eigenschaft. Sinnvollerweise ist das lineare Maß "Bogenlänge" auch additiv.

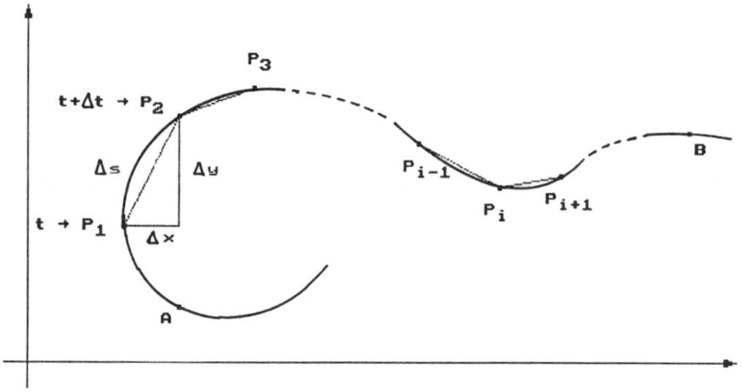

Figur 5.9

So naheliegend diese Definition ist, so schwierig kann im konkreten Falle der Nachweis der Rektifizierbarkeit einer Kurve bzw. die Bestimmung der Bogenlänge sein. Eine hinreichende und leicht zu überprüfende Bedingung für Rektifizierbarkeit ist jedoch die stetige Differenzierbarkeit der beiden Koordinatenfunktionen f_1 und f_2. Auf sie ziehen wir uns zurück.

5.3.3 Bogenlängenbestimmung

Wie bei der Definition orientieren wir auch hierbei zunächst an der geometrischen Situation aus Fig.5.9. Das Kurvenstück zwischen zwei Kurvenpunkten zu den Parameterwerten t und t+Δt habe die (positive) Länge Δs. Der Satz von PYTHAGORAS (580?-500? v.Chr.) liefert $(\Delta s)^2 \approx (\Delta x)^2+(\Delta y)^2$, und für die Differentiale erhalten wir die Gleichheit

$$ds^2 = dx^2 + dy^2 \tag{5.10}$$

Durchläuft man die Kurve in positiver Richtung, so ist dt und damit $\frac{ds}{dt}$ positiv und es gilt

$$\frac{ds}{dt} = \sqrt{\left(\frac{dx}{dt}\right)^2 + \left(\frac{dy}{dt}\right)^2} = \sqrt{f_1'(t)^2 + f_2'(t)^2} \tag{5.11}$$

Bei einem Durchlauf in negativer Richtung wäre vor die Wurzel ein Minuszeichen zu setzen. Üblicherweise verzichtet man aber auf eine solche Unterscheidung und nimmt damit auch negative Werte für die Bogenlänge s in Kauf, die entsprechend interpretiert werden. Dies kommt insbesondere dann vor, wenn man mehrere Bogenlängenbestimmungen an derselben Kurve stets auf denselben Anfangspunkt A mit einem Parameter t_A im Inneren des zulässigen Parameterbereichs bezieht, aber Endpunkte zu beiden Seiten von A hat.

Im folgenden übertragen wir die Beziehung (5.11) auf die anderen Darstellungen für Kurven, soweit sie vom Funktionstyp sind und daher Existenz und Eindeutigkeit des verbindenden Kurvenstücks gewährleisten.

Ist die Kurve in der Form y = f(x) gegeben, identifizieren wir x mit dem Kurvenparameter und erhalten

$$\frac{ds}{dx} = \sqrt{1 + f'(x)^2} \tag{5.12}$$

Bei Polardarstellung $r = f(\varphi)$ resultiert aus (4.25)

$$\left(\frac{dx}{d\varphi}\right)^2 + \left(\frac{dy}{d\varphi}\right)^2 = \left(\frac{df}{d\varphi}\right)^2 + f(\varphi)^2 \quad \text{und somit}$$

$$\frac{ds}{d\varphi} = \sqrt{f'(\varphi)^2 + f(\varphi)^2} \tag{5.13}$$

Die Formeln (5.12) und (5.13) zeigen, daß die Rektifikation einer Kurve auf ein Integral führt, dessen Integrand eine Wurzel aus der Summe zweier Quadratterme ist. Formal ist das Bogenlängenproblem damit stets auf die gleiche Weise gelöst (weswegen wir uns nachstehend mit *einem* Beispiel begnügen). Eine exakte Bestimmung der Bogenlänge mittels einer Stammfunktion des Integranden ist in der Regel nicht einfach bzw. muß bisweilen sogar ausgeschlossen werden (z.B bei Ellipsen). Numerisch kommt man allerdings stets ans Ziel (s. Aufg. 5.8.34).

Wir geben jetzt an Hand der gespitzten Trochoiden (Epi- und Hypozykloiden) aus Kapitel 3 einen Einblick in die mit einer konkreten Berechnung verbundenen Schwierigkeiten. Die Parameterdarstellung dieser Kurven ist von der Form (3.16). Für Hypozykloiden ist $m < 0$ und der Rollkreisradius $r = -b$ negativ. Für Epizykloiden ist $m > 0$ und der Rollkreisradius $r = b$ positiv.

In beiden Fällen ist $a = m\cdot r$, und der Rastkreisradius R erfüllt die Beziehung $R = (m-1)\cdot r$. Die Koordinatengleichungen (3.16) lassen sich somit umschreiben zu $f_1(\alpha) = m\cdot r\cdot\cos\alpha \mp r\cdot\cos(\alpha m)$ und $f_2(\alpha) = m\cdot r\cdot\sin\alpha \mp r\cdot\sin(\alpha m)$. Daraus ergibt sich

$$dx^2 = m^2\cdot r^2\cdot(\sin^2\alpha \mp 2\cdot\sin\alpha\cdot\sin(\alpha m) + \sin^2(\alpha m))\cdot d\alpha^2$$

$$dy^2 = m^2\cdot r^2\cdot(\cos^2\alpha \mp 2\cdot\cos\alpha\cdot\cos(\alpha m) + \cos^2(\alpha m))\cdot d\alpha^2$$

und mit (5.10) schließlich

$$ds^2 = 2m^2\cdot r^2\cdot(1 \mp (\sin\alpha\cdot\sin(\alpha m) + \cos\alpha\cdot\cos(\alpha m)))$$

$$= 2m^2\cdot r^2\cdot(1 \mp \cos(\alpha m-\alpha))\cdot d\alpha^2 .$$

Nun ist aber $\alpha m-\alpha = (m-1)\cdot\alpha = \gamma$ gerade der Winkel, um den sich der Rollkreis mit α weiterdreht. Die Winkelbereiche $\gamma \in [0;\pi]$ oder $\gamma \in [\pi;2\pi]$ entsprechen also den halben Trochoidenbogen zwischen zwei Spitzen.

Für die Länge s des bei *einer* Umdrehung des Rollkreises erzeugten Bogens bei einer Hypozykloide erhalten wir

$$s = 2\cdot\int_0^\pi \sqrt{2m^2\cdot r^2\cdot(1-\cos\gamma)}\cdot\frac{1}{m-1}\cdot d\gamma = \frac{4mr}{m-1}\cdot\int_0^\pi \sin\frac{\gamma}{2}\cdot d\gamma$$

$$= \frac{8mr}{m-1}\cdot\int_0^{\pi/2}\sin\delta\cdot d\delta = \frac{8mr}{m-1} = \frac{8mR}{(m-1)^2}$$

Die negativen Werte für die Bogenlänge $(m < 0 \wedge R > 0)$ rühren daher, daß die untersuchten Kurven mit wachsendem α, aber fallendem γ durchlaufen werden. Ein Indiz für die Richtigkeit dieser Formel ist übrigens ihre Invarianz gegenüber der Transformation (3.17).

Als konkretes Beispiel betrachten wir die Astroide (s. auch Aufg.1.6.5). Sie ergibt sich für $m = -3$ oder für $m = -\frac{1}{3}$. Ihr Umfang ist nach unserer Formel 6 mal so lang wie der Radius des Rastkreises (der bei beiden Erzeugungsarten derselbe ist).

Bei den Epizykloiden gehen wir ähnlich vor. Je nach Erzeugungsart $(0 < m < 1$ oder $m > 1)$ wird die Kurve jetzt mit fallendem oder wachsendem γ durchlaufen. Insofern treten in einer geschlossenen Formel Bogenlängen sowohl mit positiven als auch mit negativen Vorzeichen auf.

$$s = 2\cdot\int_{\pi}^{2\pi} \sqrt{2m^2\cdot r^2\cdot(1+\cos\gamma)}\cdot\frac{1}{m-1}\cdot d\gamma$$

$$= \frac{2mr}{m-1}\cdot\int_{0}^{\pi} \sqrt{2\cdot(1+\cos(\varepsilon+\pi))}\cdot d\varepsilon$$

$$= \frac{4mr}{m-1}\cdot\int_{0}^{\pi} \sin\frac{\varepsilon}{2}\cdot d\varepsilon = \frac{8mr}{m-1} = \frac{8mR}{(m-1)^2}$$

Für Hypo- und Epizykloiden erhalten wir also dieselbe Bogenlängenformel, was uns wegen der gemeinsamen Ausgangsgleichungen (3.16) allerdings auch nicht verwundern sollte.
Ein weiteres Beispiel, jetzt aus dem Bereich der Hypozykloiden: Der Umfang der Kardioide (m = 2) ist das 16-fache der Länge des Rastkreisradius.

5.4 KRÜMMUNG UND KRÜMMUNGSKREIS

Auch jetzt bleiben wir unserem Einstieg über das Autofahren treu. Ist die Straße gekrümmt, schlägt der Fahrer das Lenkrad je nach Ausmaß der Krümmung mehr oder weniger ein. Setzen wir naiverweise an, daß ein konstantes Krümmungsverhalten des Weges mit einem konstanten Einschlagen der Lenkung einhergeht, so ergeben sich Kreise als Kurven konstanter Krümmung. Je kleiner der Radius eines kreisförmigen Straßenstücks ist, desto stärker ist der erforderliche Einschlag bzw. die Krümmung. Es liegt demnach nahe, die Krümmung eines Kreises als antiproportional zu seinem Radius zu postulieren. Demzufolge strebt mit wachsendem Radius die Krümmung dem Wert 0 zu, was im Grenzfall zur Aussage führt, daß eine gerade Straße nicht gekrümmt ist bzw. das Krümmungsmaß 0 besitzt.
Nun bestehen die üblichen Straßen bzw. Kurven keineswegs nur aus kreisförmigen und geraden Abschnitten. Meist ändert sich die (naiv verstandene) Krümmung ständig und stetig. Um hier ein Krümmungsmaß zu erarbeiten, müssen wir unsere Vorstellungen geeignet präzisieren und erweitern.
Innerhalb der Mathematik hat sich wohl erstmals JAKOB BERNOULLI (1654-1705) mit der Krümmung von Kurven befaßt.

5.4.1 Kreis und Krümmung

Begriffe, in denen sich mathematische und alltägliche Erfahrungen wiederfinden, sollten diese Entsprechung nach Möglichkeit auch sprachlich widerspiegeln. Wir kennen dies z.B. vom Steigungsbegriff her. In Anlehnung an unsere obigen Ausführungen setzen wir fest:

Ein Kreis mit Radius a hat die Krümmung $\kappa = \frac{1}{a}$.

Hinsichtlich der Krümmung einer beliebigen Kurve wird man (wie beim Steigungsbegriff für Funktionsgraphen) nicht umhin können, zuerst lokal vorzugehen und von der Krümmung der Kurve in einem festen Punkt P_0 der Kurve zu sprechen. Dann bietet sich natürlich an, die Krümmung der Kurve im Punkt P_0 als Krümmung des Kreises zu definieren, der dem Kurvenverlauf in P_0 am nächsten kommt. Im folgenden geht es um die mathematische Erfassung und Beschreibung eines solchen Berührkreises.

Als Kurve *C* betrachten wir den Graph $y = g(x)$ einer zweimal stetig differenzierbaren Funktion g. Die Darstellung der Kurve als Funktionsgraph ist ja lokal keine wesentliche Einschränkung.

Unter dem Berührkreis oder Oskullationskreis der Kurve *C* im Punkt $P_0(x_0;y_0)$ verstehen wir den Grenzkreis der Folge derjenigen Kreise durch P_0 und zwei weitere Kurvenpunkte $P_1(x_1;y_1)$ und $P_2(x_2;y_2)$, die sich ergeben, wenn P_1 und P_2 von verschiedenen Seiten der Kurve gegen P_0 streben. Existenz- und Eindeutigkeitsuntersuchungen lassen wir dabei außer acht. In **5.4.3** werden wir auf einem anderen Weg zum gleichen Kreis gelangen. Fig.5.10 verdeutlicht das Zustandekommen von solchen Näherungskreisen. Hierbei sind mit $M(\xi_0;\eta_0)$ und a_0 zunächst Mittelpunkt und Radius des jeweiligen Näherungskreises bezeichnet.

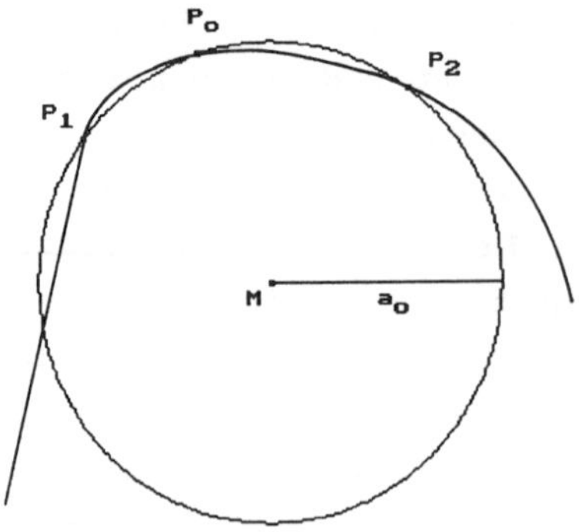

Figur 5.10

Diese Symbolik behalten wir im Grenzfall für Mittelpunkt und Radius des Berührkreises bei. Da die Punkte P_0, P_1 und P_2 sowohl auf dem Kreis als auch auf der Kurve liegen, hat die Hilfsfunktion h mit $h(x) := (x-\xi_0)^2 + (g(x)-\eta_0)^2 - a_0^2$ Nullstellen für x_0, x_1 und x_2.
Da h stetig differenzierbar ist, gibt es nach dem Mittelwertsatz der Differentialrechnung zwei Stellen $\overline{x_1}$ und $\overline{x_2}$ zwischen x_1 und x_0 bzw. zwischen x_0 und x_2, in denen die erste Ableitung h' von h verschwindet. Mit gleicher Argumentation sichern wir die Existenz einer Stelle $\overline{x_0}$ zwischen $\overline{x_1}$ und $\overline{x_2}$, in der die zweite Ableitung h" von h den Wert 0 annimmt. Streben nun x_1 und x_2 gegen x_0, so auch $\overline{x_1}$ und $\overline{x_2}$ und damit auch $\overline{x_0}$. Die Stetigkeit von h' und h" erweitert so die ursprüngliche Bedingung $h(x_0) = 0$ um die Beziehungen $h'(x_0) = 0$ und $h''(x_0) = 0$. Im Falle $g''(x_0) \neq 0$ bzw. für $y''(x_0) \neq 0$ führt das resultierende Gleichungssystem mit den Lösungsvariablen ξ und η auf

$$\left.\begin{aligned} \xi_0 &= x_0 - y'(x_0)\cdot\frac{1 + y'(x_0)^2}{y''(x_0)} \\ \eta_0 &= y_0 + \frac{1 + y'(x_0)^2}{y''(x_0)} \end{aligned}\right\} \tag{5.14}$$

Den Radius a_0 des Berührkreises berechnen wir über den Satz von PYTHAGORAS:

$$a_0 = \sqrt{(x_0-\xi_0)^2 + (y_0-\eta_0)^2} = \sqrt{\frac{(1 + y'(x_0)^2)^3}{y''(x_0)^2}}$$

Als Maß für die <u>Krümmung</u> eignet sich dann der unter Einbeziehung des Vorzeichens von $y''(x\ )$ gebildete Kehrwert κ

$$\kappa_0 = \frac{y''(x_0)}{(1 + y'(x_0)^2)^{3/2}} \tag{5.15}$$

Ein negativer Wert $y''(x_0)$ bzw. κ_0 bedeutet, daß die erste Ableitung $y'(x)$ an der Stelle x_0 streng monoton fällt, also die Steigung der Kurve mit wachsenden x-Werten geringer wird. Durchlaufen wir so die Kurve, so erscheint sie uns <u>rechtsgekrümmt</u>. Entsprechend gelangen wir bei positiven Werten $y''(x_0)$ zu einer lokal <u>linksgekrümmten</u> Kurve.

Falls $y''(x_0)$ betragsmäßig sehr kleine Werte annimmt, wird der Berührradius sehr groß. Die Kurve verläuft dann in P_0 annähernd geradlinig. Bei $y''(x_0) = 0$ deutet sich nach unseren eben angestellten Betrachtungen ein Krümmungswechsel zwischen einem links- und einem rechtsgekrümmten Kurvenstück an. Darauf gehen wir in **5.4.4** näher ein.

Für den Berührkreis und seinen Mittelpunkt verwenden wir auch die Bezeichnungen Krümmungskreis und Krümmungsmittelpunkt. Den vorzeichenbehafteten Kehrwert der Krümmung κ_0 nennen wir Krümmungsradius und benutzen hierfür das Symbol ρ_0.

$$\rho_0 := \frac{1}{\kappa_0} \tag{5.16}$$

Die Formeln (5.15) und (5.16) stehen, soweit es den Betrag betrifft, im Einklang mit unseren intuitiven Vorstellungen. Für den nach oben gewölbten Halbkreis mit Radius a, dargestellt über den Funktiongraph $y = \sqrt{a^2-x^2}$, liefert (5.15) den konstanten Wert $\kappa_0 = -\frac{1}{a}$.

Vergleichen wir jetzt den Krümmungsmittelpunkt $M(\xi_0;\eta_0)$ gemäß (5.14) mit dem durch (4.42) gegebenen Punkt $M(\xi_0;\eta_0)$ der Kurvennormale, so finden wir Übereinstimmung, wenn wir den dortigen Lotfußpunkt $L(x_0;y_0)$ mit dem jetzigen Ausgangspunkt P_0 identifizieren. Demnach gilt:

Der Mittelpunkt des Krümmungskreises eines Kurvenpunktes liegt auf der Normale der Kurve in diesem Punkt.

Wir nutzen noch die in **4.5.3** hergeleitete Extremaleigenschaft von $M(\xi_0;\eta_0)$ aus und erkennen: In der Regel durchsetzt der Krümmungskreis wie in Fig.5.11 die Kurve im Berührpunkt P_0, d.h. wenn er in seinem Verlauf die Normale überschreitet, wechselt er auch die Kurvenseite (für Ausnahmen s. **5.4.4**).

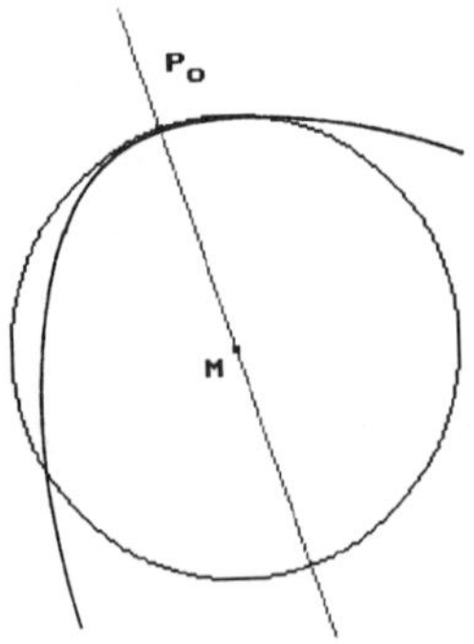

Figur 5.11

5.4.2 Die Krümmungsformel bei verschiedenen Darstellungen

Die Formeln (5.14) und (5.15) sind recht einfach auf die anderen Darstellungsarten übertragbar. Die notwendige Vorarbeit haben wir bereits in Kapitel **4** geleistet. Setzen wir bei Parameterdarstellung die Terme (4.22) und (4.50) für die erste und zweite Ableitung der kurvenbestimmenden Funktion g an einer Stelle x_0 in (5.15) ein, so ergibt sich nach einigen Vereinfachungen

$$\left.\begin{aligned} \xi_0 &= f_1(t_0) - f_2'(t_0)\cdot\frac{f_1'(t_0)^2+f_2'(t_0)^2}{f_1'(t_0)\cdot f_2''(t_0)-f_1''(t_0)\cdot f_2'(t_0)} \\ \eta_0 &= f_2(t_0) + f_1'(t_0)\cdot\frac{f_1'(t_0)^2+f_2'(t_0)^2}{f_1'(t_0)\cdot f_2''(t_0)-f_1''(t_0)\cdot f_2'(t_0)} \end{aligned}\right\} \qquad (5.17)$$

$$\kappa_0 = \frac{f_1'(t_0)\cdot f_2''(t_0) - f_1''(t_0)\cdot f_2'(t_0)}{\left(f_1'(t_0)^2 + f_2'(t_0)^2\right)^{3/2}} \qquad (5.18)$$

Als Beispiel nehmen wir die gemeine Zykloide in der Darstellung $f_1(\beta) = r\cdot(\beta - \sin\beta) \quad\wedge\quad f_2(\beta) = r\cdot(1 - \cos\beta)$. Nach einigen trigonometrischen Umformungen folgt aus (5.17) unter Verwendung von $1 - \cos\beta = 2\cdot\sin^2(\frac{\beta}{2})$ für die Koordinaten des Krümmungsmittelpunkts $M(\xi_0;\eta_0)$ zum Zykloidenpunkt $P_0(f_1(\beta_0);f_2(\beta_0))$

$$\xi_0 = r\cdot(\beta_0 + \sin\beta_0) \quad \text{und} \quad \eta_0 = r\cdot(\cos\beta_0 - 1)$$

Der als Kehrwert der Krümmung κ_0 definierte Krümmungsradius ist $\rho_0 = -4\cdot\sin\frac{\beta}{2}$. Der Mittelpunkt der Strecke P_0M liegt gerade im Kontaktpunkt $C(r\cdot\beta_0;0)$ von abrollendem Kreis und Unterlage, dem sogenannten <u>momentanen</u> <u>Drehpunkt</u>. Die x-Achse halbiert also die Krümmungsradien. Mehr noch: Die Normale der gemeinen Zykloide in einem Punkt P_0 geht durch den momentanen Drehpunkt des abrollenden Kreises. Diese Bestimmungsmöglichkeit für die Lage der Normale greift, wie wir in Kapitel **7** erläutern, sogar bei beliebigen Rollkurven, insbesondere also auch bei allen Trochoiden.

Wir kommen nun zur Krümmungsbeschreibung bei Kurven in Polardarstellung $r = f(\varphi)$. Dabei greifen wir auf die in Kapitel **4** bereitgestellten Ableitungsterme (4.26) oder (4.49) zurück, um damit $y'(x_0)$ bzw. $y''(x_0)$ in (5.14) und (5.15) zu ersetzen. So erhalten wir die als (5.19) und (5.20) aufgeführten Formeln.

$$\left.\begin{aligned} \xi_0 &= f(\varphi_0)\cdot\cos\varphi_0 - (f(\varphi_0)^2+f'(\varphi_0)^2)\cdot\frac{f(\varphi_0)\cdot\cos\varphi_0+f'(\varphi_0)\cdot\sin\varphi_0}{f(\varphi_0)^2+2\cdot f'(\varphi_0)^2-f(\varphi_0)\cdot f''(\varphi_0)} \\ \eta_0 &= f(\varphi_0)\cdot\sin\varphi_0 + (f(\varphi_0)^2+f'(\varphi_0)^2)\cdot\frac{-f(\varphi_0)\cdot\sin\varphi_0+f'(\varphi_0)\cdot\cos\varphi_0}{f(\varphi_0)^2+2\cdot f'(\varphi_0)^2-f(\varphi_0)\cdot f''(\varphi_0)} \end{aligned}\right\} \quad (5.19)$$

$$\kappa_0 = \frac{f(\varphi_0)^2 + 2\cdot f'(\varphi_0)^2 - f(\varphi_0)\cdot f''(\varphi_0)}{(f(\varphi_0)^2 + f'(\varphi_0)^2)^{3/2}} \quad (5.20)$$

Für einen Ursprungskreis mit Radius a hat $f(\varphi)$ den konstanten Wert a oder -a und der Krümmungswert gemäß (5.20) ist $\frac{1}{a}$.
Als nichttriviales Beispiel wählen wir die Rosette (1.12) und fragen nach dem Krümmungsradius im Scheitel eines Blattes. Es ist dort $\varphi_0 = \frac{\pi}{4}$, also $f(\varphi_0) = \frac{c}{2}$, $f'(\varphi_0) = 0$ und $f''(\varphi_0) = -2c$. Wir erhalten $\kappa_0 = \frac{10}{c}$ und $\rho_0 = \frac{c}{10}$. Betrachten wir noch das Krümmungsverhalten der Rosette bei einem Durchgang durch den Ursprung. Es sei dazu $\varphi_0 = \frac{\pi}{2}$, also $f(\varphi_0) = 0$, $f'(\varphi_0) = -c$ und $f''(\varphi_0) = 0$. Der Kehrwert von κ_0 ist dann $\rho_0 = \frac{c}{2}$. Der Krümmungskreis der Rosette bei einem Durchgang durch den Ursprung hat demnach denselben Radius wie ihr Umkreis. -
Mit gleichem Vorgehen wie bisher erfassen wir das Krümmungsverhalten von Kurven in impliziter Darstellung $F(x;y) = 0$.

$$\left.\begin{aligned} \xi_0 &= x_0 - \frac{(F_x^2 + F_y^2)\cdot F_x}{F_{xx}\cdot F_y^2 - 2\cdot F_{xy}\cdot F_x\cdot F_y + F_{yy}\cdot F_x^2} \\ \eta_0 &= y_0 - \frac{(F_x^2 + F_y^2)\cdot F_y}{F_{xx}\cdot F_y^2 - 2\cdot F_{xy}\cdot F_x\cdot F_y + F_{yy}\cdot F_x^2} \end{aligned}\right\} \quad (5.21)$$

$$\kappa_0 = - \frac{F_{xx}\cdot F_y^2 - 2\cdot F_{xy}\cdot F_x\cdot F_y + F_{yy}\cdot F_x^2}{(F_x^2 + F_y^2)^{3/2}} \tag{5.22}$$

Für den Kreis $x^2 + y^2 = a^2$ prüfe der Leser selbst die Handhabbarkeit von (5.22).

Als weiteres Beispiel diene $F(x;y) \equiv x^{\frac{2}{3}} + y^{\frac{2}{3}} - c^{\frac{2}{3}} = 0$, also die Astroide in der Darstellung (1.4). Die partiellen Ableitungen für (5.22) sind einfach zu bilden, und wir erhalten

$$\kappa(x;y) = \frac{\frac{2}{9}\cdot x^{-\frac{4}{3}}\cdot\frac{4}{9}\cdot y^{-\frac{2}{3}} + \frac{2}{9}\cdot y^{-\frac{4}{3}}\cdot\frac{4}{9}\cdot x^{-\frac{2}{3}}}{(\frac{4}{9}\cdot x^{-\frac{2}{3}} + \frac{4}{9}\cdot y^{-\frac{2}{3}})^{3/2}} = \frac{\frac{8}{81}\cdot x^{-\frac{4}{3}}\cdot y^{-\frac{4}{3}}\cdot c^{\frac{2}{3}}}{\frac{8}{27}\cdot(x^{-\frac{2}{3}}\cdot y^{-\frac{2}{3}}\cdot c^{\frac{2}{3}})^{3/2}}$$

$$= (27\cdot c\cdot x\cdot y)^{-\frac{1}{3}}$$

Zum Astroidenpunkt $P_0(c\cdot 2^{-\frac{3}{2}};c\cdot 2^{-\frac{3}{2}})$ auf der ersten Winkelhalbierenden gehört demnach die Krümmung $\kappa_0 = \frac{2}{3c}$.

Abschließend sei noch vermerkt, daß die Krümmungsformeln in singulären Punkten versagen. Schon die Krümmungsdefinition muß scheitern, wie man auch anschaulich nachvollziehen kann. Bei isolierten Punkten gibt es kein Krümmungsverhalten, bei Knoten gelangt man erst nach Rückzug auf bestimmte Kurvenzweige zu eindeutigen Aussagen, in Spitzen benötigt man zusätzlich noch einseitige Grenzwertbetrachtungen.

5.4.3 Zur Krümmungsdefinition

Wir haben die Krümmung einer Kurve als natürliche Eigenschaft in die Diskussion gebracht, sind bei ihrer Beschreibung mittels der Berührkreise aber sehr schnell auf nicht unmittelbar kurvenimmanente Objekte ausgewichen. Die Darstellungsunabhängigkeit der Krümmungswerte wurde durch Übertragung der Krümmungsformel (5.15) auf andere Darstellungen gleichsam definiert. Ist vielleicht ein anderer Kreis als der von uns gewählte Berührkreis oder gar ein anderes Krümmungsmaß geeigneter?

Wir nehmen jetzt als krümmungsbeschreibende Größe den Quotienten $\frac{\Delta\tau}{\Delta s}$ aus dem Winkel $\Delta\tau$, um den sich die Kurventangente beim Durchlaufen der Kurve dreht, und der Bogenlänge Δs des dabei zurückgelegten Kurvenstücks. Die Krümmung κ_0 in einem Kurvenpunkt P_0 ergibt sich dann als Differentialquotient

$$\kappa_0 = \lim_{P \to P_0} \frac{\Delta\tau}{\Delta s} = \frac{d\tau}{ds} \tag{5.23}$$

Dabei richtet sich die Erfassung des Grenzprozesses $P \longrightarrow P_0$ in rechentechnischer Hinsicht an der Kurvendarstellung aus, ist jedoch durch den Rückzug auf kurvenimmanente Bestimmungsstücke darstellungsunabhängig.

Für einen Kreis mit Radius a erhalten wir gemäß Fig.5.12 die Beziehung $\Delta s = a \cdot \Delta\tau$. Die Krümmung im Sinne von (5.23) hat also in Übereinstimmung mit unseren bisherigen Betrachtungen den konstanten Wert $\frac{1}{a}$.

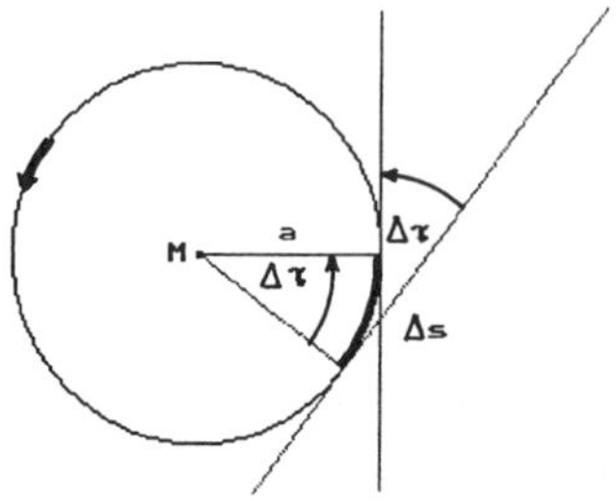

Figur 5.12

Wir prüfen (5.23) noch auf Verträglichkeit mit (5.15). Bei expliziter kartesischer Darstellung ist $\tau = \arctan y'$ und damit $\frac{d\tau}{dx} = \frac{y''}{1 + y'^2}$. Weiter ist nach (5.12) $\frac{ds}{dx} = \sqrt{1 + y'^2}$, und der Quotient dieser beiden Differentialquotienten führt in der Tat zu (5.15).

Die Genese von (5.23) erfordert keinen Kreis. Man definiert hier den <u>Krümmungskreis</u> nachgängig als Kreis, der in P_0 die Kurve berührt, d.h. dieselbe Tangente hat, dieselbe Krümmung wie die Kurve aufweist und in P_0 in gleicher Weise wie die Kurve konvex bzw. konkav erscheint. Auch diese Begriffsbildung gelangt zu dem in **5.4.1** eingeführten Berührkreis.

Der <u>Krümmungsmittelpunkt</u> kann geometrisch auch noch <u>als Grenzlage des Schnittpunktes der Normalen</u> in zwei benachbarten Kurvenpunkten charakterisiert werden. Hierzu läßt sich am besten auf der Grundlage einer Parameterdarstellung argumentieren.

Gemäß (4.24) sind die Punkte $N(\xi;\eta)$ der Normalen in einem Kurvenpunkt $P_0(f_1(t_0);f_2(t_0))$ durch die Gleichung

$$(\xi-f_1(t_0))\cdot f_1'(t_0) + (\eta-f_2(t_0))\cdot f_2'(t_0) = 0$$

gegeben. Gehen wir zu einem durch $t_0 + \Delta t$ bestimmten Nachbarpunkt P über, so erhalten wir für dessen Normale eine analoge Gleichung. Allgemein ist die Lage von Normalenpunkten durch die Nullstellen der Hilfsfunktion

$$h(\xi,\eta,t) := (\xi - f_1(t))\cdot f_1'(t) + (\eta - f_2(t))\cdot f_2'(t)$$

festgelegt. Die Grenzlage des Schnittpunktes $M(\xi_0;\eta_0)$ der beiden Normalen für $\Delta t \longrightarrow 0$ ist umfassend beschrieben durch

$$h(\xi_0,\eta_0,t_0) = 0 \quad \wedge \quad \frac{dh(\xi_0,\eta_0,t)}{dt}(t_0) = 0$$

bzw. durch

$$(\xi_0-f_1(t_0))\cdot f_1'(t_0) + (\eta_0-f_2(t_0))\cdot f_2'(t_0) = 0$$

$$\wedge \quad (\xi_0-f_1(t_0))\cdot f_1''(t_0) + (\eta_0-f_2(t_0))\cdot f_2''(t_0) = f_1'(t_0)^2 + f_2'(t_0)^2.$$

Dieses Gleichungssystem führt ebenfalls auf die Formeln (5.17) für ξ_0 und η_0.

5.4.4 Wendepunkte und Scheitelpunkte

Im Anschluß an (5.15) haben wir uns mit der geometrischen Interpretation des Vorzeichens der Krümmungswerte κ_0 bei expliziter kartesischer Kurvendarstellung befaßt. Offen ist noch die geometrische Auslegung vorzeichenbehafteter Krümmungsradien ρ_0.

Dazu wird der interessierende Kurvenpunkt P_0 mit einem begleitenden kartesischen Rechtssystem aus Tangente und Normale versehen. Die positive Richtung der Tangente entspricht dabei dem in **5.3.1** eingeführten positiven Durchlaufsinn auf der Kurve. Die positive Richtung der Normalen entsteht aus der positiven Tangentenrichtung durch eine Drehung um $\frac{\pi}{2}$ gegen den Uhrzeigersinn. Unsere Krümmungsformeln für die jeweiligen Darstellungsarten liefern das Vorzeichen des Krümmungsradius so, daß es mit dem der Ordinate des Krümmungsmittelpunktes im begleitenden Rechtssystem übereinstimmt.

Durchlaufen wir nun die Kurve bzw. einen Teil von ihr in positivem Sinn, so wächst die auf den Ausgangspunkt bezogene Bogenlänge s stets an. Das Bogenelement ds in (5.23) ist also positiv. Bei negativer Krümmung κ_0 liefert (5.23) dann ein negatives $d\tau$, also eine infinitesimale Rechtsdrehung der Kurventangente und somit einen in P_0 rechtsgekrümmten Kurvenverlauf. Analog ergibt sich aus einem positiven Krümmungswert eine Linkskrümmung der Kurve.

Bei Polardarstellung betrachtet man die Kurve vom Polarzentrum aus. Gemäß unseren Überlegungen ist eine positive Krümmung äquivalent zu einem konkaven Erscheinungsbild der Kurve, bei negativer Krümmung weist die Kurve vom Polarzentrum aus gesehen eine konvexe Form auf.

Unter einem Wendepunkt einer Kurve versteht man nun einen Punkt P_0 der Kurve, bei dessen Durchlaufen die Krümmungsart der Kurve wechselt. Existiert in einem Wendepunkt die Kurventangente - man nennt sie dann Wendetangente - , so durchsetzen dort Kurve und Tangente einander. Umgekehrt darf man von einem gegenseitigen Durchsetzen nicht auf das Vorliegen eines Wendepunktes schließen, wie man sich an den Spitzen der Astroide oder am Knoten des kartesischen Blattes leicht klar machen kann.

Gehen wir von der Vorstellung aus, daß sich die Krümmung einer Kurve stetig ändert, ergeben sich als Kandidaten für Wendepunkte selbstverständlich die Kurvenpunkte mit Krümmungswert 0. Die Bedingung $g''(x_0) = 0$ bzw. das Verschwinden der Zähler in den Krümmungsformeln ist jedoch nur notwendig, aber keineswegs hinreichend. Wesentlich ist vielmehr, daß g'' in x_0 bzw. die Zähler unserer Krümmungsformeln in P_0 das Vorzeichen ändern. Eine Gerade etwa besitzt keinen Wendepunkt.

Soweit höhere Ableitungen existieren, können wir in bekannter Weise argumentieren:

> Nimmt die zweite Ableitung an einer Stelle x_0 den Wert 0 an, und ist die erste höhere Ableitung, die in x_0 nicht verschwindet, von ungerader Ordnung, dann liegt ein Wendepunkt vor; ist diese Ableitung von gerader Ordnung, dann liegt kein Wendepunkt vor.

Bezüglich der Voraussetzungen ist hier besondere Vorsicht geboten. Setzen wir beispielsweise eine "S-Kurve" aus zwei Halbkreisen mit Radius a zusammen, so gehen beide Teile glatt ineinander über, und an der Nahtstelle liegt ein Wendepunkt vor. Der Krümmungswert wechselt aber unstetig von $-\frac{1}{a}$ nach $+\frac{1}{a}$ oder umgekehrt.

Als nichttriviales Beispiel untersuchen wir die in Polardarstellung gegebene Kurve aus Fig.4.22. Wir setzen $f(\varphi) = \frac{k\cdot\varphi}{\varphi-1}$, $f'(\varphi) = \frac{-k}{(\varphi-1)^2}$ und $f''(\varphi) = \frac{2k}{(\varphi-1)^3}$ in (5.20) ein und erhalten als vorzeichenbestimmenden Zählerterm $(\varphi-1)\cdot(\varphi^3-\varphi^2-1)$. Demnach ändert die Kurve beim Überspringen der Definitionslücke $\varphi_0 = 1$ bzw. beim Wechsel der Asymptotenseite ihr Krümmungsverhalten. Der zweite Faktor des Zählerterms hat an der Stelle $\varphi_1 \approx 1{,}6956$ seine einzige reelle Nullstelle, und zwar mit Vorzeichenwechsel. Der entsprechende Kurvenpunkt ist also der einzige Wendepunkt (singuläre Punkte sind keine vorhanden).

Welches Verhalten zeigt eine Kurve in einem Punkt P_0 mit $g''(x_0) = 0$, der kein Wendepunkt ist? Bei expliziter Kurvendarstellung $y = g(x)$ tritt dies z.B. an Stellen x_0 mit $g''(x_0) = 0 \wedge g'''(x_0) = 0 \wedge g''''(x_0) \neq 0$ auf. Um den Einfluß der dritten Ableitung auf das Krümmungsverhalten zu beleuchten, leiten wir die Krümmung gemäß (5.15) ab und erhalten

$$\frac{d\kappa}{dx}(x_0) = \frac{y'''(x_0)\cdot(1+y'(x_0)^2) - 3\cdot y'(x_0)\cdot y''(x_0)^2}{(1+y'(x_0)^2)^{5/2}}$$

In unserer Situation verschwindet die erste Ableitung der Krümmung an der Stelle x_0. Falls die zweite Ableitung der Krümmung dort von 0 verschieden ist, nimmt die Krümmung selbst im zugehörigen Kurvenpunkt einen (lokalen) Extremwert an.

Wir haben hier einen Sonderfall für einen Kurvenpunkt mit lokal extremaler Krümmung kennengelernt. Ein solcher Kurvenpunkt wird Scheitelpunkt genannt. Setzen wir entsprechende Differenzierbarkeitseigenschaften voraus, erhalten wir als notwendige Bedingung für das Auftreten eines Scheitelpunktes

$$y'''(x_0)\cdot(1+y'(x_0)^2) - 3\cdot y'(x_0)\cdot y''(x_0)^2 = 0 \qquad (5.24)$$

In einem Scheitelpunkt berühren Kurve und Krümmungskreis ein-

ander in mindestens dritter Ordnung (s. Scheffers 1958). Krümmungskreis und Kurve durchsetzen hier einander nicht.
"Scheitel" sind von den Kegelschnitten her bekannt. In der Tat ist die dortige Begriffsbildung (Schnittpunkte mit einer Symmetrieachse) mit der unsrigen verträglich. Bei einer achsensymmetrischen Kurve sind nämlich die gemeinsamen Punkte mit der Symmetrieachse Scheitelpunkte in unserem Sinne, sofern die Krümmungen in deren Umgebung stetig definiert und nicht konstant sind. Denn entweder nimmt die Krümmung nach beiden Seiten hin zu oder nach beiden hin ab.
Bei der Rosette in Fig.1.13 und der Astroide in Fig.1.7 sind die Schnittpunkte mit den beiden Winkelhalbierenden des Koordinatensystems Scheitelpunkte. Beide Kurven besitzen übrigens keinen Wendepunkt.
Suchen wir jetzt noch am Graph der Exponentialfunktion als einer in diesem Zusammenhang eher unscheinbaren Kurve nach einem Scheitelpunkt. Die Bedingung (5.24) führt auf die Bestimmungsgleichung $\exp(x_0)\cdot(1 + \exp(2x_0) - 3\cdot\exp(x_0)\cdot\exp(2x_0)) = 0$ mit der einzigen Lösung $-\ln\sqrt{2}$. Die erste Ableitung $\frac{d\kappa}{dx}$ der Krümmung wechselt bei $-\ln\sqrt{2}$ das Vorzeichen von Plus nach Minus. Die Krümmung der Kurve nimmt demnach im Punkt $P_0(-\ln\sqrt{2};1/\sqrt{2})$ einen Maximalwert an.

5.5 NATÜRLICHE GLEICHUNG

Natürliche Eigenschaften einer Kurve haben wir bisher weitgehend auf geometrischer Grundlage offengelegt und anschließend mit analytischen Hilfsmitteln beschrieben. An einigen Stellen sicherten wir unsere Erkenntnisse noch durch gesonderte Überlegungen zur Parameter- und Bewegungsinvarianz. Die resultierenden Formeln paßten sich den jeweiligen Darstellungsarten der Kurve an, ließen die Kurvendarstellung selbst aber unangetastet.
Im folgenden führen wir die Beschreibung der Kurve von vornherein mit natürlichen Bestimmungsstücken durch. Die daraus erwachsenden Beziehungen zwischen den kurvenbeschreibenden Größen sind trivialerweise natürliche Eigenschaften der Kurve.

5.5.1 Die Bogenlänge als Kurvenparameter

Die Grundidee zu einer natürlichen Kurvencharakterisierung ist schon bei der Festlegung (5.23), als die Kurve mit wachsender Bogenlänge durchlaufen wurde, angeklungen. Es liegt durchaus nahe, zur Beschreibung natürlicher Eigenschaften einer Kurve die natürliche Größe Bogenlänge als Kurvenparameter einzusetzen.
Aus (5.11) ergibt sich zunächst

$$s(t) = \int_{t_A}^{t} \sqrt{f_1'(t)^2 + f_2'(t)^2} \cdot dt \qquad (5.25)$$

wobei t_A den Anfangspunkt der Bogenlängenbestimmung kennzeichnet. Da der Anfangspunkt willkürlich wählbar ist, kann s nur bis auf eine additive Konstante festgelegt werden. Wie wir an (5.9) sehen, entsprechen einander die Wahl des Anfangspunktes und die des Ursprungs des Koordinatensystems.
Ein Parameterwechsel $t = h(s)$ von t nach s ist über eine der Beziehung (5.25) immanente Umkehrabbildung möglich. Wir nutzen nämlich wie in **5.2.5** die Vorteile, die uns aus der zusätzlichen Voraussetzung $\frac{dh}{ds} \neq 0$ erwachsen. Damit ziehen wir uns allerdings auf Kurvenbereiche ohne Singularitäten zurück.
Die durch (5.25) gegebene Parametertransformation kann im konkreten Fall schwierig sein. Dessenungeachtet nehmen wir jetzt einfach den Standpunkt ein, in zwei Koordinatenfunktionen g_1 und g_2 sei die Parametrisierung nach der Bogenlänge s bereits vollzogen. (5.11) ist demnach reduziert auf

$$1 = \sqrt{g_1'(s)^2 + g_2'(s)^2} \qquad (5.26)$$

Folglich vereinfacht sich die Krümmungsformel (5.18) auf

$$\kappa(s) = g_1'(s) \cdot g_2''(s) - g_1''(s) \cdot g_2'(s) \qquad (5.27)$$

Wir ziehen das (5.26) zugrundeliegende pythagoreische Dreieck zu einer Beschreibung des Tangentenwinkels τ heran:

$$\left.\begin{aligned} \cos\tau &= g_1'(s) \\ \sin\tau &= g_2'(s) \end{aligned}\right\} \qquad (5.28)$$

Vertauschen wir in Gedanken die Rollen von gegebenen und zu bestimmenden Funktionen in (5.26) und (5.27), so erscheinen beide als Differentialgleichungen für g_1 und g_2, wobei einzig die Krümmungsfunktion κ als bekannt vorausgesetzt werden muß. Wenn ein solches Gleichungssystem eindeutige Funktionen g_1 und g_2 liefert, ist die Kurve bereits durch Angabe der Krümmung κ in Abhängigkeit von der Bogenlänge s charakterisiert.

5.5.2 Der Fundamentalsatz

Wegen der i.a. recht komplizierten Berechnung gemäß (5.27) schalten wir als Hilfsgröße auf dem Weg von $\kappa(s)$ zu den Koordinatenfunktionen g_i den Tangentenwinkel τ dazwischen. Zunächst ist dann mit (5.23)

$$\tau = \tau(s) = \tau_0 + \int_{s_0}^{s} \kappa(s)ds$$

und anschließend ergibt sich aus (5.28)

$$\left.\begin{aligned} g_1(s) &= x_0 + \int_{s_0}^{s} \cos\tau(s)ds \\ g_2(s) &= y_0 + \int_{s_0}^{s} \sin\tau(s)ds \end{aligned}\right\} \qquad (5.29)$$

Die Integrationskonstanten $x_0 = g_1(s_0)$, $y_0 = g_2(s_0)$ sind die willkürlich wählbaren Koordinaten des Kurvenpunktes zum Parameterwert s_0. Der zugehörige - ebenfalls willkürlich wählbare - Neigungswinkel der Kurventangente gegen die x-Achse ist τ_0. Man vollzieht über die Additionstheoreme von Kosinus und Sinus leicht nach, daß Lösungskurven, die aus verschiedenen Anfangsbedingungen $(x_0;y_0;\tau_0)$ hervorgehen, untereinander gleichsinnig kongruent sind, also durch eine ebene Bewegung auseinander hervorgehen.

Wir haben mit diesen Überlegungen den Fundamentalsatz der Kurvenlehre plausibel gemacht.

Durch jede Gleichung $\kappa = \kappa(s)$ mit stetig differenzierbarer Funktion κ ist bis auf Bewegungen eindeutig eine (ebene) Kurve festgelegt, für die s die Bogenlänge und κ die zugehö- Krümmung bedeuten.

Die umgekehrte Aussage, daß jede Kurve eine bis auf Verschiebungen eindeutige Krümmung(sfunktion) κ in Abhängigkeit von der Bogenlänge s liefert, ist eine triviale Folge der Krümmungsdefinition.
Unabhängig davon, ob man von der Kurve oder der Festlegung der Krümmungsfunktion κ ausgeht, bezeichnet man $\kappa = \kappa(s)$ bzw. auch $\rho = \rho(s)$ als natürliche Gleichung der Kurve. Die natürliche Geometrie als die Theorie solcher natürlicher Gleichungen hat insbesondere ERNESTO CESARO (1859-1906) vorangetrieben.

5.5.3 Kurven mit besonderer natürlicher Gleichung

Der Fundamentalsatz liefert zusammen mit unseren bisherigen Erkenntnissen, daß Kreis und Gerade die einzigen Kurven mit konstanter Krümmung sind. Sie ergeben sich für $\kappa \equiv 0$ bzw. $\kappa \equiv \frac{1}{a}$ mit $a \neq 0$.
Vom Anwendungsstandpunkt sind die Kurven mit linear anwachsender Krümmung von besonderem Interesse. Will man etwa zwei schräg aufeinanderstoßende gerade Straßenstücke durch eine krummlinige, aber "glatte" Kurve ineinander überführen, so ist ein Kreisbogen eine denkbar schlechte Lösung. Beim Befahren der Straße würde sich deren Krümmung (und damit auch die erforderliche Lenkstellung beim Pkw) schlagartig von 0 auf einen festen Wert $\neq 0$ ändern. Ein Abkommen von der Fahrbahn wäre geradezu vorprogrammiert. Ein lineares Anwachsen (und nach Erreichen eines bestimmten Maximums ein lineares Rückführen) der Krümmung wirkt hier sicherlich unfallreduziernd. In der Praxis baut man zwischen die Straßenabschnitte wachsender und fallender Krümmung noch ein kreisbogenförmiges Zwischenstück ein, behält also die maximale Krümmung eine kurze Weile bei.
Sei jetzt $\kappa = c \cdot s$ mit $c > 0$. Wir legen also den Anfangspunkt der Bogenlängenmessung an den Anfang der Übergangskurve. Weiter wählen wir als x-Richtung die anfängliche Tangentenrichtung.

Dann ist $\tau = \int_0^s c \cdot s \, ds = \frac{1}{2} \cdot c \cdot s^2$ und nach (5.29)

$$g_1(s) = \int_0^s \cos\frac{c \cdot s^2}{2} \, ds \quad ; \quad g_2(s) = \int_0^s \sin\frac{c \cdot s^2}{2} \, ds$$

Dies ist die nach der Bogenlänge parametrisierte Darstellung der Klothoide. Sie wird nach MARIE ALFRED CORNU (1841-1902) auch als CORNUsche Spirale bezeichnet. Leider ermöglicht die Integralform ein unmittelbares Zeichnen der Kurve mit dem Computer nur unter Zuhilfenahme numerisch gewonnener Funktionswerte. Eine weitaus einfachere Vorgehensweise zum Zeichnen von Kurven mit gegebener natürlicher Gleichung sprechen wir aber in **5.5.4** an. Fig.5.13 zeigt die Klothoide, erweitert um ihr in bezug auf den Ursprung punktsymmetrisches Bild.

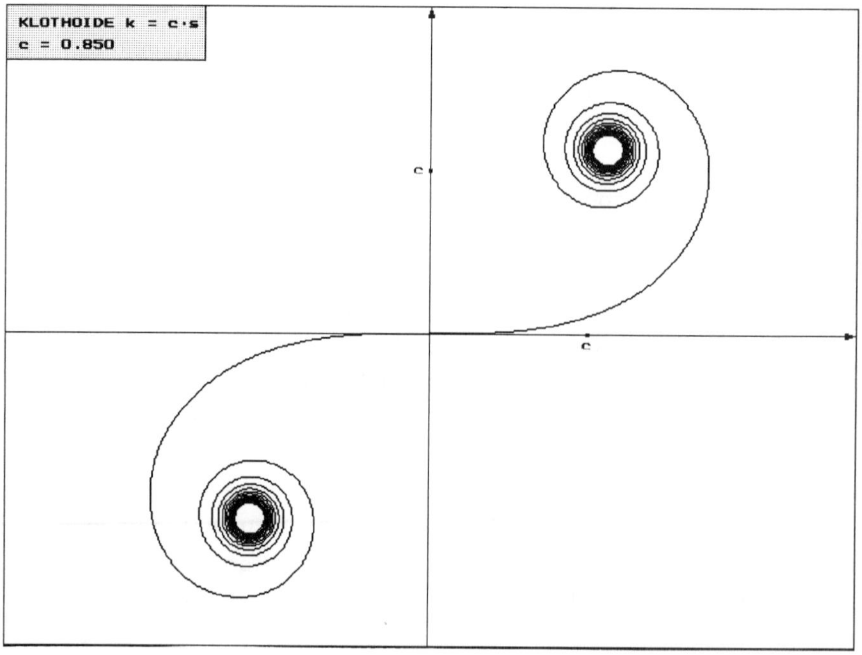

Figur 5.13

Für die ausführliche Herleitung weiterer Kurven mit vorgegebner natürlicher Gleichung sei auf Kowalewski 1931 und Wieleitner

1908 verwiesen. Wir beschränken uns auf die Nennung dreier Resultate:

- $\kappa = \frac{c}{c^2+s^2}$ führt auf die in Kapitel **7** unter physikalischem Gesichtspunkt behandelte <u>Kettenlinie</u> $y = c\cdot\cosh\frac{x}{c}$ (s. auch Aufg.5.8.26)

- $\kappa = \frac{c}{s}$ liefert die in **6.3** angesprochene <u>logarithmische Spirale</u>

- $\frac{1}{\kappa} = c\cdot\sqrt{\exp(2s/c)-1}$ ergibt die sogenannte <u>Traktrix</u>

$$g_1(\tau) = c\cdot(1-\cos\tau) \quad ; \quad g_2(\tau) = c\cdot\ln(\tan(\frac{\pi}{4} + \frac{\tau}{2})) - c\cdot\sin\tau$$

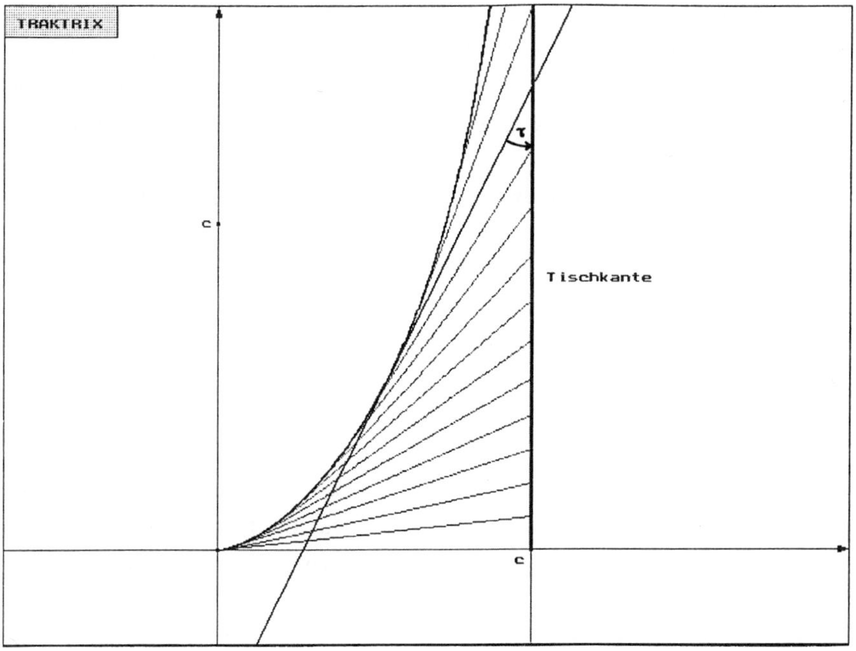

Figur 5.14

GOTTFRIED WILHELM LEIBNIZ (1646-1716) beschrieb eine Traktrix dadurch, daß er eine Taschenuhr mit Kette auf den Tisch legte und das Ende der Kette an der Tischkante entlangführte. Obige

Gleichung gibt die Bahn der Uhr wieder, wenn man τ als Winkel der Tangente der Kette mit der Tischkante und c als Länge der Kette interpretiert. Man beachte dabei die besondere Ausgangslage von Uhr und Kette, wie sie auch in Fig.5.14 zum Ausdruck kommt.

5.5.4 Igelgeometrie

Da die Krümmung κ gemäß (5.23) auch als Änderung der Tangentenrichtung im Verhältnis zur Weg- bzw. Bogenlänge verstanden werden kann, ist es möglich, Kurven mit natürlicher Gleichung über die aus der LOGO-Geometrie bekannten Igelbefehle 'vor' und 'links' bzw. 'rechts' auf recht einfache Weise zu zeichnen.
Wir diskretisieren den Igelweg auf der Klothoide, indem wir das Differential $d\tau$ des Tangentenwinkels über $\kappa(s)\cdot\Delta s$ hinreichend gut annähern. Dazu gehen wir z.B. jeweils um $\Delta s = 0{,}01$ vor und drehen uns zuvor um den Winkel $\Delta\tau = \kappa(s)\cdot\Delta s = c\cdot s\cdot\Delta s = c\cdot i\cdot\Delta s^2 > 0$, wobei die natürliche Zahl i von 1 bis zu einer vorgegebenen Zahl n läuft und $i\cdot\Delta s$ für die Länge des bisher durchlaufenen Kurvenstückes steht.
In einem PASCAL-Programm etwa sieht die Zeichenprozedur folgendermaßen aus:

```
procedure Konstruktion(farbe: integer);
  begin
    for i := 1 to n do
      begin
        links(c*i*0.01*0.01*180/Pi);
        vor(0.01,farbe);
      end;
  end;
```

wobei allerdings die Makrobefehle 'links' und 'vor' zuvor geeignet definiert werden müssen (s. etwa Beck 1987 oder Berg; Schupp 1989 oder das zu diesem Buch lieferbare Programmpaket HÖHERE KURVEN).

5.6 EVOLUTE UND EVOLVENTE

Wir verwenden jetzt die kurvencharakterisierenden Größen Krümmung und Bogenlänge zum Erzeugen weiterer Kurven.

5.6.1 Definition und Beschreibung der Evolute

Durch die Gleichungspaare (5.14), (5.17), (5.19) sowie (5.21) sind für die einzelnen Kurvendarstellungen die Koordinaten des Krümmungsmittelpunktes $M(\xi_0;\eta_0)$ in bezug auf einen bestimmten Kurvenpunkt P_0 beschrieben. Wir geben jetzt den Punkt P_0 frei, d.h. wir nehmen ihn bzw. die ihn festlegenden Parameter als unabhängige Variablen. Über die vorgenannten Gleichungen ist dann eine Menge von Punkten $M(\xi;\eta)$ beschrieben.

Die Menge aller Krümmungsmittelpunkte einer Kurve heißt <u>Krümmungsmittelpunktskurve</u> oder <u>Evolute</u> dieser Kurve.

Der Name "Evolute" geht auf CHRISTIAAN HUYGENS (1629-1695) zurück, der als erster eine allgemeine Evolutentheorie entwickelt hat. Ob eine solche Punktmenge die Bezeichnung "Kurve" überhaupt rechtfertigt, wollen wir dahingestellt lassen. Wie der Kreis zeigt, ist jedoch Vorsicht geboten.

Die Gleichungen der Evolute ergeben sich trivialerweise aus den Koordinatenbeschreibungen der Krümmungsmittelpunkte. Um bereits bestehende Formeln leichter übertragen zu können und um Verwechslungen mit der Ausgangskurve entgegenzutreten, behalten wir ξ und η als Bezeichnungen für die Koordinaten der Punkte der Evolute bei. Zur symbolischen Unterscheidung bei Tangentenwinkel, Bogenlänge, Krümmung verwenden wir bei der Evolute aufgesetzte Schlangenlinien, schreiben dort also $\tilde{\tau}$, $\tilde{s}$ und $\tilde{\kappa}$.

Als Beispiele betrachten wir die Evoluten von gespitzten Radlinien. Die gemeine Zykloide ist in Parameterform beschrieben durch $x = r\cdot(\beta - \sin\beta) \wedge y = r\cdot(1 - \cos\beta)$. Gemäß der Herleitung in **5.4.2** ist deren Evolute darstellbar durch $\xi = r\cdot(\beta + \sin\beta) \wedge \eta = r\cdot(\cos\beta - 1)$. Setzen wir in diesen Gleichungen $\overline{\beta} := \beta-\pi$, so erhalten wir die neue Darstellung $\xi = r\cdot\overline{\beta} - r\cdot\sin\overline{\beta} + \pi\cdot r \wedge \eta = r - r\cdot\cos\overline{\beta} - 2\cdot r$.

Die Evolute der Zykloide geht demnach durch eine Verschiebung aus der Zykloide hervor.

Die Evolute einer gemeinen Zykloide ist eine dazu kongruente Zykloide.

Diese Eigenschaft der Zykloide wurde erstmals von HUYGENS in seinem 1673 veröffentlichten Werk *Horologium Oscillatorium* aufgezeigt und physikalisch ausgenutzt (s. Kapitel 7). Während er noch auf geometrische Mittel zurückgriff bzw. angewiesen war, gelang 1764 LEONHARD EULER (1707-1783) der Nachweis mit analytischen Methoden. Wie Fig.5.15 zeigt, sind die Evolutenpunkte M in ihrer Phase (d.i. der Drehwinkel $\overline{\beta}$ der sie unmittelbar als Zykloide erzeugenden Rollbewegung) um π hinter den entsprechenden Punkten P der gegebenen Zykloide zurück.

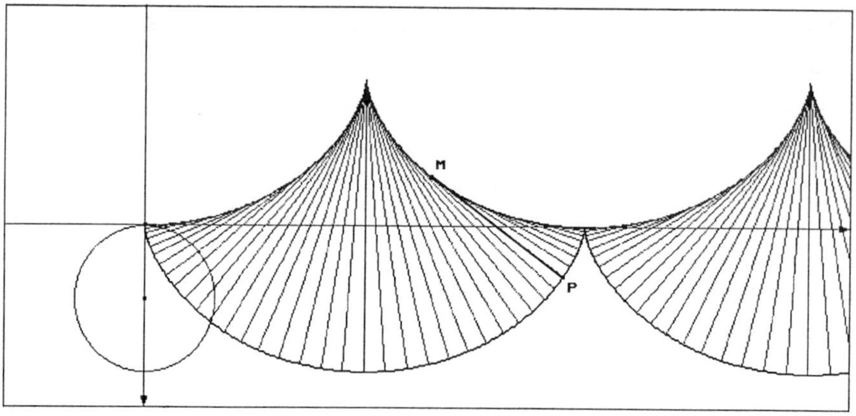

Figur 5.15

Bei der in der impliziten Darstellung $x^{\frac{2}{3}} + y^{\frac{2}{3}} = c^{\frac{2}{3}}$ gegebenen Astroide liefert (5.21) nach einigen Vereinfachungen die Evolutenkoordinaten $\xi = x + 3\cdot x^{\frac{1}{3}}\cdot y^{\frac{2}{3}}$ und $\eta = y + 3\cdot x^{\frac{2}{3}}\cdot y^{\frac{1}{3}}$. Diese Charakterisierung ist wenig ergiebig, da die Ausgangskoordinaten x und y explizit nicht zur Verfügung stehen. Unter Heranziehung der Astroidengleichung kann man aber x und y eliminieren (s. Aufg.5.8.27):

$$(\xi+\eta)^{\frac{2}{3}} + (\xi-\eta)^{\frac{2}{3}} = (x^{\frac{1}{3}}+y^{\frac{1}{3}})^2 + (x^{\frac{1}{3}}-y^{\frac{1}{3}})^2 = 2\cdot(x^{\frac{2}{3}}+y^{\frac{2}{3}}) = 2\cdot c^{\frac{2}{3}}$$

Drehen wir nun das Koordinatensystem um den Ursprung mit $\frac{\pi}{4}$, erhalten wir über (5.1) die neuen Koordinaten $\overline{\xi} = \frac{1}{\sqrt{2}}\cdot(\xi+\eta)$ und $\overline{\eta} = \frac{1}{\sqrt{2}}\cdot(\xi-\eta)$, wodurch klar wird, daß die Evolute die Form einer

Astroide mit doppelten Abmessungen hat (Fig.5.16), die gegenüber der Ausgangsfigur um $\frac{\pi}{4}$ gedreht ist:

$$\bar{\xi}^{\frac{2}{3}} + \bar{\eta}^{\frac{2}{3}} = (2\cdot c)^{\frac{2}{3}}$$

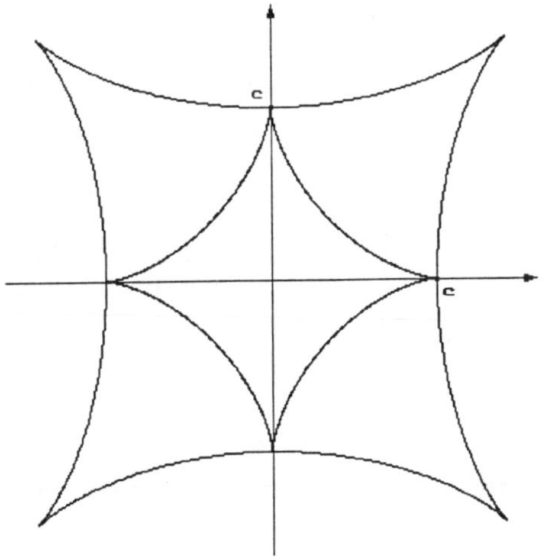

Fig.5.16

Über unsere beiden Spezialfälle hinausgehend läßt sich zeigen, daß die Evoluten der Epi- und Hypozykloiden stets durch eine Drehstreckung aus den Ausgangskurven erzeugt werden können (s. Loria 1902 sowie Aufg.5.8.28).

Für die allgemeine Untersuchung von Kurvenevoluten greifen wir darauf zurück, daß die Evolutenpunkte auf den jeweiligen Normalen der Ausgangskurve liegen.

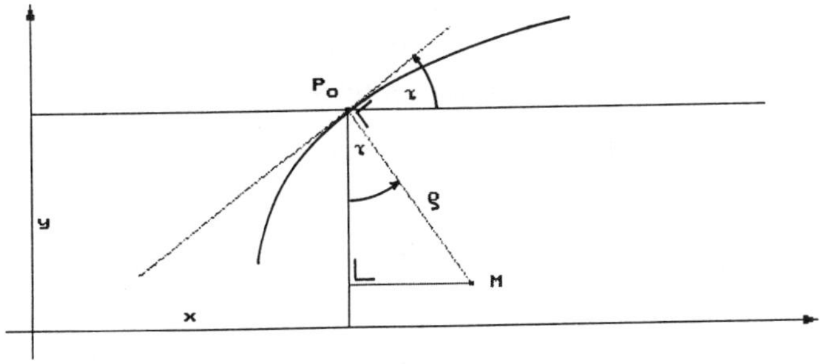

Figur 5.17

Wir erhalten gemäß Fig.5.17 die einheitliche Darstellungsart

$$\left.\begin{aligned} \xi &= x - \rho\cdot\sin\tau \\ \eta &= y + \rho\cdot\cos\tau \end{aligned}\right\} \qquad (5.30)$$

Man beachte, daß hier τ mit wachsender Bogenlänge abnimmt und somit ρ als Kehrwert von $\frac{d\tau}{ds}$ negativwertig ist.

Unser Ziel ist jetzt eine möglichst natürliche Kennzeichnung des Tangentenwinkels $\tilde{\tau}$ der Evolute. Mit Blick auf die Beziehung $\tan\tilde{\tau} = \frac{d\eta}{d\xi} = \frac{d\eta}{ds}:\frac{d\xi}{ds}$ betrachten wir die Ableitungen der Koordinaten ξ und η nach der Bogenlänge s der Ausgangskurve. Wenden wir die Kettenregel in (5.30) an, ergibt sich für die Ableitung der ersten Koordinate $\frac{d\xi}{ds} = \frac{dx}{ds} - \rho\cdot\cos\tau\cdot\frac{d\tau}{ds} - \frac{d\rho}{ds}\cdot\sin\tau$. Wegen (5.16) und (5.23) reduziert sich der erste Subtrahend auf $\cos\tau$, was gemäß (5.28) mit $g_1'(s)$ bzw. mit $\frac{dx}{ds}$ identisch ist. Damit heben die ersten beiden Glieder in vorstehendem Term für $\frac{d\xi}{ds}$ einander auf. Analog geht man bei der Bestimmung von $\frac{d\eta}{ds}$ vor. Insgesamt kommt man so zu

$$\left.\begin{aligned} \frac{d\xi}{ds} &= -\frac{d\rho}{ds}\cdot\sin\tau \\ \frac{d\eta}{ds} &= \frac{d\rho}{ds}\cdot\cos\tau \end{aligned}\right\} \qquad (5.31)$$

Als Tangentenwinkel $\tilde{\tau}$ der Evolute erhalten wir hieraus

$$\tan\tilde{\tau} = \frac{d\eta}{d\xi} = -\cot\tau = \tan(\tau+\frac{\pi}{2}) \qquad (5.32)$$

Nun ist aber $\tilde{\tau} = \tau+\frac{\pi}{2}$ der Winkel, den die Normale im Punkt P der Ausgangskurve mit der x-Achse bildet. Wir schließen:

Die Normale einer Kurve in einem Punkt ist die Tangente der Evolute im zu diesem Punkt gehörenden Krümmungsmittelpunkt.

Nach Aufg.4.8.31 ist jede Kurve Hüllkurve der Schar ihrer Tangenten. Zusammen mit der letzten Aussage bedeutet dies:

Die Evolute einer Kurve ist die Hüllkurve der Schar ihrer Normalen.

Diese Charakterisierung der Evolute entspricht HUYGENS' ursprünglicher Definition.

5.6.2 Besondere Eigenschaften der Evolute

Im vorigen Abschnitt haben wir über einige Sonderfälle bei der Bestimmung von Evolutenpunkten hinweggesehen. Einen ersten Hinweis gibt die Astroide in Fig.5.16, wo Scheitelpunkte und Spitzen bei Kurve und Evolute einander zu bedingen scheinen.
Als weiteres Beispiel für das Verhalten der Evolute bei besonderen Kurvenpunkten betrachten wir die Evolute der kubischen Parabel $y = x^3$. Aus (5.14) ergibt sich die Parameterdarstellung

$$\xi = \frac{x-9x^5}{2} \quad ; \quad \eta = \frac{1+15x^4}{6x}$$

Fig.5.18 zeigt die Parabel mit der y-Achse als Wendetangente und ihre Evolute mit dieser Gerade als Asymptote.

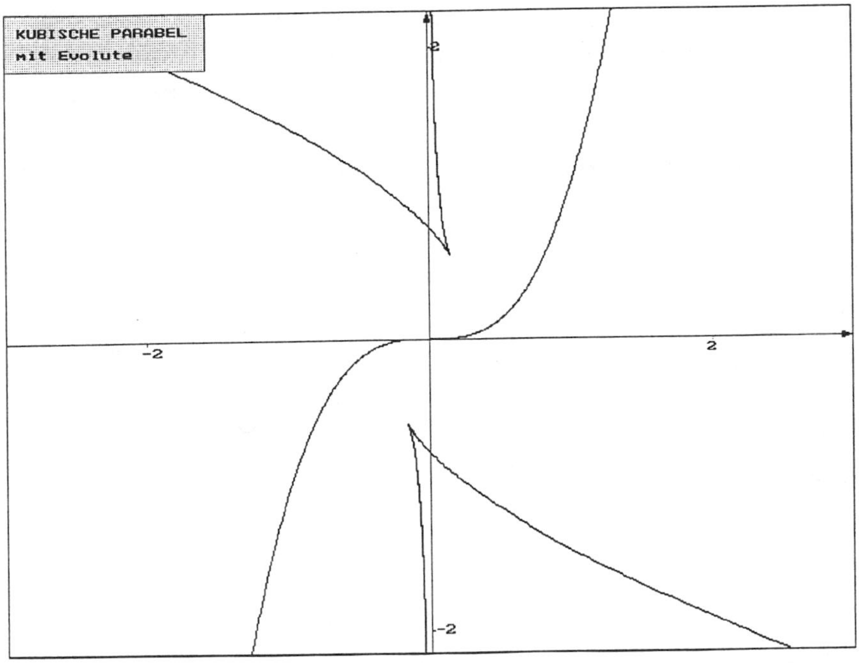

Figur 5.18

Mit Blick auf das erste Beispiel erhalten wir allgemein aus dem Extremalverhalten der Krümmung bzw. des Krümmungsradius in einem Scheitelpunkt der Ausgangskurve die Bedingung $\frac{d\rho}{dt} = 0$, wobei t der Kurvenparameter ist. Unter Hinzunahme von (5.31) ist aber $\frac{d\rho}{dt} = \frac{d\rho}{ds}\cdot\frac{ds}{dt} = -\frac{1}{\sin\tau}\cdot\frac{d\xi}{dt} = \frac{1}{\cos\tau}\cdot\frac{d\eta}{dt}$. Also verschwinden in einem Scheitelpunkt beide Ableitungen der Koordinatenfunktionen für ξ und η. Dies weist auf einen singulären Punkt bei der Evolute hin, was nach (5.11) ein Verschwinden des Bogendifferentials $d\tilde{s}$ bedeutet. In der Regel ergibt sich als singulärer Punkt der Evolute eine Spitze. Auf die dazu duale Aussage, daß eine Spitze bei der Ausgangskurve zu einem Scheitelpunkt bei der Evolute führt, kommen wir in **5.6.4** näher zu sprechen. Klar ist aber bereits jetzt, daß die eindeutige Lage der Normale bei der Ausgangskurve eine eindeutige Festlegung der Tangente bei der Evolute bewirkt.

Unntersuchen wir nun den Hintergrund unseres zweiten Beispiels und fragen, wie sich sich die Evolute in Wendepunkten der Ausgangskurve verhält. Einfachheitshalber wollen wir von einem stetig gekrümmten Kurvenverlauf ausgehen. Wenn sich die Krümmung bei Annäherung an den Wendepunkt stetig dem Wert 0 nähert, wird der Krümmungsradius als Kehrwert (betragsmäßig) unendlich groß, und die Kurvennormale im Wendepunkt ist nach (5.32) Asymptote der Evolute.

Wir erörtern jetzt noch den Zusammenhang zwischen $d\rho$ und dem Bogendifferential $d\tilde{s}$ der Evolute. Es ist $d\tilde{s}^2 = d\xi^2 + d\eta^2$ und nach (5.31) $d\xi^2 + d\eta^2 = d\rho^2$. Wir legen nun den <u>positiven Durchlaufsinn auf dem Evolutenbogen</u> so fest, daß die Bogenlänge $\tilde{s}$ mit dem Krümmungsradius ρ wächst. Dann gilt

$$d\tilde{s} = d\rho \qquad (5.33)$$

und der Term $\tilde{s} - \rho$ ist konstant.

> Die Krümmungsradien einer Kurve unterscheiden sich von den zugehörigen Bogenlängen ihrer Evolute nur um eine Konstante.

Anschaulicher ist folgende Formulierung:

> Die Länge eines Bogens der Evolute ist gleich der absoluten der zu seinen Endpunkten gehörenden Krümmungsradien der Ausgangskurve.

Damit ist der Weg zur einer einfachen Beschreibung der Evolutenkrümmung geebnet. Aus (5.23) folgt mit (5.33) und $\tilde{\tau} = \tau+\frac{\pi}{2}$

$$\tilde{\rho} = \frac{d\tilde{s}}{d\tilde{\tau}} = \frac{d\rho}{d\tau} = \frac{d\rho}{ds}\cdot\frac{ds}{d\tau} = \rho\cdot\frac{d\rho}{ds} \qquad (5.34)$$

und daraus $\tilde{\kappa} = \frac{1}{\tilde{\rho}} = \frac{1}{\rho}\cdot\frac{ds}{d\rho} = \kappa\cdot\frac{d\kappa}{d\rho}\cdot\frac{ds}{d\kappa} = -\kappa^3 : \frac{d\kappa}{ds}$.

Wir wählen jetzt den Anfangspunkt der Bogenmessung auf der Evolute so, daß $\tilde{s} = \rho$ gilt. Zusammen mit (5.34) und der Kurvengleichung selbst gelangen wir zu einem Gleichungssystem, das durch Eliminieren von ρ und s auf die <u>natürliche Gleichung der Evolute</u> führen kann.

Als Beispiel betrachten wir die (gespitzte) Kreisevolvente, bei der ein Kurvenparameter hinzutritt und quasi als Schlupfvariable die eben angesprochene Elimination erleichtert. Wir bezeichnen mit R den Radius des Kreises, auf dem die den kurvenbestimmenden Punkt tragende Gerade vermöge des Drehwinkels α als Parameter abrollt. Die Koordinaten des Punktes sind dann $f_1(\alpha) = R\cdot(\cos\alpha + \alpha\cdot\sin\alpha)$ und $f_2(\alpha) = R\cdot(\sin\alpha - \alpha\cdot\cos\alpha)$, und mittels (5.11) erhalten wir hieraus $\frac{ds}{d\alpha} = R\cdot\alpha$. Nach (5.33) ist $\tilde{s}(\alpha) = \rho(\alpha)$, wobei sich die rechte Seite über (5.18) und (5.16) zu $R\cdot\alpha$ berechnet. Mit (5.34) kommen wir schließlich auf

$$\tilde{\rho} = \rho\cdot\frac{d\rho}{ds} = \rho(\alpha)\cdot\frac{d\rho}{d\alpha} : \frac{ds}{d\alpha} = R\cdot\alpha\cdot R : (R\cdot\alpha) = R$$

Die Krümmung der Evolute der Kreisevolvente ist demnach konstant; die Evolute selbst ist ein Kreis mit Radius R. Die Anfangslage der Geradenrollung zeigt, daß die Evolute identisch ist mit dem Kreis, auf dem abgerollt bzw. der abgewickelt wird.

5.6.3 Definition und Beschreibung der Evolvente

Die Rolle des Kreises bei der Erzeugung der Kreisevolvente wird jetzt von einer beliebigen Kurve (mit stetigen Ableitungen der Koordinatenfunktionen) übernommen. Entlang der Kurve befestigen wir leicht lösbar einen Faden. Beim Abwickeln des Fadens greifen wir diesen in einem (in bezug auf den Faden) festen Punkt P und halten den jeweils bereits abgelösten Fadenteil stets gestrafft in Richtung der Kurventangente.

Beim Abwickeln eines eine Kurve entlang gelegten Fadens wird vom Angriffspunkt eine Bahnkurve beschrieben, die man als <u>Evolvente</u> (lat.: *evolvere* abwickeln) der Kurve bezeichnet.

Selbstverständlich gibt es a priori unendlich viele Evolventen derselben Kurve je nachdem, wie weit der Angriffspunkt P_0 bei Beginn des Abwickelns vom gerade noch kontaktierten Kurvenpunkt B_0 entfernt ist. Die Wahl des Kurvenpunktes B_0 selbst stellt keinen weiteren Freiheitsgrad mehr dar, da sie stets durch Variation der Länge l_0 des Fadenendstücks zu Beginn ausgeglichen werden kann. Statt des (nur auf Zug beanspruchbaren) Fadens ist auch ein Lineal vorstellbar, das längs der Kurve ohne zu gleiten abrollt. Verschiedene Punkte P_0 der Linealkante beschreiben dann die Evolventen der Ausgangskurve (s. Aufg.5.8.30).
Wir kommen nun zur Herleitung einer Kurvendarstellung für die Evolvente. Da sich die Länge des bereits abgewickelten Fadens wie die Bogenlänge der Ausgangskurve ändert, liegt es nahe, von einer nach ihrer Bogenlänge s parametrisierten Kurve auszugehen. Den Anfangspunkt der Bogenlängenmessung legen wir in den Kontaktpunkt B_0 und setzen den positiven Durchlaufsinn zum noch noch abzuwickelnden Kurvenstück hin fest. Fig.5.19 verdeutlicht die Situation und stellt weitere Bezeichnungen bereit.

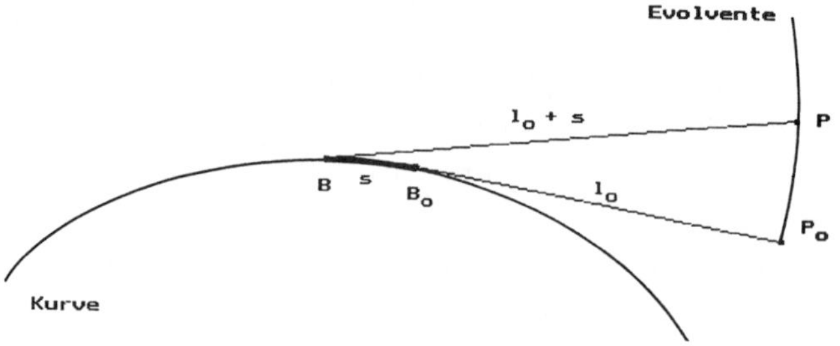

Figur 5.19

Seien also $g_1(0)$ und $g_2(0)$ die Koordinaten vom B_0, und l_0 sei die anfänglich überschüssige Länge des Fadens. Die beim Abwickeln durchlaufenen Kontaktpunkte B haben Koordinaten der Art $g_1(s)$ und $g_2(s)$. Unser Ziel ist es nun, die momentane Lage des Ablösepunktes P durch Koordinatenfunktionen h_1 und h_2 in Abhängigkeit von s zu beschreiben.

Zum ersten liegt P auf der Tangenten in B an die Ausgangskurve. Nach (4.23) gilt $(h_1(s)-g_1(s))\cdot g_2'(s) - (h_2(s)-g_2(s))\cdot g_1'(s) = 0$. Zum zweiten ist die Länge l_0+s des Fadens zwischen B und P beschrieben durch $\sqrt{(h_1(s)-g_1(s))^2 + (h_2(s)-g_2(s))^2}$. Setzen wir die erste Beziehung in die zweite ein und berücksichtigen dabei noch (5.26), erhalten wir folgende Bestimmungsgleichungen für $h_1(s)$ und $h_2(s)$

$$(h_1(s)-g_1(s))^2 = (l_0+s)^2\cdot g_1'(s)^2$$

$$(h_2(s)-g_2(s))^2 = (l_0+s)^2\cdot g_2'(s)^2$$

Beim Auflösen dieser Gleichungen ist darauf zu achten, daß die Entfernung l_0+s in negativer Tangentenrichtung auftritt (es wird ja vereinbarungsgemäß in positiver Tangentenrichtung fortschreitend abgewickelt) und dementsprechend mit einem Minuszeichen zu versehen ist. Als Parameterdarstellung der Evolvente finden wir dann

$$\boxed{\begin{aligned} h_1(s) &= g_1(s) - (l_0+s)\cdot g_1'(s) \\ h_2(s) &= g_2(s) - (l_0+s)\cdot g_2'(s) \end{aligned}} \qquad (5.35)$$

Als Beispiel betrachten wir eine Evolvente des Ursprungskreises mit Radius R. Weiter sei $B_0(0;R)$ und $l_0 = 0$. Dann erhalten wir $g_1(s) = R\cdot\cos(\frac{s}{R})$ und $g_2(s) = R\cdot\sin(\frac{s}{R})$ und mit (5.35)

$$h_1(s) = R\cdot\cos(\tfrac{s}{R}) + s\cdot\sin(\tfrac{s}{R})$$

$$h_2(s) = R\cdot\sin(\tfrac{s}{R}) - s\cdot\cos(\tfrac{s}{R})$$

Mittels $s = R\cdot\alpha$ ergibt sich die bereits bekannte Darstellung.

5.6.4 Zusammenhang zwischen Evolute und Evolvente

Wir hatten am Ende von **5.6.2** gesehen, daß die Evolute der Kreisevolvente den ursprünglichen Kreis zurückliefert. Es stellt sich die Frage, ob die Evolute einer Evolvente einer *beliebigen* Kurve ebenfalls mit ihr identisch ist. Dies trifft sicherlich zu, wenn die Normalen der Evolventen mit den Tangenten der Ausgangskurve zusammenfallen. Dann stimmen nämlich auch die Hüllkurven der beiden Geradenscharen überein, und das sind die Ausgangskurve und die Evolute der Evolvente.

Wir brauchen demnach nur zu zeigen, daß Kurventangente und Evolvententangente senkrecht aufeinander stehen. In der Tat erhalten wir unter Hinzunahme von (5.35) und (5.28)

$$\frac{g_2'(s)}{g_1'(s)}\cdot\frac{h_2'(s)}{h_1'(s)} = \frac{g_2'(s)}{g_1'(s)}\cdot\frac{g_2''(s)}{g_1''(s)} = \frac{\sin\tau}{\cos\tau}\cdot\frac{\cos\tau}{-\sin\tau} = -1 \quad .$$

Die Evolute einer Evolvente einer Kurve ist mit dieser Kurve identisch.

Gleichzeitig haben wir auch gezeigt, daß die Tangenten einer Kurve alle Evolventen unter einem rechten Winkel schneiden, also sogenannte Trajektorien der Schar der Evolventen sind.

Wir wechseln jetzt unseren Standpunkt und untersuchen die Evolventen der Evolute einer Kurve daraufhin, ob unter ihnen die Kurve selbst vorkommt.

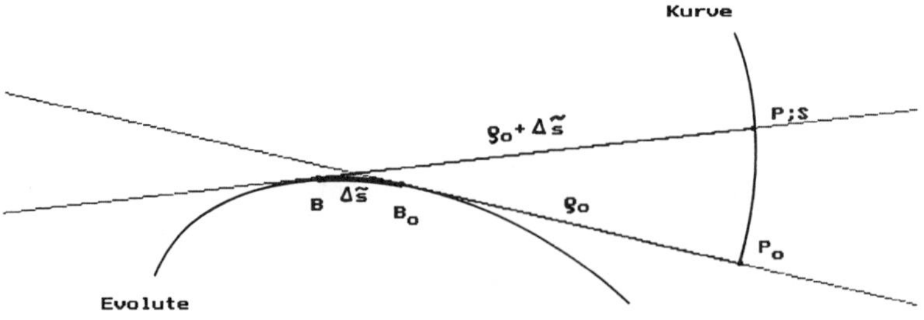

Figur 5.20

Wir orientieren uns an Fig.5.20, wo der Anfangspunkt P_0 der Evolvente auf der Kurve selbst gewählt ist. Damit gilt $l_0 = \rho_0$, d.h. anfängliche Fadenlänge und Krümmungsradius der Ausgangskurve stimmen überein. Ist schließlich die Evolute (in positivem Richtungssinn) um ein weiteres Stück $\Delta\tilde{s}$ abgewickelt, so hat der neue Evolventenpunkt P vom Tangentenberührpunkt B den Abstand $\rho_0 + \Delta\tilde{s}$. Wegen (5.33) ist dies der Krümmungsradius ρ, der zum Schnittpunkt S der Evolutentangente in B mit der Ausgangskurve gehört. Somit sind P und S identisch.

Jede Kurve ist eine Evolvente ihrer Evolute.

Interpretieren wir Fig.5.16 dementsprechend um, kann als Beispiel festgehalten werden, daß *eine* Evolvente einer Astroide ebenfalls eine solche Kurve ist. Einsichtig ist jetzt auch, daß zu einer Spitze der Ausgangskurve ein Scheitel der Evolute gehört.

Das Zusammenspiel zwischen den Kurventypen Evolute und Evolvente findet eine ästhetisch besonders reizvolle Ausgestaltung bei Hüllkurvenbildern von Geraden (s. Meyer 1994). Liefert eine Schar von Geraden eine Hüllkurve, so sind die erzeugenden Geraden die Tangenten an diese Hüllkurve. Andererseits ist die Geradenschar interpretierbar als Schar der Normalen einer Trajektorie. Insofern übernimmt die Trajektorie die Rolle der Evolvente und die Hüllkurve die Rolle der Evolute der je anderen Kurve.

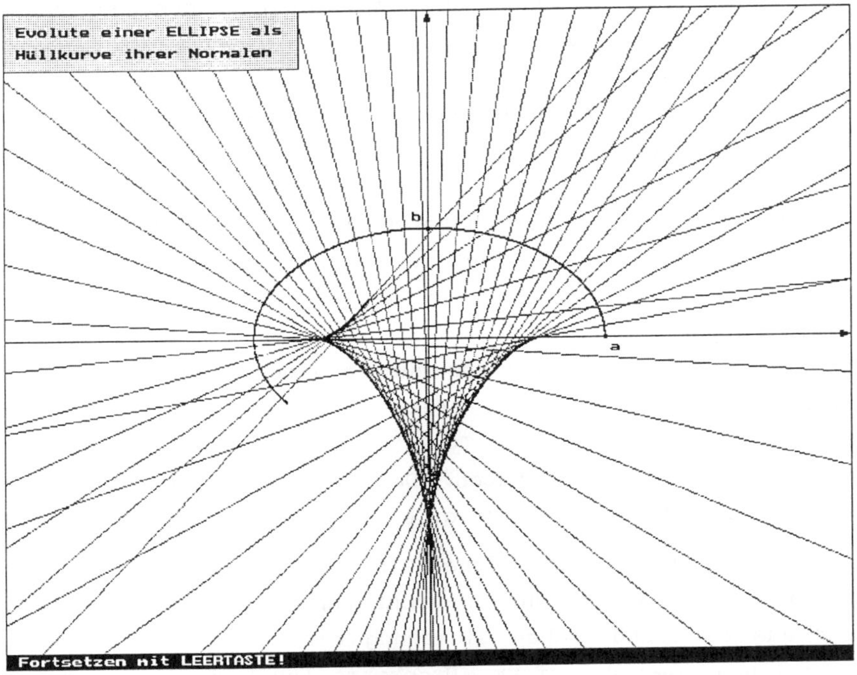

Figur 5.21

Fig. 5.21 zeigt die Schar der Normalen einer Ellipse. Parametrisiert man die Ellipse gemäß $f_1(\alpha) = a\cdot\cos\alpha \wedge f_2(\alpha) = b\cdot\sin\alpha$ so erhält man die Hüllkurve der Normalen (s. **4.6.2**) in der Form

$$f_1(\alpha) = \frac{a^2-b^2}{a}\cdot\cos^3\alpha \quad ; \quad f_2(\alpha) = -\frac{a^2-b^2}{b}\cdot\sin^3\alpha \quad \text{mit } a,b \in \mathbb{R}$$

Die Evolute einer Ellipse gehört zu den nach GABRIEL LAMÉ (1795-1870) benannten LAMÉ-Kurven (s. Loria 1902).

5.7 DIDAKTISCHER KOMMENTAR

Zunächst sei darauf hingewiesen, daß wir im Kommentar des Kapitels **4** wichtige Bemerkungen zur Einordnung des vorliegenden Kapitels 5 in den Gesamtrahmen unserer Arbeit vorweggenommen haben. Um es noch einmal zu betonen: Auch hier geht es weitgehend um Hintergrundwissen für den Lehrer und nicht um Vorschläge für den Unterricht. Die Trennlinie zwischen beiden Kapiteln ist mathematischer Art: sie unterscheidet koordinatenbezogene von natürlichen Eigenschaften.

5.7.1 Didaktische Anmerkungen zum fachwissenschaftlichen Vorgehen

Da wir uns auf ebene Kurven beschränken, haben wir bewußt den Vektorkalkül vermieden. Plant man jedoch, auch Raumkurven (und damit die Torsion) zu behandeln, sollte man Vektoren von vorneherein einbeziehen.
Singularitäten werden von uns nur in einem recht engen Rahmen behandelt. Aber schon hier treten Schwierigkeiten auf - etwa bei ihrer Definition oder Typisierung - , die einen komplizierten Hintergrund andeuten. Damit befaßt sich eine eigens entwickelte Singularitätentheorie (s. z.B. Bruce; Giblin 1992).

Durch den Typus der natürlichen Gleichung werden viele neuartige Kurven zugänglich. Nur in recht wenigen Fällen ergibt sich aber aus der natürlichen Gleichung eine einfache kartesische Darstellung oder Polarform. Umgekehrt führt die Parametrisierung nach der Bogenlänge in aller Regel auf schwierige Integralfunktionen, so daß es recht selten (z.B. bei einigen Spiralen) vorkommt, daß dieselbe Kurve auf beide Arten analytisch charakterisiert werden kann.

5.7.2 Didaktische Anmerkungen zur unterrichtlichen Umsetzung

Einblicke in natürliche Eigenschaften höherer Kurven wird man im Unterricht nur auszugsweise im Anschluß an entsprechende Merkmale bei besonderen Kurven geben können. Diese Einschränkung ist keineswegs durch Überforderung der Schüler zu begründen, sondern erwächst mehr aus den schulischen Rahmenbedingungen, insbesondere aus Zeitmangel.
Unabhängig von der individuellen Auswahl und Schwerpunktsetzung sollte man u.E. den Schülern neben den bereits in Kapitel **4** angesprochenen Vorzügen auch die Schwächen und Nachteile koordinatenbezogener Geometrie vor Augen führen. Mit Steinberg 1993 teilen wir die Erfahrung, daß Schüler Koordinaten wie selbstverständliche Hilfsmittel ohne tieferes Nachdenken verwenden. Dewegen haben wir bereits für eine unterrichtliche Vielfalt der Darstellungs- und Koordinatenarten plädiert.
Darüber hinaus geben wir zu bedenken, daß der <u>tradierte Umgang mit</u> gewissen <u>Methoden</u> das <u>Denken</u> auch <u>blockieren</u> oder einschränken kann, etwa dadurch, daß man Probleme, die auf komplizierte arithmetische Gebilde führen, meidet, oder gar, daß man für bestimmte Problemstellungen überhaupt nicht (mehr) sensibel ist. Auch die Entwicklungsgeschichte der Mathematik zeigt - wie etwa die nur zögerlich akzeptierte Benutzung negativer oder komplexer Zahlen -, daß oft erst das Verlassen ausgetretener Pfade neue Erkenntnisse erschließt. Gleiches ist auch in der Geschichte der Naturwissenschaften zu beobachten, z.B. bezüglich der relativistischen Denkweise ALBERT EINSTEINs (1879-1955) in der Physik. Insofern sollte man CESAROs Verdienste bei der Entwicklung der natürlichen Geometrie auch im Unterricht deutlich machen. Viele Kurvenphänomene existieren unabhängig von und vor jeglicher analytischer Beschreibung auf der Grundlage DESCARTES' genialer Erfindung.
Trotz des <u>Reichtums der</u> (im Vergleich zu den Funktionsgraphen) <u>neuartigen Phänomene</u> (z.B. Singularitäten) <u>und neuartigen Begriffe</u> (z.B. Krümmung) kann man mit wenigen Beispielen (die durchaus schon bei Kurven zweiter Ordnung ansetzen - man denke etwa an die Evolute und Evolvente der Normalparabel) auskommen,

um die wesentlichen Grundzüge der natürlichen Geometrie hervorzuheben (s. Schupp 1988 u. Meyer 1994).
Zum notwendigen Minimum gehört auch die Einsicht, daß Pole, Asymptoten und Wendepunkte als Kurveneigenschaften von anderer Qualität sind als etwa Nullstellen oder Extrempunkte. Diese gehen i.a. bei einer Drehung der Kurve verloren, jene nicht.
Nur unter besonders günstigen Umständen wird man im Mathematikunterricht auch auf natürliche Gleichungen eingehen können. Zu groß sind i.a. die hierfür notwendigen Kenntnisse zu Bogenlänge und Krümmung. Andererseits sind Gleichungen dieser Art der mathematische Hintergrund für die von LOGO her bekannten (aber auch in jeder anderen Programmiersprache implementierbaren) Igelbefehle. Ein möglicher Behandlungsort ist daher auch der fortgeschrittene Informatikunterricht.
Dem Schüler sollte in jedem Falle klar werden, daß gerade die von der Koordinatendarstellung unabhängigen Phänomene das Wesen einer Kurve ausmachen. Beispielsweise wird die Kurve $x = y^3$ auf Schülerseite zuerst nur unter Vorbehalt als die bereits bekannte kubische Parabel $y = x^3$ angesehen, und die Frage nach Scheitelpunkten dieser Kurve als Punkte extremaler Krümmung wird wegen fehlender Achsensymmetrie erst gar nicht gestellt. Vielleicht weisen erst die Spitzen ihrer Evolute auf solche hin? Jedenfalls ist an der Parameterdarstellung dieser Evolute in **5.6.2** ein besonderes Verhalten beider Kurven nicht unmittelbar erkennbar.
Das Erschließen der natürlichen Eigenschaften weist oftmals Parallelen rechen- und verfahrenstechnischer Art mit bereits früher behandelten Themen auf. So kann man etwa die Definition der Bogenlänge als Supremum der Längen von Polygonzügen vergleichen mit dem Vorgehen bei der Integraldefinition. Weiter sind die Extremaleigenschaften der Krümmung durch den Differentialkalkül weitgehend charakterisierbar.
Im Kontrast zu solchen Rückgriffen auf etablierte Methoden stehen mehr naive Einsichten und (fast) voraussetzungslose Ansätze. Das von uns über weite Strecken als Aufhänger benutzte Modell des Autofahrens ist mehr als nur Motivation, es hilft nicht unwesentlich, banale Erkenntnisse aus dem Alltag in die

Mathematik zu übertragen (oder umgekehrt). Speziell die Klothoide und die logarithmische Spirale (s. Steinberg 1993) bieten hier interessante Anwendungen.
Die Herleitung der Krümmung in **5.4.1** (s. auch Oettinger 1985 u. Steinberg 1985) geschieht zwar auf einem etwas abstrakteren Niveau, erfordert aber keine tieferliegenden Vorbegriffe (z.B. Bogenlänge). Sie liefert zudem den Krümmungskreis wie selbstverständlich mit. Geradezu verblüffend ist, wie ein völlig anderer Zugang in **5.4.3** zu den gleichen Resultaten bzw. Begriffen führt.
Die begleitenden Kurventypen "Evolute" und "Evolvente" entfalten ihren besonderen Reiz einmal durch ihre Darstellbarkeit als ästhetisch beeindruckende Hüllkurven (s. Meyer 1994) und zum anderen durch ihre Relevanz im Rahmen technischer Anwendungen oder bei Naturerscheinungen. Näheres zum zweiten Aspekt erörtern wir in Kapitel **7**.

5.8 A U F G A B E N

5.8.1 Prüfen Sie die in diesem Kapitel 5 getroffenen Definitionen auf Bewegungsinvarianz.

5.8.2 Untersuchen Sie das Verhalten der durch $f_1(t) = t^3$ und $f_2(t) = t^6$ definierten Kurve im zu $t = 0$ gehörenden Punkt.

5.8.3 Prüfen Sie, ob durch $t = \cos(s)$ eine zulässige Parametertransformation der Kurve $f_1(t) = a\cdot\sqrt{1-t^2} \wedge f_2(t) = b\cdot t$ über dem Parameterintervall $[0;1]$ gegeben ist.
Geben Sie die transformierten Koordinatengleichungen an.

5.8.4 Untersuchen Sie die Astroide in ihren verschiedenen Darstellungen auf singuläre Punkte.

5.8.5 Untersuchen Sie die Kurve $y^2 = x\cdot\sin^2 x$ auf singuläre Punkte und zeichnen Sie die Kurve.

5.8.6 Welches singuläre Verhalten zeigt die Kurve mit der Gleichung $y^2 - x^4 + x^6 = 0$ im Ursprung?

5.8.7 Erstellen Sie eine Bedingung dafür, daß bei einer geschlungenen Zykloide benachbarte Schleifen einander berühren.

5.8.8 Untersuchen Sie die Rolle des Ursprungs bei der transzendenten Kurve $y = \exp(1/x)$.

5.8.9 Zeigen Sie, daß die Kurve $\sin(x \cdot y) - x \cdot y = 0$ aus den beiden Koordinatenachsen besteht.

5.8.10 Zeichnen Sie einige Exemplare der Konchoiden (Muschellinien) des NIKOMEDES (um 200 v.Chr.):

$$x^2y^2 - (x-a)^2 \cdot (b^2-x^2) = 0 \quad \text{mit } a,b \in \mathbb{R}$$

Wie hängt die Art der Singularitäten von a und b ab?

5.8.11 Ergänzen Sie die Kurve

$$y = x \cdot \left(1 + \exp\left(\frac{1}{x}\right)\right)^{-1}$$

stetig und diskutieren Sie die neue Gesamtkurve.

5.8.12 Deuten Sie Kurven mit Spitzen oder Mehrfachpunkten als Höhenlinien in einem Gebirge (s. **4.2.1** und Ewald 1982).
Welche Form hat das Gebirge in der Umgebung der singulären Punkte?

5.8.13 Erstellen Sie eine Formel für die Länge eines Bogens der gespitzten Kreisevolvente .

5.8.14 Berechnen Sie die Gesamtlänge der in Polardarstellung $r = k \cdot (1 + \cos\varphi)$ gegebenen Kardioide.
Kontrollieren Sie Ihr Ergebnis an Hand der für Radlinien aufgestellten Bogenlängenformeln.

5.8.15 Gegeben sei ein durch zwei differenzierbare Koordinatenfunktionen f_1 und f_2 dargestellter Kurvenbogen ohne Singularitäten mit Endpunkten A und B. Weiter sei k ein Kreis durch A und B.
Beweisen Sie, daß es auf dem Kurvenstück zwischen A und B einen Punkt P gibt, dessen Normale durch den Mittelpunkt des Kreises k verläuft.

5.8.16 Leiten Sie die für die unterschiedlichen Kurvendarstellungen angegebenen Formeln zur Berechnung der Koordinaten des Krümmungsmittelpunktes und der Krümmung ausführlich her.

5.8.17 Leiten Sie bei impliziter Kurvendarstellung eine Formel für $g'''(x_0)$ in Abhängigkeit von den partiellen Ableitungen her.

5.8.18 Erstellen Sie eine Formel zur Berechnung des Krümmungsradius der Epi- und Hypozykloiden.

5.8.19 Untersuchen Sie das Krümmungsverhalten des um den Ursprung stetig ergänzten Funktionsgraphs $y = x^5 \cdot (1 + \sin^2(\frac{1}{x}))$.

5.8.20 Leiten Sie für jede Darstellungsform von Kurven eine notwendige Bedingung für das Auftreten eines Scheitelpunktes her.

5.8.21 Bestimmen Sie die Scheitel der nach CARL FRIEDRICH GAUSS (1777-1855) benannten Glockenkurve

$$y = \exp(-x^2)$$

5.8.22 Zeigen Sie, daß die gespitzte Kreisevolvente die natürliche Gleichung $\rho^2 = 2 \cdot R \cdot s$ hat, wobei R der Radius des Kreises ist und s ab der Evolventenspitze gemessen wird.

5.8.23 Bestimmen Sie Parameterdarstellungen für Kurven mit natürlichen Gleichungen der Form $\frac{1}{\kappa} = c_1 \cdot s + c_2$

5.8.24 Zeigen Sie, daß bei der Traktrix die Länge der Tangente zwischen Berührpunkt und Schnittpunkt mit der Gerade $x = c$ für jeden Kurvenpunkt denselben Wert hat.

5.8.25 Führen Sie in der Parameterdarstellung der Klothoide die Transformation $t := \frac{c \cdot s^2}{2}$ durch. Bestimmen Sie anhand der neuen Darstellung die Grenzpunkte der Kurve (Hinweis: FRESNELsche Integrale).

5.8.26 Die Kurve mit der Gleichung

$$y = c \cdot \cosh\frac{x}{c} \quad \text{mit} \quad c \in \mathbb{R}^+$$

heißt Kettenlinie (s. **7.6**).

a) Begründen Sie, daß (0;c) ein Scheitelpunkt ist. Gibt es noch weitere Scheitelpunkte?

b) Berechnen Sie die Länge eines vom Scheitelpunkt (0;c) ab gerechneten Kurvenbogens.

c) Geben Sie die natürliche Parameterdarstellung der Kettenlinie und ihrer Evolute an.

d) Zeigen Sie, daß die Evolute der Kettenlinie die natürliche Gleichung $\rho = 2s \cdot \sqrt{\frac{s}{c} - 1}$ besitzt.

5.8.27 Rechnen Sie ausführlich an Hand der impliziten Darstellung nach, daß die Evolute einer Astroide eine Astroide mit doppelten Abmessungen ist.

5.8.28 Beweisen Sie: Hat die natürliche Gleichung einer Kurve die Form $\rho^2 + c_1^{\,2} \cdot s^2 = c_2^{\,2}$, so ist die Evolute eine um das c_1-fache gestreckte Kurve gleicher Gestalt.

5.8.29 Bestimmen Sie die Parameterdarstellung einer Evolvente bei beliebiger Parametrisierung der Ausgangskurve.

5.8.30 Machen Sie sich am Beispiel der Kreisevolventen klar, daß die verschiedenen Evolventen einer Kurve völlig unterschiedliche Gestalt haben können.

5.8.31 Zeigen Sie, daß für $a \in \mathbb{R}\backslash\{0\}$ die Evolute der Parabel $y = a \cdot x^2$ eine sogenannte NEILsche Parabel (nach WILLIAM NEIL (1637-1670)) mit der Gleichung

$$16a \cdot \left(y - \frac{1}{2a}\right)^3 = 27x^2$$

ist. Bringen Sie diese Gleichung durch geeignete Transformationen in die übliche Form $y^2 = x^3$.

5.8.32 Berechnen Sie die Spitzen der Evolute der kubischen Parabel und die zugehörigen Punkte der Ausgangskurve.

5.8.33 Leiten Sie die Parameterdarstellung der Evolute einer Ellipse her.

5.8.34 Um bei der Rosette $r = \frac{c}{2} \cdot \sin(2\varphi)$ den Umfang eines Blattes $(0 \le \varphi \le \frac{\pi}{2})$ numerisch zu bestimmen, zerlegt man den rechten Winkel in 2^n gleich große Teilwinkel. Fig.5.22 zeigt dies für $n = 3$. Man erhält so die 2^n Rosettenpunkte P_i und das Polygon $P_1P_2 \ldots P_{2^n}$, dessen Umfang man als Näherung für den Blattumfang nimmt.

a) Zeigen Sie: $$\sum_{i=1}^{2^n} \overline{P_iP_{i+1}} = \frac{c}{2^n} \cdot \sum_{i=1}^{2^n} \sqrt{U(\varphi)}$$

mit $\varphi = \dfrac{\pi}{2^{n+1}}$ und

$$U(\varphi) = (\sin((i+1)\cdot\varphi)\cdot\cos^2((i+1)\cdot\varphi) - \sin(i\cdot\varphi)\cdot\cos^2(i\cdot\varphi))^2$$
$$+ (\sin^2((i+1)\cdot\varphi)\cdot\cos((i+1)\cdot\varphi) - \sin^2(i\cdot\varphi)\cdot\cos(i\cdot\varphi))^2$$

b) Schreiben Sie ein Computerprogramm, welches diese Rechnung für n = 1,2,3,... solange durchführt, bis aufeinanderfolgende Näherungen sich um weniger als $\varepsilon = 0{,}01$ unterscheiden.

Hinweis:

Man erhält $U_{Blatt} \approx 1{,}21\cdot c$, für den Umfang der Rosette den vierfachen Wert.

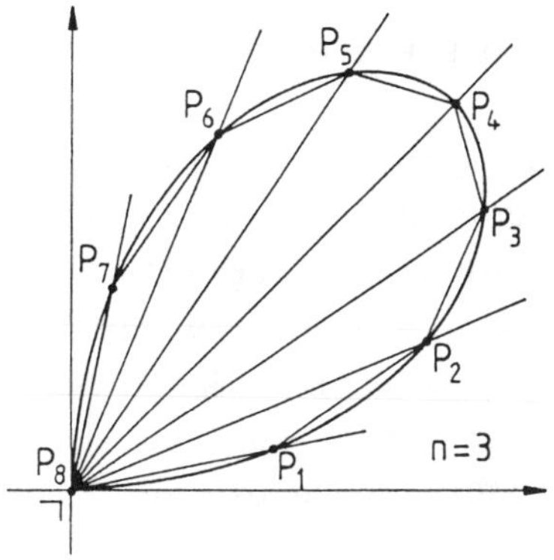

Figur 5.22

6 SPIRALEN

6.1 DEFINITION

Spiralen gibt es überall:

- in der Natur (vom Schneckenhaus über den Luft- oder Wasserwirbel bis zum Spiralnebel)
- in der Technik (vom Korbboden über die Bandwicklung bis zur Schallplatte)
- in der Kunst (von neolithischen Keramikzieraten über arabische Ornamente bis zur phantastischen Figur bei Friedensreich Hundertwasser)
- in der Mystik (von Formen und Verzierungen an antiken Kultgegenständen über mittelalterliche Mandalas bis hin zu Symbolfiguren moderner Sekten).

Gemeinsam ist allen diesen Gebilden, daß ein Zentrum in immer größeren (bzw. kleineren) Windungen stetig umlaufen wird.
Unter den bisher betrachteten höheren Kurven gehört die gespitzte Kreisevolvente (s. Fig.3.12) zu diesem Kurventyp. Ihre Parameterdarstellung (3.9) deutet die Spiraleigenschaft dadurch an, daß neben $\sin\alpha$ und $\cos\alpha$ auch α selbst auftritt, so daß x und y beliebig groß (bzw. beliebig klein) werden können. Noch mehr tut dies allerdings die aus (3.9) herleitbare Polardarstellung

$$r = R\cdot\sqrt{1+\alpha^2} \quad \text{mit} \quad \alpha \in \mathbb{R}\setminus\mathbb{R}^-,\ R \in \mathbb{R}^+ \tag{6.1}$$

r ist hier eine streng monotone Funktion von α: Mit α steigt (bzw. fällt) kontinuierlich auch die Entfernung zum Ursprung. Offensichtlich ist es gerade diese Eigenschaft, die wir als charakteristisch für die Spirale ansehen.

Unter einer Spirale versteht man eine Kurve, zu der es eine Polardarstellung $r = f(\varphi)$ gibt mit einer stetigen und streng monotonen Funktion f.

Gilt bei einer wachsenden (fallenden) Polarfunktion f mit Definitionsbereich D_f, daß $r \to a \in \mathbb{R}\backslash\mathbb{R}^-$ für $\varphi \to$ untere (obere) Grenze von D_f, so heißt im Falle $a > 0$ der Kreis $r = a$ der <u>Zentralkreis</u> der Spirale; im Falle $a = 0$ nennt man den Ursprung das <u>Zentrum</u> der Spirale. Zusammenfassend spricht man auch vom <u>Auge</u> oder vom <u>Pol</u>.

Die Kreisevolvente hat den Zentralkreis $r = R$; denn $r \to R$ für $\alpha \to 0$.

Jede Spirale ist eine transzendente Kurve.

Beweis: Die Polarachse wird von ihr in den unendlich vielen Stellen $(n\cdot 2\pi, f(n\cdot 2\pi))$ $(n \in \mathbb{N})$ geschnitten. Eine algebraische Kurve vom Grade n hingegen hat mit jeder Gerade höchstens n Schnittpunkte (s. **4.2.4**).

6.2 ARCHIMEDISCHE SPIRALE

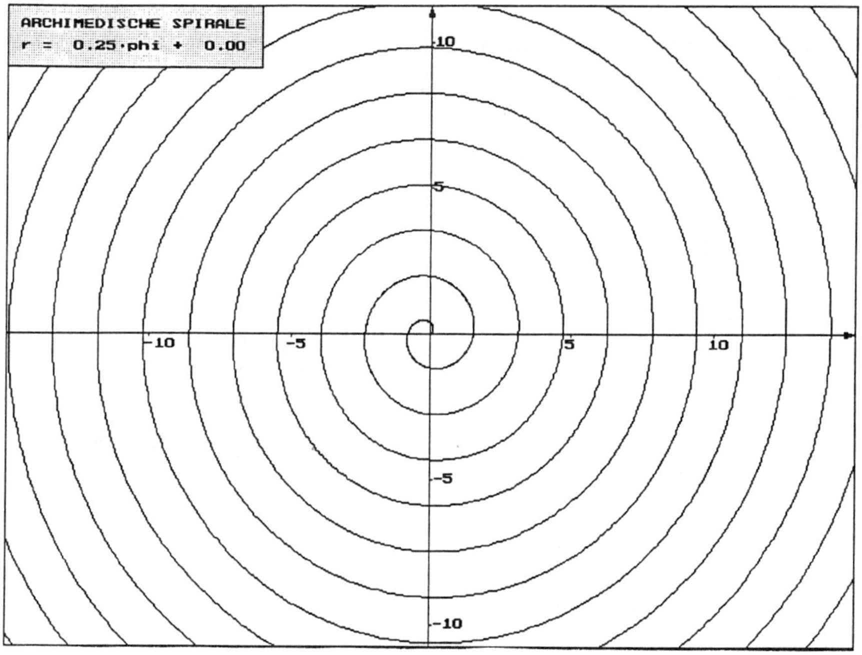

Figur 6.1

ARCHIMEDES (287-212 v.Chr.) hat ihr eine eigene Abhandlung *Über Spiralen* gewidmet. Die nachfolgend angeführten Eigenschaften (mit Ausnahme der Rektifikation) waren ihm bereits bekannt.

Die Archimedische Spirale hat die Gleichung

$$\boxed{r = a\cdot\varphi \quad \text{mit} \quad \varphi \in \mathbb{R}\backslash\mathbb{R}^-,\ a \in \mathbb{R}^+} \tag{6.2}$$

Die Entfernung zum Ursprung wächst demnach proportional zum Fahrwinkel. M.a.W.: Diese Spirale ist die Bahnkurve eines Punktes, der sich auf einem mit konstanter Winkelgeschwindigkeit drehenden Strahl vom Rotationszentrum aus mit konstanter Geschwindigkeit fortbewegt.

Fig.6.1 entnimmt man:

Die Windungen der Archimedischen Spirale sind gleichabständig.

Anders formuliert: Aus allen Ursprungsgeraden schneidet diese Spirale Strecken gleicher Länge aus.

Beweis: Seien $P_1(\varphi_1;r_1)$, $P_2(\varphi_2;r_2)$ zwei Punkt auf demselben Strahl, aber auf zwei Nachbarwindungen. Dann gilt

$$|P_1P_2| = |r_2 - r_1| = |a\cdot(\varphi_1 \pm 2\pi) - a\cdot\varphi_1| = 2\pi\cdot a \quad \blacksquare$$

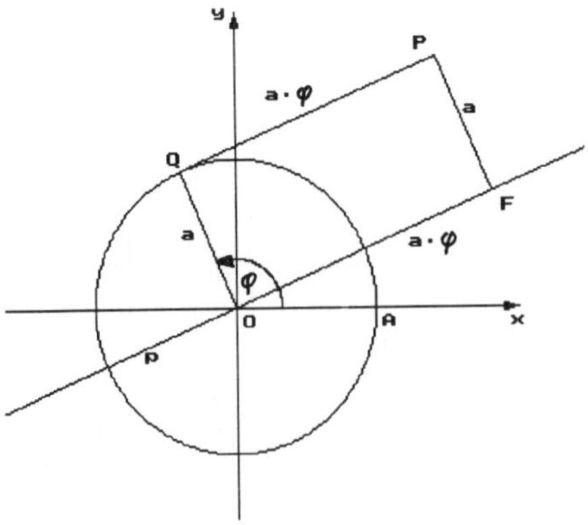

Figur 6.2

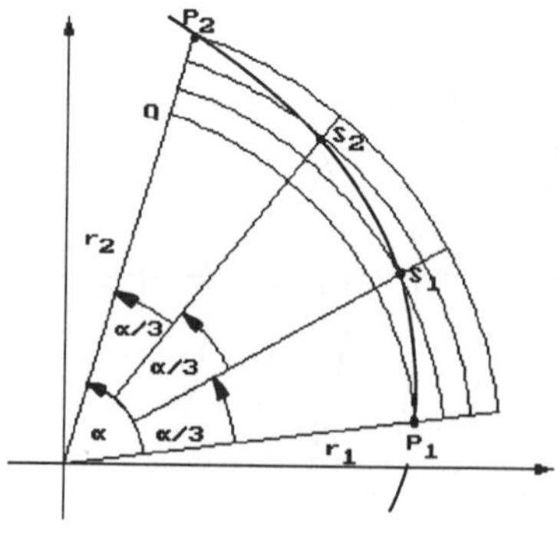

Figur 6.3

In Fig.6.2 ist P ein Punkt der gespitzten Kreisevolvente, d.h. die Strecke QP ist so lang wie der Bogen QA. Fällt man von P das Lot auf die durch den Ursprung führende Parallele *p* zu g(P;Q), d.h. zieht man die Tangente an die Evolvente in P, so hat der Lotfußpunkt F von O ebenfalls die Entfernung $a \cdot \varphi$. Der zugehörige Winkel ist allerdings $\varphi - \frac{\pi}{2}$.

Die um $\frac{\pi}{2}$ zurückgedrehte (voreilende) Archimedische Spirale ist Fußpunktkurve der gespitzten Kreisevolvente in bezug auf den Ursprung.

(Dabei müssen die beiden Parameter natürlich übereinstimmen.)

Wie so manche andere Kurve wurde auch die Archimedische Spirale im Altertum zur Winkeldreiteilung herangezogen.
Der Radiuszuwachs $f(\varphi_2) - f(\varphi_1)$ ist proportional zum Winkelzuwachs $\varphi_2 - \varphi_1$. Deshalb kann man QP_2 in Fig.6.3 dritteln und Ursprungskreise durch die gewonnenen Zwischenpunkte zeichnen. Ihre Schnittpunkte S_i mit der Spirale führen zu denjenigen Halbgeraden, welche den Winkel α dritteln. Da die Spirale nicht mit Zirkel und Lineal konstruierbar ist, handelt es sich hierbei um eine zwar exakte, aber nicht elementare Winkeltrisektion.

Wenden wir uns nun den Tangenten der Archimedischen Spirale zu. Für den Winkel ϑ, den eine Tangente mit dem zugehörigen Fahrstrahl bildet, gilt nach (4.27)

$$\tan\vartheta = \frac{f(\varphi)}{f'(\varphi)} = \frac{a \cdot \varphi}{a} = \varphi \tag{6.3}$$

Dies bedeutet, daß im Ursprung Tangente und Fahrstahl zusammenfallen, mit wachsendem φ auseinanderdriften und wegen $\vartheta \longrightarrow \frac{\pi}{2}$ für $\varphi \longrightarrow \infty$ dem Grenzfall zweier zueinander senkrechter Geraden zustreben.

Zur Konstruktion der Tangente in einem Spiralenpunkt $P(\varphi_0;f(\varphi_0))$ greifen wir auf (4.30) zurück, wonach für die polare Subnormale ON gilt: $|ON| = f'(\varphi_0)$, in unserem Falle also $|ON| = a$.
Diese Konstanz führt zu dem in Fig.6.4 dargestellten elementaren Verfahren, das Gegenstand der Aufg.6.6.10 ist.

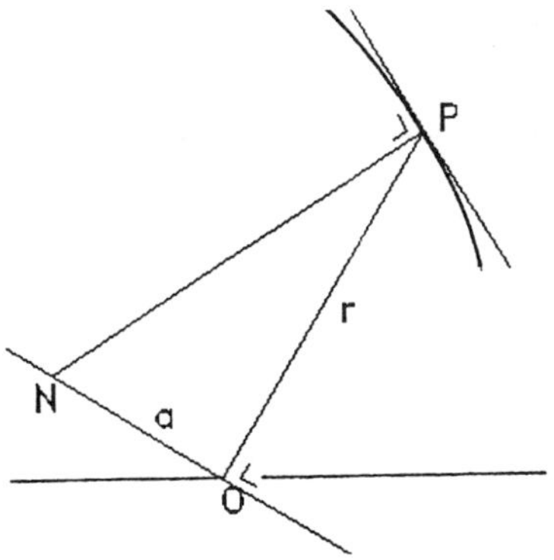

Figur 6.4

Schließlich interessieren wir uns noch für die Länge l desjenigen <u>Bogens</u> der Archimedischen Spirale, der von $\varphi = 0$ bis $\varphi = \varphi_0$ reicht. Es gilt gemäß (5.13):

$$l = a\cdot\int_0^{\varphi_0}\sqrt{1+\varphi^2}\,d\varphi$$

$$= \frac{a}{2}\cdot\left(\varphi_0\cdot\sqrt{1+\varphi_0^{\,2}} + \ln(\varphi_0 + \sqrt{1+\varphi_0^{\,2}})\right) \qquad (6.4)$$

Im Beispiel $\varphi_0 = 2\pi$ ergibt sich $l \approx 21{,}25\cdot a$.

6.3 LOGARITHMISCHE SPIRALE

Bei der Archimedischen Spirale ist r proportional zum Fahrwinkel φ. Es gilt $r = a\cdot\varphi$ und daher $r' = a$, d.h. r wächst konstant.

Wir betrachten nun eine Spirale, bei der dieses Wachsen proportional zu r geschieht:

$$r' = a\cdot r \quad (a \in \mathbb{R}^+) \qquad (6.5)$$

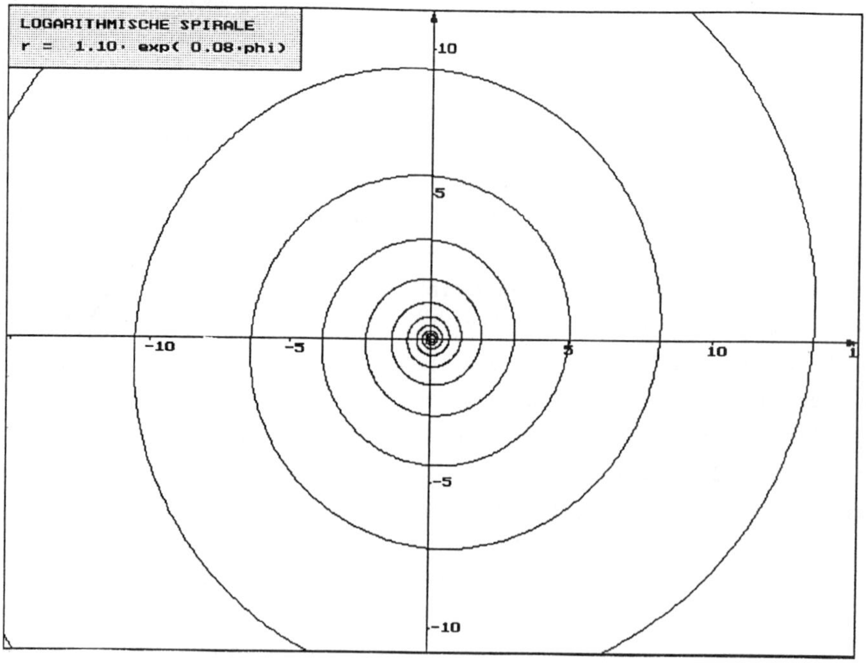

Figur 6.5

Diese Differentialgleichung hat die Lösung $r = c \cdot \exp(a \cdot \varphi)$.
Die durch

$$r = c \cdot \exp(a \cdot \varphi) \quad \text{mit} \quad \varphi \in \mathbb{R};\ a,c \in \mathbb{R}^+ \tag{6.6}$$

gekennzeichnete Kurve heißt <u>logarithmische Spirale</u>. Fig.6.5 zeigt ein Beispiel für diese zweite Spiralenart, Fig.6.6 zwei Beispiele für ihr Vorkommen in der Natur in Gestalt von zwei fossilen Cephalopoden (Kopffüßern) aus dem Silur (a), etwa 400 Millionen Jahre alt) und aus der Kreide (b), etwa 100 Millionen Jahre alt).

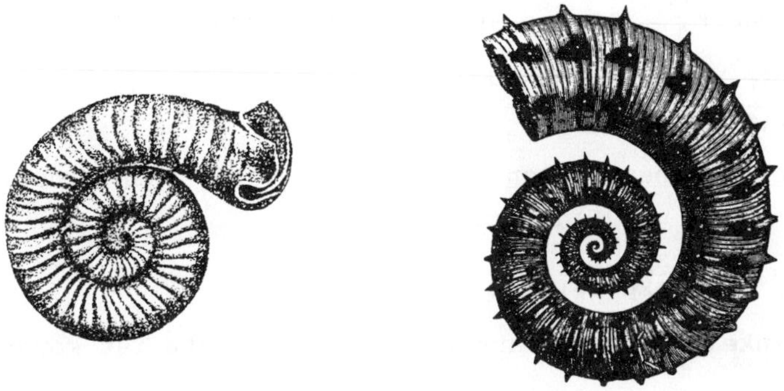

a) b)

Figur 6.6

Zuerst kommt diese Spirale bei ALBRECHT DÜRER (1471-1528), später bei RENÉ DESCARTES (1596-1650) in einem Brief aus dem Jahre 1638 vor. Ungefähr zur selben Zeit muß jedoch auch EVANGELISTA TORRICELLI (1608-1647) auf diese "vielleicht interessanteste aller ebenen Kurven" (Fladt 1962, S.400) gestoßen sein. Ihr Name stammt von PIERRE VARIGNON (1654-1722); er soll deutlich machen, daß zwar nicht r, wohl aber ln(r) zu φ proportional ist.

Die logarithmische Spirale hat das Zentrum O.

Denn es gilt $r \rightarrow 0$ für $\varphi \rightarrow -\infty$.

Anders als bei der Archimedischen Spirale (auch wenn man dort $D_f = \mathbb{R}$ setzt) gilt:

In jedem (noch so kleinen) Ursprungskreis liegen unendlich viele Windungen.

Beweis: $c \cdot \exp(a \cdot \varphi) \le r_0$ ist äquivalent zu $\varphi \le \frac{\ln(r_0) - \ln(c)}{a}$. Die zweite Ungleichung (und mit ihr die erste) hat unendlich viele Lösungen; insbesondere ist mit jedem φ_0 auch $\varphi_0 - n \cdot 2\pi$ ($n \in \mathbb{N}$) Lösung ∎

Ein weiterer Unterschied: Offensichtlich wächst der Abstand zwischen benachbarten Windungen mit steigendem φ. Genauer gilt:

> Die auf einer gemeinsamen Ursprungshalbgerade liegenden Fahrstrahllängen bilden eine geometrische Folge, deren Glieder mit dem Fahrwinkel wachsen bzw. fallen.

Beweis: Sei $r_1 = f(\varphi_1)$ und $r_2 = f(\varphi_2) = f(\varphi_1 + 2\pi)$. Dann gilt

$$\frac{r_2}{r_1} = \frac{f(\varphi_2)}{f(\varphi_1)} = \frac{\exp(a \cdot (\varphi_1 + 2\pi)}{c \cdot \exp(\varphi_1)} = \exp(2\pi a) > 1 \;\blacksquare$$

Zur Tangentenkonstruktion benutzen wir wieder den Winkel ϑ zwischen Tangente und Fahrstrahl:

$$\tan\vartheta = \frac{c \cdot \exp(a\varphi)}{c \cdot a \cdot \exp(a\varphi)} = \frac{1}{a}\,.$$

> Der Winkel zwischen Fahrstrahl und Tangente ist konstant.

M.a.W.: Die Schar der Ursprungsgeraden wird von der logarithmischen Spirale unter konstantem Winkel geschnitten.

Steinberg 1993 weist darauf hin, daß bei den meisten Blechscheren eine der beiden Klingen die Form einer logarithmischen Spirale hat. Nur so ist gewährleistet, daß das Blech stets unter demselben Winkel und daher mit gleichbleibendem Druck geteilt werden kann.

Unterzieht man die Spirale $r = c \cdot \exp(a \cdot \varphi)$ einer zentrischen Streckung (mit Zentrum im Ursprung)

$$\begin{aligned} r' &= k \cdot r \quad \text{mit } k \in \mathbb{R}^+ \\ \varphi' &= \varphi \end{aligned}$$

so ergibt sich die Bildfigur

$$\frac{r'}{k} = c \cdot \exp(a \cdot \varphi') \quad \text{bzw.} \quad r' = k \cdot c \cdot \exp(a \cdot \varphi').$$

Setzen wir $\psi = \frac{\ln(k)}{a}$, so ist $k = \exp(a \cdot \psi)$ und es gilt

$$r' = c \cdot \exp(a \cdot (\varphi' + \psi)).$$

Das ist eine gegenüber dem Urbild um $-\psi$ gedrehte, also kongruente Spirale.

Die zentrische Streckung einer logarithmischen Spirale um ihr Zentrum kommt einer Drehung gleich.

Diese zunächst überraschende Tatsache entspricht dem optischen Phänomen, daß eine logarithmische Spirale beim Drehen um ihr Zentrum zu wachsen (bzw. zu schrumpfen) scheint (man tue dies mit Fig.6.5).

Für die <u>Bogenlänge</u> s zwischen $P_1(\varphi_1;r_1)$ und $P_2(\varphi_2;r_2)$ ergibt sich:

$$s = \int_{\varphi_1}^{\varphi_2} \sqrt{r^2 + (r')^2}\, d\varphi = \int_{\varphi_1}^{\varphi_2} \sqrt{c^2 \cdot \exp(2a\cdot\varphi) + a^2c^2 \cdot \exp(2a\cdot\varphi)}\, d\varphi$$

$$= c\cdot\sqrt{1 + a^2} \cdot \int_{\varphi_1}^{\varphi_2} \exp(a\cdot\varphi)\, d\varphi = \sqrt{1 + 1/a^2}\cdot(r_2 - r_1).$$

Wegen $\tan\vartheta = \frac{1}{a}$ ist $\sqrt{1 + 1/a^2} = \sqrt{1 + \tan^2\vartheta} = \frac{1}{\cos\vartheta}$ und damit

$$s = \frac{r_2 - r_1}{\cos\vartheta} .$$

Wir interessieren uns nun für die <u>Evolute</u> der logarithmischen Spirale.

Aus $x = c\cdot\exp(a\cdot\varphi)\cdot\cos\varphi$ und $y = c\cdot\exp(a\cdot\varphi)\cdot\sin\varphi$ folgt

$$y' = \frac{a\cdot\sin\varphi + \cos\varphi}{a\cdot\cos\varphi - \sin\varphi} \quad \text{und} \quad y'' = \frac{1 + a^2}{c\cdot\exp(a\cdot\varphi)\cdot(a\cdot\cos\varphi - \sin\varphi)} .$$

Dann gilt für die Koordinaten $(x_M;y_M)$ der Mittelpunkte der Krümmungskreise, d.h. für den allgemeinen Evolutenpunkt gemäß (5.17)

$$x_M = -a\cdot c\cdot\exp(a\cdot\varphi)\cdot\sin\varphi \quad \text{und} \quad y_M = a\cdot c\cdot\exp(a\cdot\varphi)\cdot\cos\varphi .$$

Es ist also

$$\begin{aligned} x_M &= -a\cdot y \\ y_M &= a\cdot x \end{aligned} \qquad (6.7)$$

Nun steht

$$\begin{aligned} x' &= -y \\ y' &= x \end{aligned}$$

für eine Vierteldrehung um den Ursprung (s. Fig.6.7) und

$$\begin{vmatrix} x_M & = & a \cdot x' \\ y_M & = & a \cdot y' \end{vmatrix}$$

für eine zentrische Streckung vom Ursprung aus, welche für die die logarithmische Spirale ebenfalls nur eine Drehung bedeutet (s.o.). Demnach führt (6.7) diese Spirale in eine lediglich gegedrehte, also kongruente Spirale über.

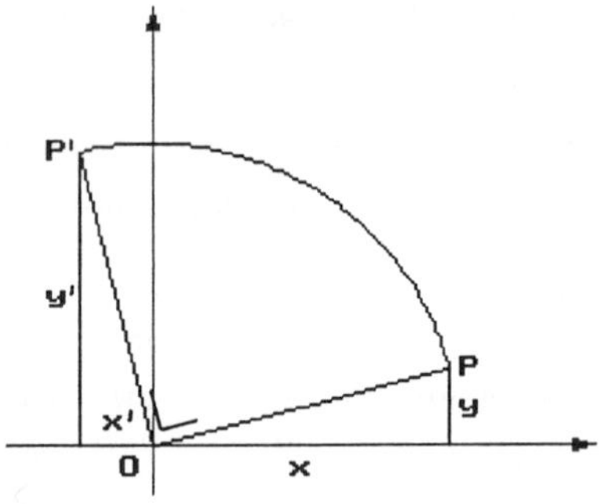

Figur 6.7

Die Evolute einer logarithmischen Spirale ist eine dazu kongruente Spirale.

Fig.6.8 zeigt ein Beispiel.

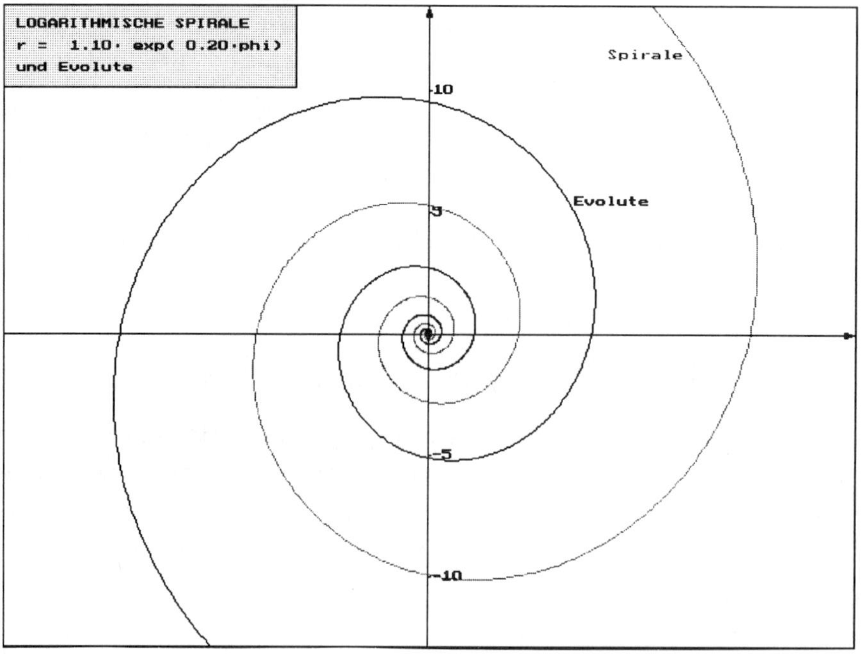

Figur 6.8

Wegen solcher und anderer "Selbstbehauptungseigenschaften" (s. auch Aufg.6.6.15) war JAKOB BERNOULLI (1654-1705) so sehr von der logarithmischen Spirale angetan, daß er sie "Spira mirabilis" nannte und sogar auf seinen Grabstein gravieren lassen wollte, zusammen mit der Inschrift: "Eadem mutata resurgo"[1]. (Grabstein und Inschrift sind im Kreuzgang des Baseler Münsters zu sehen. Aber der Steinmetz brachte statt der logarithmischen eine archimedische Spirale an.)

Berechnen wir der Vollständigkeit halber noch den Krümmungsradius ρ in $P(\varphi_0;r_0)$. Gemäß (5.18) ist

$$\rho = \frac{c\cdot\exp(a\varphi)\cdot(1+a^2)^{3/2}}{1+a^2} = r\cdot\sqrt{1+a^2}\ .$$

Andererseits gilt für die Bogenlänge s vom Zentrum aus (s.o.): $s = \frac{c}{a}\cdot\sqrt{1+a^2}\cdot r$. Dies führt zur natürlichen Gleichung

$$\boxed{\rho = \frac{a}{c}\cdot s} \qquad (6.8)$$

Der Krümmungsradius ist proportional zur Bogenlänge ab dem Ursprung.

6.4 WEITERE SPIRALEN

Aus der Vielzahl der Spiralentypen wählen wir noch drei Vertreter aus, die historische Bedeutung haben.

6.4.1 Hyperbolische Spirale

Fig.6.9 zeigt eine solche Spirale. Sie hat die Polargleichung

$$\boxed{r = \frac{a}{\varphi} \quad \text{mit } \varphi, a \in \mathbb{R}^+} \qquad (6.9)$$

Es handelt sich hier um eine monoton fallende Polarfunktion. Das Adjektiv "hyperbolisch" weist auf die Analogie zur Hyperbel $y = \frac{a}{x}$ hin. Erstmals untersucht wurde sie von PIERRE VARIGNON und JOHANN BERNOULLI (1667-1748).

Die Hyperbolische Spirale hat das Zentrum O und die Asymptote $y = a$.

Zum Beweis beachte man, daß $r \to 0$ für $\varphi \to \infty$ und $r\cdot\sin\varphi = a\cdot\frac{\sin\varphi}{\varphi} \to a$ für $\varphi \to 0$.

[1] Verändert und dennoch als derselbe werde ich auferstehen.

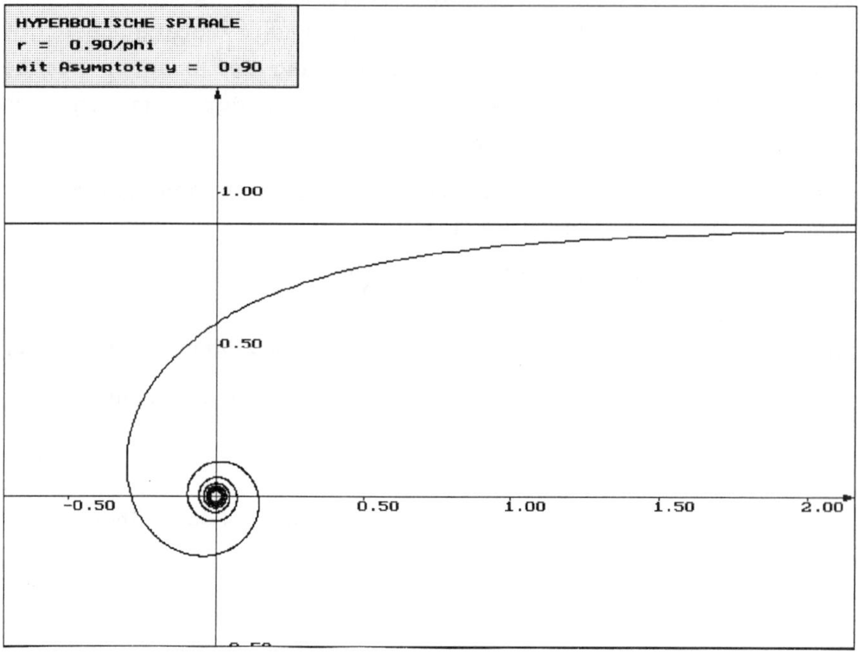

Figur 6.9

Jede Archimedische Spirale geht durch Inversion an einem Kreis um ihr Zentrum in eine Hyperbolische Spirale über.

Beweis: $r = a \cdot \varphi$ führt gemäß

$$r' = \frac{k^2}{r}, \quad \varphi' = \varphi \qquad \text{bzw.} \qquad r = \frac{k^2}{r'}, \quad \varphi = \varphi'$$

zu $\frac{k^2}{r'} = a \cdot \varphi'$ bzw. $r' = \frac{k^2 : a}{\varphi'}$.

Hieraus ergibt sich eine einfache Möglichkeit der Tangentenkonstruktion: Man invertiere den Berührpunkt der Hyperbolischen Spirale, zeichne die Tangente im Bildpunkt gemäß Fig.6.4 und konstruiere daraus die Tangente im Ausgangspunkt gemäß Fig. 2.19.

6.4.2 FERMATsche Spirale

Diese erstmals in einem Brief PIERRE DE FERMATs (1601-1665) aus dem Jahre 1636 erwähnte Kurve wird charakterisiert durch

$$r = a \cdot \sqrt{\varphi} \quad \text{mit} \quad \varphi \in \mathbb{R} \setminus \mathbb{R}^-, \ a \in \mathbb{R}^+ \tag{6.10}$$

Fig.6.10 zeigt ihr Bild für a = 1,5 (fette Linie).

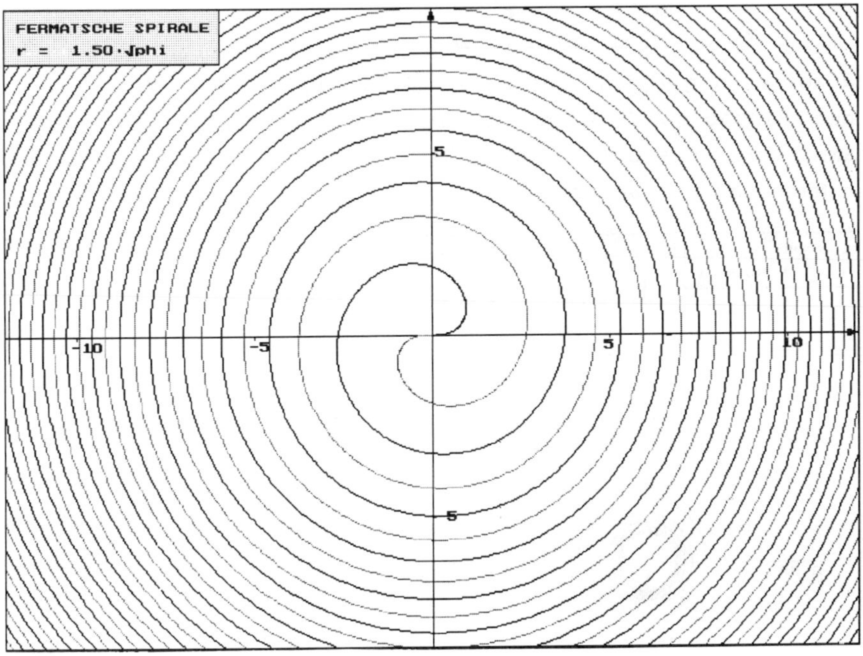

Figur 6.10

Daß der Ursprung Zentrum ist, folgt sofort aus (6.10). Bemerkenswerter ist:

Mit wachsendem φ nimmt der Windungsabstand ab.

Beweis: Die Entfernung zwischen $P_1(\varphi_1;r_1)$ und $P_2(\varphi_1 + 2\pi;r_2)$ beträgt $a\cdot(\sqrt{\varphi + 2\pi} - \sqrt{\varphi})$. Nun ist aber $\sqrt{\varphi + 2\pi} - \sqrt{\varphi}$ eine monoton fallende Funktion, denn ihre Ableitung ist

$$\frac{1}{2} \cdot \frac{\sqrt{\varphi} - \sqrt{\varphi + 2\pi}}{\sqrt{\varphi\cdot(\varphi + 2\pi)}} < 0 \ \blacksquare$$

Fig.6.10 enthält weiterhin noch eine schwach ausgezogene, zur ersten in bezug auf den Ursprung punktsymmetrische Kurve. Sie genügt der Gleichung $r = -a\cdot\sqrt{\varphi}$, beide Kurven zusammen also der Relation $r^2 = a^2\cdot\varphi$. Es entsteht der Gesamteindruck zweier ineinander verschlungener Schlangen.

6.4.3 Krummstab

Hier gehen wir aus von der Gleichung

$$r = \frac{a}{\sqrt{\varphi}} \quad \text{mit} \quad \varphi, a \in \mathbb{R}^{+} \qquad (6.11)$$

und zeigen die zugehörige Kurve (Fig.6.11), die in der Tat an einen Bischofsstab erinnert. Der Name Krummstab oder Lituus stammt von ROGER COTES (1682-1716), der sie als einer der ersten Mathematiker untersuchte.

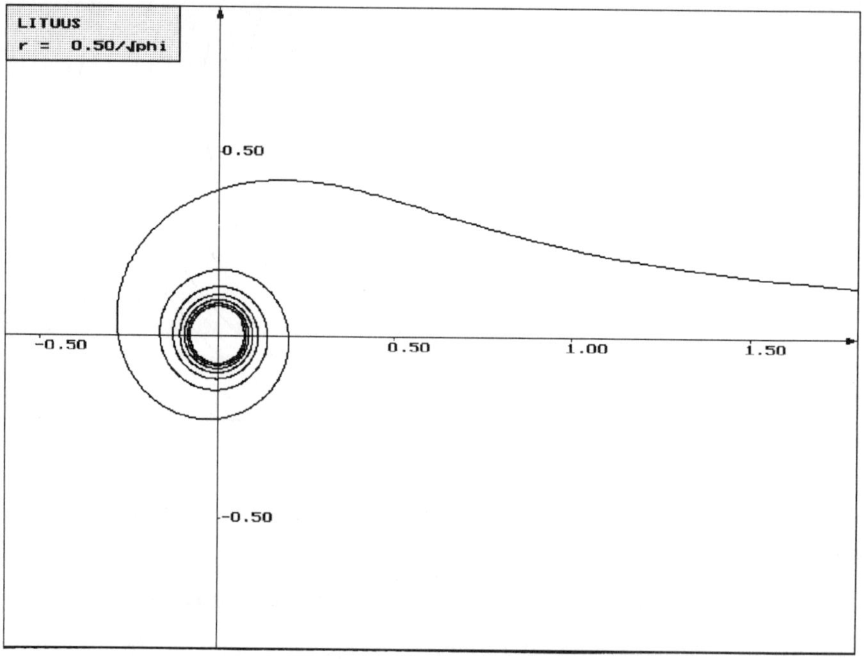

Figur 6.11

Der Krummstab hat das Zentrum O und die Asymptote y = 0.

Denn es gilt $r \to 0$ für $\varphi \to \infty$ und $r \cdot \sin\varphi = a \cdot \frac{\sin\varphi}{\sqrt{\varphi}} \to 0$ für $\varphi \to 0$ ■

Nun werden Extremstellen und Extremwerte des Lituus in bezug auf das kartesische Koordinatensystem bestimmt.

Es ist $x = \frac{a}{\sqrt{\varphi}} \cdot \cos\varphi$ und $y = \frac{a}{\sqrt{\varphi}} \cdot \sin\varphi$, also

$$\frac{dy}{dx} = \frac{dy}{d\varphi} : \frac{dx}{d\varphi} = \frac{\sin\varphi + 2\varphi\cdot\cos\varphi}{\cos\varphi - 2\varphi\cdot\sin\varphi} .$$

Die notwendige Bedingung $-\sin\varphi + 2\varphi\cdot\cos\varphi = 0$ bzw. $\tan\varphi = 2\varphi$ führt zu den beiden Lösungen $\varphi_1 \approx 1{,}166$ bzw. $\varphi_1 \approx 66{,}8°$ und $\varphi_2 \approx 4{,}604$ bzw. $\varphi_2 \approx 263{,}8°$. Vorzeichenbetrachtung der Ableitungsfunktion (oder auch der Augenschein) erbringt, daß bei φ_1 ein Maximum, bei φ_2 ein Minimum liegt. Aus den Werten φ_i folgt:

$r_1 \approx 0{,}92\cdot a$, $x_1 \approx 0{,}36\cdot a$, $y_1 \approx 0{,}85\cdot a$ sowie
$r_2 \approx 0{,}47\cdot a$, $x_2 \approx -0{,}10\cdot a$, $y_2 \approx -0{,}46\cdot a$.

Die Kurve besitzt auch einen Wendepunkt, was bei Spiralen selten ist. Zu seiner Bestimmung gehen wir aus von

$$y'' = \frac{r^2 + 2r'^2 - rr''}{(r'\cos\varphi - r\sin\varphi)^3}$$

und erhalten über notwendige Bedingung $y'' = 0$ den Wert $\varphi_3 = \frac{1}{2}$ bzw. $\varphi_3 \approx 28{,}65°$, d.h. $x_3 \approx 1{,}24\cdot a$ und $y_3 \approx 0{,}68\cdot a$. Auf seine Absicherung verzichten wir.-

Sei $\{u\}$ die Schar der Ursprungskreise, g die Polarachse und $\{S_u\}$ die Menge aller Schnittpunkte von $\{u\}$ mit g (Fig.6.12).

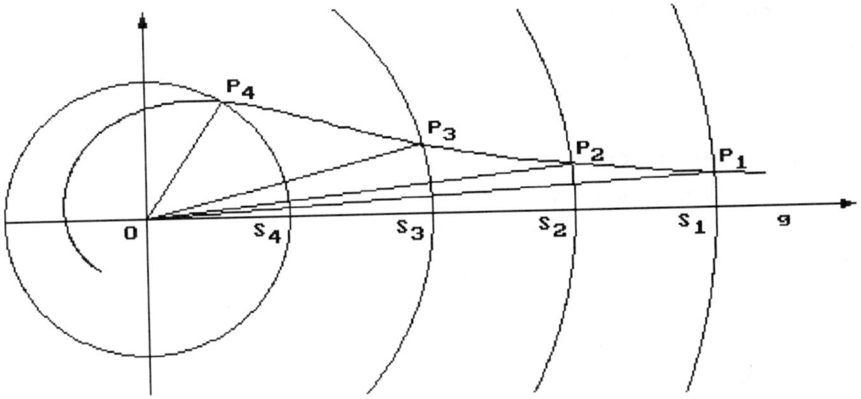

Figur 6.12

Dann ist die Menge aller Punkte $P_u \in \{u\}$, für die der Sektor P_uOS_u den konstanten Flächeninhalt k hat, ein Lituus, denn

$$|\Delta\ P_uOS_u| = \frac{(r\cdot\varphi)\cdot r}{2} \quad \text{und} \quad \frac{(r\cdot\varphi)\cdot r}{2} = k \iff r = \frac{\sqrt{2k}}{\sqrt{\varphi}} .$$

6.5 DIDAKTISCHER KOMMENTAR

Spiralen sind außerordentlich faszinierende Gebilde; ihre ästhetische Gestalt sowie eine Fülle von reizvollen Eigenschaften haben den Menschen zu allen Zeiten herausgefordert, sei es, daß er spiralige Gebilde in seiner Umwelt erkannte und studierte, sei es, daß er solche Figuren selbst skizzierte oder konstruierte. Das Emblem des siebten International Congress on Mathematical Education (ICME-7), der im August 1992 in Québec (Kanada stattfand (s. Fig.6.13) war eine leicht abgewandelte Wurzelschnecke (s. Aufg.6.6.1).

Fig.6.13

Ihm bzw. ihr war auf diesem Kongress ein eigener Vortrag gewidmet, der deutlich machte, wie viel an klassischer Mathematik und wie viele noch ungelöste Probleme in dieser Figur stecken. Auch das Mitteilungsblatt der Deutschen Mathematiker-Vereinigung (DMV) ziert neuerdings eine (archimedische?) Spirale.
Für solche Gebilde ergeben sich recht naheliegende, geradezu natürliche Fragestellungen: Möglichkeiten der Konstruktion der Kurve, ihrer Tangenten bzw. Normalen; Bestimmung der Länge von Spiralenbögen bzw. der von ihnen und den zugehörigen begrenzenden Radien ausgeschnittenen Flächen; Art der Windungen, asymptotisches Verhalten an den Rändern des Definitionsbereiches usw. Sie haben die Phantasie und das analytische Geschick der Mathematiker mehr als zwei Jahrtausende lang angeregt.
Umso bedauerlicher, daß Spiralen in den gegenwärtigen Curricula gar nicht, in Schulbüchern äußerst selten, im tatsächlichen Unterricht kaum je vorkommen.
Schuld daran ist die Vernachlässigung bzw. völlige Vermeidung des Polarkoordinatensystems. Steinberg 1984 und 1993 hat überzeugend herausgearbeitet, welche Möglichkeiten zu einer vertieften Sicht traditioneller Stoffbereiche der SII (in Teilen sogar schon der SI) man dadurch verschenkt. Unter seinen Beispielen kommen auch die Archimedische und die logarithmische

Spirale vor. Wir gehen insoweit über seine Ausführungen hinaus, als wir noch weitere Spiralen einbringen und damit auf die keineswegs schwierige Erarbeitung einer allgemeinen Definition von "Spirale" zielen.

Dem naheliegenden Einwand, das Zeichnen von Spiralen koste zu viel Zeit, kann man entgegnen: Die Handkonstruktion der Archimedischen Spirale ist (zumal unter Zuhilfenahme eines Taschenrechners, vielleicht auch mit Benutzung von Polarkoordinatenpapier) zumutbar, schon als Übung zum Vertrautwerden mit dem Polarkoordinatensystem. Ihr sollte sich die Erstellung eines einfachen Computerprogramms zur Spiralenkonstruktion anschließen: Der zugrundeliegende Algorithmus ist unmittelbar verständlich, die programmtechnische Realisierung kann einer der heute in nahezu jeder Klasse vorhandenen "Spezialisten" übernehmen. Im folgenden muß jeweils nur die Funktion $r = f(\varphi)$ ausgetauscht werden, um zu anderen Spiralen zu kommen (eventuell bei Abänderung des Definitionsintervalls).

Aus systematischen Gründen werden in diesem Buch die Gesetzmäßigkeiten für Funktionen in Polarkoordinatendarstellung in Kapitel **4** entwickelt und hier auf Spiralen angewandt. Im Unterricht wird man genetisch vorgehen: Um naheliegende Fragen für konkrete Spiralen zu beantworten bzw. Vermutungen zu sichern, ist es erforderlich, in Analogie zu kartesisch dargestellten Funktionen gewisse allgemeine Einsichten für Funktionen in Polarform zu erarbeiten. Das war im wesentlichen auch der historische Weg.

Eine Unterrichtseinheit über Spiralen lebt zweifellos auch vom Vergleich der unterschiedlichen Spiralenarten sowie vom Herausarbeiten ihrer Beziehungen untereinander sowie zu bekannten Kurven. Eigenschaften wie Windungsabstand, Verhalten an den Definitionsrändern, Invarianten werden bei kontrastierendem bzw. beziehungsstiftendem Vorgehen überhaupt erst wesentlich. In diesem Zusammenhang ist wichtig, daß es gar nicht schwer fällt, neue Beispiele zu generieren. Man braucht nur dafür zu sorgen, daß $r = f(\varphi)$ stetig und monoton ist (s. Aufg.6.6.22) und sich dabei an monotone Funktionen der Art $y = f(x)$ zu erinnern.

6.6 AUFGABEN

6.6.1 Aus der SI-Algebra ist die Wurzelschnecke bekannt (s. Fig.6.14), die wohl von THEODORUS (um 460-390 v.Chr.) stammt.

a) Erläutern Sie ihre Konstruktion.

b) Zeigen Sie, daß es sich um eine Spirale handelt.

c) Wie lang ist der gezeichnete Streckenzug und wie groß der Inhalt der gezeichneten Fläche ?

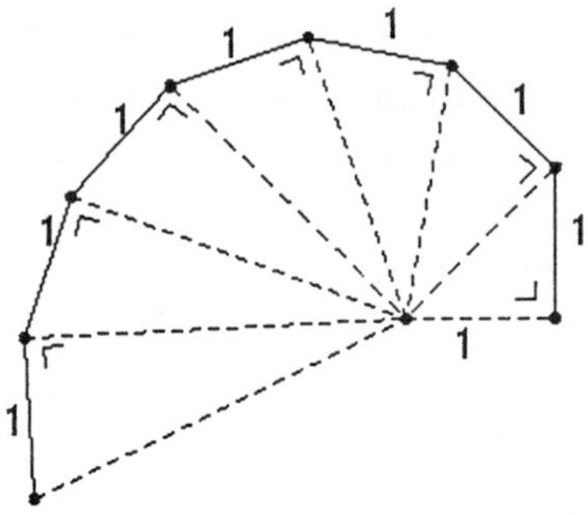

Figur 6.14

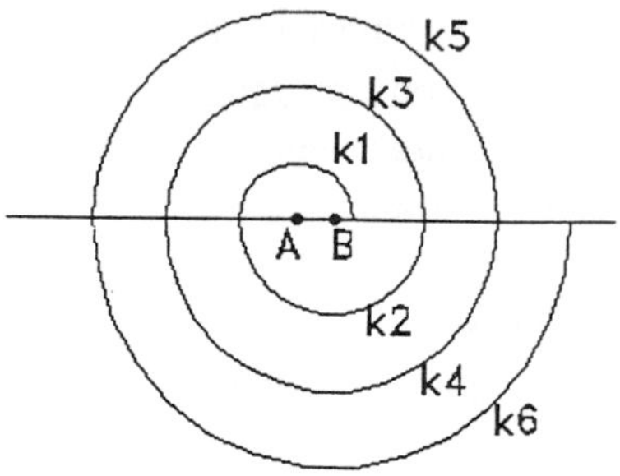

Figur 6.15

6.6.2 Die Kurve in Fig.6.15 besteht aus Halbkreisen k_i, die abwechselnd um A und B gezogen werden und sich auf g(A;B) einander anschließen. Eine solche ionische Schnecke findet sich erstmals bei ALBRECHT DÜRER in dessen *Underweysung der messung mit dem zirckel uñ richtscheyt* (1528).

Zeigen Sie, daß diese Kurve eine Spirale ist. Welches ist ihr Grenzkreis?

6.6.3 Fig.6.16 zeigt ein Rechteck ABCD, dessen Seitenverhältnis dem Goldenen Schnitt entspricht: $\frac{|AB|}{|BC|} = \frac{1 + \sqrt{5}}{2}$.

a) Beschreibt man diesem Rechteck ein Quadrat EBFD ein, so verbleibt ▭ EBCF, das dem Ausgangsrechteck ähnlich ist, d.h. dasselbe Seitenverhältnis hat. Zeigen Sie dies.

b) Man kann also auch in ▭ EBCF ein entsprechendes Quadrat einbeschreiben und erhält so ein drittes, zu den beiden früheren Rechtecken ähnliches Rechteck, usw. Diese Sequenz kann man nutzen, um eine aus Viertelkreisen bestehende Linie AFHI... zu zeichnen. Zeigen Sie, daß sie eine Spirale ist. Wo liegt ihr Zentrum?

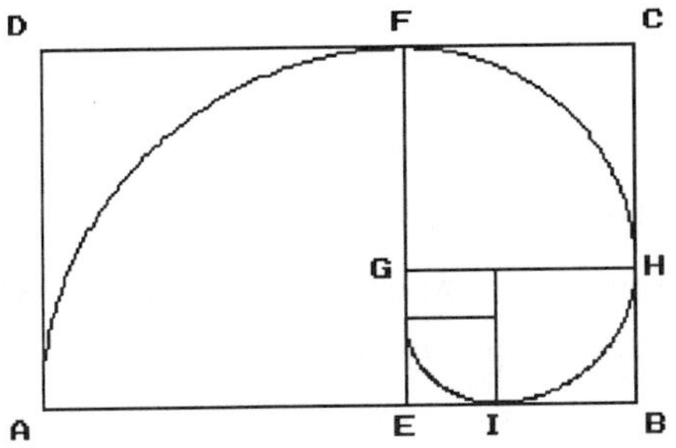

Figur 6.16

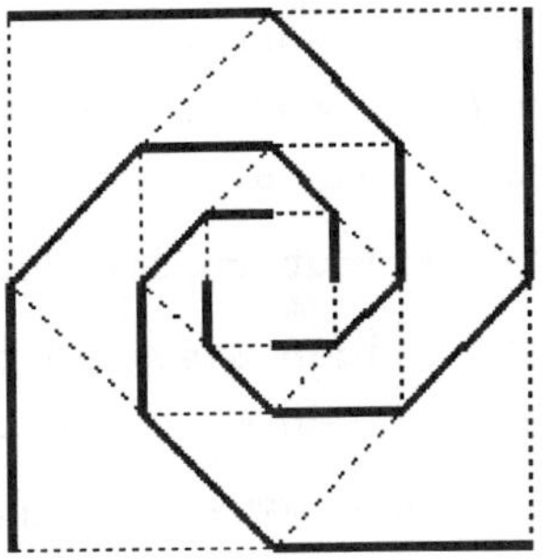

Figur 6.17

6.6.4 In Fig.6.17 sieht man eine (unbegrenzt weitergeführt zu denkende) Folge von Quadraten, von denen jedes die Seitenmitten seines Vorgängers als Ecken hat.

a) Zeigen Sie, daß es sich bei den in dieser Figur hervorgehobenen Streckenzügen um kongruente Spiralen handelt, deren Zentrum der gemeinsame Mittelpunkt aller Quadrate ist.

b) Wie lang ist eine solche Spirale?

d) Wie groß ist der Inhalt der von zwei benachbarten Spiralen eingeschlossenen Fläche?

6.6.5 Zeigen Sie, daß eine Spirale mit einem Ursprungskreis höchstens einen Punkt gemeinsam hat.

6.6.6 Zeigen Sie, daß eine Spirale keine singulären Punkte haben kann.

6.6.7 Zeigen Sie, daß die Archimedische Spirale (6.2) auch die Parameterdarstellung

$$x = a \cdot t \cdot \sin t \quad ; \quad y = a \cdot t \cdot \cos t \quad \text{mit } t \in \mathbb{R} \setminus \mathbb{R}^- \tag{6.12}$$

hat.

6.6.8 a) Leiten Sie aus (6.2) die implizite Darstellung

$$y = \frac{x}{a} \cdot \tan \sqrt{x^2 + y^2} \tag{6.13}$$

der Archimedischen Spirale her.

b) Versuchen Sie, eine solche Darstellung auch für die anderen Spiralentypen dieses Kapitels zu erhalten.

6.6.9 Welche Kurve ergibt sich, wenn man

a) in (6.2) auch $a < 0$ gestattet

b) in (6.2) auch $\varphi < 0$ gestattet

c) statt von (6.2) von $r = a\cdot\varphi + b$ $(b \in \mathbb{R})$ ausgeht?

6.6.10 Erläutern Sie die Tangentenkonstruktion in Fig.6.4.

6.6.11 Zeigen Sie, daß die Krümmung der Archimedischen Spirale im Zentrum den Wert $\frac{2}{a}$ hat und für $\varphi \to \infty$ gegen 0 strebt.

6.6.12 ARCHIMEDES hat gezeigt, daß das Bogenstück "seiner" Spirale zwischen $\varphi = 0$ und $\varphi = 2\pi$ zusammen mit der Polarachse eine Fläche berandet, deren Inhalt $\frac{1}{3}$ des Inhalts des zugehörigen Umfangskreises (mit dem Radius $a\cdot 2\pi$) beträgt (s. Fig.6.18). Überprüfen Sie dies unter Zuhilfenahme der LEIBNIZschen Sektorenformel (4.40).

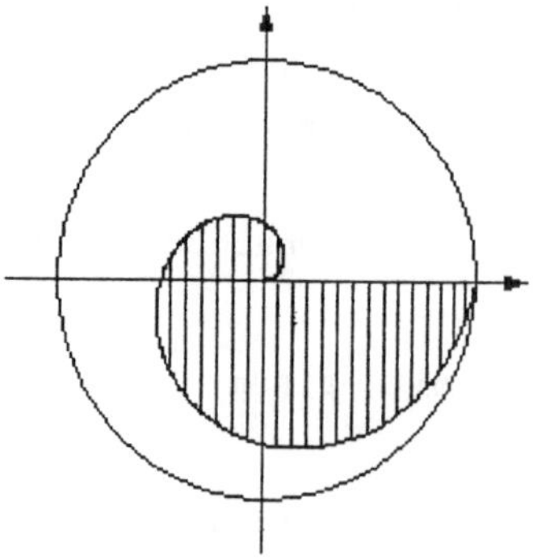

Figur 6.18

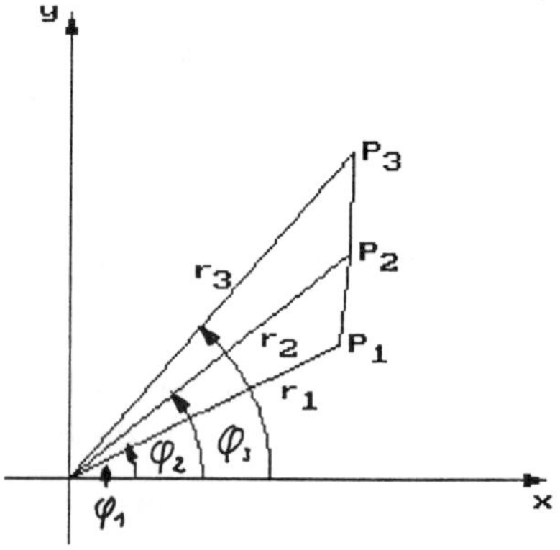

Figur 6.19

6.6.13 In Fig.6.19 sind P_1, P_2, P_3 drei Punkte der logarithmischen Spirale mit Polarwinkeln φ_i derart, daß $\varphi_3-\varphi_2 = \varphi_2-\varphi_1$.

a) Zeigen Sie: $\Delta\, OP_1P_2$ und $\Delta\, OP_2P_3$ sind zueinander ähnlich.

b) Wie kann man a) zur Konstruktion eines dritten Spiralenpunktes heranziehen, wenn zwei solche Punkte gegeben sind?

c) Fig.6.19 macht noch einmal plausibel, daß der Winkel zwischen Fahrstrahl und Tangente bei dieser Spirale konstant ist. Wieso?

6.6.14 Gegeben sei eine logarithmische Spirale *l* und ein Punkt $P \notin l$. Konstruieren Sie die Tangente von P an *l*. Wie viele solcher Tangenten gibt es ?

6.6.15 a) Zeigen Sie, daß die logarithmische Spirale bei einer Inversion am Ursprung in eine kongruente logarithmische Spirale übergeht.

b) Bestimmen Sie den Parameter k dieser Inversion so, daß diese Spirale sogar fix bleibt. (Damit zeigen Sie, daß die logarithmische Spirale eine anallagmatische Kurve ist.)

6.6.16 Zeigen Sie, daß die Länge der logarithmischen Spirale vom Zentrum O bis zu einem Spiralenpunkt P trotz der unendlich vielen Windungen um O endlich ist, und zwar gleich der Länge des Tangentenstücks zwischen dem Berührpunkt P und dem Schnittpunkt S der Tangente mit der Ursprungsgerade senkrecht zum Fahrstrahl von P (der polaren Subtangente).

6.6.17 Führen Sie die Rechnungen im einzelnen durch, mit denen man zu (6.7) gelangt.

6.6.18 Benutzen Sie die natürliche Gleichung (6.8) der logarithmischen Spirale für ein Konstruktionsprogramm.

6.6.19 a) Zeigen Sie, daß die polare Subtangente der Hyperbolischen Spirale den konstanten Wert -a hat.

b) Nutzen Sie dies für eine einfache Tangentenkonstruktion.

6.6.20 a) Untersuchen Sie die Kurve $r^2\varphi^2 = a^2$ $(\varphi, a \neq 0)$.

b) Ebenso $r = a\cdot\sqrt{\varphi} + b$ $(\varphi \in \mathbb{R}\backslash\mathbb{R}^-;\ a,b \in \mathbb{R}^+)$.

6.6.21 Zeigen Sie, daß jeder Krummstab das Inversionsbild einer FERMATschen Spirale ist.

6.6.22 Geben Sie weitere stetige und streng monotone Funktionen $r = f(\varphi)$ an und untersuchen Sie die zugehörigen Kurven.

6.6.23 Überprüfen Sie, ob auch alle streng monotonen "natürlichen Funktionen" $\kappa = f(s)$ bzw. $\rho = f(s)$ zu Spiralen führen.

6.6.24 Für LOGO-Fans (und andere):

a) Zeigen Sie, daß folgendes einfache LOGO-Programm eine Spirale zeichnet:

```
PR SPIRALE : SCHRITT : WINKEL : C
VORWAERTS: SCHRITT
RECHTS: WINKEL
SPIRALE : SCHRITT + C : WINKEL
ENDE
```

b) Ändern Sie es zum Zeichnen anderer Spiralen geeignet ab.

7 KURVEN IN NATUR UND TECHNIK

7.1 VORBEMERKUNGEN

In den vorangehenden Kapiteln sind außermathematische Aspekte höherer Kurven wiederholt angeklungen, allerdings eher peripher und ohne Relevanzbetrachtungen. Erinnert sei z.B. an die Bahnkurven bei der gleitenden Leiter und bei Kreisrollungen (Erzeugung und Untersuchung von Bewegungsabläufen) sowie an das Auftreten von Spiralen in konkreten Zusammenhängen (Abwickelkurve bei einem Faden, Schneidekante einer Blechschere, Spiralnebel, Form bestimmter Cephalopoden).
Nun legen wir den Schwerpunkt mehr auf den physikalisch-technischen Hintergrund bei der Genese und Analyse von bestimmten, historisch oder situativ ausgezeichneten Kurven. Selbstverständlich leistet hierzu die Mathematik als beschreibendes und strukturierendes Instrument in den Naturwissenschaften einen wichtigen Beitrag.
Soweit physikalische Formeln Verwendung finden, sind sie ebenso wie die in ihnen vorkommenden Größen elementarer Art. Das Wirken von Kräften werden wir nur insofern berücksichtigen, als es zur Aufstellung der Bewegungsgleichungen erforderlich ist. Konsequenzen technischer Art wie z.B. Analysen hinsichtlich eines Verschleißes von Bauteilen infolge großer Kraftänderungen bleiben unberücksichtigt.
Angesichts ihrer Bedeutung in der Natur sprechen wir im Rahmen der Aufgaben auch Bahnellipsen und Wurfparabeln an, bleiben aber ansonsten bei höheren Kurven.

7.2 KURVEN BEI EBENEN BEWEGUNGEN STARRER KÖRPER

Zunächst denken wir uns den sich bewegenden Körper als System von unendlich vielen, miteinander starr verbundenen punktförmigen Teilkörpern. Bei dieser Modellierung liegt es nahe, von

Punkten des Körpers zu sprechen. Die Gesamtheit aller dieser Punkte bezeichnen wir auch als das bewegte System. Bewegen sich nun alle Punkte jeweils innerhalb einer Ebene, sprechen wir von einer ebenen Bewegung. Eines der Ziele dieses Abschnitts ist die Beschreibung und Analyse der Bahnkurven bei bestimmten ebenen Bewegungen unter Beteiligung besonderer Körper.
Im mathematischen Modell stellt sich das folgendermaßen dar. Mit dem sich bewegenden Körper werde ein Koordinatensystem mitgeführt. In ihm haben die Punkte des Körpers bewegungsinvariante Koordinaten. Bahnkurven entstehen, wenn man die Bewegung des Körpers bzw. des mitlaufenden Gangsystems in Bezug zu einem festen äußeren Koordinatensystem, dem sogenannten Rastsystem setzt. Da wir nur ebene Bewegungen betrachten, kommen wir mit ebenen Bezugssystemen aus und erschließen den physikalischen Raum gleichsam scheibchenweise.

7.2.1 Wälzen und Rollen von Gegenständen

Um schwere Körper fortzubewegen, benutzt man Wagen mit Achsen und Rädern. Bei schweren Objekten besteht jedoch die Gefahr, Achsen oder Achslager zu überlasten. Man kann dann auf zylinderförmige Rollen zurückgreifen, die man unter eine den Körper tragende ebene Plattform bringt. Wenn man dieses Gerät fortbewegt, kommen Rollen unter der Plattform heraus, bleiben hinter ihr zurück und müssen vorn wieder angelegt werden, um erneut zum Transport beitragen zu können.
Selbstverständlich machen wir das Rastsystem am Untergrund fest. Das Gangsystem können wir dann an eine Rolle oder an den bewegten Körper heften. Gehen wir von einer ebenen Fahrbahn aus, stoßen wir bei den Bahnkurven im ersten Fall auf die bereits in 3.2 behandelten Zykloiden, im zweiten Fall trivialerweise auf Geraden.
Wesentlich bei dieser Fortbewegungsart ist, daß ein Gegenstand auf einem anderen ohne zu gleiten abrollt. Eine ähnliche Situation entsteht beim Wälzen eines kantigen Gegenstandes, z.B. wenn man eine schwere Kiste durch Kippen über ihre Kanten voranbringt. Wir betrachten Bewegungen, die dadurch zustande kommen, daß eine im Gangsystem gegebene Kurve k - die soge-

nannte Gangpolkurve - auf einer Kurve *K* des Rastsystems - sie heißt Rastpolkurve - ohne zu gleiten abrollt und das Gangsystem mitnimmt. Translationen des Gangsystems gegenüber dem Rastsystem schließen wir damit aus.
Unter einer Rollkurve verstehen wir die in bezug auf das Rastsytem beschriebene Bahnkurve eines Punktes P des Gangsystems. In diesem Ansatz wird über die Gestalt der beteiligten Kurven nichts gesagt, insbesondere brauchen weder Rastpol- noch Gangpolkurve geschlossen zu sein.
Beispiel: Welche Bahnformen entstehen, wenn ein gleichseitiges Dreieck auf einer Geraden abgewälzt wird? Wir vergleichen die Kurvenerzeugung mit der Zykloidengenese. Die Gangpolkurve weist jetzt eine dreifache Drehsymmetrie auf, welche sich vermutlich zusätzlich zur Periodizität der Bewegung auswirkt. Andererseits läßt es die eingeschränkte Symmetrie unwahrscheinlich erscheinen, daß ein Punkt des Dreiecks eine geradlinige Bahnkurve liefert - wie etwa der Rollkreismittelpunkt bei der Zykloide (ein solcher Punkt ist technisch als Durchstoßpunkt einer Drehachse ausgezeichnet). Von Interesse ist natürlich auch, ob es wie in Fig.3.5 zu gestreckten, geschlungenen und gespitzten Kurventypen kommen kann.

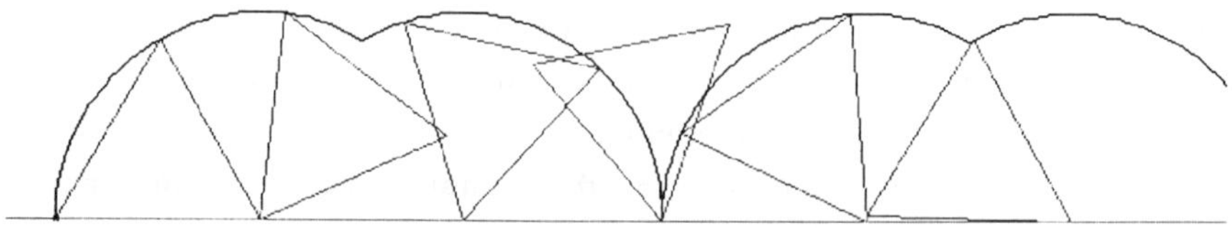

Fig.7.1

Mit Fig.7.1 betrachten wir zunächst die Bahnkurve eines *Eckpunktes* des Dreiecks. Es ist klar, daß sich die Bewegung aus verschiedenen Drehungen zusammensetzt, deren Zentrum jeweils der am weitesten in Bewegungrichtung liegende, die Rastgerade kontaktierende Dreieckseckpunkt ist. Insofern besteht die Bahnkurve aus Kreisbögen mit der Seitenlänge des Dreiecks als Radius und dem Sektorwinkel 120^0. Während der beobachtete Eckpunkt selbst Drehpunkt ist, verharrt die Bahnkurve in diesem

Punkt. Dadurch wird der dritte, in der Drehsymmetrie des Dreiecks gründende Bewegungsabschnitt vermieden, so daß sich die Bahnkurve innerhalb einer Periode nur in zwei Kreisbögen gliedert.

Wie bei der Zykloide sind die Tiefpunkte der Bahnkurve als Spitzen ausgebildet; die anderen Nahtstellen der Kreisbögen sind Eckpunkte der Bahnkurve, wobei die Normalen bzw. die Tangenten zueinander in einem 60^0-Winkel stehen.

Da die Bahnkurve aus Kreisbögen besteht, stimmt der jeweilige Krümmungsmittelpunkt mit dem zugehörigen aktuellen Drehpunkt der Dreiecksbewegung überein. Die Evolute der Bahnkurve ist also zu einer Menge diskreter äquidistanter Punkte entartet.

Wir verwenden nun unser Beispiel, um begrifflich weiter zu kommen. Die Bewegung des Gangsystems gegenüber dem Rastsystem geschieht hier durch sukzessive Drehungen mit konstantem Drehwinkel (120^0) und einem Drehzentrum, das längs einer Geraden jeweils um einen konstanten Wert a (Länge der Dreiecksseite) weiterrückt. Diese (hier diskreten) Zentren bezeichnen wir als die momentanen Drehpunkte, wobei wir das Adjektiv sowohl auf die Bewegung selbst als auch auf den gerade durchlaufenen Bahnkurvenpunkt beziehen.

Betrachten wir die Gesamtheit der Bahnkurven aller Punkte des Gangsystems, so bilden die Bahnnormalen in jedem Stadium des Bewegungsprozesses ein Geradenbüschel mit dem momentanen Drehpunkt als Scheitel.

Über die geometrische Charakterisierung der Bewegung lassen sich die Bahnkurven *beliebiger Punkte* des Gangsystems leicht auch analytisch kennzeichnen und damit über ein entsprechendes Computerprogramm gewinnen. Sei mit $C(c_1;c_2)$ der momentane Drehpunkt bezeichnet, so geht der Punkt $P(x;y)$ bei Drehung um C mit dem Drehwinkel α über in den Punkt $P'(x';y')$ mit

$$\left| \begin{array}{l} x' = (x - c_1)\cdot\cos\alpha - (y - c_2)\cdot\sin\alpha + c_1 \\ y' = (x - c_1)\cdot\sin\alpha + (y - c_2)\cdot\cos\alpha + c_2 \end{array} \right. \qquad (7.1)$$

Vorab ist einleuchtend, daß es bei aus Kreisbögen zusammengesetzten Bahnkurven bleibt, daß aber die einzelnen Bögen durchaus unterschiedliche Radien haben können (wegen der unterschiedlichen Entfernungen des beobachteten Punktes von den Eckpunkten des abrollenden Dreiecks). Fig.7.2 zeigt einige Bahnkurven. Die Pfeile in der Abbildung markieren Kreisbogenabschnitte, die zu zwei Bahnkurven gehören.

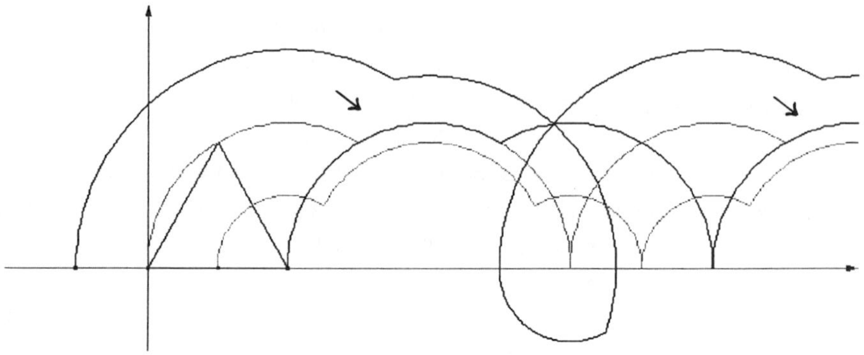

Figur 7.2

Der gestreckte Kurventyp kann dabei nicht auftreten, da die Kreisbögen verschiedene Mittelpunkte haben und stets rechtsgekrümmt durchlaufen werden. Glatte Übergänge zwischen zwei benachbarten Bögen sind aber durchaus möglich, nämlich wenn der kurvenbeschreibende Punkt im Gangsystem auf einer Gerade durch zwei Dreiecksecken liegt. Beim sich abwälzenden "Zweieck" mit außerhalb liegendem bahnerzeugendem Punkt kommt es auf vorgenannte Weise zu glatten Kurven, die dann Mehrfachpunkte und Schleifen aufweisen.
Selbstverständlich läßt sich hier verallgemeinern (s. Aufg. 7.8.3). So können wir etwa sich abwälzende regelmäßige Vielecke höherer Eckenzahl n betrachten und gelangen bei sehr großem n zu Bahnkurven, die den (allgemeinen) Zykloiden augenscheinlich recht nahe kommen.
Die Eigenart unseres Beispiels liegt nicht zuletzt darin, daß hier momentanter Drehpunkt und Krümmungsmittelpunkt stets zusammenfallen. Die Vermutung liegt nahe, daß dies auch bei der gespitzten Zykloide so ist. Aus 5.6.1 wissen wir aber bereits, daß die Evolute eine dazu kongruente Zykloide und keineswegs die den Rollprozeß tragende Gerade ist. Der Übergang von der diskreten Menge der Krümmungsmittelpunkte beim abrollenden Vieleck zur kontinuierlichen Evolute der Zykloide bedarf demnach tieferliegender Überlegungen.

7.2.2 Analyse von Rollkurven

Wir analysieren die Bewegung des Gangsystems gegenüber dem Rastsystem. Diese ist vollständig durch Angabe der Bahnkurven *a* und *b* zweier Punkte A und B beschrieben. Ist nämlich P ein weiterer Punkt, so sind die in Laufe der Bewegung auftretenden Dreiecke ABP gleichsinnig kongruent; die Lage der Bahnpunkte P ist also durch die jeweilige Lage von A und B eindeutig bestimmt. In Fig.7.3 sind fünf Stadien der Bewegung durch entsprechende Indizes unterschieden. Weiter denke man sich als Rastsystem die Zeichenebene und als Gangsystem die (mitbewegte) Ebene, in der die Dreiecke $A_iB_iP_i$ zusammenfallen bzw. Dreieck ABP fix ist.

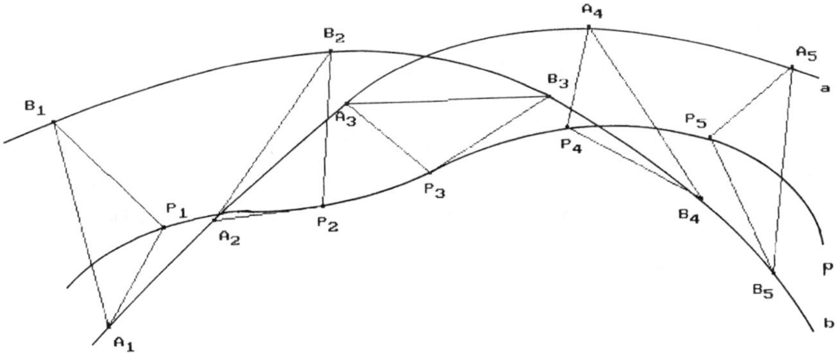

Figur 7.3

Wir betrachten jetzt zwei im Rastsystem dicht aufeinanderfolgende Lagen A_1 und A_2 bzw. B_1 und B_2 auf den Bahnkurven *a* bzw. *b*. In der Regel sind die zugehörigen Kurvenbögen A_1A_2 und B_1B_2 unterschiedlich lang (*a* und *b* werden also mit verschiedenen Geschwindigkeiten durchlaufen). Gemäß Fig.7.4 eröffnet das Verhalten der Mittelsenkrechten der Kurvensehnen A_1A_2 und B_1B_2 eine Fallunterscheidung:

a) Sie schneiden einander in einem Punkt C_{12}

b) Sie sind identisch

c) Sie sind zueinander echt parallel.

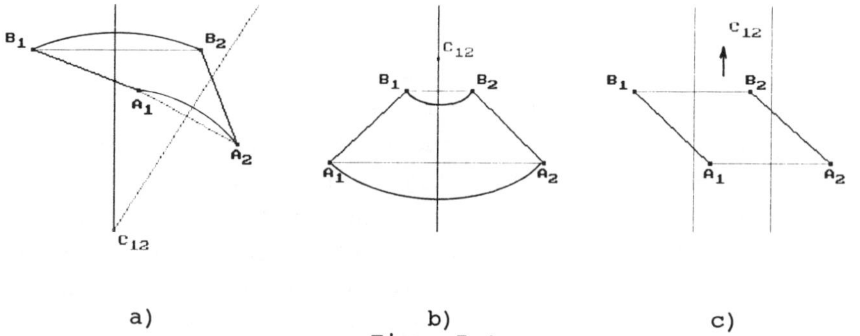

Figur 7.4

Im ersten Fall kann das Gangsystem aus der Lage 1 in die Lage 2 mittels einer Drehung um C_{12} gebracht werden. Im zweiten Fall ergibt sich als möglicher Drehpunkt C_{12} der Schnittpunkt der Geraden $g(A_1;B_1)$ und $g(A_2;B_2)$. Im dritten Fall hängen die beiden Lagen durch eine Verschiebung zusammen. Diese kann als Drehung um ein unendlich fernes Zentrum aufgefaßt werden. Damit ist die Existenz eines Drehzentrums in jedem Falle gesichert und wir haben den Fundamentalsatz der ebenen Kinematik gezeigt:

Irgend zwei Lagen eines ebenbewegten starren Systems können stets durch eine Drehung (im Grenzfall durch eine Verschiebung) zur Deckung gebracht werden.

Lassen wir die Zeitspanne $\Delta t := t_2 - t_1$, nach der das Gangsystem von der Lage 1 aus eine zu betrachtende Lage 2 erreicht hat, immer kleiner werden, so gehen die erwähnten Mittelsenkrechten in die jeweiligen Bahnnormalen auf *a* bzw. *b* über. Betrachten wir die Gesamtheit aller Bahnkurven, können wir - wie bereits im Spezialfall des Abwälzens eines gleichseitigen Dreiecks - festhalten:

In jedem Augenblick der Bewegung eines starren ebenen Systems sind die Bahnnormalen der Systempunkte kopunktal. Der gemeinsame Punkt heißt momentaner Drehpunkt.

Diese Tatsache wurde erstmals 1828 von MICHEL CHASLES (1793-1880) nachgewiesen. Die Existenz des momentanen Drehpunktes war allerdings JOHANN BERNOULLI (1667-1748) schon 1742 geläufig.

Seine Bedeutung liegt auf der Hand: Kennt man den momentanen Drehpunkt C_P zu einem Kurvenpunkt P, so ergibt sich die zugehörige Normale als Verbindungsgerade $g(P;C_P)$. Damit ist auch die Tangente in P bestimmt.

Es scheint, als hätten wir unseren Kontext des Abrollens einer Kurve auf einer anderen verlassen. Vermutlich war es ebenfalls CHASLES, der den Zusammenhang aufdeckte, daß bei einem solchen Rollprozeß der momentane Kontaktpunkt der beiden Kurven mit dem momentanen Drehpunkt übereinstimmt. Auf dieser Grundlage gilt dann:

> Die Kurvennormale in einem Punkt einer Rollkurve ist die Verbindungsgerade zum momentanen Kontaktpunkt beim erzeugenden Rollprozeß.

Auch dies war lange vor CHASLES bekannt. RÉNÉ DESCARTES (1596-1650) hat bereits 1638 darüber verfügt.

Erinnern wir uns, daß wir vom Abwälzen regelmäßiger Vielecke her vorschnell schließen wollten, die Krümmungsmittelpunkte der gespitzten Zykloide lägen auf der Rastgerade. Ganz davon abgesehen, daß dann alle Zykloiden die gleiche Evolute hätten, erkennen wir jetzt den Kern des Trugschlusses.

Wie in **5.4.3** erörtert wird, ergibt sich der Krümmungsmittelpunkt als Grenzlage des Schnittpunktes benachbarter Kurvennormalen der *einen* betrachteten Kurve. Zur Bestimmung des momentanen Drehpunktes hat man den Schnittpunkt der Kurvennormalen *zweier* verschiedener Bahnkurven im selben Moment zu bilden (wenn er nicht unmittelbar als momentaner Kontaktpunkt zur Verfügung steht). Beide Schnittpunkte stimmen bei Bahnkurven überein, die sich aus Kreisbögen zusammenfügen, bzw. bei Bewegungen, die aus Drehungen um diskrete Zentren bestehen.

7.2.3 Erzeugung von Bewegungen durch Abrollvorgänge

Die bisherige Erkenntnisse fußen im wesentlichen in der Verbindung von Bewegungen des Gangsystems gegenüber dem Rastsystem einerseits und Abrollvorgängen von Kurven andererseits. Daß hierzwischen ein eineindeutiger Zusammenhang besteht, ist insbesondere für die Technik von Interesse, der es ja u.a. auch um

die Realisierung bestimmter Bewegungen geht. Entscheidend ist dabei die Konstruktion der beiden aufeinander abrollenden Kurven *k* und *K* ausgehend von der (gewünschten) Bewegung der beteiligten Systeme.
Dazu beziehen wir uns im folgenden auf Fig.7.5. Die Bewegung ist durch zwei Kurven *a* und *b* sowie zueinander gehörige Bahnpunkte A_i bzw. B_i charakterisiert. Die jeweiligen Kurvennormalen auf *a* bzw. *b* schneiden einander im jeweiligen momentanen Drehpunkt. Die Menge aller im Verlauf der Bewegung auftretenden momentanen Drehpunkte C_i beschreibt im Rastsystem eine Kurve, die wir in Anlehnung an die Bezeichnung bei den Rollprozessen Rastpolkurve nennen. Aber auch im Gangsystem entsteht eine Kurve momentaner Drehpunkte, wenn wir diese als Punkte D_i des Gangsystems auffassen und in der Weiterbewegung des Systems mitnehmen. Die so im Gangsystem erzeugte Kurve aller momentanen Drehpunkte heißt Gangpolkurve. In der Tat ist eine Namensgebung wie beim Abrollen zweier Kurven gerechtfertigt: Mit der Bewegung des Gangsystems gegenüber dem Rastsystem rollt die Gangpolkurve ohne zu gleiten auf der Rastpolkurve ab. Dies wollen wir plausibel machen.

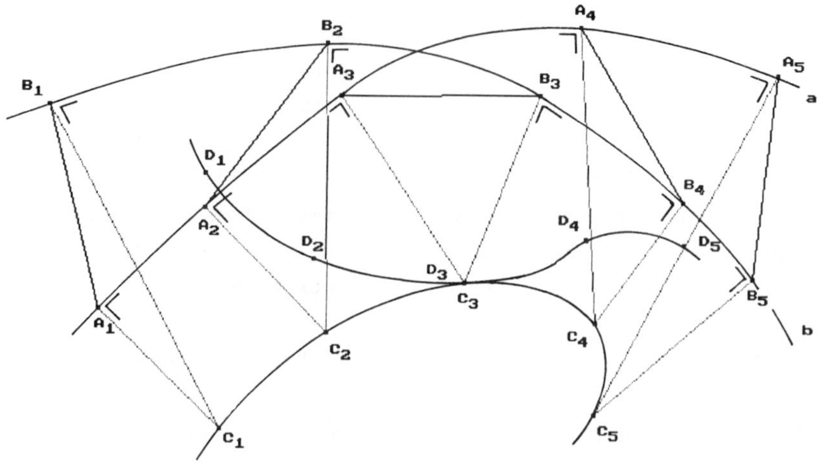

Figur 7.5

Denken wir uns zunächst die Lage 1 durch eine Ersatzdrehung um C_{12} in die Lage 2 gebracht analog für die Lage 2 in die Lage 3.

Nach Abschluß der ersten Drehung stimmen die Lagen des Drehpunktes in beiden Systemen noch überein, und auch D_{23} befindet sich bereits in C_{23}. Also sind die zugehörigen Verbindungsstrecken $C_{12}C_{23}$ und $D_{12}D_{23}$ gleichlang. Der Übergang zu infinitesimal benachbarten Lagen macht die Ersatzdrehungen zur ursprünglichen Bewegung und die Ersatzkreisbögen zu Bögen der Leitkurven *a* und *b*; er liefert so schließlich Längengleichheit entsprechender Abschnitte auf Rastpol- und Gangpolkurve.

Bei jedem ebenen Bewegungsvorgang, der keine bloße Verschiebung ist, rollt die Gangpolkurve ohne zu gleiten auf der Rastpolkurve ab. Momentaner Drehpunkt und momentaner Kontaktpunkt stimmen dabei ständig überein.

7.2.4 "Inverse" Rollkurven

"Man kann auch dann sehr komfortabel vorankommen, wenn der Wagen mit eckigen Rädern ausgestattet ist - vorausgesetzt, die Straße hat die richtige Form" sagt Stewart 1994 im Untertitel seines die angesprochene Problematik unterhaltsam umreißenden Artikels. Es ist hier eine Gerade als Bahnkurve des die Radachse markierenden Punktes vorgegeben. Zusätzlich kennt man entweder die Form des "Rades" (Gangpolkurve) oder der "Straße" (Rastpolkurve) sowie die Anfangslage der "Achse". Gesucht ist die Form des jeweils anderen Objekts.

Wir haben es also mit dem Problem der Geradführung eines Punktes zu tun. In Fig.3.18 sind wir auf ein Beispiel gestoßen: Ein Wagen mit einem kreisförmigen Rad, dessen Achse am Umfang angebracht ist, bewegt sich geradlinig auf einer Straße, die halbkreisförmige Kuhlen mit doppeltem Radius hat.

Wir verallgemeinern und modellieren weiter. Den Straßenverlauf erfassen wir in kartesischen Koordinaten und die Radform in einem mitgeführten Polarkoordinatensystem. Die Bahnkurve entspreche der x-Achse des kartesischen Systems mit Anfangspunkt im Ursprung. Wir vermeiden negative y-Koordinaten, indem wir die positive y-Richtung nach unten festlegen. Zur Beschreibung der Bewegung und der Kurven benutzen wir einen Parameter t, der durchaus als Zeit interpretiert werden darf.

Weiter soll sein

- $r = f(\varphi)$ die Polarkoordinatenbeschreibung der Radform
- $\varphi = \varphi(t)$ der Drehwinkel des Polarkoordinatensystems gegenüber dem kartesischen System
- $g_1(t)$ die x-Koordinaten des Straßenverlaufs
- $g_2(t)$ die y-Koordinaten des Straßenverlaufs

Die Charakterisierung wird erleichtert, wenn wir die Polarachse zu Bewegungsbeginn nach unten ausrichten, also in Übereinstimmung mit der y-Achse bringen. $f(\varphi(t))$ beschreibt dann zu jedem Zeitpunkt t, wie hoch die Achse über der Straße liegt (und erfaßt zugleich die Radform). Der Kontaktpunkt von Rad und Straße liegt nämlich stets senkrecht unterhalb der Achse, da nach **7.2.2** die Bahnkurventangente senkrecht auf der Verbindungsstrecke der Achse zu diesem momentanen Drehpunkt steht. Andererseits ist hierdurch auch die y-Lage der Straße bestimmt, also $g_2(t) = f(\varphi(t))$. Die Rollbedingung führt zur Gleichheit entsprechender Bogenlängen bei Rad und Straße, differentiell auf
$g_1'(t)^2 + g_2'(t)^2 = (f'(\varphi(t))^2 + f(\varphi(t))^2)\cdot\varphi'(t)^2$,
wobei die Formeln (5.11) und (5.13) sowie die Kettenregel zum Einsatz kommen. Es ist aber auch $g_2'(t) = f'(\varphi(t))\cdot\varphi'(t)$, weswegen sich die vorstehende Differentialgleichung zu

$$g_1'(t) = f(\varphi(t))\cdot\varphi'(t) \quad \text{bzw.} \quad g_1'(t) = g_2(t)\cdot\varphi'(t) \qquad (7.2)$$

vereinfacht.

Bei gegebenen Straßenverlauf ist diese Gleichung bisweilen recht einfach nach $\varphi(t)$ aufzulösen. Sei die Straße etwa eine abwärts (in unserem Koordinatensystem mit wachsender y-Koordinate) führende gerade Linie mit $g_1(t) := t$ und $g_2(t) = a\cdot t + b$ mit $a, b \in \mathbb{R}^+$. Dann ergibt sich $\varphi(t) = \frac{1}{a}\cdot\ln(a\cdot t+b) + c$, wobei der Wert der Integrationskonstanten c aus der Anfangsbedingung $\varphi(0) = 0$ zu $-\frac{1}{a}\cdot\ln(b)$ resultiert. Über die (existente) Umkehrfunktion erhält man $t = \frac{1}{a}\cdot(\exp(a\cdot(\varphi-c)) - b) = \frac{b}{a}\cdot(\exp(a\cdot\varphi) - 1)$ und schließlich $f(\varphi) = g_2(t(\varphi)) = \exp(a\cdot\varphi)$. Das Rad hat also die Form einer logarithmischen Spirale.

Vielleicht gestaltet sich die Lösung im dualen Fall, daß das Rad eine Gerade(!) bzw. eine Strecke ist, ähnlich einfach? Dann wäre jedenfalls der Straßenverlauf zu allen (konvexen) Vielecks-Rädern zugänglich.

Eine Charakterisierung des Rades durch Polarform erscheint von der Form der Kurve her abwegig, womit aber unsere Differentialgleichung als Hilfe zur Lösungsfindung keineswegs ausscheidet. Mit Fig.7.6 kommen wir elementargeometrisch zu ersten Einsichten. Zu Anfang befinde sich die abrollende Gerade *g* in horizontaler Lage im Abstand c von der x-Achse. C(0;c) sei der anfängliche Kontaktpunkt von Straße und Rad.

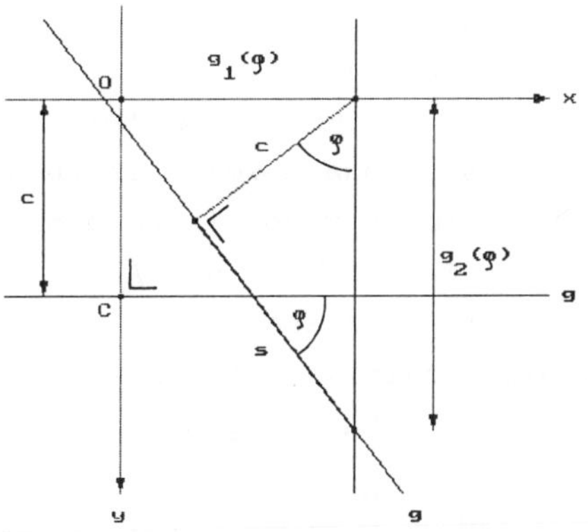

Figur 7.6

Wenn sich die Gerade *g* um den Winkel φ abgewälzt hat, seien durch $g_1(\varphi)$ und $g_2(\varphi)$ die Koordinaten des neuen Kontaktpunktes beschrieben. Mit dieser Modellierung haben wir die Einführung eines gesonderten Parameters t vermieden, wodurch sich die zweite Gleichung in (7.2) zu $g_1'(\varphi) = g_2(\varphi)\cdot 1$ vereinfacht. An Fig.7.6 lesen wir $g_2(\varphi) = \frac{c}{\cos\varphi}$ ab und kommen zu $g_1'(\varphi) = \frac{c}{\cos\varphi}$. Unter der Anfangsbedingung $g_1(0) = 0$ integrieren wir dies zu $g_1(\varphi) = c\cdot\ln(\tan(\frac{1}{2}\cdot(\varphi + \frac{\pi}{2})))$. Wir substituieren $\vartheta = \varphi + \frac{\pi}{2}$, beachten $\tan(\frac{1}{2}\cdot\vartheta) = \frac{\sin\vartheta}{1 + \cos\vartheta}$ und erhalten

$$\boxed{g_1(\vartheta) = c\cdot\ln(\frac{\sin\vartheta}{1 + \cos\vartheta}) \quad ; \quad g_2(\vartheta) = \frac{c}{\sin\vartheta}} \tag{7.3}$$

als Parameterdarstellung des Straßenverlaufs. Mittels $\sin\vartheta = \frac{c}{y}$ elimieren wir den Parameter und kommen zunächst zum Funktionsgraph

$$x = c\cdot\ln\left(\frac{c/y}{1 + \sqrt{1 - (c/y)^2}}\right)$$

welcher sich nach einfacher Zwischenrechnung als <u>Kettenlinie</u>

$$y = c\cdot\frac{\exp(\frac{x}{c}) + \exp(-\frac{x}{c})}{2} =: c\cdot\cosh(\frac{x}{c})$$

entpuppt (zur Namensgebung s. **7.3.4**). Für Räder in Vielecksform müssen die Straßenoberflächen wie Bögen von Kettenlinien gewölbt sein.

Unsere Beispiele weisen darauf hin, daß die Suche nach "inversen" Rollkurven aufwendig ist. Wir beschränken uns daher auf die bloße Angabe weiterer spezieller Resultate:

- Zu einer Straße in Form einer Kosinuskurve gehört als Rad eine Ellipse mit der Achse im Brennpunkt.
- Zu einer parabelförmigen Straße paßt als Rad eine Parabel.
- Die Kardioide mit der Achse in der Spitze rollt auf der nach oben geöffneten gespitzten Zykloide.

Dirnböck; Kadunz 1989 beschreiben die Gangpolkurven für abrollende Kreise mit beliebiger Achsenlage.

Schließlich sei noch bemerkt, daß formal auch Kurven mit Schleifen abrollen können, wobei aber Gangpolkurve und Rastpolkurve einander phasenweise durchdringen, was sich in der Realität verbietet.

7.2.5 Gleichdicke

Rollen mit kreisförmiger Querschnittsfläche haben wir in **7.2.1** als selbstverständliche und wohlbekannte Hilfsmittel zum Transport schwerer Gegenstände bei ebener Grundfläche akzeptiert. Sind vielleicht noch andere Rollenprofile möglich?

Tatsächlich gibt es solche Kurven. Die bekannteste ist das neben gezeigte REULEAUX-Dreieck (s. Aufg.7.8.2), nach dem Ingenieur FRANZ REULEAUX (1829-1905). Mathematisch geht es hier um <u>Eilinien konstanter Breite</u>, vereinfachend bezeichnet als Gleichdicke.

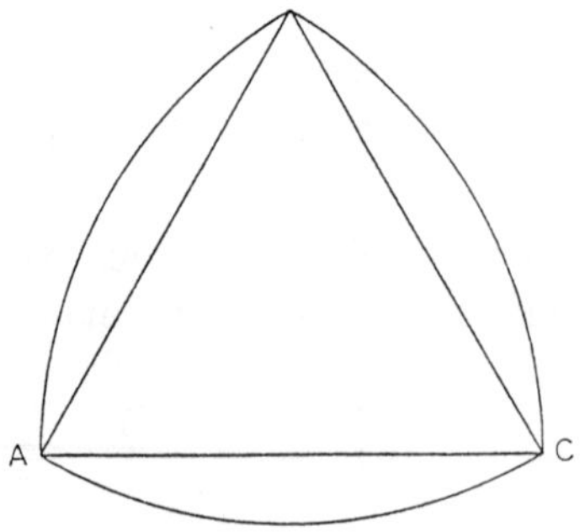

Figur 7.7

Unter einer <u>Eilinie</u> ist eine geschlossene konvexe ebene Kurve zu verstehen, die zweimal stetig nach ihrer Bogenlänge ab-

schnittsweise differenzierbar ist und eine positivwertige Krümmungsfunktion $\kappa(s)$ aufweist. Konvexität bedeutet hierbei, daß jede Gerade die Kurve in höchstens zwei Punkten schneidet.
Rollt eine Eilinie konstanter Breite auf einer Geraden ab, befindet sich der jeweils entfernteste Kurvenpunkt stets auf einer festen, dazu parallelen Geraden. Der Parallelenabstand ist gleich der <u>Breite der Kurve</u>. Die Existenz einer solchen konstanten Kurvenbreite b zieht nach sich, daß eine derartige Kurve innerhalb eines Quadrats der Kantenlänge b rotieren kann, allerdings nicht unbedingt - wie beim Kreis - mit einem fixen Rotationszentrum. Für das REULEAUX-Dreieck zeigt dies Fig.7.8 (ebenso wie die folgende aus Gardner 1963).

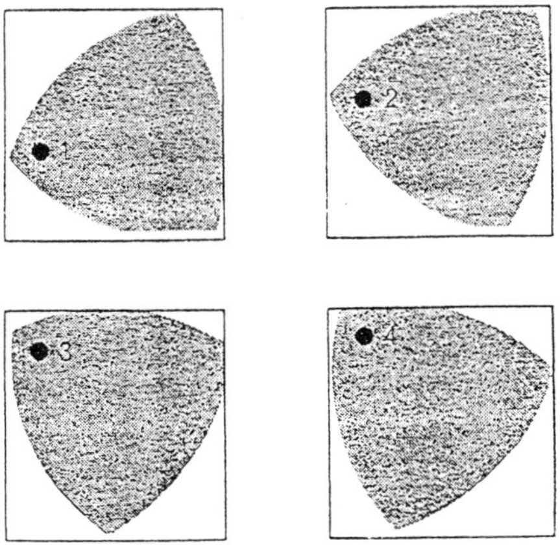

Figur 7.8

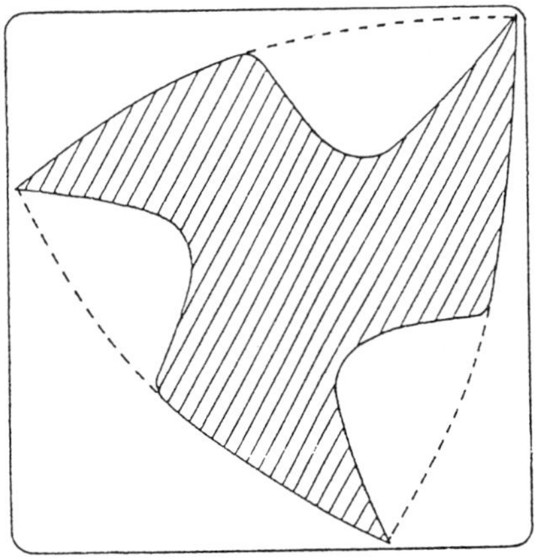

Figur 7.9

Die Ecken des REULEAUX-Dreiecks kontaktieren im Verlauf seiner exzentrischen Rotation bis auf einen kleinen Bereich an den Quadratecken fast alle Punkte der Quadratseiten. Der englische Ingenieur HARRY JAMES WATTS nutzte im Jahre 1914 diese Eigenschaft, um einen Bohrer zum Erzeugen quadratischer Löcher zu konstruieren. Fig.7.9 zeigt einen Bohrerquerschnitt. An der Grundform des REULEAUX-Dreiecks wurden Aussparungen vorgenommen, die die Bohrraspeln aufnehmen und zugleich den Ecken ein leicht zu schärfendes Profil verleihen. Wesentlicher Bestandteil der Erfindung ist natürlich auch ein Mechanismus (wir verzichten auf seine Untersuchung), der die exzentrische Rotation des Bohrers veranlaßt.-

Gehen wir noch näher auf die Breite einer Kurve ein. Wie kann man sie analytisch erfassen? Eine (ebene) konvexe Kurve liegt ganz auf der einen Seite jeder ihrer Tangenten. Hätte nämlich eine Tangente mit der Kurve einen zweiten Punkt gemeinsam, so besäße eine benachbarte Gerade mindestens drei gemeinsame Punkte mit der Kurve. Damit kann die Beschreibung der Eilinien eng an das Verhalten ihrer Tangenten gekoppelt werden. Wir verwenden dazu die natürliche Gleichung.

Wegen $\frac{d\tau}{ds} = \kappa(s) > 0$ werden die Eilinien mit wachsender Bogenlänge linksgekrümmt und mit wachsendem Tangentenwinkel durchlaufen. Es scheint zweckmäßig, wie in Fig.7.10 den Urspung in das "Innere" der Kurve zu legen. Weiter ist $\tau = \tau(s)$ eine zulässige Parametertransformation. Die Gleichung der Tangente im Kurvenpunkt $C(x(\tau);y(\tau))$ ist dann

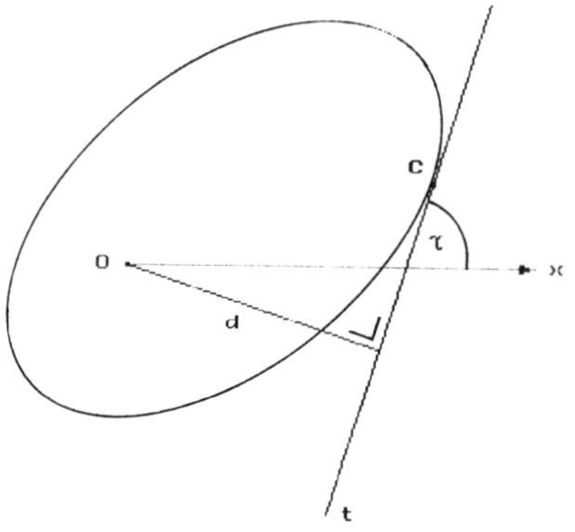

Figur 7.10

$$(x - x(\tau))\cdot\sin\tau + (y - y(\tau))\cdot\cos\tau = 0$$

$$\Leftrightarrow \quad x\cdot\sin\tau + y\cdot\cos\tau - (x(\tau)\cdot\sin\tau + y(\tau)\cdot\cos\tau) = 0$$

Hierbei gibt $d(\tau) := -(x(\tau)\cdot\sin\tau + y(\tau)\cdot\cos\tau)$ den Abstand der Tangente vom Ursprung an. Da $d(\tau)$ von der Lage des Ursprungs abhängt, kommt dem Wert zwar keine unmittelbare globale Bedeutung zu, jedoch ist $b(\tau) := d(\tau) + d(\tau+\pi)$ die Breite der Kurve in der betrachteten Richtung.

Das Interesse gilt hier nicht etwa einer lokalen Kurveneigenschaft, sondern einem globalen, die Kurve als Ganzes betreffenden Merkmal: $d(\tau) + d(\tau+\pi) = c \in \mathbb{R}^+$.

Die globale Differentialgeometrie erfordert neue, heterogene und dabei keineswegs rezeptartige Argumentationsweisen. Diese sprengen den Rahmen unserer Abhandlung. Wir begnügen uns mit einem exemplarischen Einblick an Hand des folgenden Satzes, den JOSEPH-EMILE BARBIER (1839-1889) im Jahre 1860 aufgezeigt hat:

Alle Eilinien der konstanten Breite b haben den gleichen Umfang $\pi \cdot b$.

Den Beweis findet der Leser in Laugwitz 1960 sowie in Strubecker 1967. Aus BARBIERs Satz ergibt sich, daß Gleichdicke in besonderer Weise deformierte Kreise gleichen Durchmessers sind.

7.3 KURVEN IM HOMOGENEN GRAVITATIONSFELD

Bewegt sich ein Körper in Nähe der Erdoberfläche innerhalb eines nicht allzu ausgedehnten Bereiches, hat die auf ihn wirkende Schwerkraft näherungsweise folgende Eigenschaften:

- Sie wirkt an jedem Ort in die gleiche Richtung.
- Sie hat überall den gleichen Betrag.

Somit läßt sich der Einfluß der Gravitation auf den Körper durch einen einzigen (Kraft)Vektor erfassen. Man nennt einen solchen Einflußbereich homogenes Feld.
Die Bewegung starrer Körper ist in 7.2 allgemein angesprochen worden. Wir reduzieren jetzt die Komplexität, indem wir nur Bahnkurven des Schwerpunktes der Körper betrachten bzw. sie als sogenannte Massenpunkte ansehen.
Bekanntlich hängt der Betrag der Schwerkraft F_G - man sagt dazu auch Gewicht - von der Masse m des Körpers ab. Es gilt

$$F_G = m \cdot g \tag{7.4}$$

wobei der Ortsfaktor g in obiger Näherung als konstant angesehen wird. Sein Wert für Mitteleuropa beträgt etwa 9,8 N/kg.
Da wir im wesentlichen mit Variablen und nicht mit konkreten Größenwerten arbeiten, können wir den expliziten Umgang mit Maßeinheiten weitgehend vermeiden. Sollte hin und wieder eine Nennung von Größenwerten - etwa bei Abbildungen auf der Grundlage von Computersimulationen - unumgänglich sein, beziehen wir uns stets auf das Internationale Einheitensystem.

7.3.1 Isochrone

Überläßt man einen zunächst ruhenden Körper dem alleinigen Einfluß der Schwerkraft, so bewegt er sich gleichmäßig beschleu-

nigt in vertikaler Richtung nach unten und die Geschwindigkeit v(t) wächst proportional mit der Zeit t. Der in der Zeit t durchfallene Weg s(t) wächst quadratisch mit t . Die Bahnkurve bei diesem freien Fall ist trivialerweise eine Gerade.
Beispielunabhängig beschrieben ist dieser Sachverhalt über die Definition

$$v(t_0) := \dot{s}(t_0) = \lim_{t \to t_0} \frac{s(t)-s(t_0)}{t - t_0}$$

für die (momentane) Geschwindigkeit v zum Zeitpunkt t_0 und für die (momentane) Beschleunigung a als

$$a(t_0) := \dot{v}(t_0) = \ddot{s}(t_0) .$$

Differentiation bzw. Integration nach der Zeit t stellt also den Zusammenhang zwischen den Größen Weg, Geschwindigkeit und Beschleunigung her. Gemäß der auf ISAAC NEWTON (1642-1727) zurückgehenden Symbolik kennzeichnen wir die nach der Zeit abgeleitete Größe durch einen Punkt bzw. bei höheren Ableitungen durch entsprechend mehr Punkte über dem Variablensymbol.
Den Bezug von der Beschreibung der Veränderungen des Bewegungszustandes zur Beschreibung der Ursache dieser Veränderungen als Folge einer beschleunigenden Kraft F schafft dann NEWTONs Grundgleichung der Mechanik (in der vereinfachten Fassung der klassischen Physik):

$$F = m \cdot a .$$

Vergleichen wir dies mit (7.4), so erkennen wir den Ortsfaktor g als Erdbeschleunigung.
Wir gehen nun vom freien Fall zu einer geführten, ebenfalls reibungsfreien Bewegung über.
Die Isochrone (griech.: *isos* - gleich ; *chronos* - Zeit) ist diejenige Kurve, längs der sich ein Körper unter dem Einfluß der Schwerkraft mit konstanter Vertikalgeschwindigkeit bewegt, also in gleichen Zeitabschnitten gleiche Höhen durchfällt.
GOTTFRIED WILHELM LEIBNIZ (1646-1716) hatte die Suche dieser Kurve im September 1687 als Aufgabe in der Zeitschrift *Nouvelles de la Republique des Lettres* gestellt. Seine kurz darauf in den *Acta Eruditorium* veröffentlichte Lösung kommt ohne Infinitesimalbetrachtungen aus. Wir lösen diese Aufgabe mit den heute verbreiteten infinitesimalen Methoden.

Bevor der Körper auf eine Isochronenbahn geführt wird, möge er frei fallen, bis er eine gewünschte konstante Fallgeschwindigkeit erreicht hat. In diesen Zeitpunkt legen wir den Anfang unserer Zeitmessung, in den zugehörigen Ort des Körpers den Ursprung eines kartesischen Koordinatensystems mit vertikal nach unten gerichteter y-Achse und horizontal nach rechts orientierter x-Achse (wie bei den Zykloiden in 3.2). Das Superpositionsprinzip erlaubt uns, die Situation vom Standpunkt zweier solcher unabhängiger Richtungen aus getrennt zu analysieren und die obigen Beziehungen auf die Komponenten anwenden. Erfolgversprechend scheint auch ein Zugang über den Energieerhaltungssatz, da dieser einerseits beide Komponenten berücksichtigt, andererseits aber skalare Größen miteinander vergleicht. Hier geht es um die kinetische Energie

$$E_{kin} = \frac{1}{2}\cdot m\cdot v^2 \qquad (7.5)$$

und um die potentielle Energie der Lage

$$E_{pot} = m\cdot g\cdot h \qquad (7.6)$$

wobei sich die Höhe h auf ein gesondert festzulegendes Nullniveau bezieht.

Mit x(t) und y(t) seien im folgenden die Koordinaten des die Isochrone entlangfallenden Körpers zum Zeitpunkt t bezeichnet. Nach unsereren Anfangsbedingungen ist dann $x(0) = 0$, $\dot{x}(0) = 0$, $y(0) = 0$ und schließlich $\dot{y}(0) \neq 0$ als feste vertikale Fallgeschwindigkeit. Zu einem beliebigen Zeitpunkt t ist die kinetische Energie des Körpers gleich der Summe aus seiner anfänglichen Energie und dem Energiegewinn aufgrund der durchfallenen Höhe, also

$$\frac{1}{2}\cdot m\cdot (\ \dot{x}(t)^2 + \dot{y}(t)^2\ ) = \frac{1}{2}\cdot m\cdot \dot{y}(0)^2 + m\cdot g\cdot y(t)\ .$$

Die Masse nimmt demgemäß keinen Einfluß auf die Lösung dieser Differentialgleichung, welche zusammen mit den Anfangsbedingungen die Form der Isochrone bestimmt. Die Konstanz der Vertikalgeschwindigkeit führt dann auf

$$g\cdot y(t) = \frac{1}{2}\cdot \dot{x}(t)^2$$

und durch Integration gelangen wir zu

$$x(t) = \frac{2}{3}\cdot\sqrt{2g\cdot\dot{y}(0)}\cdot t^{3/2} \quad ; \quad y(t) = \dot{y}(0)\cdot t \qquad (7.7)$$

Diese Parameterdarstellung eignet sich zur Simulation des Bewegungsablaufs durch den Computer. Indem man die Orte des bewegten Massenpunktes in äquidistanten zeitlichen Intervallen auf dem Bildschirm markiert, ergibt sich ein visueller Eindruck von der Dynamik der Bewegung: Je größer die Momentangeschwindigkeit war, desto weniger dicht liegen die markierten Ortslagen beieinander. Fig.7.11 zeigt eine solche Veranschaulichung für eine LEIBNIZsche Isochrone.

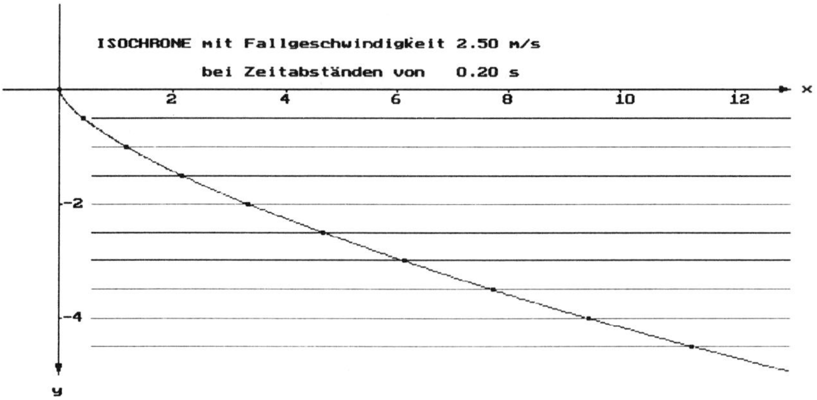

Figur 7.11

Interessiert nur die Bahn des Körpers und nicht die Art des Durchlaufens dieser Kurve, so versucht man, den Parameter Zeit zu eliminieren. Dies ist hier (im Gegensatz zur Zykloide) leicht möglich:

$$x = \frac{2\cdot\sqrt{2g}}{3\cdot\dot{y}(0)}\cdot y^{3/2} \qquad (7.8)$$

Die Isochrone ist eine semikubische Parabel.

Diesen Kurventyp kennen wir auch als NEILsche Parabel aus Aufg. 5.8.31 (mit vertauschten Achsen).

Wir betrachten noch die Einflüsse der Kurvenparameter g und $\dot{y}(0)$. Je größer der Ortsfaktor g ist, desto stärker muß diese

Fallbeschleunigung durch die Bahnform kompensiert werden, desto flacher verläuft also die Bahn. Je größer $\dot{y}(0)$, d.h. je schneller der Körper ist, desto geringer wirken sich in der Relation etwaige Einflüsse der Erdbeschleunigung aus, so daß die Kurvenform nur einen geringen Ausgleich herbeiführen muß. Die Bahn ist also umso steiler, je größer die Anfangsgeschwindigkeit des Körpers ist. Beide Aussagen finden ihre Bestätigung in (7.8).

7.3.2 Brachistochrone

"Die scharfsinnigsten Mathematiker des ganzen Erdkreises grüßt Johann Bernoulli, öffentlicher Professor der Mathematik". So beginnt JOHANN BERNOULLI in einer am 1.1.1697 herausgegebenen Schrift eine zweite Aufforderung zur Lösung des Brachistochronenproblems (griech.: *brachistos* - der kürzeste ; *chronos* - Zeit), nachdem auf eine erste Anregung im Juni 1696 nur LEIBNIZ geantwortet hatte, und wiederholt die Aufgabenstellung:
"Zwei gegebene Punkte, welche verschiedenen Abstand vom Erdboden haben und nicht senkrecht übereinander liegen, sollen durch eine Kurve verbunden werden, auf welcher ein beweglicher Körper vom oberen Punkt ausgehend vermöge seiner eigenen Schwere in kürzester Zeit zum unteren Punkt gelangt."

Die Schwierigkeit des Problems besteht darin, daß die Laufzeit als zu optimierende Größe durch eine Kurve, also durch unendlich viele Punkte, bestimmt ist. Dies steht einer Reduktion der konkurrierenden Wege auf eine einfach zu erfassende Teilmenge - wie man es vom infinitesimalen Lösen von Extremwertaufgaben her gewohnt ist - zunächst einmal entgegen. Aus dem gleichen Grunde scheint ein unmittelbarer experimenteller Zugang verwehrt.
Eine naheliegende erste Vermutung für die Kurve kürzester Laufzeit zwischen dem Anfangspunkt A und dem Endpunkt B ist die gerade Linie, da sie die kürzeste Verbindung ist. Man kann aber mit einfachen Mitteln zeigen, daß es bereits aus zwei geraden Abschnitten zusammengesetzte "Knickwege" gibt, die kürzere Laufzeiten ermöglichen (s. Dabrock 1993 und Aufg.7.8.9).
Wir versuchen eine erste Annäherung an die gesuchte Kurve auf naivem Wege. Es besteht ein Zwiespalt zwischen den Forderungen,

einerseits möglichst schnell eine große Momentangeschwindigkeit zu erreichen, andererseits aber auch in horizontaler Richtung voranzukommen. Die erste Forderung motiviert, eine Kurve mit senkrechter Tangente in A in Erwägung zu ziehen. Zusammen mit der zweiten Notwendigkeit kann man auch den Bewegungsverlauf zu präzisieren versuchen; etwa: je schneller sich der Körper nach unten bewegt, desto stärker muß man ihn in horizontaler Richtung beschleunigen, damit er den Endpunkt B auch noch erreicht. Der sicherlich einfachste derartige Zusammenhang ist durch eine direkte Proportionalität

$$\ddot{x}(t) = k \cdot \dot{y}(t) \tag{7.9}$$

beschrieben. Wir verfügen aber noch über kein Mittel, um über dessen Eignung zu entscheiden.

GALILEO GALILEI (1564-1642), der das Brachistochronenproblem wohl als erster formuliert hat (1630 und 1638), hielt den Kreisbogen zwischen A und B - der Kreismittelpunkt ist der Schnittpunkt der Mittelsenkrechten m_{AB} mit der Horizontalen durch A - für die optimale Kurve. Wie wir sehen werden, hat er sich jedoch getäuscht.

Wir beginnen mit einer naheliegenden Koordinatisierung der Situation: Kartesisches Koordinatensystem mit Ursprung im Anfangspunkt A der Bewegung und Ausrichtung der Achsen wie beim LEIBNIZschen Isochronenproblem in **7.3.1**.

Die Lösungsidee liegt nun darin, daß sich die Optimalität der Brachistochrone als Gesamtkurve auch auf jedes einzelne Kurvenstück überträgt, wobei zu jedem Teilstück die entsprechende Anfangsbedingung berücksichtigt werden muß. Sonst nämlich könnte man die Laufzeit entlang der Gesamtkurve verkürzen, indem man das nichtoptimale Teilstück durch ein besser geeignetes Kurvenstück ersetzt. Die Brachistochrone kann also allein durch eine lokale Eigenschaft vollständig erfaßt und erzeugt werden.

Diesem Grundgedanken folgend zerlegt JOHANN BERNOULLI in seiner im Mai 1697 publizierten Lösung die Fallebene in infinitesimal dünne Schichten parallel zur x-Achse. Nach seinem Ansatz vollzieht sich die Durchquerung einer jeden dieser Schichten mit je konstanter Geschwindigkeit, deren Betrag sich aus (7.5) und (7.6) zu

$$v = \sqrt{2 \cdot g \cdot h}$$

ergibt (was übrigens auch bei der LEIBNIZschen Isochrone gilt). Die weiteren Überlegungen zielen nun auf den Übergang zwischen zwei solchen Schichten. Fig.7.12 stellt die hierfür notwendigen Bezeichnungen bereit

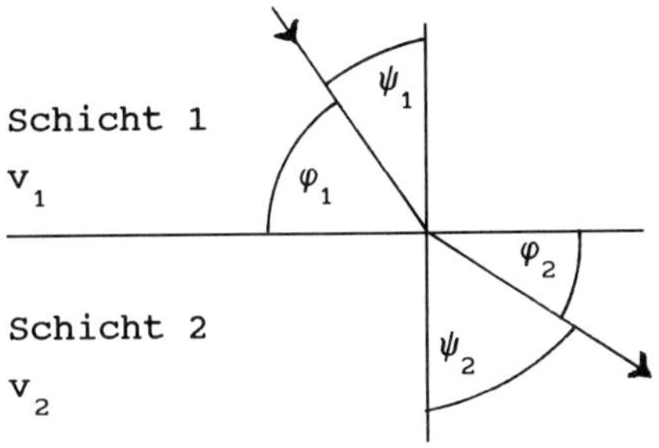

Fig.7.12

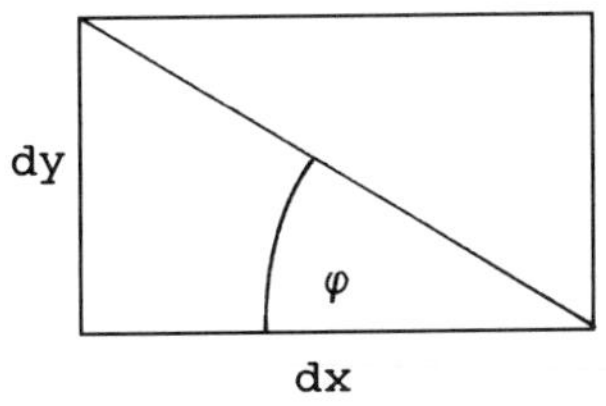

Figur 7.13

Diese Zeichnung entspricht in allen Details dem Übergang eines Lichtstrahls von einem optisch dichteren in ein optisch dünneres Medium. Nach dem von PIERRE DE FERMAT (1601-1665) aufgestellten Variationsprinzip bewegt sich das "Lichtkörperchen" dabei so, daß der Lichtweg über seine Bahnkurve, d.h. die benötigte Laufzeit, minimal ist. Andererseits hat WILLIBRORD SNELL VAN ROYEN (1591-1626) den Übergang zwischen zwei Medien verschiedener optischer Dichte über das nach ihm benannte SNELLIUSsche Brechungsgesetz charakterisiert:

$$\frac{\sin\psi_1}{\sin\psi_2} = \frac{v_1}{v_2}$$

M.a.W.: Die Quotienten $\frac{\sin\psi}{v}$ bzw. $\frac{\cos\varphi}{v}$ sind konstant. Dieses Verhalten des Lichtkörperchens überträgt JOHANN BERNOULLI auf das Brachistochronenproblem des fallenden Körpers im Gravitationsfeld. Für die Bahnneigung der Brachistochrone in einer Schicht der Dicke dy erhält man gemäß Fig.7.13

$$\cos\varphi = \frac{dx}{\sqrt{dx^2 + dy^2}} \qquad (7.10)$$

Der konstante Quotient $\frac{\cos\varphi}{v}$ bzw. $\frac{\cos\varphi}{\sqrt{2 \cdot g \cdot y}}$ macht bereits eine Skizze der Brachistochrone von Hand oder per Computer möglich. Dazu schätzt man den Wert der auftretenden Konstante, z.B. als

$1/\sqrt{2\cdot 10\cdot 0.1}$ (nach 0.1 m Fallhöhe ist die Bahn noch weitgehend vertikal), und hangelt sich dann schichtweise nach unten, wobei die erste Schicht vertikal durchlaufen wird.
Schreiben wir den konstanten Quotienten in der Form $1/\sqrt{4\cdot g\cdot r}$ mit einer geeigneten Konstanten $r \in \mathbb{R}^+$, so erhalten wir eine zweite Darstellung von $\cos\varphi$:

$$\cos\varphi = \sqrt{\frac{y}{2\cdot r}}$$

Setzen wir dies mit (7.10) gleich, kommen wir nach einigen einfachen Umformungen zu

$$\frac{\left(\frac{dx}{dy}\right)^2}{1+\left(\frac{dx}{dy}\right)^2} = \frac{y}{2\cdot r} \quad \text{bzw.} \quad \frac{dx}{dy} = \pm\sqrt{\frac{y}{2\cdot r - y}} \qquad (7.11)$$

wobei das Pluszeichen für die Wurzel die mit y steigende (in der Realität fallende) Kurve liefert. Etwas abweichend vom Vorgehen JOHANN BERNOULLIs lösen wir die Differentialgleichung über eine Parametrisierung mit dem Ansatz $y(\beta) = r\cdot(1 - \cos\beta)$ (Da die gesuchte Kurve stetig ist und mit der x-Achse nur den Punkt A(0;0) gemeinsam hat, muß der Parameter β auf ein halboffenes Intervall der Länge 2π beschränkt werden.). Multipliziert man nämlich in (7.11) mit $\frac{dy}{d\beta}$, so gelangt man zu

$$dx = r\cdot\sin\beta\cdot\sqrt{\frac{1-\cos\beta}{1+\cos\beta}}\cdot d\beta = r\cdot(1-\cos\beta)\cdot d\beta \qquad (7.12)$$

wobei in den letzten Umformungsschritt folgende Beziehung eingeht: $\sin^2\beta\cdot(1-\cos\beta) = (1-\cos^2\beta)\cdot(1-\cos\beta) = (1+\cos\beta)\cdot(1-\cos\beta)^2$.
Integration von (7.12) liefert $x(\beta) = r\cdot(\beta - \sin\beta) + c$, und mit der Normierung $(x(0);y(0)) = A(0;0)$ erhalten wir schließlich

$$\boxed{x(\beta) = r\cdot(\beta - \sin\beta) \quad ; \quad y(\beta) = r\cdot(1-\cos\beta)} \qquad (7.13)$$

als Parameterdarstellung der Brachistochrone. Sie stimmt mit der Parameterdarstellung (3.2) einer Zykloide überein. Ein Unterschied besteht lediglich im Definitionsbereich für β, den wir hier auf $[0;2\pi[$ beschränkt haben.

Die Brachistochrone hat die Form eines Zykloidenbogens.

Ungeklärt ist, welche physikalische Bedeutung die angesetzte Konstante r im neuen Kontext hat, bis zu welchem Drehwinkel β_B

die Zykloide als Brachistochrone zu zeichnen ist und wie der zeitliche Ablauf der Brachistochronenbewegung mit dem einer Kreisrollung zusammenhängt.

Die Koordinaten des Anfangspunktes A(0;0) wurden bereits zur Normierung von (7.12) herangezogen und eignen sich daher nicht dazu, die Konstante r der Brachistochrone bzw. den Kreisradius r der zugehörigen Zykloide zu bestimmen. Die Tatsache, daß der Endpunkt $B(x_B;y_B)$ auf der Brachistochrone liegt, führt über Quotientenbildung in (7.13) zu

$$\tan\alpha = \frac{y_B}{x_B} = \frac{1 - \cos\beta_B}{\beta_B - \sin\beta_B} \tag{7.14}$$

Der rechte Term fällt streng monoton mit β_B (s. Aufg.7.8.8) und liefert so (auf numerischem Wege) für jeden Wert $\tan\alpha > 0$ eine eindeutige Lösung β_B. Aus (7.13) erhalten wir dann

$$r = \frac{y_B}{1 - \cos\beta_B}$$

worin der Einfluß des Endpunktes B zum Ausdruck kommt.

Die für ein infinitesimales Wegstück ds der Brachistochrone benötigte Zeit dt ist mittels der in **3.2.3** durchgeführten Rektifikation der Zykloide

$$dt = \frac{ds}{v} = \frac{r\cdot\sqrt{2}\cdot\sqrt{1-\cos\beta}\cdot d\beta}{\sqrt{2\cdot g\cdot r\cdot(1-\cos\beta)}} = \sqrt{\frac{r}{g}}\cdot d\beta\ ,$$

also unabhängig von β. Die konstante <u>Winkelgeschwindigkeit</u> ω des bei der Brachistochronensimulation abrollenden Kreises ist

$$\omega = \frac{d\beta}{dt} = \sqrt{\frac{g}{r}} \tag{7.15}$$

Die <u>Translationsgeschwindigkeit</u> des Kreises bzw. seines Mittelpunktes M ist $r\cdot\omega$. Beide Geschwindigkeiten sind konstant, die zugehörigen Bewegungen also <u>gleichförmig</u>. Die <u>Laufzeit für die Fallbewegung entlang der Brachistochrone</u> ergibt sich unmittelbar aus letzten Gleichung:

$$t_B = \sqrt{\frac{r}{g}}\cdot\beta_B$$

mit β_B gemäß (7.14) im Bogenmaß. Wir erhalten also $\beta(t) = \omega\cdot t$ und aus der Ortsliniencharakterisierung (7.13) wird die zeitliche Beschreibung der Brachistochronenbewegung

$$x(t) = r\cdot(\omega\cdot t - \sin(\omega\cdot t)) \;;\; y(t) = r\cdot(1 - \cos(\omega\cdot t)) \tag{7.16}$$

In Fig.7.14 ist in der bereits bekannten Weise der zeitliche Ablauf der Fallbewegung des Körpers veranschaulicht. Die Laufzeit längs der Brachistochrone ist dabei der Laufzeit für den kürzesten Weg gegenüberstellt. Die Tatsache, daß der Endpunkt B längs der Brachistochrone früher erreicht wird, kommt dadurch zum Ausdruck, daß die Wegemarken auf der geraden Verbindung zum Ausgangspunkt nicht bis in B hinein geführt sind, sondern mit dem Ende der Brachistochronenbewegung abbrechen.

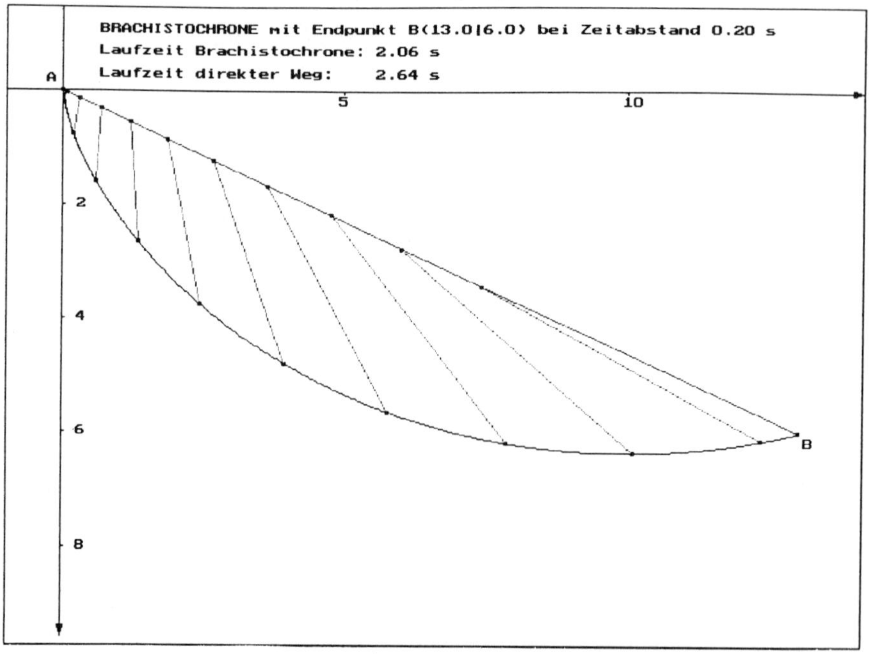

Figur 7.14

Wie wir leicht erkennen, erfüllt (7.16) die naiv aufgestellte Differentialgleichung (7.9). Die "Einfachheit" der Brachistochrone liegt also nicht in einer einfachen geometrischen Gestalt (Gerade, Kreisbogen), sondern in einer einfachen analytischen Kennzeichnung durch eine Differentialgleichung.

Betrachten wir nun den zum Endpunkt B gehörenden Drehwinkel β_B genauer. Nach Fig.3.4 verläuft die zu $B(x_B;y_B)$ gehörende Brachistochrone vollständig oberhalb der Gerade $y = y_B$, falls

$\beta_B \le \pi$ gilt, ansonsten auch unterhalb dieser Geraden. Damit erhalten wir aus (7.14) für $\beta_B = \pi$ einen ausgezeichneten Winkel α^* mit

$$\tan\alpha^* = \frac{2}{\pi} \quad \text{bzw.} \quad \alpha^* \approx 32{,}48^0$$

als Schwellenwert für den Neigungwinkel α^* der Verbindungsgeraden g(A;B), ab dem die Brachistochrone einen lokalen Tiefpunkt besitzt. Dieser erscheint von A aus unter dem Tiefenwinkel α^* und liegt auf der Geraden $x = \pi\cdot r$.

Die von JOHANN BERNOULLI initiierte Auseinandersetzung mit dem Brachistochronenproblem ist eine zentrale Stelle der Mathematikgeschichte. Hinsichtlich der Art der Aufgabenstellung und der für die Lösung entwickelten Methoden gilt die Brachistochrone als eines der Initialprobleme der Variationsrechnung. Neben dem Aufgabensteller selbst lösten auch sein Bruder JAKOB BERNOULLI (1654-1705) sowie der Marquis DE L'HOSPITAL (1661-1704) und LEIBNIZ die gestellte Aufgabe. Eine weitere Lösung war von einem anonymen Verfasser eingegangen, den JOHANN BERNOULLI mit den Worten "ex ungue leonem" (den Löwen von der Pranke her) als NEWTON identifizierte.

7.3.3 Tautochrone

Ein <u>Fadenpendel</u> entsteht, wenn man einen Körper an einen Faden fester Länge hängt und frei schwingen läßt. Seine Bahn ist selbstverständlich ein Kreisbogen.

Sei nun m die Masse des Körpers und l die Länge des Fadens. Der Bewegungsablauf kann gemäß Fig.7.15 durch die Energieerhaltung

$$m\cdot g\cdot h = \frac{1}{2}\cdot m\cdot v^2 \tag{7.17}$$

charakterisiert werden. Für kleine Auslenkungen aus der Ruhelage ist die Bogenlänge s durch die Sekantenlänge $\bar{s}$ hinreichend gut angenähert, und gemäß Fig.7.16 liefert der Kathetensatz

$$s^2 \approx \bar{s}^{\,2} = 2\cdot l\cdot h \tag{7.18}$$

Aus (7.17) ergibt sich damit die Differentialgleichung

$$\frac{g}{l}\cdot s^2 = \dot{s}^2$$

die eine <u>harmonische</u> <u>Schwingung</u> mit fester <u>Kreisfrequenz</u>

$$\omega = \sqrt{\frac{g}{l}} \qquad (7.19)$$

und fester Schwingungsdauer

$$T = \frac{2\pi}{\omega} = 2\pi\cdot\sqrt{\frac{l}{g}} \qquad (7.20)$$

als Lösung hat.

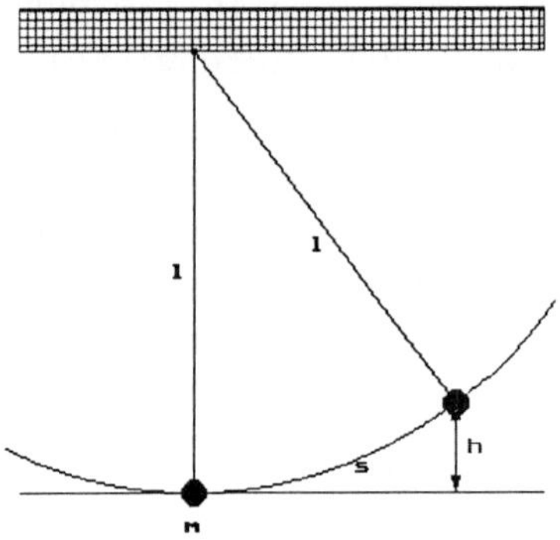

Figur 7.15

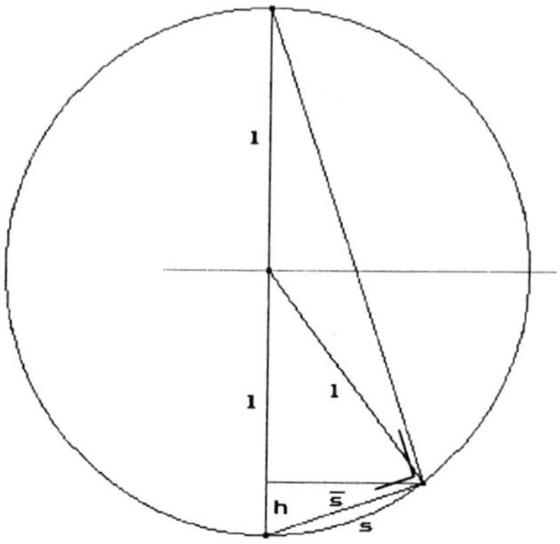

Figur 7.16

Legen wir den Anfang der Zeitmessung z.B. in den Zeitpunkt minimaler Auslenkung bzw. des Durchgangs durch die Ruhelage, so erhalten wir

$$s(t) = a\cdot\sin(\omega\cdot t) \qquad (7.21)$$

als Beschreibung der Auslenkung s(t) (positive Werte interpretieren wir o.B.d.A. als Auslenkungen nach rechts), wobei a für die maximale Auslenkung - Amplitude genannt - steht. Die Masse des Körpers nimmt erstaunlicherweise keinen Einfluß.
Alle Überlegungen gelten weiter, wenn wir uns die Bewegung als reibungsfreies Rollen einer Kugel in einer halbkreisförmigen Rinne realisiert denken (und dabei vom Einfluß der Rotationsenergie absehen). Um den Einsatz von (7.18) nicht zu gefährden, müssen wir uns auch hier auf kleine Auslenkungen beschränken, Welche Bahn müßte man für den Körper vorgeben, damit man unabhängig von der Auslenkung bzw. von der Starthöhe stets die gleiche Schwingungsdauer erhält? Diese Tautochrone (griech.: *autos* - derselbe ; *chronos* - die Zeit) ist durch die Forderung $s^2 = 2\cdot l\cdot h$ bestimmt. Die für das Fadenpendel hergeleiteten Beziehungen gelten auch hier. Die Konstante l bleibt allerdings zunächst ohne situative Bedeutung.

In Anlehnung an die Situation beim Fadenpendel liegt es nahe, ein kartesisches Koordinatensystem mit horizontaler x-Achse einzuführen, so daß sich die Ruhelage des Körpers im Punkt (0;l) der nach unten gerichteten y-Achse befindet. Für einen beliebigen Punkt P(x;y) der Tautochrone gilt dann

$$s^2 = 2l\cdot h = 2l\cdot(l - y)$$

woraus zunächst

$$ds^2 = \frac{l^2}{2l^2 - 2l\cdot y}\, dy^2$$

und mit $ds^2 = dx^2 + dy^2$ schließlich

$$dx^2 = \frac{-l + 2y}{2l - 2y}\, dy^2$$

folgt. Substituieren wir hier $\bar{y} := y - \frac{l}{2}$, verschieben also die x-Achse um $\frac{l}{2}$ nach unten, kommen wir zu

$$dx = \pm\sqrt{\frac{\bar{y}}{2\cdot\frac{l}{4} - \bar{y}}}\cdot d\bar{y}$$

Dies ist die aus (7.11) bekannte Differentialgleichung einer Zykloide (nunmehr mit anderen Randbedingungen), welche durch Abrollen eines Kreises mit Radius $\frac{l}{4}$ erzeugt werden kann. Situativ ist die Lage der Zykloide klar, weswegen wir auf ihre Herleitung verzichten. Fig.7.17 zeigt die beteiligten Koordinatensysteme sowie den Zykloidenbogen und eine mögliche Ausgangsstellung für den abrollenden Kreis.

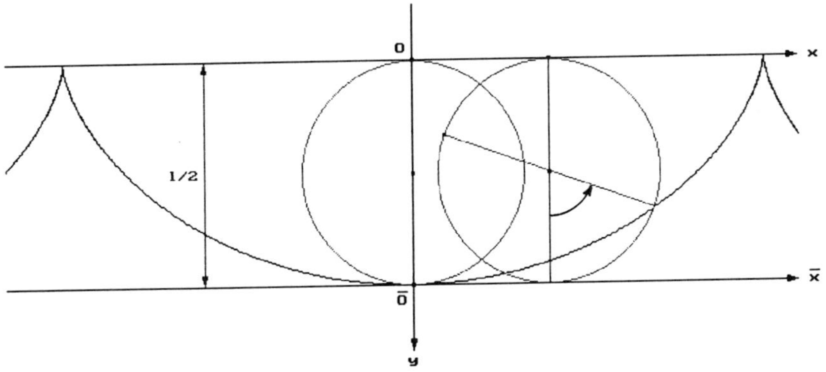

Figur 7.17

Die Tautochrone hat die Form eines Zykloidenbogens.

Die Zykloide mit Rollkreisradius $r = \frac{l}{4}$ ist Tautochrone in dem Sinne, daß ein auf ihr reibungsfrei gleitender Körper

- eine harmonische Schwingung ausführt, deren Schwingungsdauer T unabhängig von der Amplitude der Schwingung stets den Wert $2\pi\cdot\sqrt{\frac{l}{g}}$ annimmt
- den tiefsten Punkt unabhängig von der Startposition in stets der gleichen Zeit $\frac{T}{4}$ erreicht.

Wir schließen jetzt noch die Evolute der Tautochrone in unsere Betrachtungen ein. Nach **5.6.1** ist sie eine kongruente Zykloide. Da die Tautochrone Evolvente dieser Zykloide ist, schwingt ein in der Spitze an einem Faden der Länge l aufgehängter Körper auf der Tautochrone, während sich der Faden auf den beiden Ästen der oberen Zykloide auf- und abwickelt. Fig.5.15 kann als Veranschaulichung einer Vielzahl von Fadenpositionen angesehen werden. Da unsere Herleitung unabhängig davon ist, wie der sich bewegende Körper auf der Tautochronenbahn gehalten wird, hat dieses Zykloidenpendel die Eigenschaft, unabhängig von seiner anfänglichen Auslenkung stets mit derselben Schwingungsdauer T zu schwingen.

In seinem 1673 veröffentlichten Werk *Horologium Oscillatorium* zeigt CHRISTIAAN HUYGENS (1629-1695) die Bedeutung der Zykloide zum Bau von Pendeluhren erstmals auf. Statt Tautochrone findet sich auch die Bezeichnung Isochrone, die wir aber angesichts möglicher Verwechslungen mit der Kurve aus **7.3.1** vermeiden.

7.3.4 Kettenlinie

Unter der Kettenlinie versteht man die Gestalt, die ein an zwei Punkten A und B aufgehängtes, homogenes, vollkommen biegsames Seil unter dem Einfluß der Schwerkraft einnimmt. GALILEI war der Überzeugung, es handele sich dabei um eine Parabel. In der Tat muß die gesuchte Kurve symmetrisch zur Vertikalen durch den tiefsten Punkt sein. Ist nämlich wie in Fig.7.18 A' der Kurvenpunkt auf demselben Lageniveau, aber auf dem anderen Kurvenast, so ändert sich die Form der Kurve unterhalb dieser

Horizontalen nicht, wenn man das Seil in A' befestigt. Die physikalische Situation ist dann völlig symmetrisch, und damit ist es auch die Kurve. Trotzdem hatte sich GALILEI geirrt.

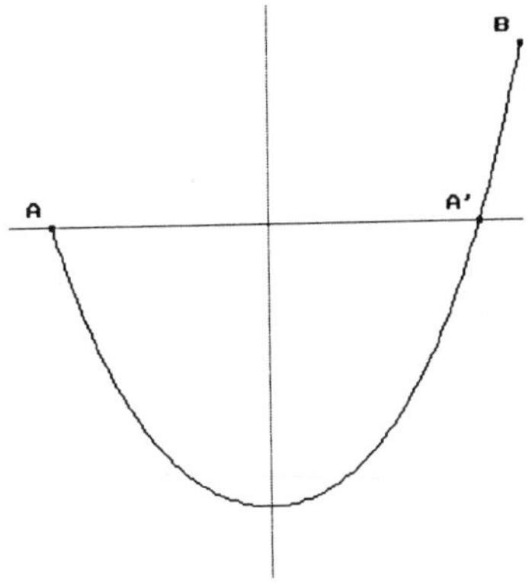

Figur 7.18

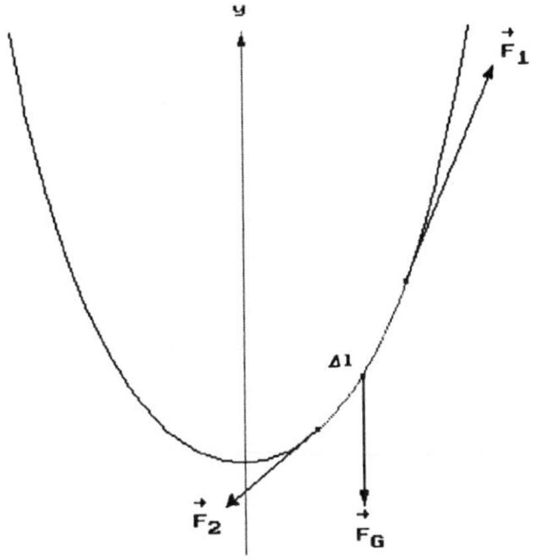

Figur 7.19

Aus ihrer Genese geht hervor, daß die Kettenlinie keine Bahnkurve ist, sondern statischen Charakter hat: Alle betrachteten Massenpunkte bleiben ortsfest. In jedem Punkt der Kettenlinie herrscht demnach Kräftegleichgewicht, d.h. es verschwindet die vektorielle Summe aller angreifenden Kräfte. Als Kräfte kommen Zugkräfte längs des Seils und die Gewichtskraft in Frage (wobei jene ebenfalls in der Erdanziehung gründen).
In Fig.7.19 sieht man, daß auf ein Seilstück der Länge Δl in dessen Schwerpunkt die Gewichtskraft F_G und an den Enden zwei tangentiale Zugkräfte F_1 und F_2 wirken. Die Richtung der Kräfte F_1 und F_2 ist insofern festgelegt, als diese Kräfte von den jeweils benachbarten Seilresten übertragen werden, was bei Seilen (im Gegensatz etwa zu Stangen) nur in ihrer Spannrichtung (Tangentenrichtung) möglich ist.
Die y-Achse des hinzugenommenen kartesischen Koordinatensystems ist als Symmetrieachse bestimmt, die x-Achse wird zunächst willkürlich plaziert; erst später wird ihr Abstand vom tiefsten Punkt der Kettenlinie festgelegt.
Die Alltagserfahrung legt eine Beschreibung der Kettenlinie als Funktionsgraph

$$y = f(x)$$

nahe. Ebenso ist infolge der Symmetrie klar, daß im tiefsten Punkt eine horizontale Tangente vorliegt; damit gilt also

$$f'(0) = 0 \;.$$

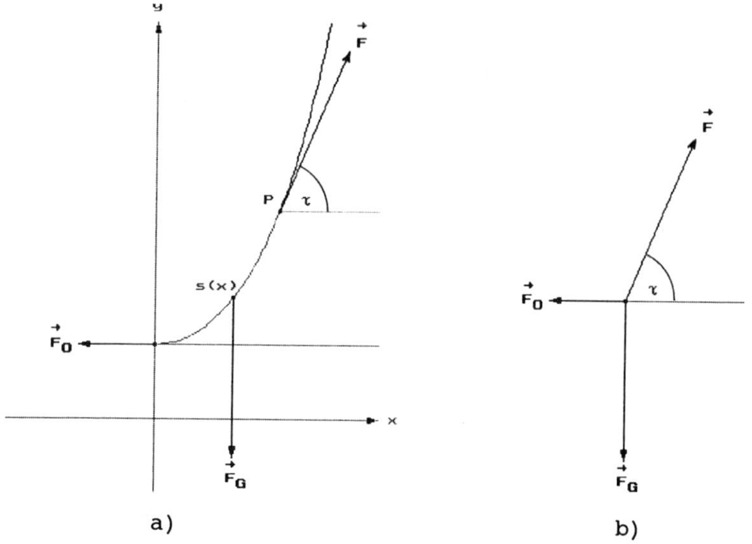

Figur 7.20

In Fig.7.20 betrachten wir als Spezialfall die Seilstücke mit einem Ende auf der y-Achse. Die horizontale Zugkraft im tiefsten Punkt habe den Betrag F_0, die andere Zugkraft im Punkt $P(x;f(x))$ habe den Betrag F und sei unter dem Winkel τ gegen die x-Achse gerichtet. Ist s(x) die Seillänge zwischen 0 und x und σ das Gewicht pro Längeneinheit, ergibt sich als Gewicht des Seilstücks

$$F_G = \sigma\cdot g\cdot s(x) \;.$$

Die Gleichgewichtsbedingung besagt, daß die Komponenten der wirkenden Kräfte in jeder Richtung einander neutralisieren, insbesondere natürlich auch in den gewählten Koordinatenrichtungen. Demnach gilt $F_G = F\cdot\sin\tau$ und $F_0 = F\cdot\cos\tau$. Zusammen mit der Bogenlängenformel (5.12) erhalten wir dann

$$f'(x) = \tan\tau = \frac{F_G}{F_0} = \frac{\sigma\cdot g}{F_0}\cdot s(x) = \frac{\sigma\cdot g}{F_0}\cdot\int_0^x \sqrt{1+f'(x)^2} \;.$$

Setzen wir nun

$$c := \frac{F_0}{\sigma\cdot g} \qquad (7.22)$$

so ergibt sich durch Ableiten der vorstehenden Beziehung die Differentialgleichung

$$c^2 \cdot f''(x)^2 \;=\; 1 + f'(x)^2 \tag{7.23}$$

welche in der Tat von keiner Parabel erfüllt wird. Erneutes Differenzieren und anschließendes Integrieren führt auf

$$c^2 \cdot f''(x) \;=\; f(x) + d\ .$$

Jetzt plazieren wir die x-Achse so, daß die Integrationskonstante d verschwindet, also die Differentialgleichung

$$c^2 \cdot f''(x) \;=\; f(x) \tag{7.24}$$

zu erfüllen ist.
Bekanntermaßen diese Differentialgleichung von den Funktionen $x \longmapsto \exp(\frac{x}{c})$ und und $x \longmapsto \exp(-\frac{x}{c})$ und damit auch von jeder Linearkombination

$$f(x) \;=\; \lambda \cdot \exp(\tfrac{x}{c}) + \mu \cdot \exp(-\tfrac{x}{c}) \quad \text{mit } \lambda, \mu \in \mathbb{R} \tag{7.25}$$

gelöst. Die speziellen Werte für λ und μ bestimmen wir über die Randbedingungen. $f'(0) = 0$ liefert $\lambda = \mu$. Setzen wir andererseits (7.24) in (7.23) ein und betrachten das Verhalten an der Stelle $x = 0$, kommen wir zu

$$f(0) \;=\; c \tag{7.26}$$

Die in (7.22) festgeschriebene Konstante c ist also der Abstand der x-Achse vom tiefsten Punkt der Kettenlinie. Bringen wir schließlich (7.26) in (7.25) ein, ergibt sich $c = \lambda + \mu$ und mit $\lambda = \mu$ der Wert $\frac{c}{2}$ für beide Koeffizienten λ und μ.
Unsere Überlegungen zusammenfassend ist die Kettenlinie durch

$$\boxed{f(x) \;=\; c \cdot \tfrac{1}{2} \cdot (\exp(\tfrac{x}{c}) + \exp(-\,\tfrac{x}{c})) \;=\; c \cdot \cosh(\tfrac{x}{c})} \tag{7.27}$$

charakterisiert. Ihre natürliche Gleichung haben wir bereits in **5.5.3** angesprochen. Weitere Eigenschaften der Kettenlinie werden am Ende von **7.2.4** und im Rahmen der Aufgaben aufgeführt.

7.4 LISSAJOUS-KURVEN

In **7.3.3** haben wir das zeitliche Verhalten der Auslenkung eines Fadenpendels bei kleinen Schwingungsweiten als harmonische

Schwingung charakterisiert. Vereinfachend können wir die zugehörige Bahn als linear ansehen. Im folgenden überlagern wir zwei zueinander orthogonale harmonische Schwingungen.

7.4.1 Erzeugung

Wir gehen aus von einem Fadenpendel. Die Ruhelage des schwingenden Körpers befinde sich im Ursprung des (x;y;z)-Koordinatensystems, der Aufhängepunkt auf der positiven z-Achse, und die Bahnkurve verlaufe in der x-z-Ebene. Es ist dann $y(t) \equiv 0$ und für kleine Auslenkungen gilt $x(t) = a\cdot\sin(\omega\cdot t)$ mit Kreisfrequenz ω gemäß (7.19) und Amplitude a analog zu (7.21).
Nun geben wir dem schwingenden Pendel zu irgendeinem Zeitpunkt t_0 einen in Stoß in y-Richtung. Der Bewegung in x-Richtung überlagert sich - gemäß dem Superpositionsprinzip ungestört - eine Schwingung in y-Richtung nach (7.20) mit gleicher Schwingungsdauer T, aber möglicherweise anderer Amplitude b , welche sich analog mittels $y(t) = b\cdot\sin(\omega\cdot(t-t_0))$ beschreiben läßt. Bei unseren weiteren Betrachtungen lassen wir die z-Komponente, die bei kleinen Auslenkungen nur unwesentlich variiert, außer acht, d.h. wir interessieren uns nur für die Bilder bei der senkrechten Projektion der Bahnkurven in die x-y-Ebene.
Den Unterschied im Argument des Sinus beider Koordinatenfunktionen x(t) und y(t) nennt man die Phasendifferenz δ der beiden Schwingungen. Selbstverständlich kann man δ auf Werte aus $[0;2\pi[$ reduzieren. Erfolgt der Stoß beim Durchlaufen der Ruhelage, ist $t_0 = 0$ oder $t_0 = \frac{T}{2}$ und somit $\delta = 0$ oder $\delta = \pi$. Die resultierende Kurve ist dann eine Gerade. Stoßen wir das Pendel in einem Umkehrpunkt an, ergibt sich mit $\delta = \frac{1}{2}\cdot\pi$ bzw. $\delta = \frac{3}{2}\cdot\pi$ eine Parameterdarstellung der Form (1.1), also eine Ellipse in Hauptachsenlage. Für beliebige Werte von δ kommt man stets zu Ellipsen mit Mittelpunkt im Ursprung (Man wende das Additionstheorem für den Sinus an, löse nach $\sin(\omega\cdot t)$ und $\cos(\omega\cdot t)$ auf und eliminiere t mittels $\sin^2(\omega\cdot t) + \cos^2(\omega\cdot t) = 1$).
Wesentlichen Anteil an der Einfachheit der Gleichungen bzw. Kurven hat die Tatsache, daß die Schwingungen in x- und y-Richtung mit derselben Pendellänge und daher derselben Schwingungsdauer erfolgen. Diese Bedingung ist beim in Fig.7.21 ab-

gebildeten LISSAJOUS-Pendel - der französische Physiker JULES ANTOINE LISSAJOUS (1822-1880) hat im Jahre 1850 die bereits 1815 in Amerika entdeckten Kurven erstmals untersucht - aufgehoben.

O.B.d.A. ist in unserer Abbildung die größere Pendellänge l_1 der Schwingung in x-Richtung zugewiesen, während die kleinere Länge l_2 die dann kleinere Schwingungsdauer in y-Richtung bestimmt. Die jeweils zugehörigen Kreisfrequenzen ω_1 und ω_2 ergeben sich aus (7.19). Die entsprechenden Kurven erhalten wir wie eben zu

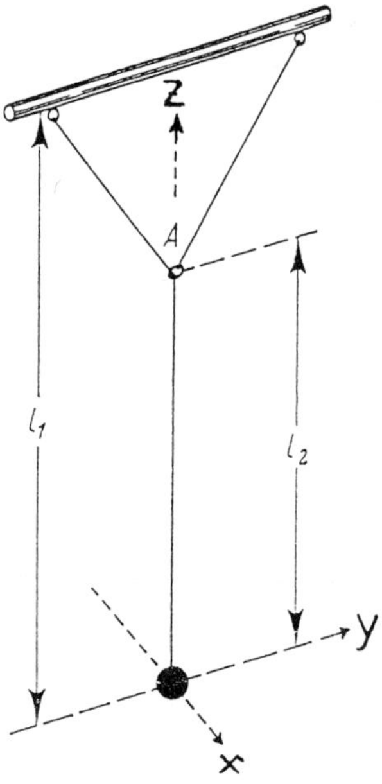

Figur 7.21

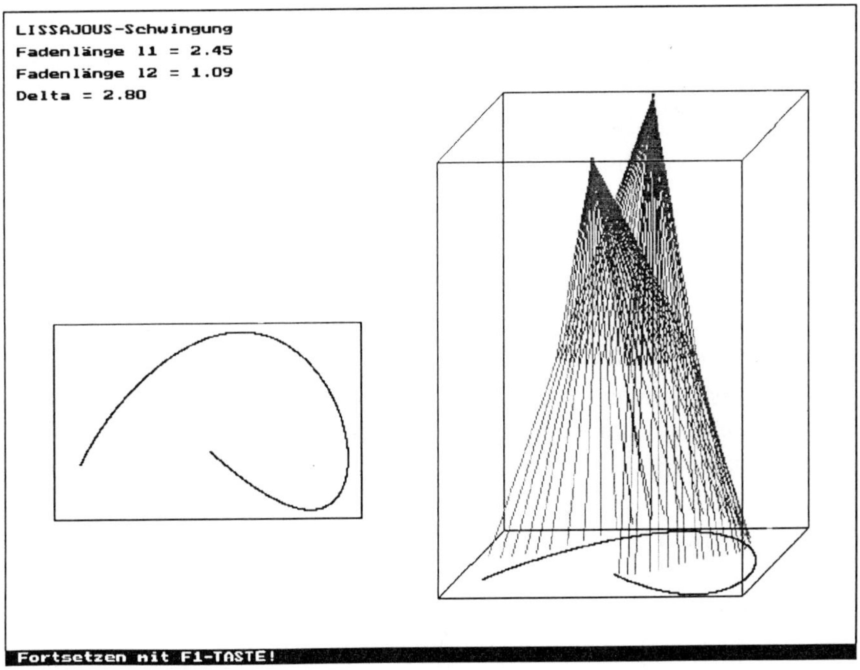

Figur 7.22

$$x(t) = a\cdot\sin(\omega_1\cdot t) \quad ; \quad y(t) = b\cdot\sin(\omega_2\cdot t - \delta) \tag{7.28}$$

Diese LISSAJOUS-Kurven lassen sich z.B. markieren, indem man als schwingenden Körper ein Gefäß verwendet, aus dem Sand auf die Unterlage rieselt (die Schwingungsdauer ist von der Masse unabhängig!). Heute kann man derartige Kurven auch an einem Kathodenstrahloszillograph erzeugen, indem man die Spannungen an den Ablenkplattenpaaren entsprechend den harmonischen Schwingungen variiert. Die technische Umsetzung der Simulation der Bewegung am Computerbildschirm funktioniert ebenfalls genau nach diesem Prinzip. Fig.7.22 zeigt eine Momentaufnahme einer solchen Computersimulation, wobei die interessierende Kurve sowohl affin verzerrt als auch im Grundriß dargestellt ist.

7.4.2 Eigenschaften

Zunächst einmal ist klar, daß eine LISSAJOUS-Kurve (7.28) in einem Rechteck mit den Seitenlängen $2\cdot a$ und $2\cdot b$ verläuft, dessen Diagonalenschnittpunkt die Ruhelage bzw. der Ursprung unseres Koordinatensystems ist. Die Tatsache, daß in **7.4.1** Ellipsen um den Ursprung auftreten, weist darauf hin, daß der schwingende Körper die Ruhelage durchaus meiden kann.
LISSAJOUS-Kurven sind geschlossen, wenn die Schwingungsperioden T_1 und T_2 in x- bzw. y-Richtung einen rationalen Quotienten haben. Es ist dann

$$\frac{T_2}{T_1} = \frac{\omega_1}{\omega_2} = \frac{u}{v} \tag{7.29}$$

mit teilerfremden natürlichen Zahlen u und v, und es handelt sich um algebraische Kurven (s. Fladt 1962 und Aufg.7.8.15). Bei irrationalem Quotienten liegen transzendente, nichtgeschlossene Kurven vor.
Wir beschränken uns im folgenden auf den algebraischen Fall, da man hier leicht mit (7.28) und (7.29) vorankommen kann. Wie in unserem Experiment sei $T_2 \le T_1$, also $u \le v$. Über (7.29) führen wir die Konstante

$$c := \frac{\omega_1}{u} = \frac{\omega_2}{v}$$

ein, welche bei den Argumentationen und Herleitungen einen Rückzug auf die natürlichen Zahlen u und v ermöglicht.
Die Bewegung hat die <u>Periodendauer</u>

$$T := kgV(T_1;T_2) = kgV(\frac{2\pi}{c\cdot u};\frac{2\pi}{c\cdot v}) = \frac{2\pi}{c\cdot u\cdot v}\cdot kgV(u;v)$$

wobei allerdings vorkommen kann, daß die Kurve innerhalb der Zeit T ein zweites Mal, und zwar in entgegengesetztem Sinn durchlaufen wird (wie beim einfachen Fadenpendel). Überhaupt zeigt uns das Fadenpendel, daß nach der halben Schwingungsdauer die bis dahin ausgeführte Bewegung noch einmal, allerdings in eine andere Richtung vollzogen wird (der Graph der Sinusfunktion illustriert dies auf der formalen Stufe). Diese Wiederholung der Bewegung in einer anderen Richtung überträgt sich auf die LISSAJOUS-Figuren und bewirkt dort ein bestimmtes <u>Symmetrieverhalten</u>. Fig.7.23 gibt einen Einblick bei verschiedenen Quotienten $\frac{u}{v}$ und Phasenverschiebungen δ.
Es ist

$$x(\frac{T}{2} + t) = a\cdot\sin(\pi\cdot\frac{kgV(u;v)}{v} + \omega_1\cdot t) = \pm\, x(t)$$

$$y(\frac{T}{2} + t) = b\cdot\sin(\pi\cdot\frac{kgV(u;v)}{u} + \omega_2\cdot t - \delta) = \pm\, y(t)$$

Je nach der Parität von u und v ergibt sich im Argument des Sinus eine Verschiebung um ein geradzahliges bzw. ungeradzahliges Vielfaches von π, und auf der rechten Seite ist das positive bzw. negative Vorzeichen zu nehmen.
Die Kurve $x(t) = a\cdot\sin(c\cdot u\cdot t) \wedge y(t) = b\cdot\sin(c\cdot v\cdot t - \delta)$ ist
- punktsymmetrisch zum Urspung, falls u und v beide ungerade
- symmetrisch zur x-Achse, falls u gerade und v ungerade
- symmetrisch zur y-Achse, falls u ungerade und v gerade.

In jedem Falle werden die zur y-Achse parallelen Seiten des begrenzenden Rechtecks zu $\frac{kgV(u;v)}{v}$ Zeitpunkten, die anderen beiden Seiten zu $\frac{kgV(u;v)}{u}$ Zeitpunkten innerhalb einer Periode T erreicht.
Wir widmen uns nun den <u>Doppelpunkten</u> der Kurven. Zwei verschiedene Zeiten t_P und t_Q führen zu denselben Werten für x bzw. y , wenn sie dem Gleichungssystem

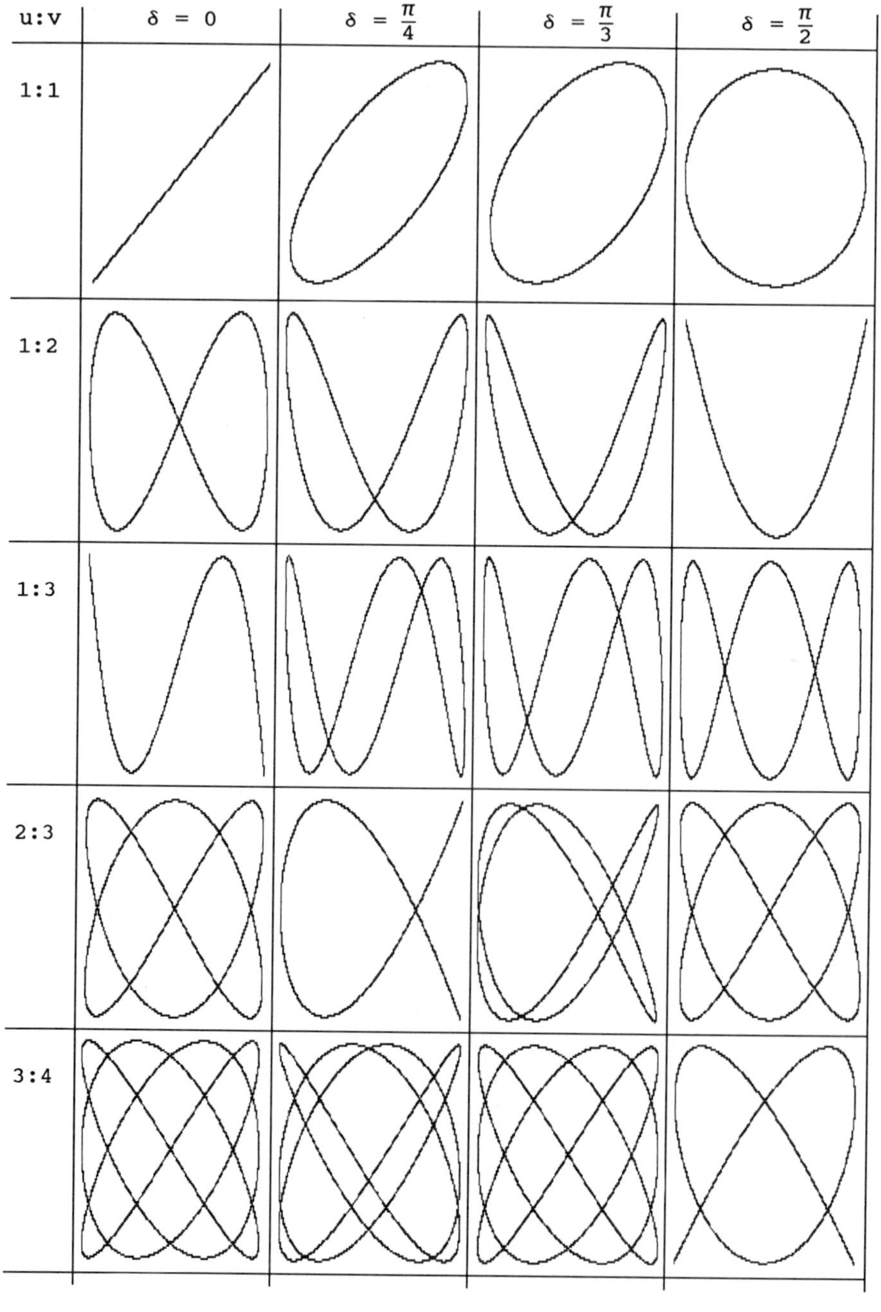
u:v
$\delta = 0$
$\delta = \frac{\pi}{4}$
$\delta = \frac{\pi}{3}$
$\delta = \frac{\pi}{2}$
1:1
1:2
1:3
2:3
3:4

Figur 7.23

$$\left.\begin{aligned} \omega_1 \cdot t_P &= i \cdot \pi + (-1)^i \cdot \omega_1 \cdot t_Q \\ \omega_2 \cdot t_P - \delta &= k \cdot \pi + (-1)^k \cdot (\omega_2 \cdot t_Q - \delta) \end{aligned}\right\}$$

genügen. Hierbei sind i und k beliebige ganze von 0 verschiedene Zahlen. Dies führt auf

$$t_Q = \frac{\delta \cdot u \cdot (1 - (-1)^k) - \pi \cdot (i \cdot v - k \cdot u)}{c \cdot u \cdot v \cdot ((-1)^i - (-1)^k)} \qquad (7.30)$$

Demnach müssen i und k verschiedene Parität haben. Mit Blick auf die Periodizität und Symmetrie der Bewegung wird man natürlich nicht alle Werte für i und k berücksichtigen müssen. Ersetzt man in (7.30) i durch i+2u oder k durch k+2v, ändern sich die Argumente $\omega_j \cdot t_Q$ des Sinus in (7.28) um $\pm \pi$, rücken also um eine halbe Periodendauer weiter. Damit zeigt sich, daß bereits durch $i = 1, \ldots, 2u-1$ und $k = 1, \ldots, 2v-1$ alle Doppelpunkte erfaßt werden, wobei nur die Paare (i;k) verschiedener Parität zugelassen sind. Deren Anzahl ist $u \cdot (v-1) + v \cdot (u-1) = 2 \cdot u \cdot v - u - v$, was mit der Anzahl der Doppelpunkte übereinstimmt.

Die Formel für die Anzahl der Doppelpunkte erlaubt es, bei gegebener Kreisfrequenz *einer* Schwingungskomponente an Hand der Anzahl der Doppelpunkte auf die Kreisfrequenz der anderen Komponente zu schließen.

Kommen wir noch zu anderen Singularitäten. Erstaunlicherweise sind in Fig.7.23 Rückkehrpunkte bzw. Anfangs- oder Endpunkte zu beobachten. Wir können sie als besondere Erscheinungsform von Spitzen ansehen. Spitzen hat man für solche Werte von t zu erwarten, für die

$$\frac{dx}{dt} = c \cdot u \cdot \cos(c \cdot u \cdot t) = 0 \quad \wedge \quad \frac{dy}{dt} = c \cdot v \cdot \cos(c \cdot v \cdot t - \delta) = 0$$

erfüllt ist. Beiden Gleichungen kann nur für die besonderen Phasenverschiebungen

$$\delta_{i,k} := \frac{(2i+1) \cdot v - (2k+1) \cdot u}{2 \cdot u} \cdot \pi$$

mit beliebigen ganzen Zahlen i und k genügt werden. Bei anderen Phasenverschiebungen treten also keine Spitzen auf. Andererseits gehören (gemäß den Nullstellen von $\frac{dx}{dt}$) zu den Werten $\delta_{i,k}$ Zeiten

$$t_i := \frac{2i+1}{2\cdot c\cdot u}\cdot\pi \ .$$

Nun ist aber

$$\begin{aligned} x(t) &= a\cdot\sin(c\cdot u\cdot(t-t_i) + c\cdot u\cdot t_i) \\ &= a\cdot(-1)^i\cdot\cos(c\cdot u\cdot(t-t_i)) \qquad \text{und} \\ y(t) &= b\cdot\sin(c\cdot v\cdot(t-t_i) + (c\cdot v\cdot t_i-\delta)) \\ &= b\cdot(-1)^k\cdot\cos(c\cdot v\cdot(t-t_i)) \quad . \end{aligned}$$

Die Symmetrie der Kosinusfunktion besagt hier, daß in gleichen zeitlichen Abständen vor und hinter jedem der Zeitpunkte t_i die LISSAJOUS-Kurve denselben Punkt einnimmt. Die Kurve wird also für die Gesamtheit der Werte einer geeigneten t-Periode zweimal durchlaufen. Die Zeiten t_i bestimmen demnach tatsächlich die Rückkehrpunkte.

7.5 KAUSTIKEN

Wir beziehen uns hier auf die in **4.6.2** eingeführte analytisch geprägte Beschreibung von Hüllkurven. Um nunmehr zusätzliche physikalische Randbedingungen mathematisch aufnehmen zu können, ziehen wir vektorielle Hilfen hinzu. Da wir dabei an die Grenzen unseres eingangs gesteckten methodischen Rahmens kommen, begnügen wir uns mit einem Einblick. Für eine tiefergehende Beschäftigung verweisen wir auf die beiden Veröffentlichungen von Heinrich; Freudenthal 1959/60 und Freudenthal; Heinrich 1961/62.

7.5.1 Erzeugung und erste Darstellungen

Unter einer Kaustik versteht man die Hüllkurve der an einer ebenen Kurve reflektierten bzw. gebrochenen Strahlen einer Lichtquelle. Fig.7.24 zeigt die Grundsituation und führt in die Fachsprache ein.
Im Falle der Reflexion spricht man von einer Katakaustik, bei der Brechung von einer Diakaustik. Weiter wird dahingehend unterschieden, ob die Lichtquelle endlich oder unendlich weit entfernt liegt; dementsprechend gibt es Kaustiken 1. und 2.Art.

Im zweiten Falle sind alle einfallenden Lichtstrahlen zueinander parallel.

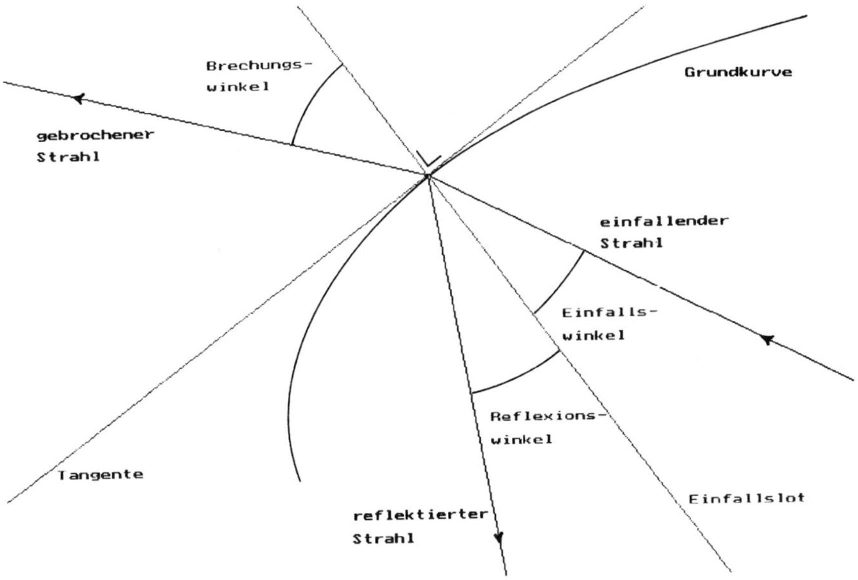

Figur 7.24

Um auch bei divergent verlaufenden ausfallenden (d.h. reflektierten oder gebrochenen) Strahlen zu "Schnittpunkten" zu kommen, bezieht man deren rückwärtige Verlängerungen in die Betrachtungen ein.
Diese Vereinbarung ermöglicht es, bei Kaustiken 2.Art von der Orientierung des einfallenden parallelen Strahlenbündels abzusehen und nur dessen Richtung zu beachten (s. Aufg.7.8.17).
Aus der Situation erwachsen zwei Typen von Problemstellungen. Nahe liegt es, nach der Kaustik zu fragen, wenn die Lage der Lichtquelle und die die Reflexion bewirkende Kurve gegeben sind. Umgekehrt kann man sich für Grundkurven zu vorgegebenen Kaustiken interessieren. Aus Platzgründen widmen wir uns nur dem erstgenannten Aspekt.
Das physikalische Verhalten ist durch das <u>Reflexionsgesetz</u> beschrieben, wonach einfallender Strahl, ausfallender Strahl und Einfallslot in einer Ebene liegen sowie Einfallswinkel und Ausfallswinkel maßgleich sind.

Bei jeder Kaustik liegt die Hüllkurve einer Geradenschar vor, so daß wir auf (4.48) zurückgreifen können, sofern die Schar über den Winkel τ parametrisiert ist, den die Geraden mit der x-Achse bilden. Der Winkel τ variiert mit demjenigen Punkt $R(f_1(t);f_2(t))$ der Grundkurve, in dem der jeweils einfallende Strahl reflektiert bzw. refraktiert wird; es ist also $\tau = \tau(t)$. Andererseits liegt R auch auf dem ausfallenden Strahl, so daß sich die Funktion $c(\tau)$ in (4.47) schreibt als

$$c(\tau) = c(\tau(t)) = f_1(t)\cdot\sin(\tau(t)) - f_2(t)\cdot\cos(\tau(t))$$

und

$$\frac{dc}{d\tau} = \frac{dc}{dt} : \frac{d\tau}{dt} = f_1'(t)\cdot\sin(\tau(t)):\frac{d\tau}{dt} + f_1(t)\cdot\cos(\tau(t))$$
$$- f_2'(t)\cdot\cos(\tau(t)):\frac{d\tau}{dt} + f_2(t)\cdot\sin(\tau(t))$$

Wir setzen in (4.48) ein und kommen nach einfachen Umformungen zur folgenden <u>Charakterisierung einer Kaustik</u> bei bekanntem Tangentenwinkel $\tau(t)$:

$$\begin{aligned}\bar{x}(t) &= f_1(t) + \frac{\cos(\tau(t))}{\tau'(t)}\cdot h(t)\\ \bar{y}(t) &= f_2(t) + \frac{\sin(\tau(t))}{\tau'(t)}\cdot h(t)\\ \text{mit } h(t) &:= f_1'(t)\cdot\sin(\tau(t)) - f_2'(t)\cdot\cos(\tau(t))\end{aligned} \tag{7.31}$$

Verschwindet $\tau'(t)$ für einen Wert t, so ist an dieser Stelle kein Hüllkurvenpunkt definiert, da infinitesimal benachbarte reflektierte Strahlen einander nicht schneiden. Eine diesbezügliche Kontrolle ist aber bei einer Auswertung von (7.31) mit dem Computer kein Problem.

Nehmen wir anstelle des Tangentenwinkels $\tau(t)$ die Steigung $m(t)$ der Kaustiktangenten, so ist zunächst

$$h(t) = \cos(\tau(t))\cdot f_1'(t)\cdot\left(m(t) - \frac{f_2'(t)}{f_1'(t)} \right)$$

und

$$m'(t) = (\tan(\tau(t)))' = \frac{1}{\cos^2(\tau(t))}\cdot\tau'(t)$$

Damit wird (7.31) zu

$$\overline{x}(t) = f_1(t) + \frac{1}{m'(t)}\cdot i(t)$$

$$\overline{y}(t) = f_2(t) + \frac{m(t)}{m'(t)}\cdot i(t) \qquad (7.32)$$

$$\text{mit} \quad i(t) := f_1'(t)\cdot\left(m(t) - \frac{f_2'(t)}{f_1'(t)} \right)$$

Auch hier wird man etwaige Nullstellen der Nenner ausfindig machen und einfachheitshalber übergehen.

Als Beispiel für eine Katakaustik 1.Art betrachten wir die Reflexion an einem Kreis mit Lichtquelle auf der Kreislinie. Diese sei durch $f_1(t) = k\cdot\cos t$ und $f_2(t) = k\cdot\sin t$ gegeben.

Nach Fig.7.25 ist $\tau = \pi-\beta-(\pi-t) = t-\beta$ und $\alpha = (\pi-t)/2$. Mittels $\alpha = \beta$ aus dem Reflexionsgesetz kommen wir zu $\tau = \tau(t) = \frac{3}{2}\cdot t - \frac{\pi}{2}$ und schließlich zu $\tau'(t) = \frac{3}{2}$. Somit bietet sich (7.31) zur Beschreibung der Katakaustik an:

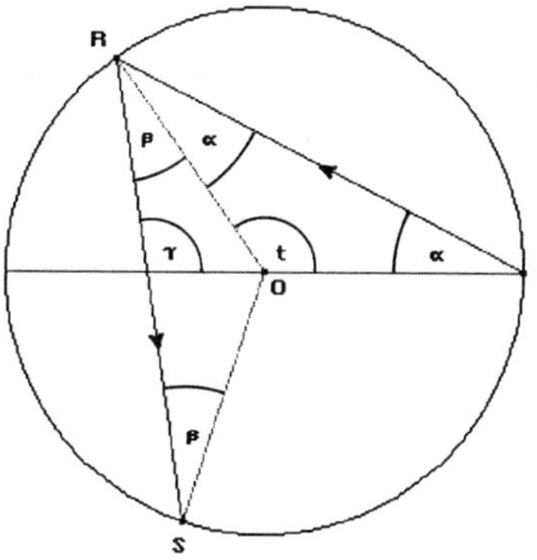

Figur 7.25

$$\overline{y}(t) = k\cdot\sin t + \frac{2}{3}\cdot\sin(\tfrac{3}{2}\cdot t-\tfrac{\pi}{2})\cdot(-k\cdot\sin t\cdot\sin(\tfrac{3}{2}\cdot t-\tfrac{\pi}{2}) - k\cdot\cos t\cdot\cos(\tfrac{3}{2}\cdot t-\tfrac{\pi}{2}))$$

$$= k\cdot\sin t - k\cdot\frac{2}{3}\cdot\sin t\cdot\cos^2(\tfrac{3}{2}\cdot t) + k\cdot\frac{2}{3}\cdot\cos t\cdot\cos(\tfrac{3}{2}\cdot t)\cdot\sin(\tfrac{3}{2}\cdot t)$$

$$= \frac{k}{3}\cdot\sin t\cdot(3-2\cdot\cos^2(\tfrac{3}{2}\cdot t)) + \frac{k}{3}\cdot\cos t\cdot\sin(3\cdot t)$$

$$= \frac{k}{3}\cdot\sin t\cdot(2-\cos(3\cdot t)) + \frac{k}{3}\cdot\cos t\cdot\sin(3\cdot t)$$

$$= \frac{k}{3}\cdot 2\cdot\sin t - \frac{k}{3}\cdot(\sin t\cdot\cos(3\cdot t) - \cos t\cdot\sin(3\cdot t))$$

$$= \frac{k}{3}\cdot(2\cdot\sin t + \sin(2\cdot t))$$

Wir haben hier nur die zweite Komponente der Katakaustik ausgerechnet. Die erste Komponente ergibt sich durch entsprechende trigonometrische Umformungen.

$$\overline{x}(t) = \frac{k}{3}\cdot(2\cdot\cos t+\cos(2\cdot t)) \quad ; \quad \overline{y}(t) = \frac{k}{3}\cdot(2\cdot\sin t+\sin(2\cdot t))$$

Die Katakaustik bei Reflexion an einer Kreislinie mit Lichtquelle auf derselben ist danach eine Kardioide. Diese Typisierung ergibt sich aus der allgemeinen Trochoidengleichung (3.16) und deren in **3.4.3** gegebenen Herleitung in Verbindung mit Aufg.3.6.12. Die nunmehr aufgedeckte Entstehung dieser Kurve demonstriert Fig.7.26.

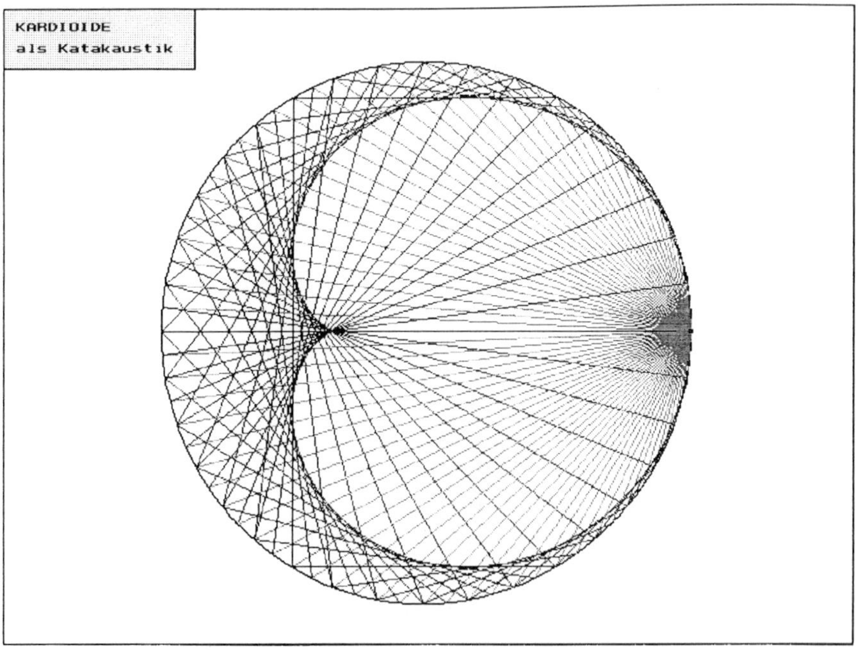

Figur 7.26

Ein zweites Beispiel ist den Katakaustiken 2.Art gewidmet. Wir betrachten die Spezialfälle, in denen die Strahlen parallel zu einer Koordinatenachse auf die Kurve treffen.

In Fig.7.27 ist der Einfallswinkel mit $\alpha(t)$ bezeichnet. Für einen Einfall parallel zur x-Achse erhalten wir gemäß Teilfigur a) direkt $\tau(t) = 2\cdot\alpha(t)$. Andererseits ist $\alpha(t)$ auch der Steigungswinkel der Normale der Grundkurve. Mit (4.22) ergibt sich für die Steigung der Kaustiktangente

$$m(t) = \tan(2\cdot\alpha(t)) = \frac{2\cdot\tan(\alpha(t))}{1 - \tan^2(\alpha(t))} = \frac{2\cdot\left(-\dfrac{f_1'(t)}{f_2'(t)}\right)}{1 - \left(\dfrac{f_1'(t)}{f_2'(t)}\right)^2}$$

also

$$m(t) = -\frac{2\cdot f_1'(t)\cdot f_2'(t)}{f_2'(t)^2 - f_1'(t)^2} \tag{7.33}$$

Der Nenner verschwindet in einer Singularität der Grundkurve - dort ist keine eindeutige Reflexionsrichtung festlegbar - oder an Reflexionspunkten mit Tangentensteigung 1, wodurch es zu einem parallel zur y-Achse ausfallenden Strahl kommt.

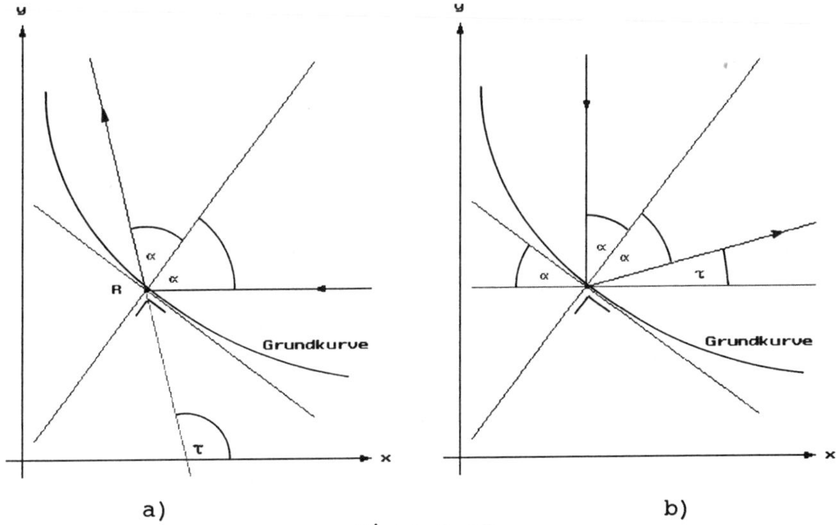

Figur 7.27

Bei einem <u>Einfall parallel zur y-Achse</u> ist gemäß Fig.7.27 b) $\tau(t) = \frac{\pi}{2} - 2\cdot\alpha(t) = 2\cdot(\pi - \alpha(t)) - \frac{3\pi}{2}$. Andererseits hat der Steigungswinkel der Tangente der Grundkurve das Maß $\pi - \alpha(t)$. Über $\tan(\tau(t))$ und die bekannten Eigenschaften der Tangensfunktion kommt man dann zu

$$m(t) = \frac{f_2'(t)^2 - f_1'(t)^2}{2\cdot f_1'(t)\cdot f_2'(t)} \tag{7.34}$$

Auch hier kann der Nenner in Singularitäten der Grundkurve den Wert Null annehmen. Ist hingegen nur $f_2(t) = 0$, so liegt eine

waagerechte Tangente der Grundkurve vor und der einfallende Strahl wird in sich selbst reflektiert. Bei einer senkrechten Tangente der Grundkurve - es ist dann nur $f_1(t) = 0$ - verläuft der einfallende Strahl ohne reflektiert zu werden weiter.
Ein Vergleich von (7.33) und (7.34) erbringt, daß mit dem Wechsel der Achsen bzw. der achsenparallelen Einfallsrichtung Tangente und Normale ihre Rollen bei der Reflexion tauschen.
Fig.7.27 illustriert jeweils nur eine spezielle Lage der beteiligten Geraden und Winkel, (7.33) und (7.34) gelten jedoch über den dargestellten Spezialfall hinaus.
Bekannt (s. etwa Schupp 1988) ist die physikalische Tatsache, daß ein (von oben) parallel zur y-Achse auf die Parabel mit den Reflexionspunkten $R(t;k\cdot t^2)$ einfallendes Strahlenbündel in einem Brennpunkt vereinigt wird. Mit (7.34) und (7.32) ist die zugehörige Rechnung elementar. Sie führt zum Brennpunkt $P(0;\frac{1}{4k})$ und demnach zu einer ausgearteten Katakaustik (s. Aufg.7.8.22).

Kaustiken sind auch beim Einfall eines parallelen Lichtbündels in eine nicht vollständig gefüllte Kaffeetasse zu beobachten. Wir modellieren: Auf einen Kreis mit Radius k treffe ein zur y-Achse paralleles Strahlenbündel; demgemäß sind $f_1(t) = k\cdot\cos t$ und $f_2(t) = k\cdot\sin t$ die Koordinatenfunktionen der Grundkurve. Die Steigung der Kaustik ist nach (7.34)

$$m(t) = \frac{\cos^2 t - \sin^2 t}{-2\cdot\sin t\cdot\cos t} = -\cot(2\cdot t) \quad \text{und somit}$$

$$m'(t) = \frac{2}{\sin^2(2\cdot t)}$$

Setzen wir dies in (7.32) ein, kommen wir mit naheliegenden Vereinfachungen in der ersten Kaustikkomponente zu

$$\bar{x}(t) = k\cdot\cos^3 t$$

und über die Formel $\cos(3\cdot t) = 4\cdot\cos^3 t - 3\cdot\cos t$ zu

$$\bar{x}(t) = \frac{k}{4}\cdot(3\cdot\cos t + \cos(3\cdot t))$$

Dies entspricht der ersten Komponente der Epizykloide (3.16) mit $m = 3$ und Rollkreisradius $r = \frac{k}{4}$. Eine analoge Rechnung liefert auch in der zweiten Komponente Übereinstimmung. Die in Fig.7.28 konstruierte "Kaffeetassenkaustik" bei Tageslichteinfall ist also eine Nephroide.

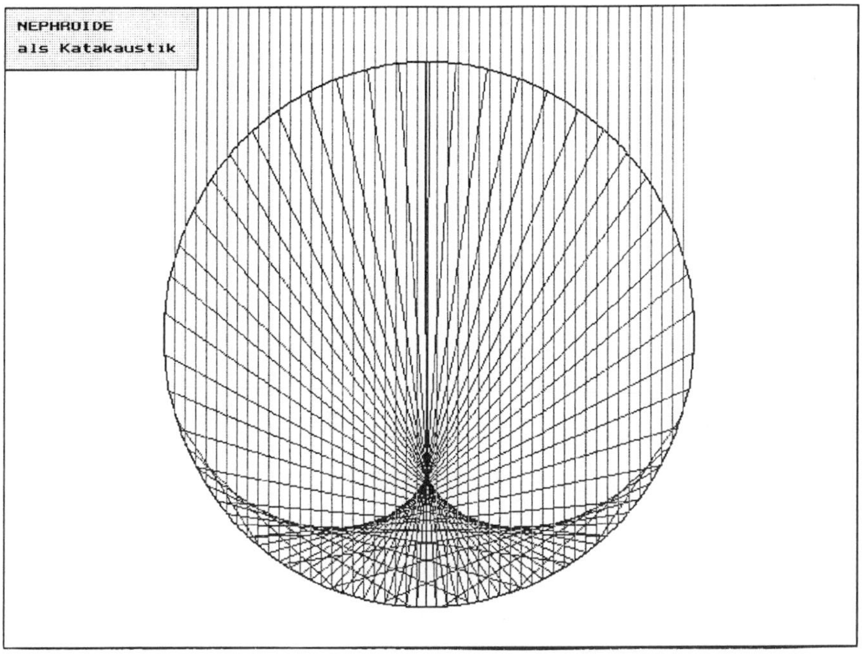

Figur 7.28

7.5.2 Gegenpunktkurven

Wie erhält man bei Reflexion an einer beliebigen Grundkurve Aussagen über den Verlauf der ausfallenden Strahlen? Zunächst kann in jedem Auftreffpunkt R die Reflexion als Spiegelung an einer durch die Kurventangente t_R repräsentierten, auf der Zeichenebene senkrecht stehenden Ebene angesehen werden. Ist Q der Ort der Lichtquelle, so scheint der reflektierte Strahl von einem Punkt Q_R auszugehen, der zu Q achsensymmetrisch bezüglich t_R liegt. Die Menge aller dieser scheinbaren Lichtquellen Q_R, die entstehen, wenn der Reflexionspunkt R die Grundkurve C durchläuft, nennen wir die Gegenpunktkurve von C und bezeichnen sie mit $\tilde{C}$.

Fig.7.29 zeigt die geometrische Konstruktion der reflektierten Strahlen. Eine Streckung der Grundkurve C mit Streckzentrum Q führt eine Tangente an die Grundkurve in die entsprechende parallele Tangente an die Bildkurve C' über.

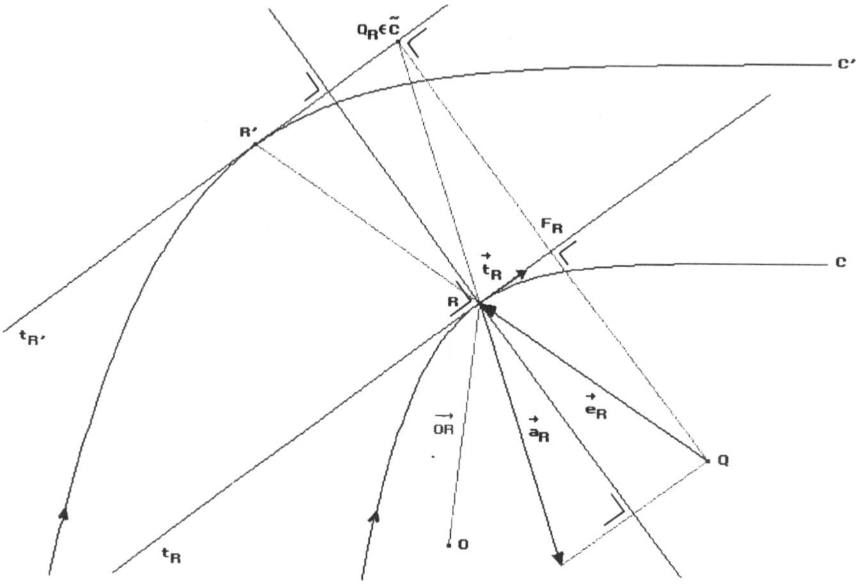

Figur 7.29

Die Gegenpunktkurve ist die Fußpunktkurve derjenigen Kurve, die aus der Grundkurve durch zentrische Streckung an der Lichtquelle mit Faktor 2 entsteht, und zwar bezüglich eben dieser Lichtquelle.

Eine explizite klassisch-analytische Kennzeichnung der Gegenpunktkurve als Fußpunktkurve ist nach den Ausführungen in **4.6.1** wenig erfolgversprechend. Vektoriell stellt sich die Situation jedoch recht einfach dar. Bezeichnen wir mit $\vec{t_R}$ den Einheitsvektor in Tangentenrichtung am Reflexionspunkt $R(f_1(t);f_2(t))$, so ist mit (4.22)

$$\vec{t_R} = \frac{1}{\sqrt{f_1'(t)^2+f_2'(t)^2}} \cdot \begin{pmatrix} f_1'(t) \\ f_2'(t) \end{pmatrix}$$

Nach Fig.7.29 gilt dann

$$\begin{aligned} \overrightarrow{OQ_R} &= \overrightarrow{OQ} + 2\cdot\overrightarrow{QF_R} = \overrightarrow{OQ} + 2\cdot(\overrightarrow{QR} - (\overrightarrow{QR}\cdot\vec{t_R})\cdot\vec{t_R}\ ) \\ &= -\ 2\cdot(\overrightarrow{QR}\cdot\vec{t_R})\cdot\vec{t_R} + 2\cdot\overrightarrow{OR} - \overrightarrow{OQ} \end{aligned}$$

Hierbei symbolisiert "·" das Standardskalarprodukt. Setzen wir die einzelnen Koordinaten ein - es sei $Q(\xi;\eta)$ -, so erhalten wir die <u>Parameterdarstellung der Gegenpunktkurve</u>

$$\begin{aligned} g_1(t) &= -2\cdot\lambda(t)\cdot f_1'(t) + 2\cdot f_1(t) - \xi \\ g_2(t) &= -2\cdot\lambda(t)\cdot f_2'(t) + 2\cdot f_2(t) - \eta \\ \text{mit}\quad \lambda(t) &:= \frac{(f_1(t)-\xi)\cdot f_1'(t) + (f_2(t)-\eta)\cdot f_2'(t)}{f_1'(t)^2 + f_2'(t)^2} \end{aligned} \qquad (7.35)$$

Für eine Computerzeichnung der Gegenpunktkurve oder der durch sie und die Grundkurve gegebenen, die Kaustik bestimmende Geradenschar ist es nicht notwendig, im Einzelfall nach algebraischen Vereinfachungen von (7.35) zu suchen.
Die Darstellung wird einfacher, wenn sich die Lichtquelle im Ursprung des Koordinatensystems befindet ($\xi = \eta = 0$) oder die Grundkurve nach der Bogenlänge parametrisiert ist (der Nenner von $\lambda(t)$ hat dann den Wert 1).

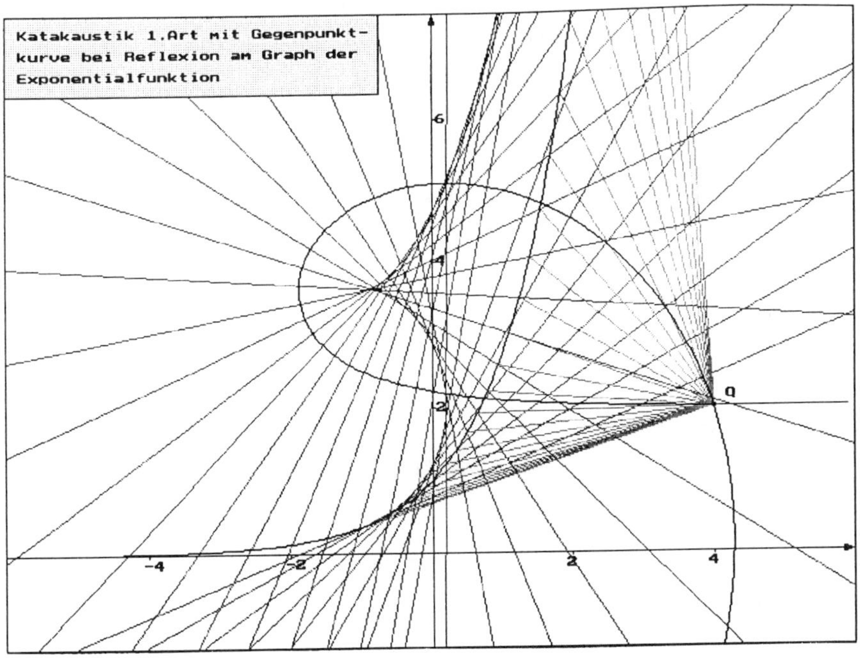

Figur 7.30

Die Gegenpunktkurve zu unserem Beispiel aus Fig.7.26 ist eine Kardioide (s. Aufg.7.9.19). Fig.7.30 zeigt die durch divergente Reflexion am Graph der Exponentialfunktion entstehende Kaustik

1.Art zusammen mit der Gegenpunktkurve bezüglich der Lichtquelle Q(4;2).

Was hat man nun von der Gegenpunktkurve? Der (rückwärtig verlängerte) reflektierte Strahl steht auf ihr senkrecht. Es ist nämlich aus Symmetriegründen $|\overrightarrow{Q_R R}| = |\overrightarrow{QR}|$ und durch Quadrieren $(\overrightarrow{Q_R R})\cdot(\overrightarrow{Q_R R}) = (\overrightarrow{QR})\cdot(\overrightarrow{QR})$. Wir leiten ab und kommen zu

$$2\cdot(\overrightarrow{Q_R R}')\cdot(\overrightarrow{Q_R R}) = 2\cdot(\overrightarrow{QR}')\cdot(\overrightarrow{QR}) \quad \text{bzw.}$$

$$(\overrightarrow{OR} - \overrightarrow{OQ_R})\cdot(\overrightarrow{OR}' - \overrightarrow{OQ_R}') = (\overrightarrow{OR} - \overrightarrow{OQ})\cdot(\overrightarrow{OR}' - \overrightarrow{OQ}')$$

und mit $\overrightarrow{OQ}' = \vec{o}$ ($\overrightarrow{OQ}$ ist ein konstanter Vektor) können wir umsortieren zu

$$\overrightarrow{Q_R R}\cdot\overrightarrow{OQ_R}' = \overrightarrow{OR}'\cdot\overrightarrow{QQ_R}$$

Nun ist $\overrightarrow{OR}'$ der "Geschwindigkeitsvektor" zur Grundkurve, zeigt also in Tangentenrichtung und steht infolge der Erzeugung von Q_R aus Q durch Spiegelung senkrecht auf $\overrightarrow{QQ_R}$, womit die rechte Seite der Gleichung stets den Wert 0 annimmt. Auf der anderen Seite ist $\overrightarrow{Q_R R}$ ein Vektor in Richtung des ausfallenden Strahls, und $\overrightarrow{OQ_R}'$ verläuft tangential zur Gegenpunktkurve. Wir resümieren:

> Die Katakaustik 1.Art ist die Hüllkurve der Schar der Normalen der Gegenpunktkurve der Grundkurve, also deren Evolute.

7.5.3 Allgemeine Kaustikcharakterisierung

Sei jetzt $P(\bar{x}(t);\bar{y}(t))$ der zu $R(f_1(t);f_2(t))$ und $Q(\xi;\eta)$ gehörende Katakaustikpunkt. In der Situation von Fig.7.29 spiegeln wir den Gegenvektor des <u>einfallenden Vektors</u>

$$\overrightarrow{e_R} := \overrightarrow{QR} = \overrightarrow{OR} - \overrightarrow{OQ}$$

am Normaleneinheitsvektor der Grundkurve und gelangen so zum <u>ausfallenden Vektor</u> $\overrightarrow{a_R}$. In R angetragen spannen $\overrightarrow{e_R}$ und $\overrightarrow{a_R}$ eine Raute auf. Deren Diagonalen bilden bekanntlich einen rechten Winkel und halbieren einander. Demgemäß resultiert aus der Spiegelung

$$\overrightarrow{a_R} := 2\cdot(\overrightarrow{e_R}\cdot\overrightarrow{t_R})\cdot\overrightarrow{t_R} - \overrightarrow{e_R} = 2\cdot(\overrightarrow{QR}\cdot\overrightarrow{t_R})\cdot\overrightarrow{t_R} - \overrightarrow{OR} + \overrightarrow{OQ}$$

Den durch $\overrightarrow{a_R}$ bestimmten Kaustikpunkt P setzen wir an als

$$\overrightarrow{OP} = \overrightarrow{OR} + \mu(t)\cdot\overrightarrow{a_R} \tag{7.36}$$

mit einer reellwertigen Funktion $\mu(t)$. Da $\overrightarrow{OP}'$ und $\overrightarrow{a_R}$ die Tangentenrichtung der Kaustik bestimmen, sind beide kollinear. Wir fassen nun vorübergehend die beteiligten Vektoren dreidimensional mit dritter Komponente 0 auf, so daß sich die Kollinearität durch ein Verschwinden des Vektorprodukts auszeichnet. Aus unserem Ansatz folgt zunächst die Beziehung

$$\overrightarrow{OP}' = \overrightarrow{OR}' + \mu'(t)\cdot\overrightarrow{a_R} + \mu(t)\cdot\overrightarrow{a_R}'$$

welche durch Vektorproduktbildung mit $\overrightarrow{a_R}$ zu

$$\mu(t) = -\frac{\det(\overrightarrow{a_R};\overrightarrow{OR}')}{\det(\overrightarrow{a_R};\overrightarrow{a_R}')} \tag{7.37}$$

führt. Hierbei symbolisiert det die Determinante der Matrix, deren Spalten aus den beiden jetzt wieder zweidimensional verstandenen Vektoren des Arguments gebildet werden.
Durch (7.36) und (7.37) ist also eine <u>vektorielle Charakterisierung der Katakaustik 1.Art</u> gefunden. Selbstverständlich könnte man wie in (7.35) statt der Vektor- die Koordinatendarstellung wählen. Die entstehenden Terme sind wegen des Auftretens von $\overrightarrow{a_R}'$ allerdings recht kompliziert. In konkreten Fällen wird man daher schrittweise argumentieren.
Ein entscheidender Vorteil der <u>Vorgehensweise</u> ist, daß sie auch <u>bei Katakaustiken 2.Art</u> greift. An Stelle des variablen einfallenden Vektors $\overrightarrow{e_R}$ kann dann ein konstanter Einheitsvektor $\vec{e}$ gewählt werden, wodurch Ableitungen des einfallenden Vektors verschwinden. Wir demonstrieren dieses Vorgehen an einem Beispiel.

Als <u>Grundkurve</u> wählen wir wieder die <u>Parabel</u> mit den Reflexionspunkten $R(t;k\cdot t^2)$, betrachten jetzt aber den Fall, daß die <u>Strahlen parallel zur x-Achse</u> mit $\vec{e} = \begin{pmatrix}1\\0\end{pmatrix}$ einfallen.

Es ist $\overrightarrow{OR} = \begin{pmatrix}t\\k\cdot t^2\end{pmatrix}$, $\overrightarrow{OR}' = \begin{pmatrix}1\\2k\cdot t\end{pmatrix}$, $|\overrightarrow{OR}'|^2 = 1+4\cdot k^2\cdot t^2$ und damit

$$\vec{a}_R = 2\cdot\frac{1}{1+4\cdot k^2\cdot t^2}\cdot\begin{pmatrix}1\\2k\cdot t\end{pmatrix} - \begin{pmatrix}1\\0\end{pmatrix} = \frac{1}{1+4\cdot k^2\cdot t^2}\cdot\begin{pmatrix}1-4\cdot k^2\cdot t^2\\4k\cdot t\end{pmatrix}.$$

Nach einiger elementarer Rechnung ergibt sich hiermit

$$\overrightarrow{a_R}' = \frac{4k}{(1+4\cdot k^2\cdot t^2)^2}\cdot\begin{pmatrix}-4\cdot k\cdot t\\ 1-4\cdot k^2\cdot t^2\end{pmatrix}$$ sowie

$$\mu(t) = \frac{t}{2}\cdot(1+4\cdot k^2\cdot t^2)$$

Schließlich erhalten wir über (7.36)

$$\overrightarrow{OP} = \begin{pmatrix}t\\ k\cdot t^2\end{pmatrix} + \frac{t}{2}\cdot(1+4\cdot k^2\cdot t^2)\cdot\frac{1}{1+4\cdot k^2\cdot t^2}\cdot\begin{pmatrix}1-4\cdot k^2\cdot t^2\\ 4k\cdot t\end{pmatrix}$$

$$= \begin{pmatrix}t\\ k\cdot t^2\end{pmatrix} + \frac{1}{2}\cdot\begin{pmatrix}t-4\cdot k^2\cdot t^3\\ 4k\cdot t^2\end{pmatrix}$$

Als Kaustik (s. Fig.7.31) resultiert die nach EHRENFRIED WALTER GRAF VON TSCHIRNHAUS (1651-1708) benannte TSCHIRNHAUS-Kubik

$$\bar{x}(t) = \frac{t}{2}\cdot(3 - 4\cdot k^2\cdot t^2) \quad ; \quad \bar{y}(t) = 3\cdot k\cdot t^2 \qquad (7.38)$$

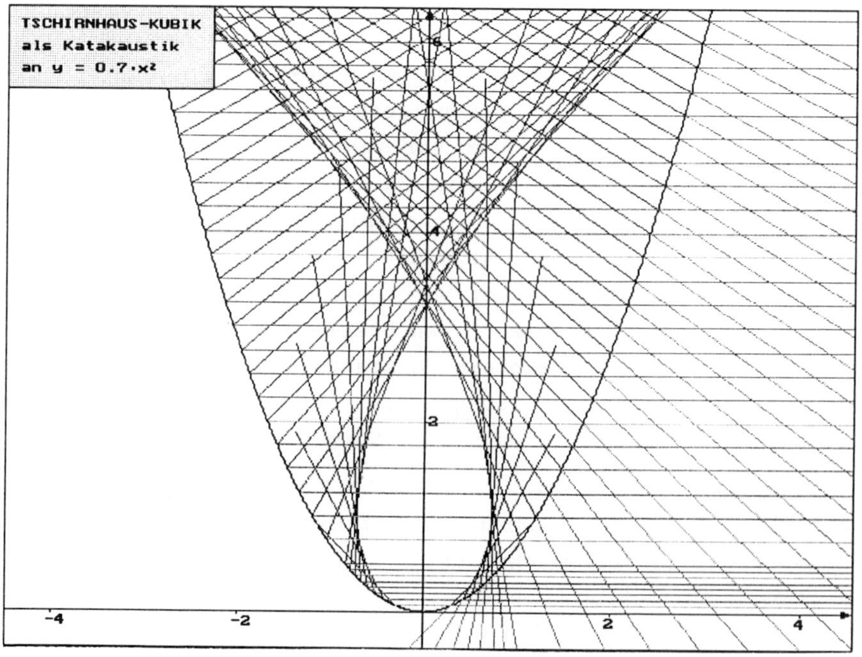

Figur 7.31

Die vollständige Kubik ergibt sich allerdings nur unter der physikalisch nicht realisierbaren Voraussetzung, daß die einfallenden Strahlen an *beiden* Parabelästen reflektiert werden.

7.6 KURVEN BEIM WANKELMOTOR

Lange Zeit bemühten sich Techniker vergeblich darum, einen praktisch verwendbaren Verbrennungsmotor mit umlaufendem Kolben zu bauen. Ein solcher Motor macht nämlich eine Umwandlung einer periodischen linearen Kolbenbewegung in eine Rotationsbewegung, wie sie beim Otto-Motor oder bei vielen Dampfmaschinen vorliegt, überflüssig. Erst der Grundgedanke, Radlinien und ihre Hüllkurven als Gehäuse- und Läuferprofile zu verwenden, brachte um die Jahrhundertmitte den entscheidenden Durchbruch.

Der von FELIX WANKEL (1902-1988) in Zusammenarbeit mit den NSU-Werken entwickelte Motor besitzt ein zylindrisch geformtes Gehäuse, das beiderseits durch ebene Stirnwände abgeschlossen ist. Querschnitt des Gehäuses ist eine gestreckte zweibogige Epitrochoide, wie sie in Fig.7.32 dargestellt ist. Wir erhalten sie aus (3.16) mit $m = \frac{1}{3}$, also durch Erzeugung 2.Art, wobei wegen der gestreckten Form $b > r$ gewählt werden muß (s. **3.4.4**). Die Radien von Rastkreis und Rollkreis verhalten sich wie $|1-m|$ zu 1, also wie 2 zu 3.

Die Ausgangskonstellation von Rollkreis und Rastkreis tritt - unabhängig von der Lage der Radlinienpunkte - wieder ein, wenn der Rollkreis den Rastkreis einmal bzw. zweimal "umrundet" hat. Dies ist bei den Parameterwerten $\alpha = 2\pi$, $\alpha = 4\pi$ sowie $\alpha = 6\pi$ der Fall, wobei sich zuletzt die Radlinie schließt. Jeder dieser Punkte Z_j kann auch als Startpunkt der Radlinienerzeugung angesehen werden; wegen der Symmetrie bzw. Periodizität der die Radlinie erzeugenden Bewegung (nicht der Radlinie) ändert sich die relative Lage dieser Punkte zueinander nicht.

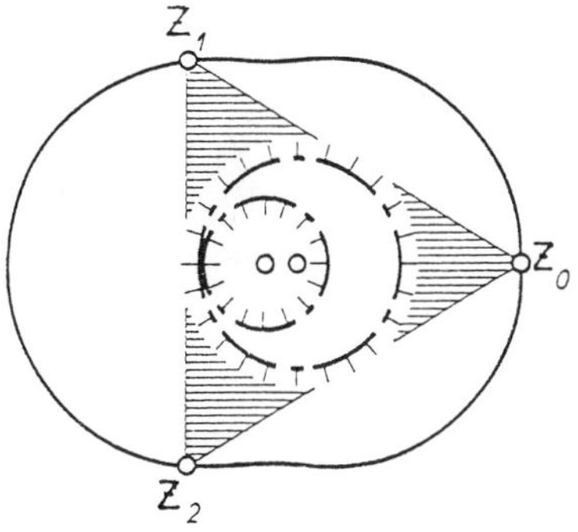

Figur 7.32

Heftet man das durch die Punkte Z_j gebildete gleichseitige Dreieck an den Rollkreis, so wird es von diesem so mitgeführt, daß die Ecken stets auf der den Gehäusequerschnitt kennzeichnenden Epitrochoide liegen. Man wählt nun b hinreichend groß, so daß die Dreiecksseiten stets innerhalb der Gehäuselinie bleiben und zusätzlich sogar - vergleichbar, aber nicht identisch mit einem REULEAUX-Dreieck - nach außen gewölbt werden können.

Damit ist das <u>Prinzip des WANKEL-Motors</u> bereits nachvollzogen. Wir erläutern seine Funktionsweise an Fig.7.33, welche ebenso wie die vorhergehende aus Müller 1971 übernommen wurde, und verwenden dabei die in der Technik gebräuchlichen Fachbegriffe.

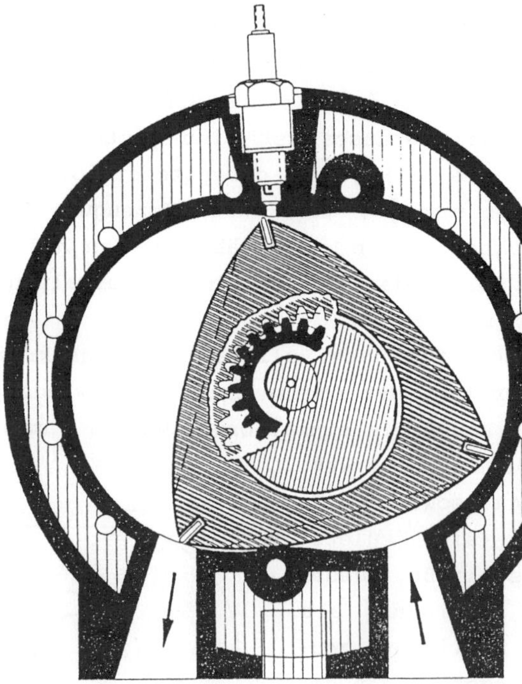

Figur 7.33

Die Planetenbewegung - so wird die Erzeugbarkeit der Bewegung durch Kreisrollung technisch charakterisiert - des dreieckigen Läufers wird geführt durch eine Verzahnung von Rastkreis (schwarz) und Rollkreis (hell) im Verhältnis 2:3. Die im Gehäuse angebrachten Ein- und Auslaßkanäle werden von den Läuferkanten gesteuert und bewirken zusammen mit der gegenüberliegend eingebauten Zündkerze folgenden Viertaktprozeß.

Nachdem eine Läuferkante die Ansaugöffnung (rechts unten) passiert hat, strömt das Treibstoff-Luft-Gemisch in die dortige, Kammer zwischen Läuferseite und Gehäuse ein, wobei sich das Kammervolumen zunächst erhöht. Wenn dann die nachfolgende Kante ebenfalls über die Ansaugstelle hinweg ist, wird das Gemisch infolge der dann wieder abnehmenden Kammergröße verdichtet. Dabei gewährleistet die Außenwölbung des Läufers eine ausreichend starke Kompression. Eine Zünd- oder Glühkerze sorgt für die kontrollierte Explosion des Gemischs, wobei das Expansionsbestreben der Explosionsgase den Läufer weiterbewegt, bis dann die erstgenannte Läuferkante über die Ausstoßöffnung (links unten) hinweggleitet und die Abgase aus dem Gehäuse gedrückt werden. Die vier Takte sind also Ansaugen, Verdichten, Zünden und Expandieren und schließlich Ausstoßen.

Um die Planetenbewegung des Läufers in eine rotierende Bewegung umzuwandeln, ist ein weiterer Mechanismus integriert. Das den Rastkreis ersetzende Zahnrad (Ritzel) ist mit dem Gehäuse fest verbunden. Seine Achse ist jedoch als Welle ausgebildet und in den Stirnwänden des Gehäuses (drehbar) gelagert. Mit ihr ist eine Exzenterscheibe starr verbunden, deren Achse mit der Achse des Läufers zusammenfällt. Die Exzenterscheibe befindet sich zwar im Innern des Läufers, ist von diesem jedoch getrennt, was in der Zeichnung durch die unterschiedliche Schraffur und zwei eng beieinanderliegende konzentrische Kreise angedeutet ist. Bewegt sich der Läufer, so durchläuft - wie man in Fig.7.32 klar erkennt - sein Mittelpunkt eine Kreisbahn, die hier der Querschnittslinie der Motorwelle entspricht. Bei der Planetenbewegung des Läufers muß die Motorwelle also rotieren.

WANKEL-Motoren haben weniger Masse als OTTO-Motoren gleicher Leistung und laufen ruhiger. Schwierig ist die Abdichtung zwischen Kolben und Gehäuse sowie eine verbrauchsarme Auslegung.

Das erste serienmäßig produzierte Automobil mit WANKEL-Motor war der NSU Spider aus dem Jahre 1963, mit dem sogar die deutsche Rallye-Meisterschaft gewonnen wurde. Von 1967 bis einschließlich 1977 fanden derartige Motoren Verwendung im NSU Ro 80. In den Achtziger Jahren war es nur noch die Firma Mazda, die sie einbaute (in der 929-Limousine und im Sportwagen RX 7), weltweit in rund 2 Millionen Exemplaren.

Die Grundidee der WANKELschen Konstruktion kann zum Bau weiterer Rotationskolbenmaschinen übernommen werden. Ziel ist es, als Läufer eine Grundkurve mit Ecken bzw. Spitzen über eine Planetenbewegung so zu führen, daß alle ihre Ecken bzw. Spitzen entlang einer gemeinsamen äußeren Gehäusequerschnittslinie wandern. Dabei soll sich die Grundkurve stets vollständig im Innern dieser Umrißkurve befinden. Als Grundkurven sind hier Hypozykloiden besonders geeignet. Man hat dann zwei Bewegungen zu kombinieren. Zum einen ist dies die Kreisrollung, die die Grundkurve erzeugt, zum anderen die Planetenbewegung, die die Grundkurve im Gehäuse herumführt.

Gelöst wird dieses schwierige Problem durch folgende Konstellation, auf deren Herleitung wir verzichten, da hierfür umfangreiche Rechnungen mit komplexen Zahlen durchzuführen sind (s. Wunderlich 1959 und 1970 sowie Müller 1971).

Rollt ein Kreis vom Radius 1-m innen auf einem Kreis vom Radius 2-m ab und wird dabei eine (1-m)-spitzige Hypozykloide Z_m mitgeführt, so erzeugt diese eine (2-m)-spitzige Hypozykloide als äußere Hüllbahn. Während des Bewegungsvorgangs kontaktieren diese Zykloiden einander in den Spitzen von Z_m und berühren einander stets noch in genau einem weiteren Punkt.

Mit "Hüllbahn" wird technisch die hier interessierende Gehäusequerschnittslinie bezeichnet. Fig.7.34 zeigt für m = -4 eine entartete Lage, in der der Berührpunkt mit einer Spitze von Z_m zusammenfällt.

Wie beim WANKEL-Motor werden auch hier Flächen bzw. Räume unterschiedlichen, periodisch veränderlichen Inhalts eingeschlossen. Bei der technischen Ausbildung als Rotationskolbenmaschine läuft nicht die (1-m)-spitzige Zykloide (Läufer) in der festen (2-m)-spitzigen, sondern Läufer und Gehäuse drehen sich - miteinander über Zahnräder gekoppelt - um zwei feststehende, die beiden Zykloidenmittelpunkte bestimmende Achsen. Deren Abstand ist aufgrund der gewählten Kreisradien 2. In der Praxis finden sich derartige Anordnungen meist nur mit Fremdantrieb, und zwar als Pumpen, Gebläse, Verdichter o.ä..

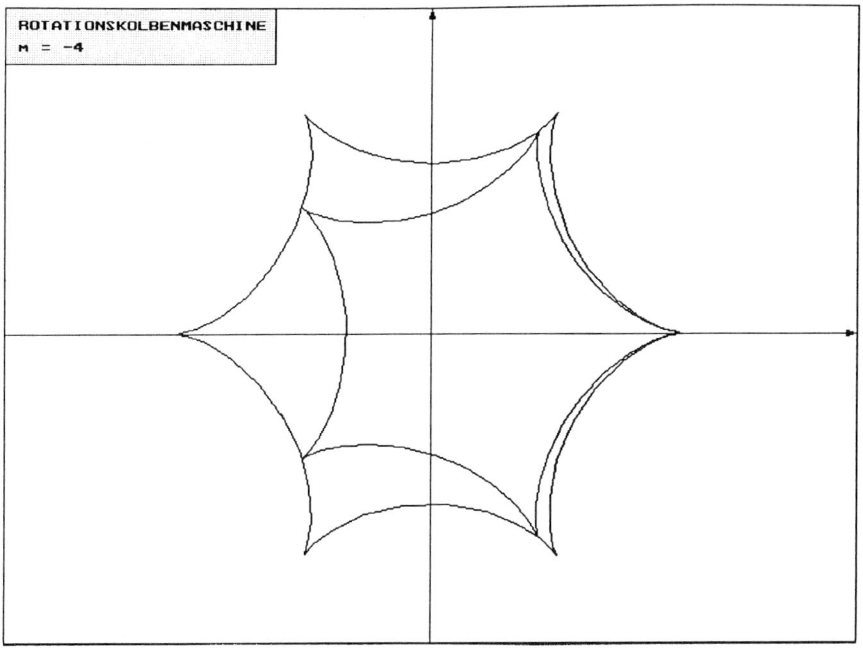

Figur 7.34

7.7 DIDAKTISCHER KOMMENTAR

Wie immer, wenn Mathematik und außermathematische Situationen zusammenkommen, geht es um die Aspekte

- Beschreibung der Phänomene durch mathematische Modelle
- Erkundung von Zusammenhängen im mathematischen Modell
- Interpretation des mathematischen Resultates im situativen Kontext
- eventueller Korrektur des gewählten Modells oder gar Ersatz durch ein anderes.

Diese mathematikbezogenen Formulierungen sollten nicht darüber hinwegtäuschen, daß das Erstellen, Anwenden und Evaluieren mathematischer Modelle zunächst in den Aufgabenbereich der Natur- und Ingenieurwissenschaften bzw. der sie repräsentierenden Schulfächer fällt. Insofern bietet das Kapitel 7 zumindest dem Physik- und Technikunterricht interessante Lerneinheiten an.

Aber auch die Schulmathematik kann aus derartigen Verbindungen profitieren durch

- den sinnstiftenden motivierenden Charakter realitätsnaher Experimente und Simulationen
- genetisch gehaltene Einführungen mathematischer Methoden
- eine zumindest partielle Außenkontrolle formaler Tätigkeiten
- die immanenten Anregungen zu weiterem Tun.

Selbstverständlich werden solche Vorzüge in der Schule in Frage gestellt, wenn

- das erforderliche nichtmathematische Faktenwissen zu sehr dominiert
- fast nur elaborierte mathematische Methoden zum Tragen kommen
- sich der Kontext aufgrund seiner Komplexität einer unterrichtlichen Strukturierung entzieht
- die Thematik außerhalb des Interessen- oder Erfahrensbereichs vieler Schüler liegt.

Gemäß diesen Vorüberlegungen - sie finden in Kapitel **8** einen gewissen Abschluß - kann der didaktische Hintergrund der einzelnen Unterkapitel grob skizziert werden.

In **7.2** wird mit der Bewegung eines (nicht zu einem Massenpunkt degenerierten) Körpers ein wenig beachtetes Alltagsphänomen aufgegriffen. Günstig ist dabei, daß man in das Problemfeld mit einfachen geometrischen Hilfsmitteln und Begriffen einsteigen kann, aber dann immer tieferreichende Methoden entwickeln und zum Einsatz bringen muß. Physikalische oder technische Grundkenntnisse sind dabei kaum erforderlich. Man mag einwenden, daß die Probleme mitunter recht artifiziell erscheinen. Bestechend ist jedoch die Vielfalt der Aspekte: Analyse einer Wälzbewegung eines konkreten Körpers, Übergang zur allgemeinen Beschreibung und Erzeugung der Bewegung zweier Bezugsysteme als Rollprozeß, Charakterisierung und Genese spezieller Rollprozesse, Umsetzung und Weiterführung der Erkenntnisse in Gedankenexperimenten und in konkreten technischen Werkzeugen.
Die konkreten, alltäglichen Phänomene in **7.2** üben einen besonderen Reiz aus, der unterichtlich genutzt werden sollte. Erfahrungen der Schüler fließen ein und werden durch gezielte Ex-

perimente erweitert. Mit vorgefertigten Kurvenschablonen aus Pappe, die mit Löchern oder Ausläufern zur Führung von Schreibstiften versehen sind, lassen sich Bahnkurven dauerhaft sichtbar produzieren. Das ist angesichts der Flüchtigkeit der Alltagsbeobachtungen unbedingt erforderlich.
Sehr schnell wird dabei die Notwendigkeit der Einführung unterschiedlicher Bezugsysteme eingesehen, was auch den eigenen Standpunkt relativiert. Methodisch kann der Lehrer hier mit übereinandergelegten Folien (mit Löchern an geeigneten Stellen) arbeiten.
Will man den Aspekt der Bezugssysteme im Unterricht weiter ausbauen, bieten sich Überlegungen zum geozentrischen Weltbild von PTOLEMÄUS (100-178) an. In ihm bewegen sich die Planeten auf sogenannten Epizykeln, die näherungsweise Epitrochoiden 1.Art sind (s. z.B. Grehn 1988). Dieses Weltbild ist keineswegs falsch, wie oftmals suggeriert wird, sondern verwendet lediglich ein anderes Bezugssystem, das allerdings zu komplizierteren Bahnformen führt als das heute übliche KEPLERsche Modell.
Interessant ist die Skala der in **7.2** verwendeten mathematischen Hilfen, die sich von koordinatenfreier Geometrie bis hin zu Differentialgleichungen in Koordinatensystemen unterschiedlicher Art spannt. Dabei können die infinitesimalen Hilfsmittel aus Situationen mit diskretem Charakter entwickelt werden oder zumindest an solchen plausibel gemacht werden. Zu begrüßen ist, daß auch Schwächen derartiger Schlüsse aufgezeigt werden: Beim Übergang vom abrollenden Vieleck zum abrollenden Kreis dürfen nicht alle Erkenntnisse übertragen werden.

Den einzelnen Themenbereichen in **7.3** liegt mit dem homogenen Gravitationsfeld ein gemeinsamer Rahmen zugrunde, der aus alltäglichen Erfahrungen hervorgeht und physikalisch auf einfache Weise gesichert werden kann. Die eingesetzten mathematischen Techniken bleiben auf das Integrieren und Differenzieren in kartesischen Koordinaten beschränkt.
Mit Differentialgleichungen wird ein bisher noch nicht aufgetretenes Mittel der Kurvencharakterisierung vorgestellt, das in der Technik eine wichtige Rolle spielt. Ihre Lösungen sind hier noch einfach. In allen Fällen ist eine experimentelle Kontrolle

formal erlangter Ergebnisse möglich und prinzipiell auch notwendig. Insbesondere geht es um Rückbezüge zwischen den naiv erwarteten Kurvenformen, den beteiligten Parametern und den gefundenen Kurvengleichungen.
Man sollte jedenfalls nicht versäumen, die Kettenlinie als eine der klassischen "SII-Kurven" statt wie üblich vorzugeben von den physikalischen Bedingungen her (Name!) zu gewinnen.
Beim Brachistochronenproblem stellt die Tatsache, daß der kürzeste Weg beileibe nicht der schnellste ist, auch noch für Schüler der SII ein Paradoxon dar. Viele Schüler sind sich der Tragweite der angesprochenen Aufgabenstellung gar nicht bewußt. Ist das Problem erst einmal erkannt, sorgt die Vielfalt an mögmöglichen Lösungsvermutungen für ein tieferes Eindringen.
Die Brücke zwischen Phänomen und Mathematik wird in **7.3** wesentlich durch die Physik mitgetragen, so daß der Unterricht einen fächerübergreifenden Aspekt erhält. Vor dem Hintergrund der schließlich gewonnenen Resultate bestechen die erforderlichen physikalischen Gesetzmäßigkeiten durch ihre geringe und daher überschaubare Anzahl und ihre fundamentale Bedeutung.

Die LISSAJOUS-Kurven in **7.4** bieten eine gute Gelegenheit zu experimentierendem Unterricht und sind zudem ein vorzügliches Beispiel für Kurven in Parameterform. Von Realexperimenten ausgehend zeigen sich sehr schnell die Vorzüge von Computersimulationen (Ökonomie, Präzision, Variabilität). Vermuten, Erkunden, Einordnen, Klassifizieren, Strukturieren sind die Haupttätigkeiten eines solchen Unterrichts. Motivierend ist sicherlich auch die Ästhetik der entstehenden Kurven. Die physikalischen Grundlagen beschränken sich auf die harmonische Schwingung, mathematisch kommt man demgemäß mit trigonometrischen Funktionen und einfacher Teilbarkeitslehre zurecht. Tiefergehende Fragen wie etwa nach der Art und Ordnung der Kurven bedürfen jedoch anspruchsvoller Überlegungen. Indessen ist es durchaus möglich, in einfachen Fällen von der Parameterform auf die implizite Darstellung umzurechnen und auf diese Weise naheliegende Vermutungen über die Kurvenform zu verifizieren (s. Aufg.7.8.14).

Die Kaustiken in **7.5** basieren physikalisch auf dem Reflexionsgesetz, das einfach zu formulieren und direkt einsichtig ist.

Die Phänomene sind teilweise bekannt, in der Regel lassen sie sich in Experimenten nachstellen. Ungleich schwieriger und komplizierter gestaltet sich hingegen die mathematische Modellierung. Die zur Anwendung kommenden Techniken sollten bereits anderweitig gefestigt sein. Insbesondere verlassen wir mit dem Einsatz von Vektoroperationen den gesteckten Rahmen. Wir sehen aber, daß dies zu wesentlichen Schreibvereinfachungen führen kann (deren sich die Physik durch massiven Einsatz von Vektoranalysis durchgängig bedient). Wie schon die LISSAJOUS-Figuren sind auch Kaustiken zusammen mit den sie erzeugenden Geradenscharen ästhetisch äußerst reizvoll. Viele Kaustiken kann man über diese Geradenscharen erzeugen - etwa bei bekannter Gegenpunktkurve - , ohne daß die Kurvengleichung bestimmt werden muß. Dies erlaubt dann ein experimentelles Arbeiten mit dem Computer ohne allzugroßen formalen Ballast.

Bei unseren Ausführungen in **7.6** zum WANKEL-Motor und den anderen Rotationskolbenmaschinen greifen wir die Einsichten über Radlinien aus Kapitel **3** auf und vertiefen sie. Wir begnügen uns dabei mit der bloßen Angabe von Zusammenhängen, ohne diese mathematisch herzuleiten. Ziel ist hier die Förderung technischen Verständnisses, insbesondere das Lesen von Zeichnungen und das Erfassen der Funktionsweise der abgebildeten Maschinen bzw. der bei ihrem Betrieb ablaufenden Prozesse.
In der Entwicklungsgeschichte der Mechanik haben Überlegungen zur Realisierung bestimmter Bahnformen - wie in **7.2** in Auszügen behandelt und in **7.6** konkret umgesetzt - weniger zu Rollprozessen als zu Gelenkmechanismen Anlaß gegeben. Bekannt ist der in Fig.3.22 vorgestellte Mechanismus, welcher erstmals in einer Dissertation aus dem Jahre 1867 auftritt. Ein durchgängiges Problem ist die Geradführung, also die mechanische Erzeugung und Führung linearer Bewegungen. Eine Lösung ist z.B. der Inversor von PEAUCELLIER (s. Aufg.2.7.2). In Kapitel **7** sprechen wir solche Sachverhalte aus Platzgründen nicht weiter an, zumal der Kurvenverlauf dort im wesentlichen von der geometrischen Anordnung der Bauteile und nicht von physikalischen Rahmenbedingungen abhängt. Zahlreiche Beispiele derartiger Mechanismen findet der Leser in Ebner 1906 und Wunderlich 1970.

Abschließend machen wir noch auf außermathematische Kurvenarten aufmerksam, die wir nicht gesondert ausgewiesen haben. Sowohl bei induktivem als auch bei deduktivem Vorgehen treten in den Naturwissenschaften funktionale Zusammenhänge zwischen Größen auf, die sich in entsprechenden Graphen veranschaulichen lassen. Zur Untersuchung solcher Kurven im Rahmen des Mathematikunterrichts geben Kroll; Vaupel 1989 zahlreiche Beispiele (s. auch Aufg.7.8.25).

Exemplarisch zeigt das Kapitel 7, daß um uns herum Kurven mannigfacher Art auftreten. Wir sind der Überzeugung, daß deren Exploration ein wesentlicher Beitrag zum Weltverständnis einerseits und zur Einsicht in die Rolle der Mathematik bei solchem Bemühen andererseits ist.

7.8 AUFGABEN

7.8.1 Suchen Sie nach Situationen in Alltag, Natur, Technik und Kunst, bei denen Rollkurven auftreten.

7.8.2 Man erhält ein REULEAUX-Dreieck aus einem gleichseitigen Dreieck, indem man jede Seite durch einen Kreisbogen mit Mittelpunkt in der Gegenecke ersetzt.

a) Zeigen Sie, daß das REULEAUX-Dreieck ein Gleichdick ist.

b) Zeigen Sie, daß die Hüllkurve der Schar der Kreise mit festem Radius r und Mittelpunkt auf einem REULEAUX-Dreieck eine Kurve konstanter Breite ist.

7.8.3 Untersuchen Sie - etwa mit Hilfe eines Computers - Bahnkurven, die beim Abwälzen von

a) regelmäßigen Vielecken

b) beliebigen Vielecken

c) einem REULEAUX-Dreieck

auf einer Geraden entstehen.

7.8.4 Zeigen Sie mit Hilfe des momentanen Drehpunkts der die STEINER-Kurve (s. Fig.4.24) erzeugenden Kreisrollung, daß die Tangente in einem Punkt $B(x(t_0);y(t_0))$ dieser Kurve beschrieben werden kann durch

$$x \cdot \sin \frac{t_0}{2} + y \cdot \cos \frac{t_0}{2} = b \cdot \sin \frac{3t_0}{2}.$$

7.8.5 Wenn man in der natürlichen Gleichung $\rho = \rho(s)$ einer Kurve die Bogenlänge s und den Krümmungsradius ρ als kartesische Koordinaten einer neuen Kurve auffaßt, gelangt man zu den nach VICTOR MAYER AMÉDÉE MANNHEIM (1831-1906) benannten MANNHEIMschen Kurven.

a) Erörtern Sie, wieso derartige Kurven unmittelbar als Rollkurven gedeutet werden können.

b) Bestimmen Sie die MANNHEIMsche Kurve einer Kettenlinie.

Hinweis: Man findet die natürliche Gleichung in 5.5.3.

7.8.6 Begründen Sie, daß eine Eilinie konstanter Breite mindestens sechs Scheitelpunkte besitzt.

Hinweis: $\rho(\tau)$ und $\rho(\tau+\pi)$ ergänzen einander zur Kurvenbreite.

7.8.7 Zeigen Sie, daß die Kettenlinie (7.27) mit $c = 1$ der Differentialgleichung $f(x) = \sqrt{1 + f'(x)^2}$ genügt. Was folgt daraus für die Länge eines Kurvenbogens und den Inhalt der zugehörigen Fläche?

7.8.8 Beweisen Sie, daß die in (7.14) auftretende Funktion f mit $f(\beta) := \frac{1 - \cos\beta}{\beta - \sin\beta}$ streng monoton fallend ist.

Hinweis: Unterscheiden Sie die Fälle $0 < \beta < \pi$, $\beta = \pi$ sowie $\pi < \beta < 2\pi$.

7.8.9 Ein Körper bewege sich reibungsfrei im homogenen Gravitationsfeld

a) Zeigen Sie, daß die Laufzeit längs einer (schrägen) geraden Bahn der Quotient aus dem zurückgelegten Weg und dem arithmetischen Mittel von Anfangs- und Endgeschwindigkeit ist, kurz

$$(*) \qquad t = 2\cdot\frac{s(t) - s_0}{v(t) + v_0} \quad .$$

b) Die Bahn setze sich nun aus zwei aneinanderliegenden geraden Teilstücken zusammen; unter Verwendung kartesischer Koordinaten mit positiver y-Achse nach unten liege ein Knickweg APB mit $A(0;0)$, $P(x;y)$ und $B(x_B;y_B)$ vor, und der Körper starte in A. Zeigen Sie, daß für die Laufzeit längs des Weges APB gilt

$$(**) \qquad t_{APB} = t_{AP} + t_{PB} = 2\cdot\sqrt{\frac{x^2 + y^2}{2\cdot g\cdot y}} + 2\cdot\frac{\sqrt{(x_B-x)^2+(y_B-y)^2}}{\sqrt{2\cdot g\cdot y}+\sqrt{2\cdot g\cdot y_B}}$$

Zeigen Sie, daß (**) für $P \in g(A;B)$ mit (*) übereinstimmt.

7.8.10 Berechnen Sie den Vektor der Gesamtkraft auf einen Massenpunkt m, der zwei gleichfrequente harmonische Schwingungen in orthogonalen Richtungen ausführt. Zeigen Sie, daß der Kraftvektor stets auf einen festen Punkt gerichtet ist und daß sein Betrag nur von der Entfernung von diesem Punkt abhängt. Welcher Unterschied besteht zwischen den LISSAJOUS-Bahnellipsen und den KEPLERschen Ellipsen der Planeten?

7.8.11 Vom Ursprung eines kartesischen Koordinatensystems aus werde ein Körper unter verschiedenen Abwurfwinkeln β, aber mit konstantem Betrag v der Anfangsgeschwindigkeit nach "oben" geworfen. Ist mit g die (konstante) Erdbeschleunigung bezeichnet und als Parameter b := tanβ gewählt, so erhält man als Bahnkurvenschar die in Fig.7.35 dargestellte Schar der Parabeln

$$\boxed{2v^2(y - bx) + g\cdot(1 + b^2)\cdot x^2 = 0} \qquad (7.39)$$

Die Hüllkurve dieser Wurfparabelschar ist ebenfalls eine Parabel, die sogenannte Sicherheitsparabel (die den Gefahrenbereich abgrenzt). Leiten Sie deren Gleichung her.

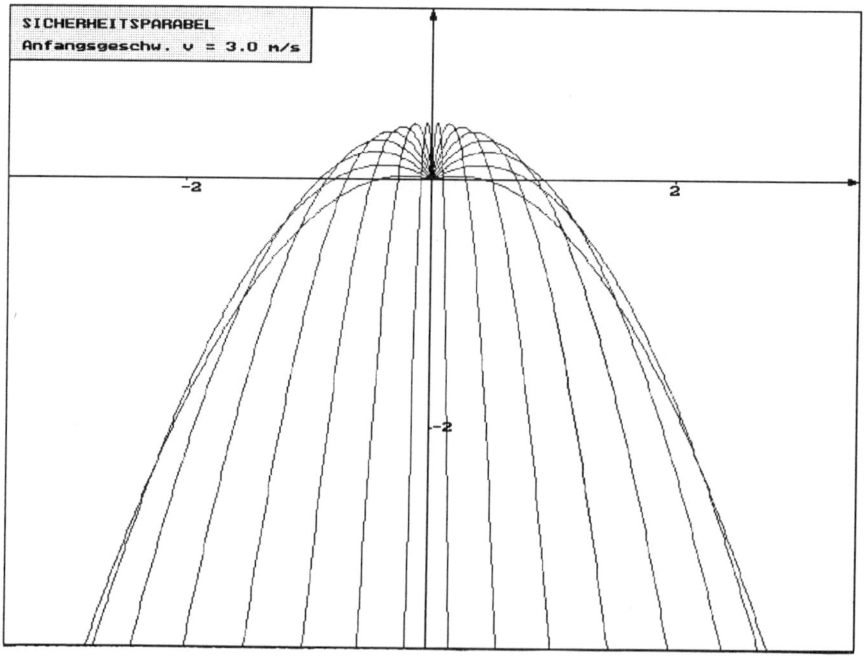

Figur 7.35

7.8.12 Veranschaulichen Sie den zeitlichen Verlauf der Bewegung eines Planeten um die Sonne als stroboskopisches Bild.

7.8.13 Bestimmen Sie in Abhängigkeit von der Phasenverschiebung δ die algebraische Gleichung $F(x;y) = 0$ der LISSAJOUS-Figuren mit $\frac{u}{v} = \frac{1}{1}$ und $\frac{u}{v} = \frac{2}{1}$.

7.8.14 Zeigen Sie, daß die LISSAJOUS-Kurve mit $\frac{u}{v} = \frac{2}{1}$ im Sonderfall

a) $\delta = 0$ die "Achterkurve" $\frac{y^2}{b^2} = \frac{4x^2}{a^2}\cdot(1 - \frac{x^2}{a^2})$

b) $\delta = -\frac{\pi}{4}$ ein Parabelstück ist.

7.8.15 Zeigen Sie, daß LISSAJOUS-Kurven mit rationalem teilerfremden $\frac{u}{v}$ mit $u \le v$ algebraisch von der Ordnung $2v$, bei rückläufiger Bahn von der Ordnung v sind.
Hinweis: Beschreiben sie die Koordinaten als Funktionen der komplexen Variablen $e^{i\cdot t}$.

7.8.16 Indem man in (7.28) $z(t) = c\cdot\sin(\omega_3\cdot t - \varepsilon)$ hinzunimmt, entstehen dreidimensionale LISSAJOUS-Kurven.

a) Erstellen Sie ein Computerprogramm zu deren Visualisierung.

b) Untersuchen Sie den Fall gleicher Kreisfrequenzen.

7.8.17 Begründen Sie an Hand einer Zeichnung, daß die in einem Kurvenpunkt reflektierten Strahlen derselben Geraden angehören, wenn dies auch für die einfallenden Strahlen gilt.

7.8.18 Untersuchen Sie die Metamorphose der Katakaustiken an einem Kreis, wenn sich die Lichtquelle immer mehr dem Kreis nähert und schließlich in den Kreismittelpunkt rückt.

7.8.19 Zeigen Sie, daß die Gegenpunktkurve zu einem Kreis mit Lichtquelle auf der Kreislinie eine Kardioide, also vom gleichen Typ wie die Katakaustik ist.

7.8.20 Eine Schar von zur y-Achse parallelen Lichtstrahlen treffe auf den Graph der Exponentialfunktion. Zeigen Sie, daß die entstehende Katakaustik eine um -1 in x-Richtung verschobene Kettenlinie ist.

7.8.21 Leiten Sie die Gleichung der Katakaustik der logarithmischen Spirale (6.6) im Bereich $\varphi \ge 0$ bezüglich ihres Poles als Quelle her.

7.8.22 Rechnen Sie die Brennpunkteigenschaft der Parabel bezüglich eines achsenparallel einfallenden Strahlenbündels ausführlich nach.

7.8.23 Bei einer Kreiskatakaustik stellen die reflektierten Strahlen eine Sekantenschar dar, wobei die Polarwinkel φ und ψ der beiden Kreisschnittpunkte einer Sekante in einem bestimmten Zusammenhang stehen. Diese Situation wird nun verallgemeinert.

a) Zeichnen Sie jeweils die Sekantenscharen mit den definierenden Beziehungen $\psi = 2\cdot\varphi$, $\psi = 2\cdot\varphi + \pi$ sowie zu $\psi = \pi - 3\cdot\varphi$ und bestimmen Sie die Hüllkurven.

b) Hüllkurven von Sekantenscharen am Kreis bezeichnet man als <u>Kreis-Stickkurven</u>. Machen Sie diese Namensgebung plausibel.

c) Untersuchen Sie Kreis-Stickkurven auch in Fällen, in denen φ und ψ nichtlinear zusammenhängen, etwa $\psi = \varphi^2 + \pi$ im Bereich $0 \le \varphi \le \frac{5}{2}\pi$.

7.8.24 Wie groß muß bei einem WANKEL-Motor der Parameter b der Gehäusequerschnittslinie mindestens sein, damit ein Dreiecksläufer mit geraden Seiten zum Einsatz kommen kann?

7.8.25 Diskutieren Sie die durch folgende physikalische Formeln bestimmten Kurvenscharen. Scharparameter sei die absolute Temperatur T.

a) WIENsche Strahlungsformel für große Frequenzen ν :

$$f(\nu) \approx \frac{8Vh\pi}{c^3}\cdot\nu^3\cdot\exp(-\frac{h\nu}{kT})$$

b) VAN DER WAALSsche Zustandsgleichung realer Gase:

$$p(V) \approx \frac{R\cdot T}{V-b} - \frac{a}{V^2}$$

8 DIDAKTIK UND METHODIK DER UNTERRICHTLICHEN BEHANDLUNG HÖHERER KURVEN

8.1 GRÜNDE FÜR EINE UNTERRICHTLICHE BEHANDLUNG

Zugunsten der Behandlung höherer Kurven im Mathematikunterricht der Sekundarstufe II sprechen

- ihre mathematikhistorische Bedeutung
- ihre Realitätsnähe
- die Reichhaltigkeit der mit ihnen verbundenen Phänomene und Ideen
- ihr hoher ästhetischer Reiz.

Im folgenden gehen wir näher auf diese Gründe ein.

8.1.1 Mathematikhistorische Bedeutung

Schon die griechischen Mathematiker haben einige höhere Kurven konstruiert und untersucht. Zunächst geschah dies zur exakten (aber nicht elementaren) Lösung der drei klassischen Zirkel-und-Lineal-Probleme. Damit verbunden waren jedoch auch erste Einsichten in ihre kinematische Genese und in Eigenschaften jenseits ihres Verwendungszwecks. DINOSTRATOS (4.Jhrh. v.Chr.) verwendet zur Quadratur des Kreises die dementsprechend benannte Quadratrix. Vor ihm hatte schon HIPPIAS VON ELIS (um 400 v. Chr.) diese Kurve gekannt und zur Trisektion des Winkels benutzt (s. 9.6). Das Delische Problem wird u.a. mit Hilfe der Konchoide des NIKOMEDES (um 200 v.Chr.) und durch DIOKLES (um 180 v.Chr.) mittels der Kissoide (s. Fig.2.23 bzw. Fig.2.5) "gelöst".
Allmählich kamen Kurven hinzu, die für sich bereits als interessant galten oder aber außermathematische Probleme lösen halfen. PERSEUS (etwa um 250 v. Chr.) untersucht achsenparallele ebene Schnitte bei Torsen und stößt so auf die CASSINIschen

Kurven (s. 9.8). APOLLONIOS VON PERGE (um 200 v.Chr.) begründet eine ausführliche Theorie der Kegelschnitte, beschäftigt sich also insbesondere mit Ellipsen, Hyperbeln und Parabeln. ARCHIMEDES (287-212 v.Chr.) untersucht die nach ihm benannte Spirale (s. 6.2) auf äußerst feinsinnige Weise und nimmt dabei Einsichten vorweg, die fast 2000 Jahre später in der Analysis entwickelt werden. PAPPUS (um 300 n.Chr.) stößt auf diese Kurve als Grundriß eines um einen Kegel gewickelten Fadens (also einer räumlichen Kurve, s. dazu Zeitler 1991). Die zum damaligen Weltbild nicht passenden Rückläufigkeiten in den Bahnen der bekannten Planeten führen (nach Vorstufen bei EUDOXOS (400?-347? v.Chr.)) zu deren Deutung als Epizyklen (Epitrochoiden) bei APOLLONIOS, bei HIPPARCH (190?-127? v.Chr.) und nachher - in modifizierter Form - bei PTOLEMAIOS (85?-165?).

Aufgenommen werden die antiken Kenntnisse über höhere Kurven erst wieder in der Renaissance. Damit einher geht das Entdecken neuer Kurventypen, z.B. der Radlinien (s. Kapitel 3). Unter anderem trifft man auf sie in ALBRECHT DÜRERs (1471-1528) berühmter *Unterweysung der messung mit dem zirckel uñ richtscheyt.*

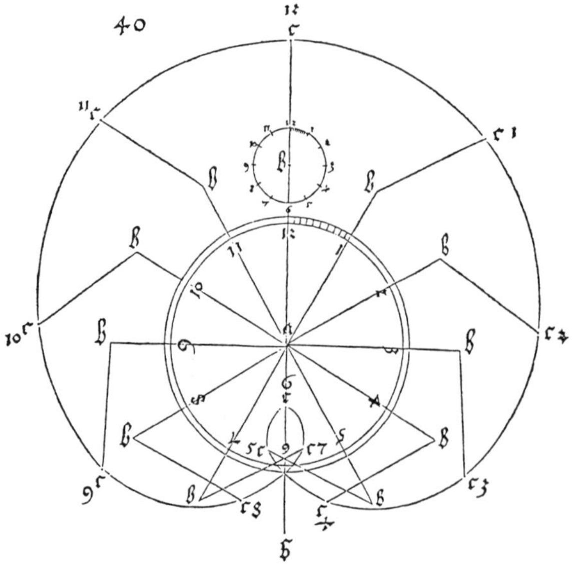

Figur 8.1

Fig.8.1 (aus DÜRERs Buch) macht deutlich, warum er die dortige Epitrochoide Spinnenlinie nannte. Im gleichen Werk findet sich auch Fig.8.2 mit der Muschellinie.

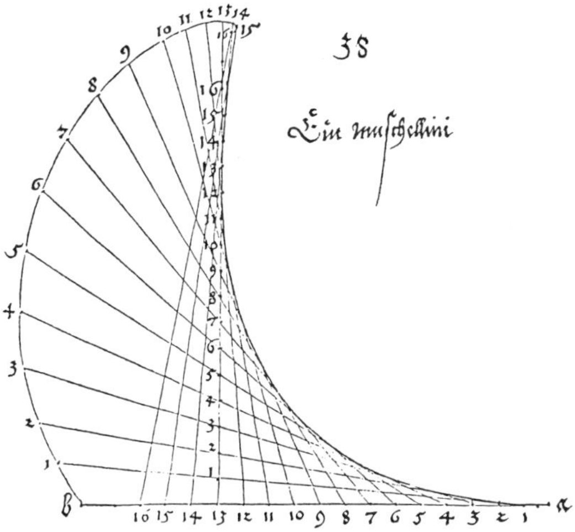

Figur 8.2

Begünstigt werden solche Entdeckungen durch die erstmals grössere Verbreitung von einfachen Maschinen unterschiedlichster Art. Zur soliden Konstruktion bzw. zur Vermeidung von Defekten erweist es sich als erforderlich, die Bahnkurven von Massenpunkten zu studieren. Eine weitere Förderung des Umgangs mit höheren Kurven ergibt sich durch die Fortschritte in der (für Kunst und Architektur gleichermaßen wichtigen) Darstellenden Geometrie; u.a. muß man sich mit Umrißlinien nichttrivialer Gegenstände beschäftigen. Bei LEONARDO DA VINCI (1452-1519) etwa finden sich Studien zum Torusumriß.

Entscheidend weiter bringt die 1637 erschienene *Géométrie* des RENÉ DESCARTES (1596-1650), indem sie die Phänomene und Probleme der damaligen Geometrie durch jeweilige Einbettung in ein Koordinatensystem den Methoden der Algebra zugänglich macht. Davon profitieren insbesondere die höheren Kurven, deren elementargeometrisches Studium gegenüber dem der Kegelschnitte (ihre Eigenschaften waren fast vollständig bekannt) nicht recht vorangekommen war. DESCARTES hat seine analytische Methode von

Beginn an als ein generelles Verfahren zum Studium und zur Klassifikation aller höheren (algebraischen) Kurven angesehen (und darüber hinaus für einen ersten Schritt zu einer Erneuerung und Weiterentwicklung aller Wissenschaften von der Mathematik her (s. v.Aster 1921)). Daneben steht - im Gefolge antiker Bemühungen - das Lösen algebraischer Gleichungen durch den Schnitt zweier geeigneter Kurven. Als Beispiele seien die kubischen und biquadratischen Gleichungen erwähnt, zu deren Lösung DESCARTES die Kegelschnitte (s. Schupp 1988) und später DENIS DIDEROT (1713-1784) in seinen *Mémoires sur différens sujets de mathematiques* 1748 einen Kreis und seine Evolvente heranzog.
Es zeigte sich dann, daß die Koordinatisierung nicht nur den Einsatz algebraischer, sondern auch der gerade entwickelten infinitesimalen Methoden erlaubt. 1658 überträgt JAN HUDDE (1628--1704) die Strategie PIERRE DE FERMATs (1601-1665) zur Extremwertbestimmung (s. Schupp 1992) auf allgemeine algebraische Kurven. 1704 publiziert ISAAC NEWTON (1643-1727) eine (72 Arten umfassende, aber trotzdem nicht vollständige) Klassifikation der ebenen kubischen Kurven (s. **4.2.5**). Im gleichen Jahr wird seine bereits 1693 geschriebene *Quadratur der Kurven* veröffentlicht; dort ist auch erstmals seine Fluxionstheorie angedeutet. Die *Methode der Reihen und Fluxionen* selbst erscheint erst 1736, also posthum. Sie wird u.a. auf die Bestimmung von Kurvenmerkmalen angewandt.
1682 veröffentlicht GOTTFRIED WILHELM LEIBNIZ (1646-1716) seine Arbeit *Nova Methodus pro maximis et minimis itemque tangentibus, quae nec fractas nec irrationales quantitas moratur, et singulare pro illi calculi genus*[1]. Sie enthält fast alle in der heutigen schulischen Differentialrechnung gebräuchlichen Symbole und Methoden sowie die Anwendung seiner (im Unterschied zu NEWTONs kinematischer Denkweise geometrisch gefaßten) Ergebnisse auch auf höhere Kurven aller (d.h. auch nichtalgebraischer) Art. Spätere Untersuchungen von ihm beziehen sich auf Hüllkurven und allgemein auf das Berühren von Kurven.

---

[1] "Eine neue Methode für Maxima und Minima sowie für Tangenten, die durch gebrochene und irrationale Werte nicht beeinträchtigt wird, sowie ein erstaunlicher Kalkül hierfür."

Nicht nur LEIBNIZ und NEWTON, sondern fast alle Mathematiker ihrer Zeit befassen sich mit höheren Kurven, mit besonderen und allgemeinen, lokalen und globalen Eigenschaften, mit Kurvenscharen (nach Engelsman 1984 gaben solche Scharen den Anlaß, Funktionen zweier Veränderlicher partiell zu differenzieren) sowie mit physikalischen Bezügen.
Für die Zykloide hat dies Winter 1992 paradigmatisch zusammengestellt. Zu erwähnen ist hier insbesondere auch die Isochrone (s. 7.3.1). Das Problem, diejenige Kurve zu finden, längs derer eine Kugel mit konstanter Vertikalgeschwindigkeit fällt, war von LEIBNIZ formuliert und von ihm sowie von CHRISTIAAN HUYGENS (1629-1695) synthetisch-geometrisch geklärt worden. Kurz darauf aber schafft die Lösung auch JOHANN BERNOULLI (1667-1748) mit differentieller Vorgehensweise. Von BERNOULLI stammen auch die ersten Lehrbücher zur Differential- und Integralrechnung. Für sie ist bezeichnend, daß die entwickelten Methoden bevorzugt und durchgängig auf Kurven angewandt werden.
Bei solchen Untersuchungen erweist es sich bald als zweckmäßig, neben der kartesischen Darstellung auch die Parameter- und die Polarkoordinatendarstellung (erstmals wohl bei JAKOB BERNOULLI (1654-1705)) einzusetzen. Einen gewissen Abschluß bringen LEONHARD EULER (1707-1783) in seiner 1748 veröffentlichten *Introductio in analysin infinitorum* (deren zweiter Teil fast ganz den Kurven gewidmet ist) und GABRIEL CRAMER (1704-1752) mit der *Introduction à l'analyse des lignes courbes algébriques* (1750).

Bereits NEWTON hatte gemerkt, daß man die Vielfalt kubischer Kurven reduzieren kann, wenn man alle jene Kurven in dieselbe Klasse aufnimmt, die durch Zentralprojektion ineinander übergehen. Die Projektive Geometrie des 18. und 19. Jahrhunderts hat (sowohl auf synthetische als auch auf analytische Weise) diese Strategie verfeinert und auf alle höheren Kurven ausgedehnt. Dadurch wurden wesentliche Vereinfachungen erreicht (insbesondere unübersichtliche Fallunterscheidungen vermieden), ohne daß man allerdings schon zu einer geschlossenen Theorie gekommen wäre.
Es bedurfte weiterer Hilfsmittel. So erwies es sich als Vereinfachung, beim Lösen von Gleichungen zum Zwecke der Bestimmung

herausgehobener Kurvenpunkte nicht nur die reellen, sondern alle komplexen Nullstellen einschlägiger Gleichungen zu berücksichtigen und somit auch zu nichtreellen Extrempunkten, Wendepunkten, Tangenten usw. zu kommen.
Die Algebraische Geometrie des 20.Jahrhunderts untersucht ebene (algebraische) Kurven konsequenterweise als Nullstellenmengen von Polynomen in der komplexen projektiven Ebene. Welcher neueren algebraischen Methoden sie sich dabei bedient, möge der interessierte Leser der Fachliteratur entnehmen (eine gute Hinführung bieten Brieskorn; Knörrer 1981). Für die Schule kommen diese Untersuchungen indessen nicht mehr - auch nicht als Hintergrundtheorie - in Frage.
Unabhängig von dieser innermathematischen Entwicklung befaßt sich die konstruktive Ingenieurgeometrie nach wie vor mit der Untersuchung ganz konkreter Kurven und Kurvenscharen, wie sie bei Problemen in der Mechanik, beim Maschinenbau und neuerdings auch in der Robotik auftreten (s. etwa Wunderlich 1970).

8.1.2 Wirklichkeitsbezug

Die vorangegangenen Kapitel (vor allem aber Kapitel 7) haben gezeigt, daß (ebene) höhere Kurven nicht nur innerhalb der Mathematik eine bedeutsame Rolle gespielt haben (und noch spielen), sondern auch in der uns umgebenden Wirklichkeit (Alltag, Natur, Technik, Bau- und Verkehrswesen) in vielfältiger Weise vorkommen. Ohne Anspruch auf Vollständigkeit wollen wir einige Bereiche skizzieren. Dabei sind wir uns der Tatsache bewußt, daß entsprechende Mathematisierungen i.a. hohe Anforderungen stellen, so daß eine gewisse "Vormathematisierung" für unterrichtliche Zwecke durchaus legitim erscheint.

8.1.2.1 Umrißlinien von Körpern bzw. Begrenzungslinien von Flächen

Beispiele:
- Umriß (Schatten) eines Apfels, einer Flasche (Coca-Cola-Flasche!), eines Autos
- Rand eines Tisches (Nierentisch!), einer Brille, eines stilisierten Herzens

Viele Mathematiker (z.B. Kepler 1609, F.Münger 1894, H.Wieleitner 1908), aber auch manche Amateure (z.B. W.Hortsch 1990) und neuerdings die Jungforscher Th.Gebel; M.Seiffert (1992)) haben sich bemüht, eine Kurve zu finden, die der Umrißlinie eines Hühnereis möglichst nahe kommt (Solche Eikurven (s. dazu Aufg. 8.5.3 und Fig.4.25 b)) dürfen nicht verwechselt werden mit den in **7.2.5** definierten Eilinien.) In ähnlicher Weise hat man versucht, Kurven zu konstruieren, welche die Form von Baumblättern möglichst getreu wiedergeben. So etwa nennt B.Habenicht 1895 die Charakterisierung

$$r = a\cdot(1 + \cos(3\varphi)) + c \quad \text{mit } 0 < c < a \tag{8.1}$$

für das Sauerkleeblatt (s. Loria 1902).

8.1.2.2 Begrenzungslinien ebener Schnitte an Körpern

Beispiele:

- Schnittflächen am Torus (s. **9.8**), an einer Mandoline, einer Birne, einem Säulenfuß
- Wasseroberfläche in einer schiefgehaltenen, nicht ganz vollen und verschlossenen Sprudelflasche (samt Metamorphose bei allmählichem Kippen der Längsachse)

8.1.2.3 "Natürliche" höhere Kurven

Darunter seien alle in der Natur vorkommenden, oft auch von der Natur hervorgebrachten <u>linienförmigen Gegenstände bzw. Verläufe</u> verstanden, soweit sie nicht (uneigentliche oder eigentliche) Kegelschnitte sind. (Bei Körpern müßte man von einer ebenen Projektion ausgehen - oder auch nur davon, wie wir sie tatsächlich sehen.) Dazu zählen etwa Fäden, Halme, Wurzeln, Maserungen, Begrenzungslinien (Horizont, Fluß, Pfad), Strukturlinien (z.B. Spiralen (s. Kapitel **6**)) und vieles andere mehr. Sind linienhafte Gegenstände genügend schwer und biegsam und hängen sie durch, erscheinen sie uns als <u>Kettenlinien</u> (s. **7.3.4**).

8.1.2.4 Risse bzw. axonometrische oder kartographische Darstellungen von räumlichen Kurven

Unter einer <u>gewöhnlichen Schraubenlinie</u> versteht man eine räumliche Kurve, die dadurch zustandekommt, daß man ein Rechteck mitsamt einer Diagonale zum Mantel eines Kreiszylinders zusammenrollt. Fig.8.3 zeigt als Beispiel eine Zweifachrollung des in a) dargestellten Rechtecks, und zwar den Grundriß (b)), den Aufriß (d)) sowie eine senkrechte Parallelprojektion (c)) - je im Verhältnis 2:1 vergrößert.

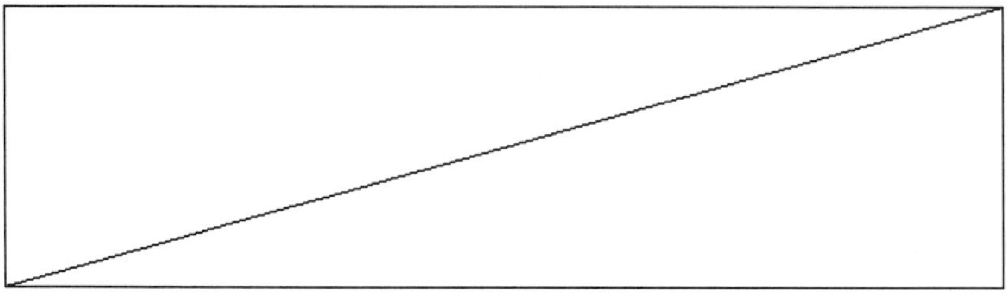

a)

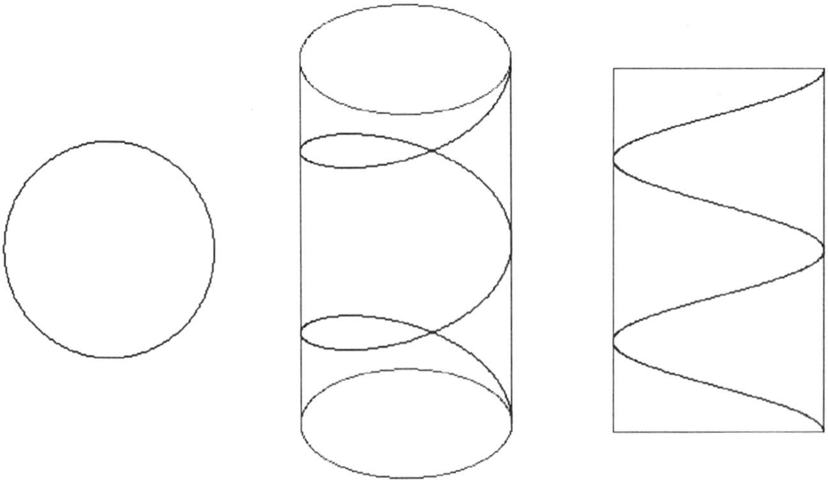

b) c) d)

Figur 8.3

Die Charakterisierung der Schraubenlinie geschieht durch

$$x = r \cdot \cos\varphi \quad ; \quad y = r \cdot \sin\varphi \quad ; \quad z = c \cdot \varphi \tag{8.2}$$

mit r als Radius des Zylindergrundkreises und c als <u>Ganghöhe</u> (= Höhe, die bei einer vollständigen Aufwärtswindung dazugewonnen wird).

Als Grundriß der Kurve in der xy-Ebene ergibt sich trivialerweise ein Kreis. Dies folgt auch aus $z = 0$ über den Zusammenhang $x^2 + y^2 = r^2 \cdot \cos^2\varphi + r^2 \cdot \sin^2\varphi = r^2$. Für den Aufriß in der xz-Ebene gilt $y = 0$ und daher $x = r \cdot \cos\frac{z}{c}$, d.h. die Schraubenlinie sieht man als eine Kosinuslinie, analog in der yz-Ebene (Seitenriß) als eine Sinuslinie.
Beim senkrecht-parallelprojektiven Bild hingegen scheint die Schraubenlinie als geschlungene Zykloide aufzutreten. Man kann sich leicht vorstellen, daß diese Zykloide auch gespitzt bzw. gestreckt erscheint (und schließlich wieder in eine Sinuskurve übergeht), wenn man den Winkel zwischen Projektionsstrahlen und Zylinderachse allmählich bis auf 90° vergrößert (für Details und Begründung s. Schmidt 1949, vgl. auch **3.2.5**). Zeichnungen dieser Art sind in der Architektur durchaus üblich (z.B. bei Wendeltreppen).

Zeitler 1991 greift auf, daß ein an einem Kegel aufgewickelter Faden (z.B. Schnur um Spielkreisel) im Grundriß (senkrecht zur Kegelachse) als Archimedische Spirale erscheint. Benutzt man statt des Kegels ein Rotationshyperboloid (welches durch Drehung eines Astes der Hyperbel $xz = c$ mit $c \in \mathbb{R}^+$ um die z-Achse entsteht), so ist der Grundriß der Wickelkurve eine hyperbolische Spirale. Bei entsprechender Rotation einer Logarithmuskurve $z = c \cdot \ln x$ ergibt sich analog eine logarithmische Spirale.

Höhere Kurven als ebene Projektionen räumlicher Kurven entstehen auch bei der schwierigen (weil nicht alle sinnvollen Forderungen gleichermaßen erfüllenden) Abbildung der Kugeloberfläche (Erde) auf ebene bzw. in die Ebene abwickelbare Flächen (s. Leppig 1991). Dabei interessiert man sich vor allem für die Bilder von Orthodromen (Träger kürzester Verbindungen, also Großkreisen) und Loxodromen (Linien identischen Kurses, auf der Erde i.a. räumliche Spiralen, die sich um jeden der beiden Pole winden), weil diese beiden Linientypen für den See- und Flugverkehr bedeutsam sind.
Nimmt man als eine solche Darstellungsfläche den Mantel des der Kugel umbeschriebenen kleinsten Zylinders (mit dem Äquator als Berührkurve) und projiziert die Kugelpunkte von der Erdachse parallel zur Äquatorebene senkrecht auf diesen Mantel, so er-

hält man als Loxodromenbild leider eine komplizierte POINSOT-Spirale (nach LOUIS POINSOT (1777-1859))

$$r = \frac{R}{\cosh(\varphi \cdot \cot\alpha)} \qquad (8.3)$$

mit R als Erdradius und α als konstantem Kurswinkel $\neq 0^\circ, 90^\circ$.
Bekanntlich überwindet GERHARD MERCATOR (1512-1594) diesen Nachteil dadurch, daß er die Kugelpunkte vom Erdmittelpunkt aus auf die Mantelfläche projiziert, und zwar so, daß die Abbildung winkeltreu ist (wobei diese Mantelfläche notgedrungen verlängert werden muß, um auch die polnahen Punkte abbilden zu können). Die Loxodromen sind dann Geraden (s. Kreyßzig 1957). Die Orthodromen werden dabei auf die MERCATOR-Linien

$$a \cdot \sinh y + b \cdot \cosh y = c \cdot \sin x + d \cdot \cos x \qquad (8.4)$$

bzw.

$$y = \ln(\tan(\tfrac{1}{2} \cdot \arctan(A \cdot \sin(x+B) + \tfrac{\pi}{4}))) \qquad (8.5)$$

abgebildet.

8.1.2.5 Bahnen von Massenpunkten

Auf Kurven dieser Art haben wir in den Kapiteln 1,3 und 7 zur Genüge hingewiesen, desgleichen auf ihre historische Bedeutung. Es kommt sowohl darauf an, vorliegende Bahnen zu studieren, als auch darauf, gewünschte Bahnen durch geeignete Mechanismen zu erzeugen.
Stellvertretend für viele andere Kontexte sei noch einmal an das Fahrrad (s. Aufg.3.6.6) und an den WANKEL-Motor (s. 7.6) erinnert.

8.1.2.6 Zahnräder

Bei der technischen Realisierung von aufeinander abrollenden Rädern sind diese in der Regel mit Zähnen versehen, um ein Abgleiten zu vermeiden. Beim Ineinandergreifen der Zähne verschiedener Räder ist wichtig, daß dies mit möglichst fester Führung und trotzdem mit möglichst wenig Reibung (Verschleiß) geschieht. Es hat sich gezeigt (s. Wunderlich 1970), daß Zahnprofile, die sich im wesentlichen aus Epi- und Hypozykloidenbögen zusammensetzen, hierfür besonders geeignet sind.

8.1.2.7 Brennlinien (Kaustiken)

In 7.5 werden sie näher untersucht. Sie entstehen als Hüllkurven von Strahlen (Halbgeraden) nach deren Reflexion an einer Kurve. Die Nephroide als eine solche Kaustik (dort ist die reflektierende Kurve ein Kreis, und die ankommenden Strahlen sind parallel) kann man jeden Morgen in der Kaffeetasse sehen.

8.1.2.8 Straßenbau

Hier erwähnen wir nur die Klothoide als optimale (weil die Krümmung stetig verändernde) Übergangskurve, z.B. zwischen zwei geradlinigen Abschnitten derselben Straße, zwischen zwei verschiedenen Straßen (Autobahnkreuze), zwischen einem geradlinigen und einem kreisförmigen Abschnitt derselben Straße (s. 5.5.3 sowie Kasper; Schürba; Lorenz 1956, Papamastorakis 1989 und Böer; Volk 1989, für eine Verallgemeinerung (Straßenbauerkurve) auch Spallek; Brüning 1979).

8.1.3 Reichhaltigkeit

Sie äußert sich auf mehreren Ebenen. Wenn wir dies im folgenden aufzeigen, bedienen wir uns eines durchziehenden Beispiels, und zwar der BERNOULLIschen Lemniskate (s. auch Fig.2.15 und 2.16) mit den Charakterisierungen

$$(x^2+y^2)^2 = k^2\cdot(x^2-y^2) \qquad (8.6)$$

$$r^2 = k^2\cdot\cos(2\varphi) \qquad (8.7)$$

$$x = \pm\frac{k}{\sqrt{2}}\cdot\sqrt{t+t^2}\ ;\quad y = \pm\frac{k}{\sqrt{2}}\cdot\sqrt{t-t^2}\quad \text{mit } 0 \le t \le 1 \qquad (8.8)$$

Hierbei ist $k \in \mathbb{R}^+$.

8.1.3.1 Merkmalsvielfalt

Zunächst einmal kann man all jene Eigenschaften an einer höheren Kurve studieren, die man von der schulüblichen Kurvendiskussion her kennt.

Im Beispiel:

a) Bereich der x-Werte:
Wegen $r^2 \le k^2$ und $r^2 = k^2$ für $\varphi = 0$ und $\varphi = \pi$ gilt $-k \le x \le k$.

b) Nullstellen:
$y = 0$ gilt für $x^4 = k^2 \cdot x^2$, also für $x_1 = 0$ und $x_{2,3} = \pm k$.

c) Schnittpunkte mit der y-Achse:
Mit $x = 0$ gilt $y^4 = -k^2y^2$, also $y = 0$.

d) Symmetrien:
Gleichung (8.6) bleibt unverändert, wenn man $-x$ für x oder $-y$ für y einsetzt. Demnach ist die Lemniskate symmetrisch in bezug auf beide Koordinatenachsen sowie auf den Ursprung.
Aus diesem Grunde können wir uns im weiteren auf den 1.Quadranten beschränken.

e) Steigungen:
Es ist $x = k \cdot \cos\varphi \cdot \sqrt{\cos(2\varphi)}$, $y = k \cdot \sin\varphi \cdot \sqrt{\cos(2\varphi)}$ und demnach

$$\frac{dy}{dx} = \frac{\frac{dy}{d\varphi}}{\frac{dx}{d\varphi}} = \frac{\cos\varphi \cdot (4 \cdot \sin^2\varphi - 1)}{\sin\varphi \cdot \cos(2\varphi) + \cos\varphi \cdot \sin(2\varphi)} \tag{8.9}$$

Also gilt

$y' < 0$ für $\sin\varphi < \frac{1}{2}$, d.h. für $\varphi < \frac{\pi}{6}$;

$y' = 0$ für $\sin\varphi = \frac{1}{2}$, d.h. für $\varphi = \frac{\pi}{6}$, $x = \frac{k}{4} \cdot \sqrt{6}$, $y = \frac{k}{4} \cdot \sqrt{2}$;

$y' > 0$ für $\sin\varphi > \frac{1}{2}$, d.h. für $\varphi > \frac{\pi}{6}$.

f) Monotonieverhalten:
Die Kurve steigt streng monoton im Teilintervall $[0; \frac{k}{4} \cdot \sqrt{6}]$ und fällt streng monoton im Teilintervall $[\frac{k}{4} \cdot \sqrt{6}; k]$.

g) Extremwerte:
Die Kurve hat den Hochpunkt $(\frac{k}{4} \cdot \sqrt{6}; \frac{k}{4} \cdot \sqrt{2})$ (im 1.Quadranten).

h) Wendepunkte:
Die Teilkurve im 1.Quadranten hat im Ursprung ($\varphi = \frac{\pi}{4}$) gemäß (8.9) die Steigung 1. Aus (8.6) folgt $|y| < |x|$ für andere Kurvenpunkte. Also ist die 1.Winkelhalbierende eine die Kurve durchsetzende Tangente: Der Ursprung ist ein Wendepunkt.-

Hinzu kommen nun aber Phänomene bzw. Einsichten, die bei Beschränkung auf Graphen von Funktionen der Art y = f(x) i.a. nicht auftreten bzw. gar nicht auftreten können, so etwa singuläre Punkte, Schleifen, lotrechte Tangenten, selbständige Teilkurven u.ä.-

In unserem Beispiel folgt aus der genaueren Analyse von (8.7) sofort, daß die Gesamtkurve im Ursprung einen Knoten hat, der zwei Schleifen voneinander trennt, die dort je einen rechten Winkel aufweisen (s. auch **2.4.3**).-

Weiter gilt, daß sich die Untersuchungen jetzt eher auf darstellungsunabhängige, natürliche Kurvenmerkmale konzentrieren (s. Kapitel 5), während man bei Funktionsgraphen das kartesische Koordinatensystem wesentlich miteinbezieht. Wenn es dabei um dieselben Merkmale geht (was durchaus nicht selten ist), bekommen diese oft erst jetzt einen wirklichen, d.h. kurvenbezogenen Sinn.-

Im Beispiel wird die Suche nach dem Extremwert zur Suche nach der Breite der beiden Schleifen, der x-Bereich zur Gesamtlänge der Doppelschleife, die akademische Frage zum Inhalt der Fläche zwischen Kurve und x-Achse im 1.Quadranten zur naheliegenden Frage nach dem Inhalt einer einzelnen Schleife.

Für diesen Inhalt ergibt sich

$$A = 2\cdot\frac{1}{2}\cdot\int_0^{\pi/4} r^2\,d\varphi = k^2\cdot\int_0^{\pi/4}\cos(2\varphi)\,d\varphi = \frac{k^2}{2}\cdot\int_0^{\pi/4}\cos(2\varphi)\,d\varphi = \frac{k^2}{2}\cdot[(\sin(2\varphi)]_0^{\pi/4} = \frac{k^2}{2}\,.$$

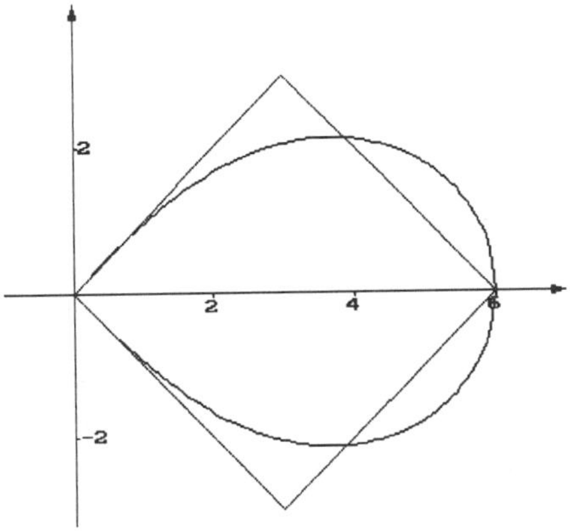

Figur 8.4

Fig.8.4 zeigt eine bemerkenswerte Konsequenz: Die einzelne Schleife ist genau so groß wie dasjenige Quadrat, das ihre Symmetrielinie als Diagonale hat.

8.1.3.2 Darstellungsvielfalt

Eine gewisse Unabhängigkeit von einer bestimmten Kurvendarstellung schafft man sich natürlich auch dadurch, daß man mehrere Charakterisierungen entwickelt.
Diese Mehrgleisigkeit hat insbesondere den Vorteil, sich bei einem bestimmten Analyseaspekt der hierfür günstigsten Charakterisierung bedienen zu können (oder auch mehrerer zum Zwecke der wechselseitigen Kontrolle). Allerdings bedarf dies einer gewissen Wendigkeit und sollte nicht dem Zufall überlassen bleiben.-

So ist (8.8) zur computergraphischen Konstruktion der Lemniskate zu verwenden und besonders günstig für die Bestimmung ihrer Extremwerte:

$y = \frac{k}{\sqrt{2}} \cdot \sqrt{t-t^2}$ ist maximal, wenn $t - t^2$ es ist. Das ist der Fall für $t = \frac{1}{2}$. (8.8) liefert den zugehörigen Hochpunkt.-

Andererseits sind mehrfache Charakterisierungen geeignet, durch jeweils umfassende Nutzung eine möglichst repräsentative, d.h. die Spezifika einer Kurve erfassende Diskussion durchzuführen.-

Die in 8.1.3.1 a) bereits benutzte Tatsache $r^2 \leq k^2$ (mit "=" für $\varphi = 0 \lor \varphi = \pi$) bedeutet auch: Die Lemniskate hat einen Umkreis. Sein Mittelpunkt ist der Knoten, sein Radius die Länge einer Schlinge. Der Umkreis berührt die Lemniskate zweimal auf der x-Achse.-

Vor allem aber machen Mehrfachcharakterisierungen deutlich, was Mittel und was Zweck ist: Es geht nicht etwa um das Visualisieren von Funktionen (oder Relationen), sondern um das analytische Beschreiben von Kurven, die sich dadurch besser zeichnen und deren Eigenschaften sich so leichter erschließen lassen.
Höhere Kurven stehen dafür, daß sich "der Analysisunterricht nicht auf einen Funktionsbegriff der Art $f: x \longmapsto y = f(x)$, $x \in \mathbb{R}$ ... beschränken darf" (Steinberg 1991, S.72). Man sollte auch Parameterdarstellungen (als Funktionen, deren Definitionsmenge ein (Parameter)Intervall ist) und Polardarstellungen (als Funktionen $\varphi \longmapsto r$) einbeziehen. Erst dadurch wird der Funktionsbegriff wirklich ausgenutzt. Gegebenenfalls muß man aber

auch darüber hinausgehen (z.B. wenn nur eine implizite Darstellung F(x;y) = 0 möglich ist) bzw. den Begriffsumfang noch einmal erweitern können (z.B. höhere Kurven als Niveaulinien auf Flächen, die Graphen von Funktionen zweier Veränderlicher sind).

8.1.3.3 Genetische Vielfalt

Nicht selten entsprechen den unterschiedlichen Darstellungen auch unterschiedliche Genesen (derselben Kurve): als geometrische Ortslinien oder Massenpunktbahnen, Funktions- oder Relationsgraphen, Schnittkurven oder Umrißlinien, Fußpunktkurven, Bilder anderer Kurven, Hüllkurven.

Unsere Lemniskate etwa haben wir gewonnen (s. 2.4.3) als
- Inversionsbild einer gleichseitigen Hyperbel
- Fußpunktkurve derselben in bezug auf das Inversionszentrum
- Menge aller Punkte mit demselben Entfernungsprodukt zu zwei vorgegebenen Punkten.

Schmidt 1949 stellt weitere Erzeugungsmöglichkeiten vor:
- über einen Gelenkviereckszirkel
- als Hüllkurve einer Schar von Kreisen, deren Mittelpunkte auf einer gleichseitigen Hyperbel liegen und die durch deren Mittelpunkt verlaufen
- als Projektion der Schnittlinie zweier Körper
- als spezifische Torusschnittfläche (s. auch 9.8).-

Weth 1992 hat überzeugend herausgearbeitet, welche Fülle von interessanten, unterschiedlichen, häufig gebietsübergreifenden Problemen und Aufgaben sich aus solch heterogenen Entstehungsweisen gewinnen lassen.

8.1.3.4 Beziehungsvielfalt

Mehrfach ist bereits angeklungen, daß höhere Kurven eng mit ihresgleichen zusammenhängen. Sie können aus anderen Kurven hervorgehen und selbst wiederum solche erzeugen. Man denke nur an die jeweiligen Evoluten und Evolventen (s. 5.6).
Weiter sei daran erinnert, daß viele der in diesem Buch aufgeführten Kurven sich als Mitglieder von Kurvenscharen erweisen.

Beim kontinuierlichen Durchlaufen des (bzw. der) scharbestimmenden Parameter kommt es meist zu interessanten Kurvenmetamorphosen.-

Die BERNOULLIsche Lemniskate ist eine von vielen BOOTHschen Lemniskaten (s. Fig.2.15), eine von vielen CASSINIschen Kurven (s. Fig.9.14), eine von vielen Torusschnittlinien.

8.1.3.5 Methodenvielfalt

Schon die Tatsache, daß Kurven unterschiedliche Charakterisierungen haben können, von denen im konkreten Falle vielleicht nur eine möglich bzw. günstig ist, macht es erforderlich, die lediglich an der kartesischen Darstellung orientierten Methoden der schulischen Kurvendiskussion auch auf Polar- und Parameterdarstellungen, vielleicht sogar auf implizite Funktionen auszudehnen (s. Kapitel **4**).
Dabei und vor allem bei der konkreten Diskussion bestimmter Kurven samt genetischem Kontext erweisen sich als nützlich

- trigonometrische Zusammenhänge (z.B. bei den Radlinien)
- Sachverhalte und Konstruktionsverfahren aus der synthetischen und der analytischen Elementargeometrie (z.B. bei der gleitenden Leiter)
- Grundkenntnisse aus der synthetischen und der analytischen Abbildungsgeometrie (z.B. bei den Inversionsbildern der Kegelschnitte)
- Grundkenntnisse aus der Analysis (im schulüblichen Umfang, aber bezogen auf je möglichst viele Darstellungsformen)
- numerische Verfahren (z.B. beim Lösen nichtelementarer Gleichungen oder beim Bestimmen nichtelementarer Integrale)
- computergraphische Hilfsmittel bzw. Programmierkenntnisse (s. dazu **8.4.1**)
- stimmige physikalische Grundeinsichten dort, wo die Kurven in einem physikalischen (meist kinematischen) Kontext entstehen (z.B. bei den in **7.3** behandelten Kurven).

Es hängt von der einzelnen Kurve sowie von der Intensität ihrer Diskussion ab, wie viele und welche Methoden relevant sind. Dies erlaubt denn auch, nicht vorhandene Vorkenntnisse ad hoc mitzuentwickeln und andere unaufdringlich zu wiederholen.

8.1.4 Ästhetischer Reiz

Dieses Buch enthält viele Bilder höherer Kurven. Erfahrungsgemäß werden sie als reizvoll, ja als schön empfunden - und zwar von Menschen verschiedenen Alters und Berufes sowie mit durchaus heterogener Interessenstruktur. Fladt 1962, S.8 stellt sich als Leser seines (anspruchsvollen) Buches durchaus auch "Liebhaber der Mathematik" vor und führt zur Begründung an: "... wie denn überhaupt der gesunde 'Dilettantismus' in der Mathematik von je in der Kurventheorie ein besonderes Arbeitsfeld hatte, weil hier mehr als in anderen mathematischen Gebieten 'elementare' Voraussetzungen genügen und so der 'Freude' als Triebfeder kein Hemmnis entgegensteht."[2] Was an diesen Kurven spricht alle Welt so sehr an?
Einmal sind dies mögliche Merkmale, die wir auch schon von den (eigentlichen und uneigentlichen) Kegelschnitten her kennen (s. Schupp 1988):

a) Achsen-, Punkt- und Drehsymmetrien
b) Kurven als Hüllkurven ihrer jeweiligen Tangentenschar
c) Kurvenscharen, zumal bei dynamischer Sicht (und entsprechender Zeichnung) als Metamorphosen eines ihrer Elemente

oder aus der üblichen Diskussion von Funktionsgraphen:

d) das Pendeln zwischen Hoch- und Tiefpunkten
e) das Anschmiegen an Polgeraden bzw. Asymptoten bzw. an Wendetangenten (die deshalb stets mitgezeichnet werden sollten)
f) die Periodizität.

Nun kommen aber noch hinzu:

g) die Vielfalt beeindruckender Formen
   oft schon bei Kurven gleicher Entstehung und desselben Gleichungstyps.
   Die Kegelschnitte hingegen weisen bei affiner Betrachtung lediglich drei unterschiedliche Typen auf, die in projektiver Sicht sogar noch zusammenfallen.

---

[2] Daß er solchen Liebhabern durch weitgehenden Verzicht auf Zeichnungen wenig entgegenkommt, ist bedauerlich.

h) die Singularitäten
   insbesondere Spitzen und Mehrfachpunkte (sowie die mit diesen meist einhergehenden Schleifen).
i) höhere Symmetrien
   - Anallagmatismus (Fixfigur bezüglich einer Kreisspiegelung)
   - Spiralsymmetrie (Fixfigur bezüglich einer Drehstreckung)
j) Evoluten und Evolventen
   insbesondere, wenn sich deren Zusammenhang über Tangenten und Normalen graphisch dokumentiert (s. Fig.5.21 und Meyer 1994)
k) die Vielfalt interessanter Genesen
   Die vorstehenden Kapitel bringen dazu viele Beispiele. Leider können die zugehörigen Bilder die fesselnde Dynamik des jeweiligen Erzeugungsprozesses nur andeuten.

Allerdings sind diese unbestreitbaren Vorzüge mit einem gewichtigen Nachteil verbunden: Im Unterschied zu den Kegelschnitten (in ausgezeichneter Lage) lassen sich höhere Kurven von Hand nur mit viel Mühe und trotzdem recht ungenau, auf jeden Fall nur unter erheblichem Zeitaufwand zeichnen. Aufwand und Produkt geraten in ein Mißverhältnis, statt der Freude an der schönen Figur stellt sich Mißmut über eine schlechte Punktkonstruktion ein. (Nagelbilder schneiden etwas besser ab, doch können sie nur Hüllkurven materialisieren.) Noch mehr gilt dies, wenn man über das bloße Visualisieren einer charakterisierenden Formel hinaus versucht, die formelgenerierende Situation (z.B. die Ausgangskurve samt Übergang zur neuen Kurve, den kinematischen Kontext, die die Kurve indirekt festlegenden Tangenten usw.) und damit eigentlich eine Bildfolge, einen Film zu zeichnen. Traditionelle Medien des Geometrieunterrichts stoßen hier an eine deutliche Grenze. Die Existenz bzw. der Bau von "Zirkeln" für gewisse Kurven ist eine zu lokale (und keineswegs befriedigende) Hilfe. Nur durch den Einsatz computergraphischer Mittel (s. **8.4.1**) lassen sich in vertretbarer Zeit präzise, eindrucksvolle Bilder bzw. Filme höherer Kurven oder Kurvenscharen erzeugen.
Diese Mittel gestatten zudem auf einfache und schnelle Weise die weitere Ausgestaltung von Zeichnungen, welche zunächst nur

unter mathematischem Aspekt angefertigt wurden; nun aber mit dem "bloßen" Ziel der nachträglichen Ausschmückung.
Dazu zwei Beispiele:
a) In Fig.6.5 ist eine logarithmische Spirale $r = c \cdot \exp(a\varphi)$ gezeichnet. In Fig.8.5 wird sie nun in eine Spiralenschar eingebettet, und zwar durch Hinzufügen von 7 Bildern, die aus ihr durch fortgesetzte Drehung um den Pol mit konstantem Drehmaß $360^\circ:8 = 45^\circ$ entstehen.

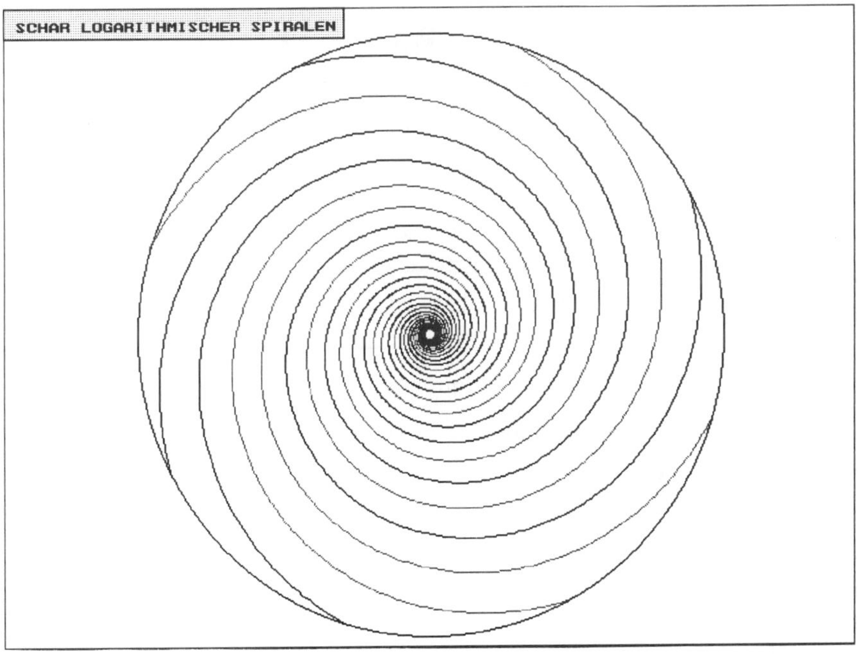

Figur 8.5

An ihr wird die seinerzeitige Feststellung, daß eine sich drehende logarithmische Spirale zu wachsen scheint, besonders deutlich (und noch markanter, wenn man benachbarte Spiralenfelder (von Hand) unterschiedlich einfärbt). Aus ästhetischen Gründen wurde das Koordinatensystem entfernt und die Figur auf das Innere eines mitgezeichneten Kreises beschränkt.
Ersetzt man a durch -a, so kommt eine zweite Spiralenschar hinzu (s. Fig.8.6), deren Kurven die der ersten unter konstantem Winkel schneiden (s. Aufg.8.5.9). Das Bild erinnert an den

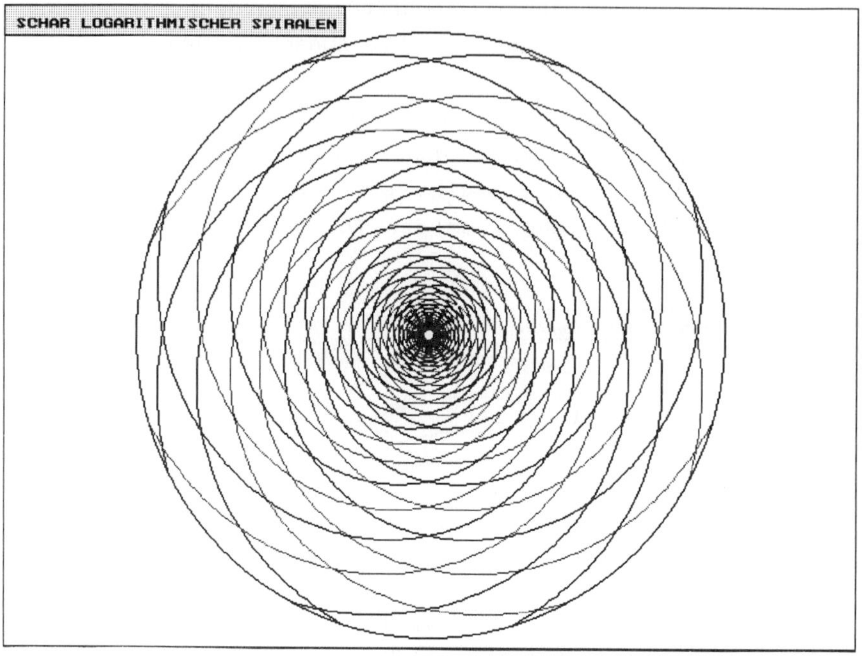

Figur 8.6

Fruchtstand gewisser Asteraceen (z.B. Sonnen- oder Wucherblumen); ein schönes Beispiel dafür, wie nahe Natur und Kunst einander sein können.

b) Als erster Mathematiker hat sich GUIDO GRANDI (1671-1742) mit den Rosenkurven oder Rhodoneen beschäftigt. Das sind Kurven der Art

$$r = a \cdot \cos(b \cdot \varphi) + c \quad \text{mit } a,c \in \mathbb{R},\ a \neq 0;\ b \in \mathbb{N}^* \tag{8.10}$$

b bestimmt dabei die Anzahl der Blätter (Schleifen) bzw. Doppelblätter (jeweils Blüten- und Kelchblatt), a und c regulieren deren Größe. Fig.8.7 zeigt ein Beispiel.
Um nun nicht nur den Rand, sondern auch die innere Struktur der Blüten- bzw. Kelchblätter darzustellen, hat Maurer 1987 eine Maserung vorgeschlagen, die folgendermaßen erreicht wird: Statt - wie bei Zeichnungen nach der Polarform üblich - φ jeweils um 1° wachsen zu lassen, gibt man das Inkrement g° ($g \in \mathbb{N}\backslash\{0;1\}$ vor. Dadurch entstehen an den Schleifen (Blättern) die gewünschten innenlaufenden Strecken (Fig.8.8).

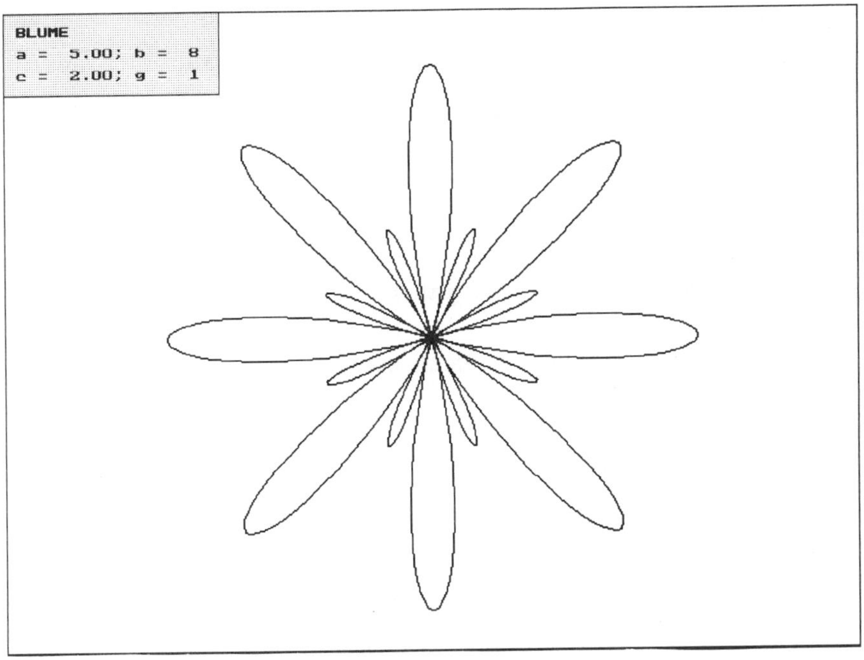

Figur 8.7

Figur 8.8

Allerdings kommt ein blattförmiger Umriß nur zustande, wenn man φ nach der Restklasse 0 (0,g,2g,...) auch die Restklassen 1 (1,g+1,2g+1,...), 2 (2,g+2,2g+2,...),.., g-1 (g-1,2g-1,3g-1,..) durchlaufen läßt und so dafür sorgt, daß jeder auf übliche Weise erreichte Kurvenpunkt auch jetzt noch angelaufen wird.-

Vielfache Anregungen zu solchen Erweiterungen ästhetisch-spielerischer Art (die meist doch auf weitere mathematische Fragen und Einsichten führen) findet man bei Baravelle 1957.

8.2 BISHERIGE BEHANDLUNG HÖHERER KURVEN IN DER SCHULE

Beim Leser könnte inzwischen der Eindruck entstanden sein, unser Anliegen, im Mathematikunterricht auf höhere Kurven einzugehen, sei revolutionär insofern, als sich dieser Unterricht immer und ausschließlich auf Funktionsgraphen oder allenfalls Kegelschnitte beschränkt habe. Dem ist nicht so: es gibt durchaus eine - wenngleich kurze - Geschichte der höheren Kurven in der Schule. Sie soll anschließend skizziert werden.

8.2.1 Zeit vor 1945

Deutsche Lehrpläne des 19.Jahrhunderts für höhere Schulen führen höhere Kurven nicht auf (s. Nath 1900). Das kann nicht verwundern, da selbst die Behandlung der Kegelschnitte (s. Schupp 1988) sowie des allgemeinen Funktionsbegriffes jahrzehntelang umstritten war und erst mit den preußischen Lehrplänen von 1901 verpflichtend gemacht wurde.
Indessen schließt dies nicht aus, daß engagierte Lehrer sich die Freiheit nahmen (und wohl auch hatten), über das Pflichtpensum hinauszugehen. Hinsichtlich der höheren Kurven mehren sich diese Anzeichen um die Jahrhundertwende. An der Oberrealschule Straßburg wurde 1897 folgende Abituraufgabe gestellt (s. Schaeffer 1910): "Es soll die Gleichung der Evolute der Kardioide $r = 2a\cdot(1 + \cos\varphi)$ hergeleitet werden." Damit eine solche Aufgabe verstanden und sinnvoll behandelt werden kann, sind ganz gewiß erhebliche Anstrengungen im vorangegangenen Unterricht erforderlich.

Man bedenke auch, daß ein damaliger Gymnasiallehrer vom Studium her (innerhalb der Analytischen Geometrie und der Analysis) fundierte Kenntnisse über höhere Kurven mitbrachte. Lehrbücher der damaligen Zeit, etwa der in vielen Auflagen verbreitete Schlömilch (1.Aufl. 1868), wären auch für viele heutige Lehrkräfte eine wertvolle Ergänzungslektüre.

Wohl ermutigt durch den bildungspolitischen Reformgeist des ersten Jahrzehnts im neuen Jahrhundert, vielleicht auch schon durch die Meraner Vorschläge von 1905 (obwohl diese nichts zu unserem Gegenstand sagen) erscheinen die ersten Schulbücher mit Einlassungen und Aufgaben zu höheren Kurven.

Erwähnt sei zunächst die "Differential- und Integralrechnung" von Schröder 1905. In der Einleitung heißt es dort: "Ich habe die in den preußischen Lehrplänen von 1901 gelassene Freiheit benutzt, um mit den Primanern nach der analytischen Geometrie der Ebene und nach der niederen Analysis die Elemente der höheren Analysis durchzunehmen. Aus der Praxis dieses Unterrichts ist das Buch entstanden. ...sind die Kurven ausführlich behandelt. Sie erregen das höchste Interesse der Schüler." Vorgestellt werden Kissoiden, Zykloiden, Lemniskaten und Kardioiden, und zwar mit allen möglichen Darstellungen sowie einigen Anwendungen in der Mechanik.

Bahnbrechend im Bereich der schulischen Analytischen Geometrie ist das Schulbuch von Lesser 1912 insoweit, als es innerhalb der Ortslinienaufgaben zu den Kegelschnitten zwanglos auch Beispiele bringt, die zu höheren als quadratischen Kurven führen, und als es zu deren Analyse auch die zuvor bereits eingeführte Parameter- und Polardarstellung, ja selbst einige Einsichten der Analysis heranzieht.

Ein solcher Ausblick am Ende eines Kurses über Analytische Geometrie ist dann rasch zu einem Schulbuchstandard geworden, der sich - mit einer gewissen Unterbrechung in der zweiten Hälfte der nationalsozialistischen Ära - bis in die 60er Jahre gehalten hat.

Die Lehrpläne selbst bleiben weiter zögerlich. Eine rühmliche Ausnahme macht der Plan der württembergischen Oberrealschule von 1912 (s. Lietzmann 1919, Bd.1, S.246). Dort heißt es für die Klasse 9 (heutige Klassenstufe 13) u.a.: "Kurvendiskussionen mit ausgewählten Beispielen höherer Kurven." Als 1928 ein neuer Lehrplan für Württemberg in Kraft tritt, der die Wochenstundenzahl für die höheren Klassen des genannten Schultyps von 7 auf 6 reduziert (und damit der preußischen angleicht, die umgekehrt von 5 nach 6 Stunden gehen) und die relevanten Inhalte entsprechend kürzt, nennt er immer noch und sogar ausdrücklicher: "Ausgewählte Beispiele höherer Kurven, die für die Naturwissenschaften und für die Technik von besonderer Bedeutung sind oder in der Geschichte der Mathematik eine Rolle gespielt haben."

Daß solche Hinweise auch in die Tat umgesetzt wurden, zeigen eindrucksvoll die von Beutel 1930 und 1933 gesammelten württembergischen Abituraufgaben, von denen wir im Aufgabenteil (Aufg. 8.5.27 bis 8.5.30) eine kleine Auswahl bringen.

Auch in den Oberrealschulen Preußens kommen Abituraufgaben über höhere Kurven vor (s. Aufg.8.5.31 und 8.5.32), allerdings nicht in gleicher Häufigkeit und in gleicher Intensität. Zweifellos wirkt sich hier aus, daß sowohl die Meraner Vorschläge als auch die Folgepläne des Deutschen Ausschusses für den mathematischen und naturwissenschaftlichen Unterricht (DAMNU) von 1922 sowie die offiziellen Richtlinien für die Lehrpläne der höheren Schulen Preußens von 1925 (s. Siemon 1980) höhere Kurven nicht erwähnen. Man muß leider konstatieren, daß es gerade diese in vieler anderer Hinsicht so progressiven Pläne gewesen sind, welche die schulische Verkürzung des Kurvenbegriffs auf "f(x)-Graphen" und auf Kegelschnitte eingeleitet und reguliert haben. Hier spielt wohl mit hinein, daß aus dem didaktischen Zentrum Göttingen (Klein, Lietzmann, Schimmack) kaum Impulse in bezug auf höhere Kurven gekommen sind. Im umfangreichen Schrifttum Lietzmanns findet sich nur eine einzige Stelle, an der er auf sie eingeht (Lietzmann 1916, S.403):

"Ich habe mit diesem Beispiel *(es geht um* $y^2 - 2xy = 3x$; *die Verf.)* ... empfehlen wollen, sich nicht auf die Kegelschnitte zu beschränken, sondern andere algebraische Kurven hinzuzunehmen. Es ist recht wichtig, daß der Schüler auch einige andere Kurven kennen lernt, seien sie nun praktisch oder theoretisch wichtig. ... Will man noch einen Schritt weitergehen, so nehme man die Parameterdarstellung hinzu...; dann erschließt sich

eine Fülle neuer Anwendungen. Notwendig ist aber auch das nicht."
Offenbar sehen die "Göttinger" nicht, welche ausgezeichneten didaktischen und methodischen Möglichkeiten höhere Kurven bieten, ihre eigenen Leitideen zu exemplifizieren und zu realisieren. Zu sehr waren sie auf den Funktionsbegriff fixiert, dessen Studium in der Infinitesimalrechnung "die letzte Krönung" (Lietzmann 1916, S.388) erfahren sollte.

Zwar war die Einwirkung nationalsozialistischen Gedankengutes auf andere Fächer des Gymnasiums in den Jahren 1933-1945 größer als auf den Mathematikunterricht, doch führte dessen geringe Wertschätzung (s. Radatz 1984), seine allmähliche Ausrichtung auf vordergründige Nützlichkeit und schließlich die 1938 erfolgte Verkürzung der Gymnasialzeit auf acht Schuljahre dazu, daß höhere Kurven kein Unterrichtsgegenstand mehr waren. Der 1938 erlassene Stoffplan der höheren deutschen Schulen führt sie nicht auf; er reduziert selbst die Kegelschnitte (s. Schupp 1988).
Ob das für Arbeitsgemeinschaften gedachte, 1937 erschienene Heft von M.Draeger über *Ausgewählte höhere Kurven* noch irgendeine Wirkung entfalten konnte, muß bezweifelt werden. Schon die Richert'schen Richtlinien von 1925 hatten beim dortigen Hinweis auf "freie Arbeitsgemeinschaften" höhere Kurven als mögliches Thema nicht angeführt.

8.2.2 Zeit nach 1945

Der ältere der beiden Verfasser hat in seiner Gymnasialzeit (1947-1955 in Rheinland-Pfalz) höhere als quadratische Kurven (wenn sie keine Funktionsgraphen waren) nicht kennengelernt. (Das von Schmidt 1949 mit Blick auf die Schule geschriebene Buch über *Ausgewählte höhere Kurven* hat er erst während seines Studiums antiquarisch erworben.) Üblich war aber damals noch eine intensive Behandlung der Kegelschnitte, die auch ihre Parameter- und Polardarstellung sowie deren Gebrauch beim Erkunden dieser Figuren einschloß.
Anderwärts ging man weiter. Eine Sammlung von Abituraufgaben in

Württemberg-Hohenzollern aus den Jahren 1946 - 1952 weist innerhalb der Analysis neben Problemen zu Parameter- und Polardarstellungen auch solche zu Hüllkurven auf, unter den Ortslinienaufgaben auch einige zu höheren Kurven. Hier setzte sich offensichtlich eine bis an den Anfang des Jahrhunderts reichende Tradition fort.

Durch die Lehrpläne war dies bald nicht mehr gedeckt. In den KMK-Empfehlungen von 1958 wird die Analytische Geometrie auf die Behandlung der Kegelschnitte reduziert. Die Analysis soll allerdings auch "auf geometrische und physikalische Phänomene" angewandt werden. Bedenkt man, daß damalige Pläne bei weitem nicht so ausdifferenziert waren wie heute und daß ihre Inhalte ohnehin nicht als rigide Vorgaben verstanden wurden, so konnte ein engagierter Lehrer einen solchen Hinweis immer noch auf innovative Weise nutzen.

Unterstützt wurde er dabei auch durch die eingeführten Lehrbücher. Die meisten von ihnen stellten neben der Standardcharakterisierung auch noch Parameter- und Polardarstellungen von Kurven vor und nutzten diese, um außer den Kegelschnitten auch einige wenige höhere Kurven zu explorieren.

Vier Beispiele:

a) Fladt; Kraft; Dreetz 1960 lassen nach Einführen der Polarkoordinaten die Kurven $r = a$ (Kreis), $r = a \cdot \sin\varphi$ (erneut Kreis) $r^2 = a^2 \cdot \cos(2\varphi)$ (BERNOULLIsche Lemniskate), $r = 2 + \cos(2\varphi)$ sowie in den Aufgaben einige Spiralen, Konchoiden und Schnecken diskutieren. Allgemein wird herausgestellt, wie man auch mit der Polarform einer Kurve Extrem- und Wendepunkte sowie Inhalte (LEIBNIZsche Sektorenformel) bestimmen kann. (Daß die Fladt'sche Monographie über höhere Kurven aus dem Jahre 1962 noch Wirkungen in die Schule hinein zeigte, ist wenig wahrscheinlich.)

b) Reinhard; Zeisberg 1961 führen nach ausführlicher Behandlung der Kegelschnitte als Ortslinien zum Abschluß noch Kissoide und Konchoide auf. Der 1965 erschienene Oberstufenband Analysis (dessen Deckel übrigens das kartesische Blatt ziert) führt Polarkoordinaten ein und hält sie durch bis zur LEIBNIZschen Sektorenformel. Außerdem untersucht er Kurven in Parameterdarstellung. Beides tun auch schon die Vorkriegsausgaben dieses Werkes.

c) Reidt; Wolff; Athen 1964 diskutieren exemplarisch die Kurven $x = t^2$; $y = \sin t$ und $r = 2 \cdot \sin\vartheta$.

d) Wörle; Kratz; Keil 1967 (4.Aufl.) gehen in einem Schlußkapitel über Anwendungen der Infinitesimalrechnung ausführlich auf Kurvengleichungen in Parameterdarstellung ein. Behandelt werden Differentiation und Integration solcher "Funktionen", als Beispiele treten Ellipse, gespitzte Zykloide, Kreisevolvente und Kardioide auf.

Zuvor behandeln sie - angehängt an die Analyse der Wurzelfunktion - den Begriff der algebraischen Funktion und der für sie wichtigen impliziten Differentiation und diskutieren mit deren Hilfe beispielhaft einige einschlägige Kurven. Hierbei wird sogar das Signierungsprinzip (s. 4.2.7) entwickelt.

Schließlich sei noch erwähnt, daß auch die damalige <u>fachdidaktische Literatur</u>, insbesondere die Lehrerzeitschrift MNU kleinere Arbeiten zu höheren Kurven bringt (s. Literatur).

Der <u>Nürnberger Rahmenplan</u> der MNU aus dem Jahre 1965 betrachtet höhere Kurven nicht als Pflichtstoff der gymnasialen Oberstufe. Aber er führt unter den wahlfreien Gebieten immerhin noch "Parameterdarstellungen von Kurven" sowie "differentialgeometrische Fragen" auf; und er weist deutlich darauf hin, daß vertiefte Einsichten in solche Themenbereiche "vor allem dadurch erreicht werden, daß dem Lehrer in der Abschlußklasse in stofflicher, methodischer und didaktischer Hinsicht weitgehende Freiheit gelassen wird".

Eben diese Freiräume aber und deren mögliche inhaltliche Füllung werden im nachfolgenden Jahrzehnt Stück um Stück beschnitten. Das beginnt mit den neuerlichen (und sehr viel wirksameren) KMK-Empfehlungen 1968, welche die Analysis nun auf klassische Funktionen beschränken und die Oberstufengeometrie von Gruppe, Vektorraum und Abbildung her gestalten wollen. Als Zusatzthema werden für das sprachliche Gymnasium nur noch "Ringe, Körper", für das mathematisch-naturwissenschaftliche Gymnasium "Stochastik" genannt.

Die sog. <u>Oberstufenreform</u> der frühen 70er Jahre mitsamt den sie

beschließenden Normenbüchern (s. 8.3.3) etabliert drei verpflichtende Themengebiete (Analysis, Lineare Algebra/Analytische Geometrie, Stochastik) und läßt - auch organisatorisch - keinen Raum mehr für andere Inhalte. Ein derart eng geführter Lehrer kann die vereinzelten Stimmen aus Schule und Hochschule (Spallek 1978, Brüning; Spallek 1979, Zeitler 1980, Steinberg 1984, Bungartz 1985), die auf die didaktische Relevanz des Umgangs mit nichttrivialen analytisch-geometrischen bzw. differentialgeometrischen Objekten und Relationen hinweisen, zwar noch vernehmen und billigen, aber die dortigen Anregungen nicht mehr realisieren. Gleiches gilt für die Unterrichtswerke, deren Autoren immer mehr gehalten sind, sich an den detaillierten Länderlehrplänen auszurichten. Bachmann 1975 bildet eine rühmliche Ausnahme; bezeichnenderweise ist dieses Schulbuch kaum irgendwo eingeführt worden.
Der jüngere Autor kennt Kurven aus seiner Schulzeit (1966-1975) an einem saarländischen Gymnasium nur als Funktionsgraphen und/ oder als Ortslinien (die nicht weiter diskutiert wurden).

8.2.3 Gegenwart

1986 erscheint der 2.Band des Analysis-Lehrbuches von W.Kroll (Koautor J.Vaupel). Es enthält ein Kapitel "Kurven in der Ebene". In den didaktischen Hinweisen heißt es dazu (S.IX):
"Wenn der Schüler im Analysisunterricht nur die Graphen reeller Funktionen (in kartesischer Darstellung) kennenlernt, dann erwirbt er nur eine sehr eingeschränkte Vorstellung vom Kurvenbegriff und erfährt gar nichts über die Rolle, die allgemeine Kurven in Naturwissenschaft und Technik spielen."
Konsequenterweise beginnt das Kapitel mit den Kegelschnitten, leitet über zu algebraischen Kurven, kommt dann zur Kurvendarstellung mit Parametern und mit Polarkoordinaten und endet mit den KEPLERschen Gesetzen. Devise der Autoren ist "So anschaulich und konkret wie möglich, so formal wie nötig" (S.VI). Die sich hier anbahnende <u>Tendenz zu einem stärker phänomen- und objektorientierten, wirklichkeitszugewandten, am Besonderen interessierten Mathematikunterricht</u> zeigt sich auch im Bereich der Geometrie selbst, am stärksten vielleicht bei Wittmann

1987, wo sogar schon für die SI schülergemäße Wege zu höheren Kurven gewiesen und beschrieben werden.
In der Folgezeit mehren sich Einzelbeiträge, die höhere Kurven betreffen (z.B. Zeitler 1988 und 1991, Böer; Volk 1989, Papamastorakis 1989, Berg; Schupp 1989, Schumann 1990, Leppig 1991, Schupp 1991, Vetter 1991, Weth 1991 und 1992, Lehmann 1992, Winter 1992, Steinberg 1993, Klietsch 1994, Hischer 1994, Meyer 1994). Gerade weil sie sich im Einstieg (innermathematisch, weltbezogen), im Ziel (anwendungsorientierter Unterricht, Freude an der Gestalt, mathematische bzw. historische Bedeutsamkeit, räumliches Denken) und in den Methoden (klassisch-euklidisch, abbildungsgeometrisch, analytisch-geometrisch, computergraphisch, infinitesimal) erheblich unterscheiden, weisen sie auf die vielfältigen Möglichkeiten dieser unverdient in der Versenkung verschwundenen Thematik hin. Alle Autoren sehen denn auch ihre jeweilige Studie als Beitrag zu einer Neu- bzw. Umorientierung des Mathematikunterrichts in der Sekundarstufe II weg vom Nachvollziehen fertiger Theoriestücke hin zur lebendigen (und durchaus dann auch systematisierenden) Auseinandersetzung mit mathematischen bzw. mathematisierbaren Problemen.

In der zeitlichen Abfolge der genannten Artikel wird immer deutlicher, welche Vorteile man hierbei vom Einsatz der Computergraphik hat. G.Schmidt 1993, S.28: "Die gerade von geometrischer Sicht schmerzlich empfundene Einengung der Geometrie auf (langweilige) lineare Gebilde wie Gerade und Ebene wird mit Hilfe der Möglichkeiten des Computers auch in der Schule leicht überwindbar. So gewinnen die in der Geschichte der Mathematik schon immer mit besonderer Hingebung behandelten 'höheren Kurven' ... nun auch im Rahmen der Schulmathematik (wieder) größere Bedeutung." Es geht dabei nicht nur um das schnelle und präzise Zeichnen von Gebilden, deren manuelle Konstruktion unvertretbar viel Zeit erfordern würde, sondern auch und vielmehr um die Visualisierung der jeweiligen Kurvengenese(n). Drei Typen seien besonders erwähnt:
- Simulation des kinematischen Entstehungsprozesses (Zeitler 1988, Schupp 1991)
- Simulation der kurvenerzeugenden Abbildung (Berg; Schupp 1989, Weth 1991)

- Ortslinienerzeugung durch Einsatz des Zug- bzw. Variationsmodus in geometrischen Konstruktionsprogrammen (Schumann 1990, Henn; Jock 1993), eine moderne, dynamische Version der Ortslinienbetrachtungen innerhalb der früheren Analytischen Geometrie, wie sie von Schostack noch 1972 in einer Arbeit über die Bahnen ausgezeichneter Dreieckspunkte angestellt worden sind.

Die bisher umfassendste didaktische Bewertung von Kurven im Mathematikunterricht aus heutiger Sicht hat Th.Weth in seiner vor kurzem erschienenen Dissertation (Weth 1993) vorgenommen. Unter seinen Analysen sei besonders auf die empirisch erhobenen Defizite zum Kurvenverständnis bei Schülern sowie auf die Ergiebigkeit des Umgangs mit Kurven für das entdeckende Lernen verwiesen. Bei seinen curricularen Überlegungen macht er insbesondere auf ihre Rolle beim Brückenschlag zwischen der Mittelstufenalgebra und -geometrie sowie zwischen Analysis und Analytischer Geometrie in der Sekundarstufe II aufmerksam. Bei Weth ist die Beschäftigung mit höheren Kurven eingebettet in eine schulstufenübergreifende, sorgsam dosierte Auseinandersetzung mit dem Kurvenbegriff überhaupt.

Die Wiederbelebung der didaktischen Diskussion um die Behandlung höherer Kurven darf aber nicht darüber hinwegtäuschen, daß entsprechende <u>Innovationen im täglich praktizierten Mathematikunterricht einstweilen noch recht selten</u> sind. Das liegt einmal an den verbindlichen Festlegungen der Einheitlichen Prüfungsanforderungen sowie dem immer noch mit allzuviel Auf- wand verbundene Zugang zu einer sinnvollen Computernutzung im alltäglichen Fachunterricht, zum anderen aber auch an den außerordentlich stabilen Analysiskonzepten der praktizierenden Lehrer (s. Andelfinger 1991), in denen die Kurvendiskussion traditioneller Prägung eine beherrschende Rolle spielt.
Umso bedeutsamer ist daher die aus dem eigenen Unterricht hervorgegangene Arbeit von G.Steinberg 1993, in der gezeigt wird, auf welch einfache und gerade deshalb motivierende Weise sich klassische höhere Kurven durch die Einführung von *Polarkoordinaten* erschließen.

8.3 BEDEUTUNG DES UMGANGS MIT HÖHEREN KURVEN FÜR DEN HEUTIGEN MATHEMATIKUNTERRICHT

8.3.1 Beitrag zur Renaissance der Analytischen Geometrie

In Schupp 1988 wird der schulische Niedergang der Analytischen Geometrie in den 60er und 70er Jahren zugunsten der Linearen Algebra mitsamt seinen negativen Vorentscheidungen, Symptomen und Konsequenzen skizziert. Insbesondere wird deutlich, daß an die Stelle interessanter mathematischer Objekte, die auf vielfältige Weise darzustellen und zu untersuchen waren, geometrische Banalitäten getreten sind, die auf formal-akademische Weise abgehandelt werden. Es zeichnet sich indessen (etwa seit 1980) ein Wandel ab, sowohl in der didaktischen Diskussion (s. etwa Grünbaum 1981, Wittmann 1987, Mauve 1987, Ziegler 1988, Weth 1992) als auch bei der Gestaltung von Lehrwerken (z.B. Griesel; Postel 1986, Schmid; Schweizer 1987, Scheid 1988 und vor allem Kroll; Vaupel 1986). Man besinnt sich wieder auf die hohe didaktische Relevanz nichttrivialer geometrischer Phänomene und ihrer wechselseitigen Beziehungen.
Hierzu bieten sich zunächst und vor allem (als Kurven zweiter Ordnung und als Gebilde mit reicher Unterrichtstradition) die Kegelschnitte an (s. Schupp 1988 und Profke 1992). Doch sind von dorther gelegentliche Stippvisiten zu höheren Kurven durchaus möglich (wie Hochschultexte zur Analytischen Geometrie früherer Tage (z.B. Simon 1897 oder Kowalewski 1910) beeindrukkend zeigen) und wünschenswert.
Einige dieser Streifzüge sollen nun genannt und bei Bedarf auch näher ausgeführt werden.

a) Kontexte, in denen neben Kegelschnitten auch höhere Kurven auftreten

Beispiele:

α) die gleitende Leiter (s. Kapitel 1)

β) Radlinien (s. Kapitel 3)

b) Ortslinien, die auf höhere Kurven führen

Das kann durch nichtprojektive Abbildung von Kegelschnitten geschehen oder durch geeignete Abänderung einer kegelschnitterzeugenden Linienbedingung. Dazu je ein Beispiel.

α) Die Tangente zum beliebigen Punkt P eines Kreises $k(O;r)$ schneidet die x-Achse in Q, die y-Achse in R. Die Parallele zur y-Achse durch Q und die Parallele zur x-Achse in R schneiden einander in P'. Welche Kurve k' durchläuft P', wenn P den Kreis k durchwandert?

Diese Aufgabe wird in **9.4** ausführlich behandelt. Man beachte dort das gegenüber früheren schulüblichen Darstellungen konsequentere Herausstellen des Abbildungsgedankens (k' als (nichtprojektives) Bild des Kegelschnitts k) (s. auch **8.2.3**). Auf experimenteller Ebene entspricht dem die Möglichkeit des Entlangführens von P auf k (Zug-Modus bzw. Variationsmodus in neueren Konstruktionsprogrammen, z.B. in CABRI (s. Schumann 1991), GEOLOG (s. Holland 1993) oder THALES (s. Kadunz; Kautschitsch 1993)) zum Zwecke des simultanen Erzeugens von k' mittels eines anfangs aus P konstruierten Bildpunktes P'.

β) Die Bedingung, daß eine Punktmenge aus genau jenen Punkten (x;y) bestehen soll, für welche die Summe ihrer Entfernungen zu zwei festen Punkten $F_1(-e;0)$, $F_2(e;0)$ $(e \in \mathbb{R}^+)$ den konstanten Wert 2a $(a \in \mathbb{R}^+)$ hat, führt zu deren Charakterisierung

$$\sqrt{(x+e)^2 + y^2} + \sqrt{(x-e)^2 + y^2} = 2a$$

und damit zur Ellipse $b^2x^2 + a^2y^2 = a^2b^2$ mit $b^2 := a^2 - e^2$. Nehmen wir statt der Summe die absolute Differenz (bei sonst gleichen Rahmenbedingungen), so erhalten wir die Hyperbel $b^2x^2 - a^2y^2 = a^2b^2$, jetzt mit $b^2 := e^2 - a^2$.

Es liegt nahe, hier auch die beiden anderen Grundrechenarten ins Spiel zu bringen. (Diese Idee findet sich schon bei Lesser 1912).

$$\sqrt{(x+e)^2 + y^2} : \sqrt{(x-e)^2 + y^2} = 2a$$

führt im Falle 2a = 1 zu x = 0, also zur Mittelsenkrechte von F_1F_2 (aus der frühen Elementargeometrie wohlbekannt), im Falle $2a \neq 1$ zu

$$\left(x - e\cdot \frac{4a^2+1}{4a^2-1} \right)^2 + y^2 = \left(\frac{4ae}{4a^2-1} \right)^2 ,$$

d.h. zu einem Kreis, dem in der Sekundarstufe vielleicht behandelten, aber längst vergessenen Apollonius-Kreis.

Nehmen wir schließlich das Produkt der beiden Entfernungen, gehen also von

$$\sqrt{(x+e)^2 + y^2} \cdot \sqrt{(x-e)^2 + y^2} = 2a$$

aus, so erreichen wir mit

$$(x^2 + y^2)^2 - 2e^2 \cdot (x^2 - y^2) = 4a^2 - e^4$$

die allgemeine CASSINIsche Kurve (für deren Diskussion s. **9.8**).

c) Fußpunktkurven zu Kegelschnitten

Beispiel: Lemniskate als Fußpunktkurve der gleichseitigen Hyperbel $x^2 - y^2 = a^2$ in bezug auf den Koordinatenursprung (s. **2.4.3**).

d) Inversionsbilder von Kegelschnitten

Um sie geht es in Kapitel **2** (wobei man wohl für den Unterricht eine Auswahl treffen wird, indem man sich auf rechentechnisch einfache Fälle beschränkt)

e) Evoluten von Kegelschnitten

Diese werden in Schupp 1988 detailliert betrachtet und computergraphisch visualisiert.

f) Hüllkurven von Kegelschnitten

Beispiele:

α) Astroide bei der gleitenden Leiter (s. **1.3**)

β) Eine Kardioide ist die Hüllkurve aller Kreise, deren Mittelpunkte auf einem Kreis liegen und die durch einen festen Punkt dieses Kreises verlaufen (s. Fig.8.9).

Beweis gemäß Fig.8.10: Der gegebene Kreis habe den Mittelpunkt M(c;0) und den Radius c. Der feste Punkt auf ihm sei der Ursprung. Sei schließlich N der Mittelpunkt eines Kreises aus der o.a. Kreisschar und P ein beliebiger Punkt auf ihm. Dann gilt $|ON| = 2c \cdot \cos\alpha$ und $F(\varphi;r;\alpha) \equiv r - 2 \cdot 2c \cdot \cos\alpha \cdot \cos(\varphi-\alpha) = 0$. Hieraus folgt

$$\frac{dF}{d\alpha} = 4c \cdot \sin\alpha \cdot \cos(\varphi-\alpha) - 4c \cdot \cos\alpha \cdot \sin(\varphi-\alpha) = 0, \quad \text{weiter}$$

$$\tan(\alpha) = \tan(\varphi-\alpha), \text{ und schließlich } \alpha = \frac{\varphi}{2}.$$

Setzt man dies in $F(\varphi;r;\alpha)$ ein, so ergibt sich

$$r = 4c\cdot\cos^2(\tfrac{\varphi}{2}) = 2c\cdot(1 + \cos\alpha) = 2c\cdot\cos\alpha + 2c,$$

also die Gleichung einer Kardioide (s. **2.4.2**).
Weitere Beispiele findet man in Meyer 1994.

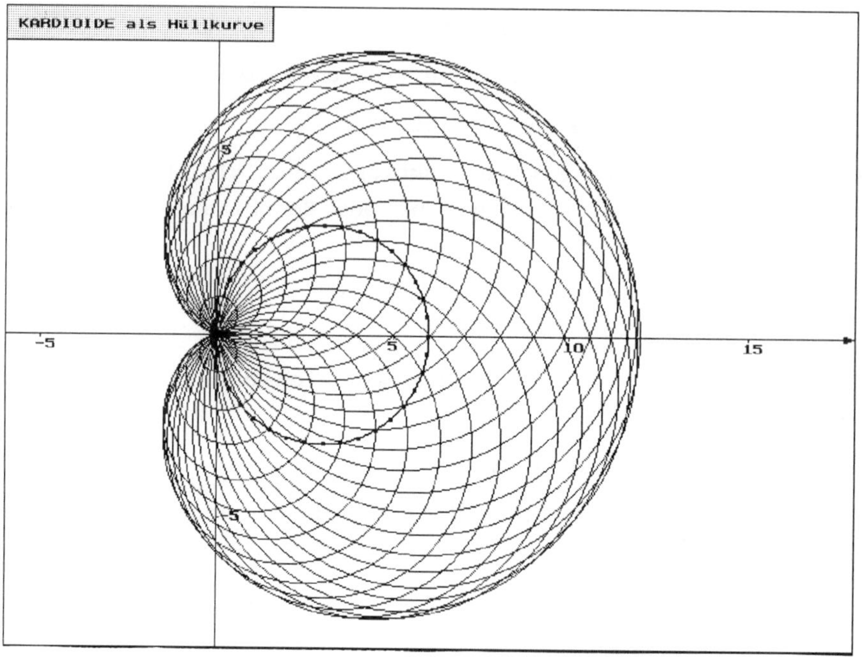

Figur 8.9

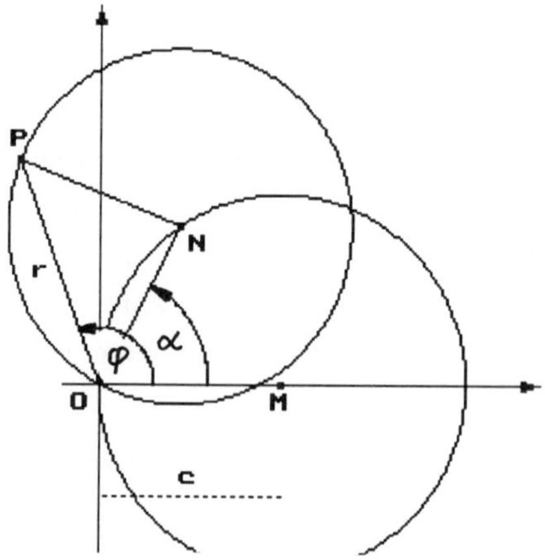

Figur 8.10

Anders als in a) - d) bedarf es in e) und f) über die Analytische Geometrie hinaus auch einiger infinitesimaler Hilfsmittel.

Wünschenswert sind solche Stippvisiten auch deshalb, weil sie

- dem falschen Eindruck wehren, alle (ebenen) Kurven seien im Grunde (eigentliche oder uneigentliche) Kegelschnitte. Schon Felix Klein hat gemahnt (1980, S.84): "Im elementaren Unterricht und manchmal auch in der Anfangsvorlesung über analytische Geometrie sieht es so aus, als ob sich die ganze Geometrie auf Gerade und Ebene, Kegelschnitte und Flächen zweiter Ordnung beschränkte. Natürlich ist das ein recht ärmlicher Standpunkt; und schon das Wissen der alten Griechen erstreckte sich zum Teil weiter auf einzelne höhere Kurven ..."
- Gelegenheit geben, darauf hinzuweisen, daß DESCARTES die Koordinatisierung der Geometrie nicht etwa wegen linearer oder quadratischer Gebilde eingeführt hat (deren Eigenschaften waren zu seiner Zeit längst bekannt), sondern eben der höheren Kurven halber, deren synthetische Behandlung nicht recht vorankam. Als Beispiel für eine der Kurven, die er mit seiner Methode wirklich untersucht hat, kann das nach ihm benannte kartesische Blatt betrachtet werden (s. **4.2.6**).
- einem auch bei den Kegelschnitten naheliegenden (und in den 50er Jahren nicht selten praktizierten) Formalismus vorbeugen bzw. entgegentreten.-

Im letzten Beispiel (Kardioide als Hüllkurve von Kreisen) hat sich wieder einmal gezeigt, wie günstig es sein kann, auf Polarkoordinaten umzusteigen (der Leser versuche den dortigen Beweis einmal mit kartesischen Koordinaten!). Wenn diese Form der Charakterisierung nicht bereits in der SI eingeführt wurde (wofür gute Gründe sprechen (s. Steinberg 1984, 1993)), sollte es unbedingt in der Analytischen Geometrie der Sekundarstufe II geschehen. Bereits die Kegelschnitte lassen sich mit Polarkoordinaten vergleichsweise knapp und doch einheitlich charakterisieren (und zeichnen, s. Schupp 1988).

8.3.2 Renaissance einer tatsächlichen Kurvendiskussion

In der Sekundarstufe II haben sich im wesentlichen zwei Anwendungsbereiche der Analysis durchgesetzt und seit Jahrzehnten

behauptet: das Bestimmen von Extremwerten und die Kurvendiskussion. Schupp 1992 hat herausgearbeitet, daß es weder sinnvoll noch nützlich ist, Extremwerte ausschließlich an die Analysis und damit an mehrfach differenzierbare Funktionen zu binden. Innerhalb der Analysis kritisiert er die allzu mechanische, die Eigentümlichkeiten der Lösung kaum erfassende Befolgung eines nicht immer verstandenen Algorithmus.
Wie steht es mit der Kurvendiskussion?
Auch dort wird seit Jahr und Tag geklagt. So schreibt Schröder 1960, S.66:
" ... dieses Verfahren birgt vom Methodischen aus gesehen drei entscheidende Mängel oder Gefahren in sich:
1. Die Kalküle, die zur Ermittlung der charakteristischen Punkte gehören, können ohne Bezug auf anschaulich-geometrische Zusammenhänge rein formal verwendet werden; es besteht somit die Gefahr, daß an die Stelle einer von der Anschauung ausgehenden geistigen Durchdringung eine technische Fertigkeit tritt. Jeder kennt den Formalismus "y = 0, y′ = 0, y′′ = 0 usw." mit den dazugehörigen stereotypen Texten.
2. Der Gesamtverlauf der Kurve ist oft nicht eindeutig bestimmt durch die Daten, die die charakteristischen Punkte liefern. So sind oft zu verschiedenen Punkten jeweils neue, ergänzende Betrachtungen nötig, die in Wirklichkeit aus einer gemeinsamen, auf diese Weise aber nicht erkennbaren Wurzel fließen.
3. Aus 2. ergibt sich, daß oft zwei voneinander unabhängige Kontrollen der Rechenergebnisse fehlen."

32 Jahre später stellen die Teilnehmer einer Podiumsdiskussion auf der MNU-Hauptversammlung 1992 in Bielefeld einmütig fest, daß die curriculare Konzeption und die schulische Praxis der Kurvendiskussion immer noch, vielleicht sogar mehr denn je erhebliche Mängel aufweisen (Danckwerts 1992).
G.Steinberg: "...Es kann nicht ernsthaft das höchste Ziel von Unterricht sein, eine Funktionsschar graphisch darzustellen oder Funktionsextrema zu ermitteln, wenn preiswerte Geräte im 'Taschenformat' viele diesbezügliche Fragen in Sekundenschnelle beantworten."
W.Kroll: "...der formale Aufwand, den man zum Beispiel mit den

Begriffen Funktion, Grenzwert, Stetigkeit, Differenzierbarkeit, Integrierbarkeit im Unterricht treibt, steht in krassem Mißverhältnis zu dem, was man mit diesen Begriffen wirklich anfängt. ... die alles überwuchernde Dominanz der Kurvendiskussionen vor allem des rationalen Typs..."

L.Führer: "...Die Kurvendiskussion muß endlich als Miniforschungsprogramm gelehrt werden, sonst degeneriert sie zur Geräteanleitung."

G.Schmidt: "...Mit der zunehmenden Verfügbarkeit des Computers stehen auch im Mathematikunterricht Werkzeuge zur Verfügung, die einmal den hohen Kalkülanteil des Analysisunterrichts (besonders in den Prüfungen) 'entlarven', zum anderen auch die im Mittelpunkt stehenden Verfahren der schematisierten Kurvendiskussion, der Extremwertbestimmung und der Berechnung von Flächeninhalten und Volumina als Legitimation für Analysis in Frage stellen."

Damit sind einige der Schwachpunkte der üblichen Kurvendiskussionen bereits angesprochen:

a) Zwar werden durchaus wichtige, ja zentrale Begriffe und Einsichten der Analysis gebraucht, um Methoden zum Studium der Eigenschaften von Funktionen und ihren Graphen zu erarbeiten. Der Einsatz dieser Methoden im konkreten Falle verlangt aber nur noch technische Fertigkeiten auf vergleichsweise bescheidenem Niveau.

b) Eben dies kann nun der Computer schneller, exakter und zuverlässiger. Zudem ist es (selbst für Schüler) recht einfach, ein Programm zu schreiben, das einen Funktionsgraph in einem vorgegebenen Intervall zeichnet. Die damit potentiell schon gegebene Funktionenlupe (Zoomeffekt) durch fortgesetzte Verkleinerung des Intervalls kann mit wenig Aufwand realisiert werden, z.B. durch Festlegen der Ecken des nächsten Koordinatenfensters mit der Maus. Eine der ursprünglichen Begründungen für die Kurvendiskussion, nämlich einen Funktionsgraph mittels mathematisch und graphisch herausgehobener Punkte interpolierend zeichnen zu können, entfällt damit. Ganz im Gegenteil kann eine computergesteuerte Kurvenzeichnung in der Frühphase einer Diskussion auf besondere Merkmale der aktuellen Kurve aufmerksam machen, die sodann zu sichern sind (s. dazu auch Kapitel 9).

c) Technische Probleme, die zu weiterem Nachdenken Anlaß geben könnten (Numerik der Nullstellen- bzw. Extremstellenbestimmung, schwierige Ableitungen) werden vorgängig beseitigt, indem man nur solche Funktionen vorgibt, die auf "schöne" Rechnungen bzw. Zahlen führen. So muß der falsche Eindruck entstehen, die Analysis führe stets und zudem exakt zu den gewünschten Punkten.
d) Kaum eine der in den Übungsphasen untersuchten Funktionen bzw. Graphen hatte und hat in der Mathematik irgendwelche besondere Bedeutung. Sie sind lediglich Material zum Exerzieren einer Methode.
e) Auch außermathematische Relevanz kann man den üblicherweise untersuchten Objekten nicht zubilligen. Weder werden sie von Lebenssituationen bzw. wissenschaftlichen Problemen her angestoßen noch wirkt ihre Kenntnis auf solche zurück.
In der Tat muß man mit Herget 1993 fragen: "Wieviel Kurvendiskussion braucht der Mensch?" und antworten: "Recht wenig, wenn sie so abläuft wie heute üblich!".

Nun sind die genannten Schwächen (mit Ausnahme von b)) bereits seit langem bekannt und haben darum auch zu Gegenmaßnahmen geführt:

a) Untersuchung von Kurvenscharen
Die Funktionsgleichung enthält nun (mindestens) einen schargenerierenden Parameter. Dies führt innerhalb der einzelnen Diskussionsschritte möglicherweise zu Fallunterscheidungen, die nicht immer voralgorithmiert werden können, sondern von der konkreten Schar abhängen. Außerdem stellt sich die Frage nach dem geometrischen Ort herausgehobener Punkte. Schließlich werden Metamorphosen wenigstens angedeutet.
Inzwischen sind solche Aufgaben allerdings derart verbreitet, daß - bei Beschränkung auf einfache Fälle - bereits wieder ein Mechanisierungseffekt eingetreten ist.
b) Bestimmung von Funktionen
Hier geht es um die Charakterisierung einer Funktion von vorgegebenen Eigenschaften her. Insofern diese einem Sachkontext entspringen, können solche Aufgaben durchaus anwendungsbezogen sein. Jedoch leidet ihre Relevanz darunter, daß der Kurventyp (z.B. ganzrationale Funktion 4.Grades) der Eindeutigkeit wegen

üblicherweise vorgegeben wird und damit der schwierigere Teil des Mathematisierungsprozesses abgenommen ist.

c) Genetische Hinführung zur Kurvendiskussion

Die für eine Diskussion wichtigen Phänomene und Kriterien werden im Zuge der Exploration konkreter Kurven , d.h. anhand der jeweiligen Besonderheiten aufgegriffen bzw. entwickelt (s. Steinberg 1982). So kann das stumpfsinnige Abarbeiten gleichförmiger Aufgabenplantagen vermieden werden.

d) Erarbeitung allgemeiner Einsichten

Dazu zählen etwa

- Gemeinsamkeiten und Unterschiede bei ganzrationalen Funktionen dritten Grades
- Graphen zusammengesetzter oder verketteter Funktionen (z.B. $\frac{1}{f(x)}$, $f_1(x) + f_2(x)$, $f_1(x) \cdot f_2(x)$, $f^2(x)$), $f(f(x))$.

  Für Beispiele sei auf Schröder 1960 und Steinberg 1982 hingewiesen.

Indessen handelt es sich bei allen diese Bestrebungen, so begrüßenswert sie sind, lediglich um ein Kurieren an Symptomen. Kritik und Therapie müssen tiefer ansetzen: bei der Tatsache, daß man sich mit Funktionsgraphen (im folgenden ist immer der schulübliche Typ $y = f(x)$ damit gemeint) auf einen nicht sonderlich typischen Spezialfall von Kurven beschränkt hat. Daß es Kurven gibt, die sich nur durch Parameter- oder Polarfunktionen bzw. überhaupt nicht durch Funktionen kennzeichnen lassen, ist eine Binsenweisheit; die vorangehenden Kapitel liefern zahlreiche Beispiele. Daß "f(x)-Graphen" (mit einem höher rationalen oder transzendenten Term f(x)) vergleichsweise uninteressant sind, müßte ebenfalls deutlich geworden sein. Sie weisen bestimmte Kurveneigenschaften (z.B. Singularitäten) nicht oder nur rudimentär auf, sie sind innermathematische "Normalfälle" und außermathematisch wenig relevant.

Die Bezeichnung "Kurvendiskussion" ist demnach für die heutige Praxis irreführend. Konsequenterweise sprechen das Normenbuch Mathematik (s. 8.3.3) und manche Autoren (z.B. Blum; Törner 1983) nur von "Funktionsdiskussionen". Auch "Funktionsgraphdiskussionen" wäre korrekt, ist indessen nicht üblich. In 8.2.2 haben wir gesehen, daß dieser fast völlige Verzicht auf Kurven im weiteren Sinne eine relativ junge Erscheinung ist, und den Gründen für diese Einschränkung nachgespürt. Noch 1970 kann ein Heft *Kurvendiskussion* der Zeitschrift "Der Mathematikunterricht" erscheinen, in dem ebene Kurven recht umfassend behandelt werden. Der erste der dortigen Autoren (Laub 1970) meint mit dem Adjektiv in seinem Beitrag *Elementare Kurvendiskussion* lediglich, daß er sich auf algebraische Funktionen beschränkt.

Vergleicht man nun die o.a. Mängel der bloßen Graphdiskussion mit den in **8.1** erarbeiteten Gründen für eine unterrichtliche Behandlung höherer Kurven i.w.S., so ist offenbar, daß diese in mehrfacher Hinsicht geeignet sind, die heutige Kurvendiskussion aus einer nicht zu leugnenden Sackgasse herauszuführen.
Man wird dabei gut beraten sein, mit den gewohnten Funktionsgraphen in die Kurvendiskussion einzusteigen. Geschieht dies auf genetische Weise (s.o.), so erscheint die spätere Hinzunahme anderer Kurven als eine natürliche Fortsetzung der bisherigen Bemühungen. Es treten nun auch Singularitäten auf, es ergeben sich natürliche Fragestellungen, es erweisen sich andere Darstellungen als nützlich, man muß kartesisch gebundene Einsichten auf sie zu übertragen suchen, es bietet sich eine Vielfalt von alten und neuen Problemen unterschiedlichen Schwierigkeitsgrades an und es findet sich Gelegenheit, auf die inner- und außermathematische Bedeutung solcher Gebilde einzugehen. Ob man sich dabei auf exemplarische Beispiele beschränkt, oder einen Kontext exploriert, der von höheren Kurven beherrscht wird, oder sogar auf das Studium eines besonderen Kurvenphänomens hinauswill, muß der Lehrer nach Maßgabe der zur Verfügung stehenden Zeit und des gegegebenen curricularen Rahmens entscheiden. Er sollte dabei bedenken, daß höhere Kurven sich in besonderer Weise dazu eignen, bisher isoliert behandelte Objekte bzw. Methoden, ja ganze Teildisziplinen (Elementargeometrie, Trigonometrie, Analytische Geometrie, Analysis) zielgerichtet zusammenzuführen.
In **8.4** findet der Lehrer zu jedem der drei Wege einige methodische Hilfen. Welchen er auch immer geht, er möge vermeiden, die Schwächen der üblichen Kurvendiskussion (s.o.) im neuen Feld zu "rekultivieren". Insbesondere sollte er mit einem Mindestmaß an

neuen Begriffen auskommen (nicht versuchen, zu definieren, was eine Kurve ist!), Formalia möglichst gering halten (keine Liste von Eigenschaften aufstellen, die bei jeder Kurve abgearbeitet werden muß!), auf unterschiedliche Zugänge achten (situativer, kinematischer, geometrischer, analytischer Art) und vor allem Kurven als individuelle mathematische Objekte betrachten bzw. vermitteln (keine Einteilung der Kurven 3.Ordnung vorsehen!). Selbstverständlich schließt dies ein Eingehen auf Gemeinsamkeiten, Beziehungen und Metamorphosen nicht aus. Aber solche übergreifenden Überlegungen haben dann den Zweck, die Besonderheiten der einzelnen Kurven besser zu verstehen.

8.3.3 Beitrag zu einer Reform des Mathematikunterrichts in der Sekundarstufe II

Daß dieser Unterricht seit vielen Jahren in einer tiefen Krise steckt, wird übereinstimmend und fortgesetzt von verschiedenen Seiten konstatiert: von der Pädagogik (z.B. v.Hentig 1980), von der Mathematik (z.B. DMV-Denkschrift 1976), von der Mathematikdidaktik (z.B. Andelfinger 1991) und nicht zuletzt von den unmittelbar Betroffenen selbst (s. Klingen 1981, Danckwerts 1992 und viele Abiturientenreden). Auf der Suche nach Ursachen stößt man unweigerlich auch auf die *Einheitlichen Prüfungsanforderungen in der Abiturprüfung*" (kurz: EPA oder auch (bezeichnend!) Normenbücher) der Kultusministerkonferenz (KMK) von 1975. Ursprünglich gedacht als Durchführungsbestimmungen zu einer durchaus sinnvoll konzipierten Reform überkommener Mißstände des Oberstufenunterrichts, gerieten sie unter dem Zwang einer juristisch hieb- und stichfesten Regelung des überbordenden Hochschulzugangs und insbesondere des Numerus-Clausus-Problems trotz einiger Nachregelungen (s. etwa KMK 1991) und Kommentierungen zu einem Prokrustesbett für das Lehren und Prüfen im Alltag. Die angeprangerten Mißstände wurden nicht nur nicht abgestellt, sondern sogar vergrößert. Die angestrebte "Wissenschaftspropädeutik" als Grundlage einer vertieften allgemeinen Bildung und damit als Vorbereitung für ein wissenschaftliches Studium geriet zur Schimäre.

Wie äußert sich dies?

a) Die in den EPA ohne nähere Begründung aufgeführten verpflichtenden Inhalte, insbesondere die drei Hauptgebiete Analysis, Lineare Algebra/Analytische Geometrie und Stochastik wurden "zementiert" (Steiner 1981). Die 1972 von der KMK in den Bonner Vereinbarungen als für eine Oberstufenreform zentral angesehene, 1976 noch einmal von der MNU angemahnte Curriculumrevision blieb damit im Ansatz stecken.

b) In den genannten drei Gebieten kam es keineswegs zu einer gegenüber der Sekundarstufe I intensiveren Auseinandersetzung mit mathematischen Sachverhalten und Strategien anhand geeigneter Probleme, sondern zu einer bloßen Vorwegnahme vieler Inhalte der Eingangssemester der Universität auf deren Exaktheitsniveau und damit zu einem Nachäffen von Begleiterscheinungen der höheren Mathematik (z.B. Epsilontik, Matrizenkalkül, KOLMOGOROFF-Axiome) ohne Einsicht in deren Notwendigkeit. Eine solch beziehungslose, formalistisch betriebene Disziplin mußte die meisten Schüler abstoßen.

c) Auf diese "Verwissenschaftlichung" reagierte die Unterrichtspraxis (wie seinerzeit in der SI auf die "Neue Mathematik") in folgender Weise:

α) durch Niveausenkung in den Erarbeitungsphasen

Mathematisch elaborierten Inhalten (um welche die besten Köpfe unserer Disziplin lange gerungen haben) stehen recht primitive Lernformen gegenüber. Böse Zungen sprechen vom "Imitieren, Repetieren und Apportieren".

β) durch Aufgabendrill in den Übungsphasen

Die überwunden geglaubte "Aufgabendidaktik" (s. Lenné 1969) feiert fröhliche Urständ, besonders natürlich in Ländern mit Zentralabitur. Nicht etwa werden erarbeitete Einsichten gefestigt, gedreht und gewendet, erweitert, vertieft und angewandt, sondern kanonische Lösungswege zu festgelegten Aufgabentypen eingeschliffen. Für den einzelnen Lehrer ist es außerordentlich schwierig, gegen diese "mathematische Subkultur" anzukämpfen, ohne seine Schüler notenmäßig zu benachteiligen.

γ) durch Überdetaillierung der Anforderungen in den Prüfungsphasen, insbesondere im Abitur

Auch dazu haben die EPA maßgeblich beigetragen, indem sie - zur

Herstellung einer justitiablen (Schein)Objektivität und in der vergeblichen Hoffnung auf Vergleichbarkeit - Aufgabenteile im Hinblick auf eine (zweifelhafte) Lernzielmatrix und auf Niveaustufen klassifizieren und normierend wirkende Aufgabenbeispiele vorstellen, analysieren und bewerten, die aus solchen Teilschritten zusammengesetzt sind. Beflissene Lehrer haben inzwischen viele weitere Beispiele mit rigider Analyse und Bewertung bereitgestellt. Es hat sich geradezu eine (bei vielen potentiellen Aufgabenstellern hochwillkommene) Aufgabenliteratur herausgebildet; als sei es nicht eine Binsenweisheit, daß sich Aufgaben organisch aus dem vorangegangenen Unterricht entwikkeln müssen und nur von dorther eingeschätzt werden können.

d) Die normative Kraft des Faktischen ist groß. Nach zwei Jahrzehnten der neugestalteten gymnasialen Oberstufe dominiert die systemkonforme Diskussion: über eine Unterrichtsführung, welche zum Lösen der allseits gehandelten Aufgaben befähigt, über das Problem der angemessenen Gestaltung und Gewichtung der Grundkurse, über Differenzierung innerhalb der Kurse, über das Wahlverhalten der Schüler, über die Zusammensetzung der Fach-Endnote usw. Auf der Strecke bleibt

- das Anstreben der Fundamentalziele des Mathematikunterrichts: argumentieren, problemlösen, anwenden
- das Realisieren der besonderen Ziele dieses Unterrichts auf der Oberstufe: exemplarische Einsicht in die Polaritäten

  problematisieren - systematisieren
  induzieren - deduzieren
  konkretisieren - abstrahieren
  interpretieren - formalisieren
  spezialisieren - verallgemeinern
  mathematisieren - anwenden

  und in das spannungsreiche Verhältnis von

  Mathematik und anderen Wissenschaften
  Mathematik und Wirklichkeit
  Mathematik und Kultur(geschichte)
  Mathematik und Gesellschaft

- schließlich auch das Nachdenken über Organisations-, Kommunikations- und Prüfungsformen, die ein solches Anstreben auf zugleich anspruchsvolle und individuelle Weise ermöglichen. -

Es ist hier nicht der Ort, auf Hintergründe, Bedingungen, Ausmaße und Bahnen einer tatsächlichen Reform des Mathematikunterrichts auf der Oberstufe ausführlich einzugehen. Aber gewiß ist (s. dazu auch die 1989 erschienenen *Empfehlungen zur Gestaltung von Mathematiklehrplänen* der MNU), daß dieser Unterricht

- wo immer möglich von konkreten Sachverhalten (inner- und außermathematischer Art) ausgehen wird statt von Theoriestükken
- Leitlinien verhaftet bleiben muß statt sich mit bloßen Resultaten zu begnügen
- innermathematische Beziehungen stiften soll statt fortgesetzt zu sezieren (s. Schmidt 1986 und 1990)
- die komplizierte Wechselbeziehung von Wirklichkeit und Mathematik herausarbeiten muß statt lediglich fertige Systemteile auf eigens dafür zurechtgestutzte Probleme anzuwenden
- Mathematik als Prozeß erfahren lassen wird statt als abgeschlossene Disziplin mit fertigen Antworten für "richtige" Fragen
- versuchen sollte, die historische (und damit auch gesellschaftliche) Bedingtheit mathematischer Bemühungen deutlich zu machen statt sie "jenseits von Gut und Böse", d.h. abgehoben von Zeitströmungen darzustellen
- für diese Bemühungen über einen unverzichtbaren inhaltlichen Kern hinaus "curriculare Freiheiten" braucht (s. Kroll 1983), Freiräume also für Innovationen.

Und gewiß ist auch, daß bei solchem Unterricht Systeme, Theorien, Methoden, Algorithmen, Sätze, Beweise, Definitionen nicht etwa vom Himmel fallen, sondern sich fast zwangsläufig ergeben beim paradigmatischen Explorieren herausfordernder und ergiebiger Situationen. Innerhalb einer solchen "Mathematik als Wissenschaft 'interessanter Objekte', die Keime theorieerzeugenden Interesses sind" (Schweiger 1988, S.297) könnten die höheren Kurven mit ihrem Erscheinungs-, Entstehungs- und Beziehungsreichtum (s. 8.1) eine bedeutsame Rolle spielen.

"Rettet die Phänomene!" hat Wagenschein 1977 in einem aufsehenerregenden Vortrag gefordert. Er hat sich dabei an die Lehrer der Naturwissenschaften gewandt. Hat die Mathematik keine Phänomene? Der Untertitel des Wagenschein'schen Vortrags hieß "Der Vorrang des Unmittelbaren" und dieses Unmittelbare schließt "das auf einfache, durchschaubare Weise vermittelte" durchaus ein. In diesem Sinne sind viele Kurven unmittelbare Phänomene; sie sind schon (oder zumindest auch schon) vor dem Einsatz synthetischer, algebraischer, analytischer, infinitesimaler und (computer)graphischer Mittel vorhanden. (DESCARTES hat "seine" neue Methode nur auf schon bekannte Kurven angewandt. Es wäre ihm nie eingefallen, Gleichungen zu erfinden und die zugehörigen Graphen zu betrachten.)
"Rettet die Ideen!" hat Vollrath 1978 der Wagenschein'schen Aufforderung für den Mathematikunterricht zur Seite gestellt. In der Abiturstufe ist diese Mahnung besonders aktuell (s. dazu auch MNU 1989). Unsere bisherigen mathematischen und didaktischen Äußerungen zu den höheren Kurven weisen deutlich darauf hin, daß bei deren Konstruktion, Analyse und Synopse sowohl fundamentale Ideen der Mathematik als auch bereichsspezifische Strategien zum Tragen kommen und bewußt gemacht werden können.

8.4 UNTERRICHTLICHE REALISIERUNG

8.4.1 Voraussetzungen

Die Behandlung höherer Kurven kann sinnvoll nur mit einem gewissen Anspruch und auf einem gewissen Niveau erfolgen. Für die Sekundarstufe I kommt sie - von Ausnahmen abgesehen - aus vielerlei Gründen nicht in Frage; schon deshalb nicht, weil sie deren algebraische, geometrische und trigonometrische Inhalte voraussetzt.
Auch innerhalb der Sekundarstufe II wird man höhere Kurven erst nach gewissen Vorarbeiten diskutieren können (ab Klasse 12). (Natürlich schließt dies einen Problemeinstieg in die Analysis anhand einer interessanten Kurve nicht aus.)
Vorausgegangen sollte sein:

a) die Diskussion einiger wichtiger Funktionsgraphen $y = f(x)$ nicht zu sehr formalisiert und keineswegs mit dem üblichen Aufgabenhof. Es genügt, wenn man die wichtigsten Funktionstypen und deren Eigenschaften kennt und weiß, wie man sie aufspürt und sichert.

b) ein Mindestmaß an klassischer analytischer Geometrie
Dazu gehört das Charakterisieren von Gerade, Kreis und Ellipse und der Tangenten der letzten beiden Figuren sowie der verifizierende und konstruktive Umgang mit solchen algebraischen Umformungen; weiter die kartesische Darstellung einfacher Abbildungen wie Verschiebung, Drehung (mit O als Zentrum) und senkrecht-achsenaffine Abbildung (mit x-Achse als Affinitätsachse, vor allem für den Übergang vom Kreis zur Ellipse (s. z.B. Schupp 1988)). Die Schülerinnen und Schüler sollten eben schon erfahren haben, daß manche Kurven nicht als Funktionsgraphen $y = f(x)$, wohl aber als Relationsgraphen $F(x;y) = 0$ darstellbar sind und auch solchermaßen "diskussionswürdig" und "diskutierbar" bleiben.

Am Beispiel der Ellipse könnte man auch schon sehen, daß es recht verschiedene Verfahren zu ihrer Konstruktion gibt (Papierstreifenmethode, Gärtnerkonstruktion, senkrecht-achsenaffines Bild des Kreises (synthetisch und analytisch), Zeichnung gemäß impliziter Darstellung $\frac{x^2}{a^2} + \frac{y^2}{b^2} - 1 = 0$ und gemäß Parameterdarstellung $x = a\cdot\cos\varphi$; $y = b\cdot\sin\varphi$) - und konsequenterweise vielfältige Wege beim Erkunden ihrer Eigenschaften (s. Schupp 1988).

Sehr hilfreich wäre selbstverständlich auch die Kenntnis weiterer Kegelschnitte (Parabel und Hyperbel, nicht nur als Funktionsgraphen) sowie der Inversion (vielleicht nur unter elementargeometrischem Aspekt). Doch können diese Voraussetzungen notfalls ad hoc entwickelt werden.

Natürlich gilt dies letzte auch für die Parameter- und die Polarform geometrischer Gebilde. Trotzdem plädieren wir für eine frühe Einführung (spätestens in Klasse 11), weil sie auch in anderen Bereichen der Schulmathematik (s. Steinberg 1984) sowie in der Physik von großem Nutzen sind. Die Heranziehung beider Darstellungstypen für die Kurvendiskussion sollte hingegen mit dem Studium konkreter höherer Kurven verbunden werden.

c) der kompetente Umgang mit relevanter Hard- und Software

Das Zeichnen höherer Kurven bzw. Kurvenscharen mit klassischen Geräten oder gar per Hand ist auf Dauer unzumutbar: man braucht die Computergraphik.

Der Markt hält entsprechende Angebote bereit in Gestalt von Funktionsplottern, welche auch Parameter- bzw. Polarformdarstellungen erlauben (z.B. HL-PLOT, MathePRIMUS, Mathe-Ass, Graphix), oder aber als Komponenten von Computer-Algebra-Systemen (z.B. DERIVE, MATHCAD, MAPLE, MATHEMATICA).

Der Schüler sollte mindestens eine solche Software kundig handhaben und sinnvoll gebrauchen können.

Wünschenswert wären auch Grundkenntnisse in einer höheren Programmiersprache (am besten wohl in PASCAL), die es ermöglichen, ein vorgelegtes, modular aufgebautes Quellprogramm in seinen Grundzügen zu verstehen und - möglicherweise unter Anleitung - gemäß eigenen Vorstellungen und Wünschen abzuändern bzw. zu erweitern. Dies würde es insbesondere erlauben, Kurven nicht einfach nur zeichnen zu lassen, sondern auch Wesensmerkmale, Kontexte, Genesen, Zusammenhänge prozeßhaft sichtbar zu machen, und zwar im selbstgewählten Ausschnitt, mit eigener Farbgestaltung, im optimalen Tempo, mit Unterbrechungs- und Abbruchmöglichkeiten an geeignet erscheinender Stelle.

Die Verfasser haben ein Programmpaket *HÖHERE KURVEN* entwickelt, das dazu die notwendigen Voraussetzungen bietet. Fast alle Computerzeichnungen dieses Buches sind mit ihm erstellt worden. Das Paket enthält insbesondere auch ein Programm IMPLIZIT.PAS, welches den Graph einer Relation F(x;y) = 0 näherungsweise zeichnet und einen fortgesetzten Zoom erlaubt, d.h. das vergrößernde Herauskopieren eines interessanten Kurventeils. (Eine solche Hilfe findet man bei den marktüblichen Funktionsplottern kaum; Computer-Algebra-Systeme hingegen, die einen 'implicitplot' ermöglichen, sind für die Schule großenteils irrelevant und auch zu teuer.) Die Programme sind in TURBO-PASCAL geschrieben, enthalten aber genügend viele (in Units verwaltete) Makro-Befehle umgangssprachlicher oder schulgeometrischer Art (z.B. Pause (...), Stop, Hinweis(...) bzw. Koordinatensystem(...), Strecke (...), Kreis(...)), um den Quelltext relativ kurz zu halten und unmittelbar verständlich zu machen. Das Paket ist gegen einen Unkostenbeitrag bei den Autoren erhältlich (s. Vorwort).

8.4.2 Einbau höherer Kurven in das Kapitel "Kurvendiskussion"

Wir machen dazu vier Vorschläge. Gemeinsam ist ihnen, daß sie - *wann* muß der Lehrer entscheiden - anhand geeigneter Beispiele deutlich machen wollen, daß es neben Funktionsgraphen noch andere, mindestens ebenso untersuchenswerte Kurven gibt. Weiter, daß ihre Realisierung auch bei einem sehr rigiden curricularen Rahmen möglich ist. Sie unterscheiden sich darin, *wie* sie den Übergang gestalten. Vorab sei bemerkt, daß es sich nicht etwa um Alternativen handelt; die zugrundeliegenden Ideen können durchaus kombiniert werden. In jedem Falle wird versucht, ein "Mini-Forschungsprogramm" (s.o.) zu verwirklichen.

8.4.2.1 Kurven der Art $y^2 = f(x)$

Dieser Kurventyp bietet sich insbesondere nach Betrachten der Funktion $y = f^2(x)$ an (s. 8.3.2).

Beispiel: $y^2 = a \cdot x^4 + b \cdot x^2$; $a,b \in \mathbb{R}$

Für die Einzelheiten der Diskussion dieser Kurve s. 9.2.

Das Beispiel steht auch dafür, daß aus so manchem recht artifiziellen Funktionsgraph $y = f(x)$ eine harmonische, schwungvoll zu durchlaufende Kurve wird, wenn man beide Seiten der Funktionsgleichung quadriert. Das gilt natürlich insbesondere für Wurzelfunktionen. Man erinnert sich sofort an den Kreis

$$f(x) = \sqrt{r^2 - x^2}$$

gegebenenfalls auch an Ellipse und Hyperbel.

Durch Kurven der Art $y^2 = f(x)$ rücken einfache implizite Funktionen $F(x;y) = 0$ in den Mittelpunkt. Ist eine solche Funktion gegeben, so wird man zunächst trachten, nach y oder zumindest y^n aufzulösen. Ist dies nicht möglich, so versuche man die entsprechende Auflösung nach der anderen Variablen. Gelingt die Darstellung $x^n = f(y)$, so studiere man stattdessen die zur 1.Winkelhalbierenden symmetrische Kurve $y^n = f(x)$ und deute die erhaltenen Eigenschaften entsprechend um.

8.4.2.2 Kurven der Art F(x;y) = 0

Wir gehen aus von einem Funktionsgraph und unterwerfen diesen einer Abbildung.
Beispiel:
Graph zu $y = x^3 - 3x$ und Drehung um O mit 45° (Fig.8.11)

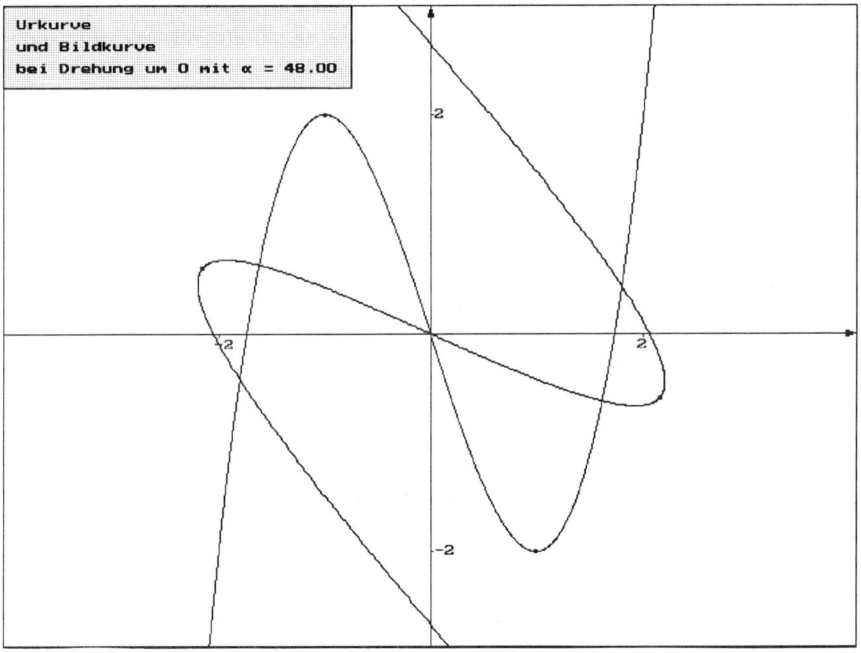

Figur 8.11

Die Drehung wird analytisch charakterisiert durch

$$\left| \begin{array}{l} x' = \frac{\sqrt{2}}{2}\cdot(x - y) \\ y' = \frac{\sqrt{2}}{2}\cdot(x + y) \end{array} \right. \qquad (8.11)$$

Löst man nach x und y auf, so erhält man $x = \frac{\sqrt{2}}{2}\cdot(x' + y')$ und $y = \frac{\sqrt{2}}{2}\cdot(-x' + y')$. Eingesetzt in die Funktionsgleichung ergibt sich nach kurzer Rechnung

$$4\cdot(x + 2y) = (x+y)^3$$

(wobei die Kennzeichnung ' nach der Rechnung wieder entfernt wurde). Das ist immer noch eine Gleichung vom Grade 3, jedoch keine Funktionsgleichung mehr. An der Kurvengestalt hat sich indessen nichts geändert. Unwillkürlich erinnert man sich an die geometrische Propädeutik: Auch ein auf den Kopf gestelltes Quadrat ist noch ein Quadrat und seine Eigenschaften bleiben dieselben. Dort war es ein Lernziel, geometrische Eigenschaften lageunabhängig zu begreifen. In der Sekundarstufe II nicht mehr?

Die Urkurve hat den Hochpunkt H(-1;2), den Tiefpunkt T(-1;-2) und den Wendepunkt W(0;0). Wie steht es um die analogen Punkte bei der Bildkurve? Vielleicht sind sie die Drehbilder der entsprechenden Punkte der Urkurve? Für den Wendepunkt trifft dies offensichtlich zu. In der Tat sind ja alle Steigungswinkel um denselben Betrag, nämlich den Drehwinkel erhöht worden, so daß sich an ihrem wechselseitigen Verhältnis nichts ändert. Die gleiche Tatsache hat aber auch zur Folge, daß eine waagrechte Tangente i.a. nicht mehr in eine waagrechte Tangente, ein Extrempunkt also nicht mehr in einen solchen Punkt übergeht (s. auch Fig.8.11).

Diese Beobachtung gibt Gelegenheit, zwischen lageabhängigen und lageunabhängigen ("natürlichen") Eigenschaften einer Kurve zu unterscheiden.

Wie finden wir die waagrechten Tangenten der gedrehten Kurve? Aus der Gleichung der Bildkurve ergibt sich nach der Kettenregel $4\cdot(1 + 2\cdot y\cdot y') = 3\cdot(x+y)^2\cdot(1 + y')$, also

$$y' = \frac{4 - 3\cdot(x+y)^2}{3\cdot(x+y)^2 - 8y} .$$

Damit können wir die Steigung in jedem Kurvenpunkt (x;y) bestimmen, für den der Nenner nicht verschwindet. Insbesondere ist $y' = 0$ für $(x+y)^2 = \frac{4}{3}$. Setzt man dies in die Kurvengleichung ein, erhält man $4\cdot(x+2y) = \frac{4}{3}\cdot(x+y)$, weiter $\frac{8}{3}\cdot(x+y) = -4y$, also $\frac{64}{9}\cdot\frac{4}{3} = 16y^2$ und schließlich $y = \pm\,\frac{4}{9}\cdot\sqrt{6} \approx \pm\,1{,}09$. Dazu gehört $x = \mp\,(\frac{2}{3}\cdot\sqrt{3} + \frac{4}{9}\cdot\sqrt{6}) \approx \mp\,2{,}23$.-

Wie diskutiert man implizite Funktionen F(x;y) = 0, wenn der in **8.4.2.1** beschriebene Ausweg des Auflösens nach einer Variablen nicht möglich ist und auch eine Drehung in günstigere Lage versagt (was leider der Regelfall ist)?

Man wird an einem Beispiel einige wichtige Untersuchungsmethoden vorstellen, ohne allerdings zu einem hieb- und stichfesten Algorithmus kommen zu können, der mit jedem Schritt in allen Fällen wirklich hilft. Einige weitere Analysen, von den Schülerinnen und Schülern dann selbständig durchgeführt, beschließen das Kapitel. Dabei gilt es, den jeweiligen Besonderheiten Rechnung zu tragen: Jede Kurve ist ein Individuum.

Beispiel: $2x^3 + y^3 - (x+y)^2 = 0$
Diese Kurve wird in **9.5** ausführlich behandelt.

8.4.2.3 Kurven in Parameterdarstellung

Hier geht man am besten von einer Situation aus, die notwendig auf die Parameterdarstellung einer Funktion führt.
Beispiel: (gespitzte) Zykloide (s. **3.2**)
Zunächst stellt man fest, daß sich diese Bahnkurve mit der Charakterisierung

$$x = r\cdot(\beta - \sin\beta) \quad ; \quad y = r\cdot(1 - \cos\beta) \tag{8.12}$$

durchaus von Hand, bequemer mit dem Computer zeichnen läßt. Sie scheint der Graph einer Funktion zu sein. Jedoch gelingt es nicht, aus (8.12) eine Gleichung der Art $y = f(x)$ herzustellen. Es ist aber möglich, aus der Not eine Tugend zu machen, d.h. aus (8.12) möglichst viele Eigenschaften von f zu gewinnen, z.B. Nullstellen, Extremwerte, Periodizität, Tangentenkonstruktion, Spitze, dortiger Winkel, Rektifikation und Quadratur eines Zykloidenbogens.
Hierbei werden auch allgemeine Einsichten erarbeitet, die über die Beispielkurve hinausweisen, etwa $\frac{dy}{dx} = \frac{dy}{d\beta} : \frac{dx}{d\beta}$ oder - in Konsequenz - die Bogenlängenformel bei Parameterdarstellungen.
Jetzt kann man sich an die Parameterdarstellung von Kreis und Ellipse erinnern (bzw. diese mit wenig Mühe erarbeiten) und die gewonnenen Erkenntnisse an diesen beiden Kurven zu erproben suchen (was allerdings im Falle des Ellipsenumfangs mißlingt).

Solche Beispiele machen darauf aufmerksam, daß durch Parameterdarstellungen nicht nur Funktionsgraphen, sondern auch andere Kurven charakterisiert werden. Das zeigt sich selbst im Ausgangsbeispiel, wenn man die Bahn eines Punktes im Äußeren des abrollenden Kreises (aber fest mit diesem verbunden) betrachtet (geschlungene Zykloide, s. 3.2). Die Charakterisierung (3.1) führt zu einer Kurve mit Doppelpunkt und Schleife. Die Lage der Doppelpunkte kann man leicht bestimmen, Umfang und Inhalt der Schleife sind aber wohl zu aufwendig. Wir empfehlen statt dessen noch einige weitere Diskussionen von Kurven in Parameterdarstellung, etwa Astroide (s. 1.3), Kreisevolvente (s. 3.3) und LISSAJOUS-Kurven (s. 7.4).

Zu Recht weist Schönwald 1994 darauf hin, daß sich im Umgang mit Parameterdarstellungen und ihren Computervisualisierungen einstweilen noch kaum genutzte Möglichkeiten anbieten, neue Sachverhalte im Wechsel zwischen Termanalysen und Kurvenbetrachtungen aufzuspüren und nachzuweisen.

8.4.2.4 Kurven in Polardarstellung

Zunächst sollte man an die Polarkoordinaten $(\varphi;r)$ erinnern bzw. solche Koordinaten erstmals vorstellen. Dann liegt in Analogie zum kartesischen Koordinatensystem nahe, Gebilde mit der Charakterisierung $r = f(\varphi)$ zu untersuchen. Das sind noch immer Funktionsgraphen, aber nun bezogen auf ein anderes System und darum nicht unbedingt Graphen herkömmlicher Art.

Hat man etwa die Polarfunktion $r = \cos\varphi$, so gilt wegen der trivialen Beziehungen

$$|r| = \sqrt{x^2+y^2} \text{ und } \cos\varphi = \frac{x}{\sqrt{x^2+y^2}}$$

$$r = \cos\varphi \iff \sqrt{x^2+y^2} = \pm\sqrt{\frac{x^2}{x^2+y^2}}$$

$$\iff x^2 - x + y^2 = 0$$

$$\iff (x - \tfrac{1}{2})^2 + y^2 = \tfrac{1}{4}$$

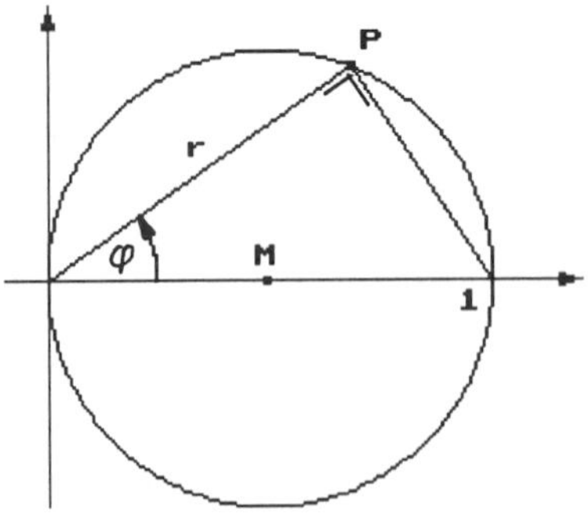

Figur 8.12

Die Kurve ist also ein Kreis um $(\frac{1}{2};0)$ mit Radius $\frac{1}{2}$. Nachträglich kann man dies auch direkt erkennen (s. Fig.8.12).

Sind die Kegelschnitte bekannt, so bietet sich als nächstes deren Polardarstellung

$$r = \frac{p}{1 - \varepsilon \cdot \cos\varphi} \quad (\text{mit } p \in \mathbb{R}^+ \text{ und } 0 < \varepsilon < 1)$$

an.
Ansonsten betrachten wir die der Geradengleichung entsprechende Darstellung $r = a \cdot \varphi + b$ mit dem Sonderfall $b = 0$.
Die Schnittpunkte mit den Achsen und deren Winkelhalbierenden sind rasch bestimmt; das reicht für eine Handskizze, wenn man noch bedenkt, daß die Monotonie der Funktion für eine spiralige Form sorgt. Man sollte aber bald die Computergraphik nutzen, um sich von langweiligen Punktkonstruktionen zu entlasten. Dann kann man auch noch zu einigen Rosenkurven (s. **8.1.4**) und zu anderen Spiralen (s. Kapitel **6**) übergehen.
Als allgemeine Einsichten bieten sich diesmal vor allem die Formel für den Tangens des Winkels zwischen Tangente und Fahrstrahl (s. (4.27)) sowie die Formeln für Inhalt (Sektorenformel (4.40)) und Bogenlänge (s. (5.13)) an.

8.4.3 Unterrichtseinheiten zu höheren Kurven

Der Einbezug einiger höherer Kurven in die übliche "Kurvendiskussion" hat den Vorzug, diese herauszuführen aus der in **8.3.2** beschriebenen Erstarrung zu einem bloßen Abarbeiten eines narrensicheren Algorithmus für die Untersuchung von Funktionsgraphen. Weiterhin ermöglicht er, diese rigorose Einschränkung des Kurvenbegriffs im Verlaufe des Unterrichts durch Einführung einiger anderer Kurven bewußt zu machen. Eines kann sie mit dieser lediglich korrigierenden Rolle aber wohl nicht leisten: der Bedeutung eben solcher anderer Kurven innerhalb und außerhalb der Mathematik gerecht zu werden. (Die gegenwärtige Kurvendiskussion tut dies für ihre Kurven zwar auch nicht; dort ist der Grund jedoch ein anderer: es gibt diese Bedeutung kaum.)
Die in **8.1** genannten Gründe für eine unterrichtliche Behandlung höherer Kurven sowie der in **8.3.3** skizzierte mögliche Beitrag zur Reform des Oberstufenunterrichts kommen weit besser zur Geltung, wenn man (mindestens) eine exemplarische Unterrichtseinheit zu den höheren Kurven behandelt. Wir haben diese

Tatsache dadurch berücksichtigt, daß wir nicht weniger als vier solche Einheiten bzw. Szenarien (in den Kapiteln 1,2,3 und 6) bereitstellen. Zu Einzelheiten ihrer Planung und Realisierung lese man insbesondere die dortigen didaktischen Kommentare. Hier sollen noch einmal einige übergreifende Gesichtspunkte festgehalten werden:

a) Alle solche Einheiten bieten einen relativ geschlossenen Kontext, innerhalb dessen wichtige Kurven und Kurventypen auf zwanglose Weise entstehen (sonst werden sie fast immer analytisch vorgegeben) und studiert werden können.
In den Kapiteln 1 und 3 war es die gemeinsame kinematische Genese (gleitende Leiter bzw. Radlinie), in Kapitel 2 derselbe innermathematische Erzeugungsprozeß (Inversionsbild eines Kegelschnitts), in Kapitel 6 die gemeinsame Form (Spirale).
Auch die fachlich bestimmten Abschnitte des Kapitels 7 stellen derartige Situationen zur Verfügung, dort jeweils unter einem bestimmten Anwendungs- bzw. Mathematisierungsaspekt.
Verbindungen dieser Art werden in der üblichen Kurvendiskussion i.a. nicht hergestellt. Dort wird Kurve auf Kurve (d.h. Funktion auf Funktion) vorgegeben, so daß oft nur ein bloßes Nacheinander entsteht.

b) Die so ermöglichten genetischen Zusammenhänge können umschlagen in innermathematische Beziehungen zwischen den erzeugten Kurven.
Die Vielfalt und Fülle solcher Beziehungen haben wir in 8.1.3 zusammengestellt. Die o.a. Vernetzung der Kenntnisse über höhere Kurven kann auf solche Weise weiter vorangetrieben werden.

c) Die Analyse der neuen Kurven gestattet einerseits die kombinierte Anwendung erlernter Begriffe und Sachverhalte, andererseits führt sie notwendig zu neuen Definitionen, Verfahren und Einsichten. Diese bleiben jedoch stets gebunden an die Ausgangssituation mit ihren konkreten Kurven und deren auffälligen Merkmalen. Soweit sich die Analyse auf neue Formen der Koordinatisierung bezieht, können diese Erkenntnisse häufig in Analogie zu entsprechenden Einsichten beim kartesischen Koordinatensystem erworben werden.

d) An geeigneter Stelle sollte genügend Zeit bleiben für andere Genesen der aktuellen Kurve(n), insbesondere für solche außermathematischer Art (z.B. aus Mechanik, Kartographie, Kunst).

Die von uns vorgestellten Szenarien haben durchaus nicht dasselbe Stoffniveau und benötigen (auch wenn man Reduzierungen vornimmt) unterschiedliche Zeitspannen.
Die Phänomene an der gleitenden Leiter verlangen vergleichsweise wenige Vorkenntnisse. Zudem hat diese Situation den Vorzug, daß man zunächst auf die Ellipse und dann auch nur auf zwei höhere Kurven stößt, die weitgehend mit bekannten Mitteln untersucht werden können. Die gewiß auch hier erforderlichen Begriffs- und Kenntniserweiterungen halten sich in Grenzen.
Die Inversionsbilder von Kegelschnitten und die Radlinien stellen höhere Ansprüche an den Kenntnisstand der Schüler sowie an ihr Leistungs- und Beharrungsvermögen. Ihre Behandlung ist ohne Computereinsatz nicht denkbar. Wir empfehlen, das eine oder andere Teilproblem in einem Schülerreferat untersuchen zu lassen. Die Spiralen sprechen insbesondere ästhetisch sensible Lerngruppen an. Ihre Behandlung sollte mit der Einführung von Polarkoordinaten Hand in Hand gehen und kann historischen Bahnen folgen. Die Szenarien aus Kapitel 7 sprechen naturwissenschaftlich interessierte und kompetente Lerngruppen besonders an.

8.4.4 Vertiefung von Einzelproblemen

Es handelt sich dabei um Fragen, die bei der Diskussion höherer Kurven - sei sie nun innerhalb der üblichen "Graphdiskussion" (s. 8.4.2) oder im Rahmen einer expliziten Unterrichtseinheit (s. 8.4.3) erfolgt - aufgetaucht sind und deren Beantwortung den dortigen Zusammenhang gestört hätte. Im folgenden werden dazu einige Vorschläge gemacht und Hinweise gegeben. Die zugehörigen stofflichen Grundlagen findet der Leser in den Kapiteln 4,5 und 7. Für die unterrichtliche Durchführung kann man u.a. an Arbeitsgemeinschaften sowie an Schülerreferate denken.

a) Diskussion von Kurven in Parameterform; oder
   Diskussion von Kurven in Polarform

Ziel ist beidemale nicht etwa "die Fortsetzung der kartesisch orientierten Diskussion mit anderen Mitteln", sondern die Konzentration auf Merkmale, die für solche Kurven jeweils typisch sind. Insbesondere sollten "natürliche" Fragen gestellt und beantwortet werden. Beispiele: Singuläre Punkte, Umfang und Inhalt von Schleifen, Länge von Windungen, Um- und Inkreise.

b) Evolute und Evolvente; oder
Hüllkurve (Enveloppe)

Die ökonomische Bestimmung und Untersuchung von Hüllkurven bietet sich insbesondere nach der Unterrichtseinheit über die gleitende Leiter (s. Kapitel 1) an. Zwar erhielt man die dortige Astroide schließlich auch mit herkömmlichen Mitteln, doch war dies recht umständlich und keineswegs verallgemeinerbar. Evoluten und Evolventen lassen sich bereits bei den Kegelschnitten untersuchen (s. Schupp 1988). Interessant ist dabei vor allem das (auch ästhetisch recht reizvolle) Wechselspiel von Tangenten und Normalen.

c) Kurven mit gegebener Differentialgleichung

Hier steht die jeweilige physikalische Bedeutung (z.B. als Durchhängelinie, als Linie kürzester Fallzeit oder konstanter Vertikalgeschwindigkeit) im Vordergrund. Näheres erfährt der Leser in 7.3.

8.4.5 Erweiterungen

Angesichts der Fülle des unterrichtlich zugänglichen Materials über höhere Kurven erscheint es vermessen, nun noch darüber hinausgehen zu wollen. Wir möchten aber wenigstens drei Anregungen geben, zumal sich diese auch schon andernorts finden und unterrichtlich erprobt sind. Alle Vorschläge gehen von der Ebene in den Raum, fordern und fördern also das bei ebenen Kurven in den Hintergrund getretene räumliche Denken. Andererseits sind sie so gewählt, daß man bei ihrer Ausarbeitung dann doch wieder auf ebene Kurven stößt.

a) Räumliche höhere Kurven

Gedacht ist nicht etwa an eine differentialgeometrisch bestimmte Kurventheorie, sondern an die exemplarische Behandlung einiger weniger oder auch nur einer einzigen solchen Kurve, z.B. der Schraubenlinie (s. **8.1.2.4**) oder der räumlichen Schnecke

$$x = c\cdot \tan\delta\cdot t\cdot \cos t \quad ; \quad y = c\cdot \tan\delta\cdot t\cdot \sin t \quad ; \quad z = c\cdot t \tag{8.13}$$

mit $\delta > 0$ als Öffnungswinkel des Trägerkegels und $2\pi c$ als Ganghöhe.

Hat man ebene Kurven in Parameterform behandelt, so liegt die entsprechende Kennzeichnung räumlicher Kurven auf der Hand. Auch eine Computerzeichnung stellt keine besonderen Anforderungen (s. z.B. Schupp; Berg 1990). Was alles mit schulüblichen Mitteln an räumlichen und ebenen geometrischen Phänomenen allein aus den angeführten beiden Kurven "herausgeholt" werden kann, zeigt Zeitler 1988 und 1991 in beeindruckender Weise. Allerdings betont er (1988, S.104): "Unterricht in der vorgeführten Form braucht Zeit. Er läßt sich schon deshalb nicht in das starre Korsett eines Lehrplans zwängen. ... Deshalb fordere ich schon seit Jahren, neben dem erforderlichen Pflichtunterricht doch Freiräume zu schaffen - für Schüler und Lehrer gleichermaßen. Oasen, in denen man schöne Mathematik treiben kann."

b) Flächen als Graphen von (differenzierbaren) Funktionen

Die mühsame Zeichnung von Flächen $z = F(x;y)$ kann heute vom Computer übernommen werden. Es gibt dazu genügend Software (z.B. DERIVE). Und es bedarf nur einer einfache Überlegung, wie solche Software arbeiten muß (s. dazu etwa Schupp; Berg 1990): Schnitte mit Ebenen der Art $x = c$, $y = c$ führen zu vertrauten Funktionsgraphen $z = f_1(y)$ bzw. $z = f_2(x)$, die bei genügender Dichte die Fläche repräsentieren. Dieses Gittergerüst legt auch nahe, wie man Extrempunkte bestimmt: Die dort zur xy-Ebene notwendigerweise parallele Tangentialfläche bringt es mit sich, daß auch die hindurchführenden Funktionsgraphen des Gitters eine waagrechte Tangente haben. Für Details s. Fichtenholz, Bd.I 1964.

In unserem Zusammenhang sind nun auch die Schnitte solcher Flächen mit der xy-Ebene ($z = 0$) wichtig. Es sind (i.a. höhere) ebene Kurven mit der Charakterisierung $F(x;y) = 0$. In diesem Kontext (und mit der Vorstellung, die xy-Ebene sei eine Meeresoberfläche, welche die gegebene Fläche umspült) werden singuläre Kurvenpunkte besonders "einsichtig": Einsiedler sind erkennbar als Spitzen ertrunkener Berge (oder als tiefste Punkte gerade benetzter Ausstülpungen nach unten), Doppelpunkte als Sattelpunkte, Schleifen als Küstenlinie einer gerade abgetrennten Insel, Spitzen als Schulterpunkte (s. Ewald 1982). Kurvenmetamorphosen schließlich können simuliert werden als Küstenveränderungen bei Meerestransgressionen bzw. -regressionen.

c) <u>Kartenprojektionen und Bilder ausgezeichneter Kurven auf der Erdoberfläche</u> (s. dazu auch **8.1.2.4**)

Für Details einer solchen Unterrichtseinheit sei auf Bigalke 1984, Steinberg 1986 und Leppig 1991 hingewiesen. An ihr gefällt, daß sie anwendungsorientiert ist, zwei sich sonst kaum mehr berührende Disziplinen (Mathematik und Geographie) zusammenführt und historische Bezüge einbringen kann.

8.5 AUFGABEN

Wir beginnen mit Aufgaben zu den mathematischen Inhalten des Kapitels.

8.5.1 a) Erläutern Sie, wie DÜRER die Muschellinie in Fig.8.2 konstruiert hat.

b) Charakterisieren Sie die Kurve durch eine Gleichung.

c) Untersuchen Sie ihre Eigenschaften und zeichnen Sie sie. Wieso hat DÜRER nur einen Teil dieser Kurve gezeichnet?

d) Warum wohl hat DÜRER seiner Kurve diesen Namen gegeben?

8.5.2 a) Problem VI aus DIDEROTs Schrift (s. **8.1.1**) ist die Rektifikation eines Anfangsbogens der Kreisevolvente. Die Originalfigur 8.13 zeigt die einfache Zirkel-Lineal-Lösung (wenn die Evolvente gegeben ist). Es wird die zum Bogenende E gehörende

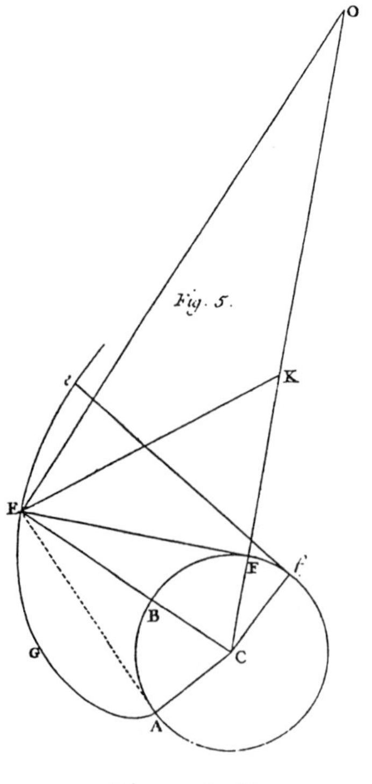

Figur 8.13

Kreistangente g(E,F) gezeichnet sowie das rechtwinklige Dreieck COE mit EF als Höhe. DIDEROT behauptet nun, daß $|FO| = 2\cdot|\widehat{AE}|$. Zur Begründung führt er u.a. an, daß die beiden Zuwachssektoren CFf und Efe infinitesimal ähnlich sind, so daß $\frac{ds}{r\cdot\varphi} = \frac{r\cdot d\varphi}{r}$, also $\frac{ds}{d\varphi} = r\cdot\varphi$ ist.

Führen Sie mit diesen Hinweisen die Konstruktionsbegründung vollständig durch.

b) In Problem VII geht es um die Quadratur der von dem Ausgangskreis, einem Evolventenbogen und der Kreistangente zum Bogenende begrenzten Fläche k (s. Fig. 8.13). DIDEROT weist dazu nach, daß diese Fläche inhaltsgleich ist zu Δ EFK, wobei $|FK| = \frac{1}{3}\cdot|FO|$.

Bestätigen Sie ihn, indem Sie nacheinander zeigen:

$$\Delta k \approx \frac{1}{2}\cdot r\varphi\cdot\Delta s, \quad \text{also} \quad \frac{dk}{ds} = \frac{1}{2}\cdot r\varphi;$$

$$\frac{dk}{d\varphi} = \frac{1}{2}\cdot r\varphi\cdot r\varphi; \quad k = \frac{1}{2}\cdot r\varphi\cdot\frac{1}{3}\cdot 2s\ .$$

8.5.3 a) Münger 1894 gibt der Eikurve die Charakterisierung

$$\boxed{r = a\cdot\cos^2\varphi} \qquad (8.14)$$

Untersuchen und zeichnen Sie diese Doppeleikurve.

b) Hortsch 1990 gibt u.a.

$$\boxed{r = a\cdot\exp(\cos(2\varphi)\cdot\cos^2\varphi} \qquad (8.15)$$

als Eikurve an. Untersuchen Sie auch diese Kurve.

c) Gebel und Seiffert 1992 gewinnen ihre Eikurve aus dem Halbkreis $y = \sqrt{0{,}25^2 - (x-0.5)^2}$ durch Multiplikation mit dem linearen Faktor $0{,}023\cdot x + 0{,}6$.

$$\boxed{y^2 = (0{,}023x + 0{,}6)^2\cdot(0{,}25^2 - (x-0{,}5)^2)} \qquad (8.16)$$

Diskutieren Sie diese Linie.

d) Gehen Sie auf die Gemeinsamkeiten und auf die Unterschiede der vorgestellten Vorschläge ein. Welcher scheint Ihnen dem tatsächlichen Eiumriß am nächsten zu kommen?

8.5.4 a) Untersuchen Sie die POINSOT-Spirale (s. (8.3)).

b) Desgleichen die MERCATOR-Linie (s. (8.5)).

8.5.5 Diskutieren Sie die Herzkurve

$$x^2 + 2\cdot(\tfrac{3}{5}\cdot x^{2/3} - y)^2 - 1 = 0 \tag{8.17}$$

8.5.6 Zeigen Sie, daß die drei Darstellungen (8.6), (8.7) und (8.8) der BERNOULLIschen Lemniskate untereinander äquivalent sind.

8.5.7 Wie lang ist eine Lemniskatenschlinge?
Hinweis: Alle möglichen Bogenformeln führen zu Integralen, die nicht elementar berechenbar sind. Versuchen Sie deshalb eine numerische Lösung.

8.5.8 a) Warum tritt die Eigenschaft des Anallagmatismus (s. S.28) bei den schulüblichen Graphen nicht auf?
b) Ist die BERNOULLIsche Lemniskate anallagmatisch?

8.5.9 a) Zeigen Sie, daß die beiden Kurven $r_1 = c\cdot\exp(a\varphi_1)$ und $r_2 = c\cdot\exp(a\varphi_2)$ einander unendlich oft schneiden, und zwar unter konstantem Winkel.
b) Wieso folgt daraus, daß dies auch für irgend zwei Kurven aus den beiden verschiedenen, von r_1 bzw. r_2 erzeugten Scharen gilt?
c) Für welches a schneiden die Kurven aus verschiedenen Scharen einander rechtwinklig?

8.5.10 Diskutieren Sie die Kurve $r = a\cdot\cos(n\cdot\varphi) + d$. Gehen Sie insbesondere auch auf den Einfluß der drei Parameter ein.

8.5.11 Versuchen Sie, ein Programm zu schreiben, das den Graph einer impliziten Funktion zeichnet. Warum ist das schwierig?

8.5.12 Von einem gleichschenkligen Dreieck mit Spitze S liege ein Schenkel SA fest, während die dritte Ecke B auf dem Kreis um S durch A wandert. Zeigen Sie, daß der Höhenschnittpunkt H des Dreiecks dabei eine Strophoide durchläuft.

8.5.13 Charakterisieren Sie die Menge aller Mittelpunkte der Sehnen von der Länge 1 der Parabel $y^2 = 2px$.

8.5.14 Welche der Eigenschaften der Kurve $(x^2+y^2)^2 = a\cdot(x^3-y^3)$ sind aus dieser Gleichung zu ersehen, welche anderen aus der zugehörigen Polardarstellung?

8.5.15 In A(-a;0) ($a \in \mathbb{R}^+$) dreht sich eine Gerade, welche die y-Achse in P schneidet. Auf g(A;P) wird von P aus

a) auf der Halbgeraden mit Anfang P, die A nicht enthält

b) auf der Halbgeraden mit Anfang P, die A enthält

die Strecke PP' mit |PP'| = |PO| abgetragen.

Welche Kurve durchläuft P'?

8.5.16 Diskutieren Sie die Funktionen

a) $y = x\cdot\sin x$ b) $y = x + \sin x$

c) $y = \frac{1}{2}\cdot x^2\cdot\sin x$ d) $y = \frac{1}{2}\cdot x^2 + \sin x$.

Nutzen Sie dabei aus, daß sich diese Funktionen aus einfacheren Funktionen zusammensetzen.

Es folgen Aufgaben zu den didaktischen Passagen des Kapitels.

8.5.17 Warum ist es für den Mathematikunterricht so wichtig, von beziehungsreichen Phänomenen ("rich contexts") auszugehen?

8.5.18 Welche der in diesem Buch gezeichneten Kurven gefallen Ihnen am besten? Warum?

8.5.19 Nennen Sie Bereiche

a) der Schulmathematik

b) der Schulphysik

in denen Parameter- und Polardarstellungen hilfreich sein könnten.

8.5.20 Wie würden Sie auf die Beobachtung reagieren, daß in Ihrem Mathematikkurs bei mehreren (fast allen) Schülern einige der in **8.4.1** genannten Voraussetzungen nicht gegeben sind? Hat es dann noch Sinn, höhere Kurven einzuführen?

8.5.21 Welcher der in **8.4** notierten Zugänge zu höheren Kurven

a) sagt Ihnen am meisten zu?

b) gefällt Ihnen am wenigstens?

Begründen Sie Ihre Wertung.

8.5.22 Wie haben Sie bisher versucht, der Gefahr einer allzu formalen Kurvendiskussion zu entgehen

a) im Unterricht b) bei Hausaufgaben

c) bei Klassenarbeiten?

8.5.23 Wo bzw. wie weit empfinden Sie die Ziele und Hinweise
a) der EPA
b) des für Sie verpflichtenden Lehrplans
als hilfreich, wo als einengend?

8.5.24 Was mißfällt Ihnen am gegenwärtigen Mathematikunterricht in der Sekundarstufe II am meisten? Wie ließe sich dieser Mißstand abstellen?

8.5.25 a) Welche fundamentalen Ideen der Mathematik können an höheren Kurven in besonderer Weise einsichtig gemacht werden?
b) Beantworten Sie die gleiche Frage für spezifische Strategien der Analytischen Geometrie und der Analysis.

8.5.26 a) Konzipieren Sie eine weitere Unterrichtseinheit über höhere Kurven.
b) Gehen Sie auf deren Vor- und Nachteile ein.

Die nachfolgenden Aufgaben sind Abituraufgaben aus Württemberg und Preußen zwischen 1920 und 1933.

8.4.27 Zeichne die Kurve $y^2 = x^2 \cdot (1-x^2)^3$ mit Hilfe ihrer besonderen Punkte (Längeneinheit 8cm, saubere Figur). Berechne die Fläche und den Flächenschwerpunkt der rechten Kurvenhälfte.

8.5.28 Die Gleichung einer Kurve in Parameterform lautet $x = 2r \cdot \sin^2\varphi$, $y = 2r \cdot \sin^2\varphi \cdot \mathrm{tg}\varphi$. Führe sie in die implizite Form $F(x,y) = 0$ über. Zeichne die Kurve und bestimme ihren Flächeninhalt zwischen $x = 0$ und $x = 2r$.

8.5.29 Eine Kurve ist durch die Gleichungen $x = \mathrm{cotg}\varphi + \cos\varphi$, $y = 1 + \sin\varphi$ oder durch $r = \frac{1}{\sin\varphi} + 1$ gegeben. Zeige, daß die ersten beiden Gleichungen ohne weiteres aus der letzten folgen und umgekehrt. Stelle die Gleichung der Kurve in Punktkoordinaten dar. Zeichne die Kurve (LE 2cm). Untersuche auf Asymptoten. Bestimme den Krümmungskreis der Kurve im höchsten Punkt.

8.5.30 Die Bewegung eines Punktes ist gegeben durch $x = t^2$ sowie $y = \frac{t^3}{3} - 2t$, wo $t \geq 0$ die Zeit bedeutet. Man zeichne die Bahn und untersuche sie auf Extrempunkte. Dann suche man diejenige Stelle der Bahn, in der die Geschwindigkeit einen Maximalwert hat. Wie groß ist derselbe? Welchen Wert hat an dieser Stelle die Normalbeschleunigung?

8.5.31 Die Kurve $y^2 = (x-a)^2 \cdot (x-b)$ ist auf singuläre Punkte zu untersuchen. Bestimme auch die Gleichung der Tangenten in denselben und zeichne die Kurve.

8.5.32 Welche Eigenschaften der Kurve $(x^2 + y^2)^2 = a \cdot (x^3 - y^3)$ sind aus der Gleichung zu ersehen, welche anderen aus der in Polarkoordinaten ausgedrückten Gleichung?

9 KURVENDISKUSSIONEN

9.1 VORBEMERKUNGEN

Im letzten Kapitel sollen einige charakteristische Beispiele für die unterrichtliche Diskussion höherer Kurven gegeben werden, die nicht vom üblichen Typ $y = f(x)$ sind. Sie sind so ausgewählt worden, daß viele wichtige Kurvenmerkmale sowie grundlegende Methoden ihrer Darstellung, Bestimmung und Sicherung vorkommen. Soweit dabei schulübliche oder doch "schulmögliche" Einsichten und Verfahren überschritten werden, gehen Resultate ein, die in den Kapiteln 4 und 5 entwickelt wurden.
Jedoch sind die folgenden Ausführungen nicht etwa als "Krönung" unseres Buches anzusehen, in dem Sinne, daß hier alle bisherigen Untersuchungen und Wertungen zusammenliefen. Das kann schon deshalb nicht sein, weil zahlreiche theoretische Einsichten nicht oder nur rudimentär aufgenommen werden konnten. Vielmehr geht es um den exemplarischen Nachweis, daß auch unter den gegenwärtigen Rahmenbedingungen sinnvolle Alternativen zu den üblichen "Kurvendiskussionen" möglich sind. In allen Fällen ist eine gründliche (wenngleich nicht erschöpfende) Analyse schon mit durchaus naheliegenden Methoden möglich. Ob darüber hinaus unsere Beispiele benutzt werden, um tieferliegende Sachverhalte (eventuell nur kontextgebunden) zu erarbeiten, muß dem Lehrer überlassen bleiben.
Unserem Ziel wird auch dadurch entsprochen, daß die einzelnen Analysen nicht einem vorgegebenen Schema folgen (wie das im Schulalltag leider oft geschieht), sondern mit einfachen bzw. leicht verifizierbaren Merkmalen beginnen und zu weniger offensichtlichen bzw. schwer nachzuweisenden Eigenschaften vordringen. Auf diese Weise sind Weite und Tiefe der Diskussion nicht von vornherein festgelegt, sondern hängen von der aktuellen Kurve ebenso wie vom Kenntnis- und Leistungsstand der jeweiligen Lerngruppe ab. Im Unterricht kommt noch die Spontaneität der Lehrer-Schüler- und der Schüler-Schüler-Interaktion hinzu.

Soweit eine Kurve historisch bedeutsam oder anwendungsrelevant ist, werden der Analyse entsprechende Hinweise hinzugefügt. Es versteht sich, daß sie im Unterricht nicht erarbeitet werden können, sondern gegebenenfalls vom Lehrer vorgetragen werden sollten.
Beim Zustandekommen einer Kurve kann die Lerngruppe jedoch aktiv werden. Ist der Ausgangspunkt nicht die Kurvengleichung, sondern eine Situation, in der die Kurve allererst - synthetisch oder analytisch - gefunden werden muß, so haben wir dies berücksichtigt und zum Bestandteil der Diskussion gemacht (s. auch **8.3**).
In der traditionellen Kurvendiskussion dient die Analyse nicht zuletzt dazu, schließlich eine möglichst präzise Kurvenzeichnung anzufertigen. Das mußte damals von Hand geschehen und war insofern gerechtfertigt. Heute gibt es schon (programmierbare) Taschenrechner, die wesentlich genauer und ökonomischer zeichnen; und wir haben Computer, die den Einsatz kommerzieller oder selbstentwickelter Konstruktionsprogramme ermöglichen, welche eine ebenso schnelle wie exakte Kurvenzeichnung erstellen. Diese Sachlage sollte im Unterricht dazu führen, die Zeichnung nicht immer nur als Finale anzusehen, sondern auch und vielmehr einzusetzen

- als heuristische Hilfe für das Aufsuchen bisher unentdeckter Merkmale oder das vorläufige Klären zweifelhafter Vermutungen
- als Stütze für eine bloß qualitative Aussage dort, wo exakte Methoden versagen, nicht bekannt oder zu schwierig sind
- als Kontrolle für errechnete Zusammenhänge

und damit jedenfalls vorzuziehen. Das gilt insbesondere auch für den von uns nach einer Anregung von Weth 1992 entwickelten "Kurvenskizzierer" IMPLIZIT.PAS (s. **4.2.3** und **8.4.1**), zumal er eine "Lupe" enthält, mit der man interessante Kurventeile näher betrachten kann. Für präzisere Zeichnungen empfiehlt sich nicht selten das Ausweichen auf Parameter- bzw. Polardarstellungen. Die letzteren kommen als Hilfen in unseren sieben Beispielen so häufig vor, daß wir darauf verzichten, eine Kurve in Polarform vorzugeben.
Überhaupt ist es ratsam, sich für eine zu analysierende Kurve

möglichst viele Darstellungen zu verschaffen, um bei den konkreten Eigenschaftsnachweisen die jeweils ökonomischste Charakterisierung heranziehen zu können - oder aber die unterschiedlichen Wege bewußt und vergleichend zu durchlaufen. Aus Platzgründen werden wir diesen Aspekt im folgenden nur andeuten.
Im übrigen findet der Leser eine Fülle von weiteren Beispielen für unterrichtliche Kurvendiskussionen in den vorangegangenen Kapiteln (für Kurven in Polarform etwa in Kapitel 6, für Kurven in Parameterdarstellung u.a. in Kapitel 3, für beides in Kapitel 8). Wir sehen daher von einem nochmaligen Angebot an Aufgaben ab. Auch ein didaktischer Schlußkommentar erscheint nach Kapitel 8 überflüssig.

9.2 DIE KURVE $y^2 = a \cdot x^4 + b \cdot x^2$

Hierbei gilt $a, b \in \mathbb{R}$.

a) Jede solche Kurve verläuft durch den Ursprung.

b) Sie ist zu beiden Koordinatenachsen symmetrisch und damit auch in bezug auf den Ursprung, durchläuft also alle Quadranten.

c) $y^2 = f(x)$ ist äquivalent zu f_1: $y = \sqrt{f(x)} \vee f_2$: $y_2 = -\sqrt{f(x)}$. Unsere Kurve besteht also aus zwei zueinander symmetrischen Funktionsgraphen. Wir beschränken uns auf die Untersuchung von f_1: $y = \sqrt{ax^4 + bx^2}$, bedenken aber f_2 jeweils mit.

d) Dazu stellen wir die ersten beiden Ableitungen als übliche Hilfen bereit. Es ist (für die jeweils zugelassenen $x \neq 0$):

$$f_1'(x) = \frac{x \cdot (2ax^2 + b)}{|x| \cdot (ax^2 + b)^{1/2}} \tag{9.1}$$

$$f_1''(x) = \frac{x^2 \cdot (2a^2x^2 + 3ab)}{|x| \cdot (ax^2 + b)^{3/2}} \tag{9.2}$$

e) Offensichtlich muß $x^2 \cdot (ax^2 + b) \geq 0$ sein. Für $x \neq 0$ ist dazu erforderlich, daß $ax^2 + b \geq 0$. Dies führt zu einer Fallunterscheidung in Abhängigkeit von a und b , die wir im folgenden näher betrachten.

Fall α): $a \geq 0 \wedge b \geq 0$ mit $D_{f_1} = \mathbb{R}$

Im Sonderfall $a = 0 \vee b = 0$ ergibt sich

- die <u>Gerade</u> $y = 0$ (x-Achse), wenn $a = 0 \wedge b = 0$;
- eine <u>Doppelparabel</u> $y = \pm \sqrt{a} \cdot x^2$, wenn $a > 0 \wedge b = 0$;
- eine <u>Doppelgerade</u> $y = \pm b \cdot x$, wenn $a = 0 \wedge b > 0$.

Ansonsten ist wegen $2ax^2 + b > 0$ und $ax^2 + b > 0$ für $x \neq 0$ $f_1'(x) > 0$ für $x > 0$ und $f_1''(x) < 0$ für $x < 0$.
Für $x \neq 0$ ergibt sich demnach kein Extremwert.
Es gilt $\lim\limits_{x \to +0} f_1'(x) = \sqrt{b}$ und $\lim\limits_{x \to -0} f_1'(x) = -\sqrt{b}$. An der Stelle Stelle 0 ist die Funktion also nicht differenzierbar. Wohl aber hat sie im Ursprung einen als Ecke ausgebildeten <u>Tiefpunkt</u>; denn für alle $x \neq 0$ gilt $f_1(x) > 0$.
Analoge Überlegungen anhand von $f_1''(x)$ zeigen, daß die Kurve keinen Wendepunkt hat.

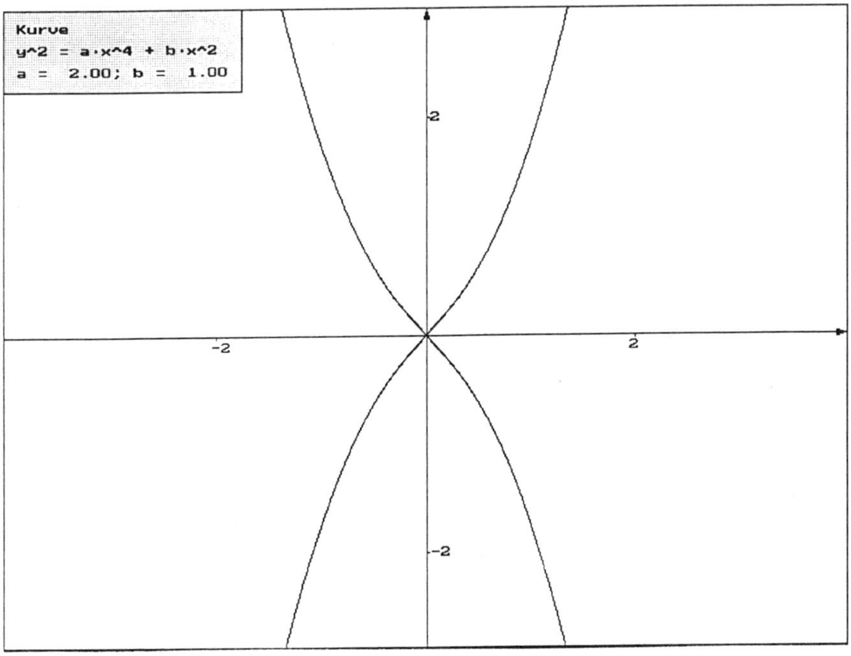

Figur 9.1

Fig.9.1 zeigt den Graph zu f_1 mit einer zu α) gehörenden Parameterbelegung samt dem die Kurve komplettierenden Spiegelbild.

Offensichtlich wird der gemeinsame Tief- bzw. Hochpunkt zum Zweifach-Knoten. So gilt denn auch für $F(x;y) \equiv y^2 - ax^4 - ax^2$ $F_x(0;0) = 0$ und $F_y(0;0) = 0$ und der Typ dieser Singularität wird durch $F_{xy}{}^2(0;0) - F_{xx}(0;0) \cdot F_{yy}(0;0) = 4a > 0$ bestätigt (s. 5.2.2). Schräg gegenüberliegende Kurventeile setzen einander stetig und differenzierbar fort. Die Tangenten im Ursprung haben die Gleichungen $y = \pm \sqrt{b}$. Sie durchsetzen die aus den zugehörigen Kurventeilen gebildete Kurve.

Fall β): $a > 0 \wedge b < 0$ mit $D_{f_1} = \{x \in \mathbb{R} \mid x = 0 \vee x^2 \geq -\frac{b}{a}\}$

Hier gibt es im Ursprung einen Einsiedler und zwei getrennte, zueinander symmetrische Äste. Im Falle $x > \sqrt{-\frac{b}{a}}$ ist beim rechten Ast $f_1'(x) > 0$ und $f_1''(x) > 0$. Es gibt dort also weder Extrem- noch Wendepunkte. Für $x = \sqrt{-\frac{b}{a}}$ erhalten wir einen Tiefpunkt auf der x-Achse sowie eine lotrechte Tangente. Analoge Aussagen gelten für den linken Ast. Bei Hinzunahme von f_2 werden die Tiefpunkte zu Scheitelpunkten. Alle anderen Einsichten gelten sinngemäß weiter.

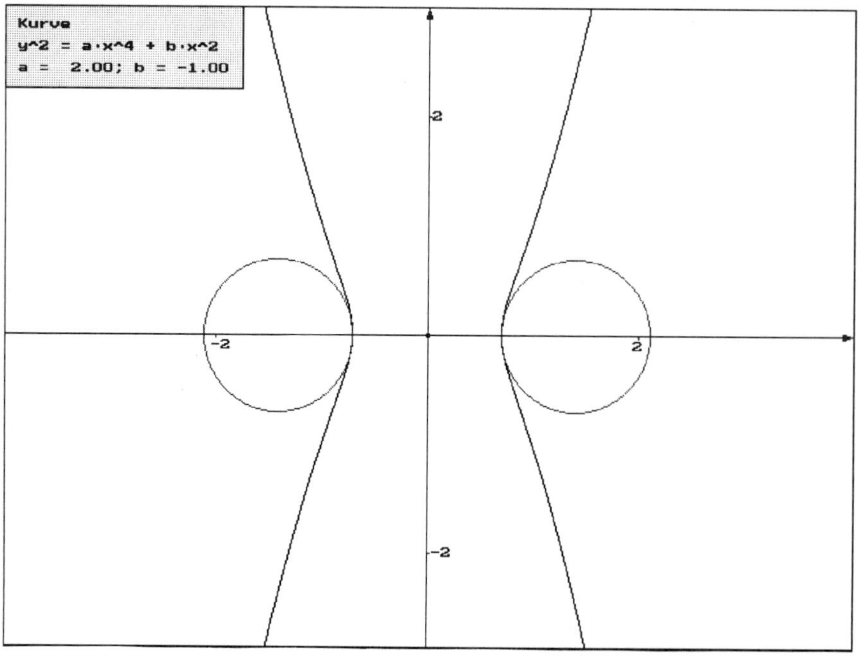

Figur 9.2

Fig.9.2 enthält neben der Kurve auch deren beide <u>Scheitelkrümmungskreise</u>. Ihren Radius berechnet man gemäß (5.15) zu

$$\rho = b^2/\sqrt{-ab}\,.$$

Fall γ): $a < 0 \wedge b = 0$ mit $D_{f_1} = \{0\}$

Die Kurve entartet zu einem <u>Punkt</u>, dem Koordinatenursprung.

Fall δ): $a < 0 \wedge b > 0$ mit $D_{f_1} = \{x \in \mathbb{R} \mid x^2 \le -\frac{b}{a}\}$

Für den Ursprung gelten die zum Fall α) gemachten Aussagen mitsamt den dortigen Begründungen.

An den Enden des Definitionsintervalls ergeben sich jetzt <u>lotrechte Tangenten</u>. Ein weiterer Unterschied ist die Existenz <u>waagerechter Tangenten</u>: Es ist $f_1'(x) = 0$ für $x_0 = \sqrt{-\frac{b}{2a}}$ (rechter Ast). Für $x < x_0$ ist $f_1'(x) < 0$, für $x > x_0$ gilt $f_1'(x) < 0$. Demnach gibt es einen <u>Hochpunkt</u> $\left(\sqrt{-\frac{b}{a}}\,;\ \frac{b}{a}\cdot\sqrt{-\frac{1}{a}}\right)$ (mit Pendant auf dem linken Ast).

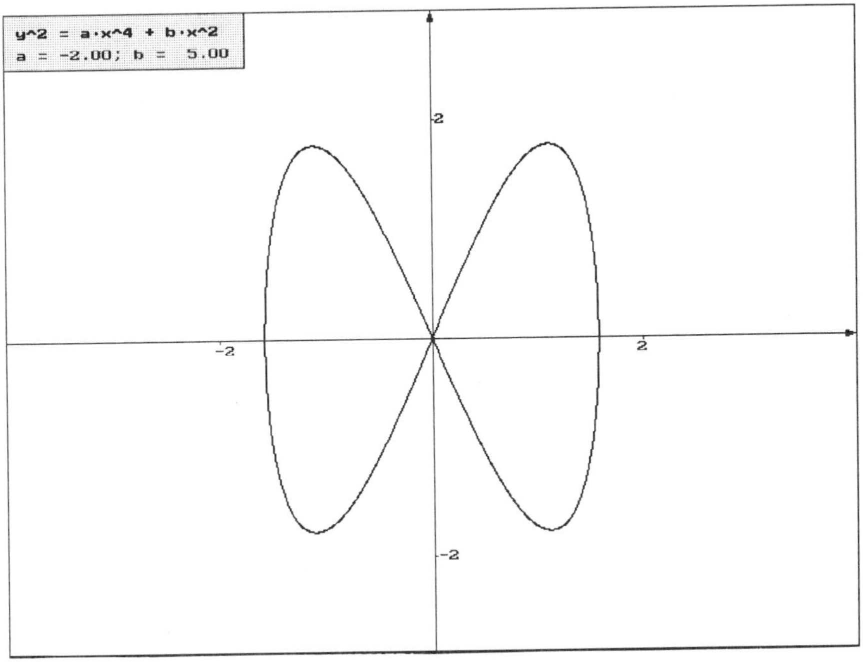

Figur 9.3

Wie Fig.9.3 zeigt, geht bei Hinzunahme von f_2 die Spitze im Ur-

sprung wieder in einen Zweifach-Knoten über und zu den Hochpunkten gesellen sich entsprechende Tiefpunkte.
Da die Kurve sich schließt, ist es sinnvoll, nach dem Inhalt der von ihr umfaßten Fläche zu fragen. Er ergibt sich als das Vierfache des Integrals

$$\int_0^{\sqrt{-b/a}} \sqrt{ax^4 + bx^2}\,dx = \frac{1}{2a} \cdot \int_0^{\sqrt{-b/a}} 2ax \cdot \sqrt{ax^2 + b}\,dx$$

und damit zu $-\frac{4 \cdot b^{3/2}}{3a}$. Die von der Kurve in Fig.9.3 umschlossene Fläche hat also den Inhalt $\frac{1}{3} \cdot 10 \cdot \sqrt{5} \approx 7{,}45$.

f) Hält man $a > 0$ fest und läßt b die reellen Zahlen absteigend durchlaufen, so wandelt sich die Kurve von einer Doppelgerade über eine geschwungene X-Form wie in Fig.9.1 und über eine Doppelparabel zu einer Kurve wie in Fig.9.2, wobei die dortigen Scheitel immer weiter nach außen wandern.
Eine weitere Metamorphose ergibt sich für fixes $b > 0$ und variables a. Hier hat man zunächst eine Doppelparabel, die sich über eine Kurve wie in Fig.9.1 in eine Doppelgerade wandelt und dann in eine Kurve wie in Fig.9.3 übergeht, wobei deren Scheitel- und Extrempunkte nun dem Ursprung zustreben.

9.3 DIE KURVE $x^3 + y^3 = x^2y^2$

a) Die Kurve ist in impliziter Form gegeben. Es ist nicht möglich, diese Darstellung explizit zu machen, d.h. in $y = f(x)$ oder $x = g(y)$ umzuwandeln.

b) Der Form $F(x;y) \equiv x^3 + y^3 - x^2y^2 = 0$ ist zunächst nur zu entnehmen,

- daß die Kurve symmetrisch ist zur 1.Winkelhalbierenden (da $F(x;y) \equiv F(y;x)$)
- daß sie durch den Ursprung verläuft (da $F(0;0) = 0$)
- daß sie die 1.Winkelhalbierende außer im Ursprung auch in (2;2) schneidet (denn $2x^3 = x^4$ hat außer 0 die Lösung 2)
- daß sie nicht durch den dritten Quadranten verläuft (denn dort ist $x^3 + y^3 < 0$ und $x^2y^2 > 0$).

c) Eine erste Vorstellung von der Kurve schaffen wir uns durch den Kurvenskizzierer IMPLIZIT.PAS. Er liefert Fig.9.4. Mit der einprogrammierten Lupe kann man die Unschärfe in der Nähe des Ursprungs abmildern.

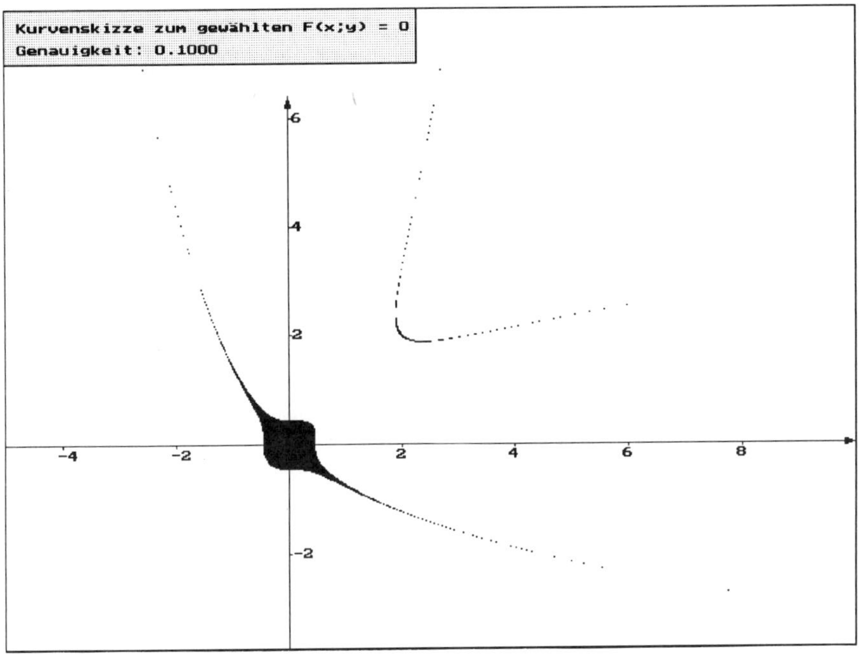

Figur 9.4

d) Offensichtlich besteht die Kurve aus zwei getrennten Ästen. Um dies zu beweisen, schneiden wir sie mit der Ursprungsgerade $y = m\cdot x$. Es ergibt sich $x^3 + (m\cdot x)^3 - x^2\cdot(m\cdot x)^2 = 0$ und daraus

$$x = \frac{1 + m^3}{m^2} \quad ; \quad y = \frac{1 + m^3}{m} \qquad \text{mit } m \in \mathbb{R}\setminus\{0\} \tag{9.3}$$

als eine Parameterdarstellung für die Kurve. Danach gilt für $m < -1$, daß $x < 0$ und $y > 0$: Die Kurve verläuft im 2.Quadranten. Im Falle $-1 < m < 0$ ist $x > 0$ und $y < 0$: Die Kurve setzt sich über den Ursprung ($m = -1$) in den 4.Quadranten fort. Für $m \to -0$ gilt $x \to \infty$ und $y \to -\infty$. Ist schließlich $m > 0$, so ist $x > 0$ und $y > 0$. Dies ergibt einen zweiten Ast, der ganz im 1.Quadranten verläuft.

e) (9.3) erlaubt uns, ein genügend präzises Kurvenbild zu zeichnen. Das ist in Fig.9.5 mit dem Computer geschehen, kann aber durchaus auch von Hand erfolgen (wobei sich ein Taschenrechner empfiehlt).

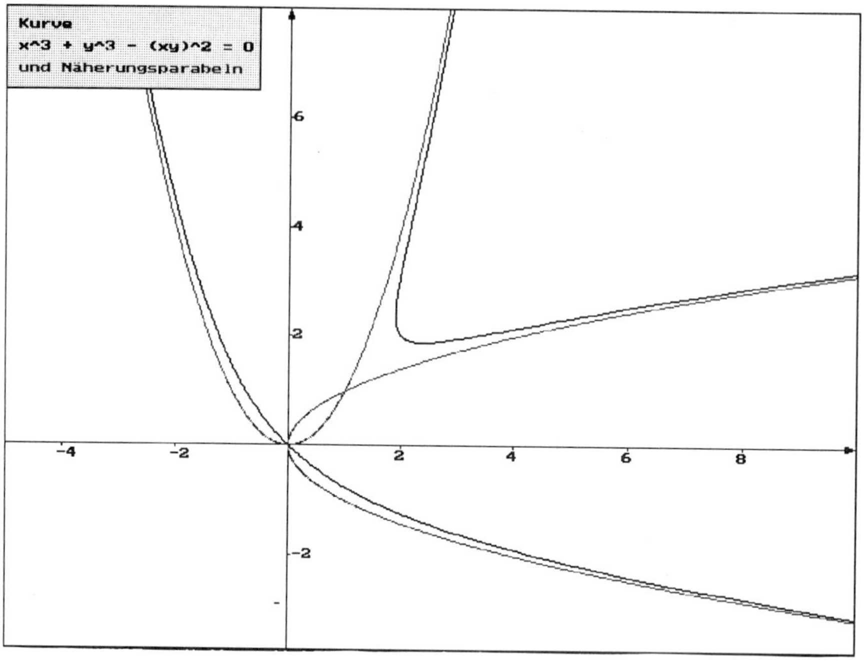

Figur 9.5

f) Die Steigung in einem Punkt P(x;y) erhalten wir rechentechnisch durch Ableiten von F(x;y) ≡ 0 nach x. (Für eine exakte Argumentation s. **4.2.2.**)

$3x^2 + 3y^2 \cdot y' - 2x \cdot y^2 - x^2 \cdot 2y \cdot y' \equiv 0$ führt zu

$$y' = \frac{x \cdot (2y^2 - 3x)}{y \cdot (3y - 2x^2)} \qquad (9.4)$$

Diese Herleitung gilt nicht für die Kurvensteigung im Ursprung. Aus Symmetriegründen muß sie dort -1 sein, ebenso wie im anderen Scheitelpunkt (2;2), was sich allerdings auch über (9.4) ergibt.

Eine ganz andere Möglichkeit bietet die Parameterform. Es ist

$$y' = \frac{dy}{dm} : \frac{dx}{dm} = \frac{2 \cdot m^4 - m}{m^3 - 2} \qquad (9.5)$$

und diese Beziehung gilt für alle $m \neq 2^{1/3}$.

g) Die Kurve scheint ein <u>lokales</u> <u>Minimum</u> zu haben. (9.5) zeigt, daß $y'(m_0) = 0$ ist für $m_0 = 2^{-1/3}$. (9.3) führt zum entsprechenden Punkt $(1{,}5\cdot 4^{1/3};\ 1{,}5\cdot 2^{1/3}) \approx (2{,}38;\ 1{,}89)$. Um abzusichern, daß es sich wirklich um einen Tiefpunkt handelt, beachten wir, daß y' in einer genügend kleinen Umgebung von m_0 das Vorzeichen von - nach + wechselt.

h) Aus Symmetriegründen entspricht dem Tiefpunkt ein Punkt (1,89; 2,38), in dem die Kurve eine <u>lotrechte</u> <u>Tangente</u> hat. Der zugehörige Berührpunkt ist der in e) aufgetretene Punkt mit dem Parameterwert $2^{1/3}$.

i) Fig.9.5 enthält neben der untersuchten Kurve noch zwei (schwächer gezeichnete) krummlinige Asymptoten in Gestalt von <u>Parabeln</u>, an die sie sich in der Nähe von $m = \pm 0$ bzw. $m \longrightarrow \pm \infty$ anschmiegt. In der Tat gilt:

- für kleines $|m|$ ($\neq 0$):
  $x = m^{-2} + m \approx m^{-2}$; $y = m^{-1} + m^2 \approx m^{-1}$ und daher $x \approx y^2$
- für großes $|m|$:
  $x = m^{-2} + m \approx m$; $y = m^{-1} + m^2 \approx m^2$ und daher $y \approx x^2$.

j) Zur Bestimmung eventueller <u>Wendepunkte</u> benutzen wir (4.50) bzw. gehen aus von

$$y'' = \frac{dy'}{dx} = \frac{dy'}{dm} : \frac{dx}{dm} \tag{9.6}$$

und erhalten $y''(m_i) = 0$ für $m_{1,2} = \left(\frac{7 \pm \sqrt{45}}{2} \right)^{1/3}$, also für $W_1(x_1;y_1)$ mit $x_1 \approx 2{,}18$ und $y_1 \approx 4{,}13$ sowie für $W_2(y_1;x_1)$. Dieses Ergebnis entspricht auch der Anschauung; daher verzichten wir auf eine Absicherung über die dritte Ableitung.

k) Der Ast ohne Wendepunkte ist <u>monoton</u> <u>fallend</u>. Denn steigt m von $-\infty$ bis 0 (ausschließlich), dann steigt x und fällt y, wie den Ableitungen $\frac{dx}{dm} = 1 - 2\cdot m^{-3} > 0$ und $\frac{dy}{dm} = 2m - m^{-2} < 0$ zu entnehmen ist.

l) Setzt man $x = r\cdot\cos\varphi$ und $y = r\cdot\sin\varphi$, so läßt sich die Kurvengleichung in die <u>Polarform</u>

$$r = \frac{4\cdot(\sin^3\varphi + \cos^3\varphi)}{\sin^2(2\varphi)} \quad \text{mit } \varphi \neq n\cdot\frac{\pi}{2}\text{ , } n \in \mathbb{Z} \qquad (9.7)$$

überführen. Auch mit ihr kann die Kurve gezeichnet werden.

m) Interessant sind schließlich noch die Krümmungen und Krümmungskreise in den Scheitelpunkten (0;0) und (2;2).
Gemäß (5.18) errechnet man

$$\kappa = \frac{2\cdot m^{-6} - 14\cdot m^{-3} + 2}{((1 - 2\cdot m^{-3})^2 + (2m - m^{-2})^2)^{3/2}}\text{ , also}$$

$\kappa = \frac{1}{6}\cdot\sqrt{2}$ bzw. $\rho = 3\cdot\sqrt{2}$ im Scheitelpunkt (0;0)

$\kappa = \frac{5}{2}\cdot\sqrt{2}$ bzw. $\rho = \frac{1}{5}\cdot\sqrt{2}$ im Scheitelpunkt (2;2)

sowie für die zugehörigen Krümmungskreismittelpunkte

$M = (3;3)$ und $M = (\frac{11}{5};\frac{11}{5})$.

9.4 DIE KURVE $c^2\cdot(x^2 + y^2) = x^2y^2$

a) Die Kurve entsteht beim Lösen folgender Aufgabe:
Die Tangente in einem beliebigen Punkt P eines Kreises $k(O;c)$ schneidet die x-Achse in Q, die y-Achse in R (Fig.9.6). Die Parallele zur y-Achse durch Q und die Parallele zur x-Achse in R schneiden einander in P'. Welche Kurve k' durchwandert P', wenn P den Kreis k durchläuft?
Fig.9.6 zeigt eine Punktkonstruktion der Kurve (9.8). So wie dort der Punkt P' erzeugt wurde, können weitere Punkte entstehen. Besonders bequem geht das mit dem Zug-Modus mancher Geometrie-Software (für Fig.9.6 haben wir CABRI (s. Schumann 1991) verwandt): Bewegt man den Urpunkt P auf dem Kreis k, so werden die entsprechenden Lagen von P' auf k' markiert.

b) Fig.9.6 deutet nur einen Ast der (Bild)Kurve, den im 1.Quadranten an. Entsprechende Äste liegen in jedem Quadranten. Denn nach Konstruktion muß die Kurve in bezug auf beide Koordinatenachsen und in bezug auf deren Schnittpunkt symmetrisch sein.

c) Es gelten folgende analytische Kennzeichnungen:

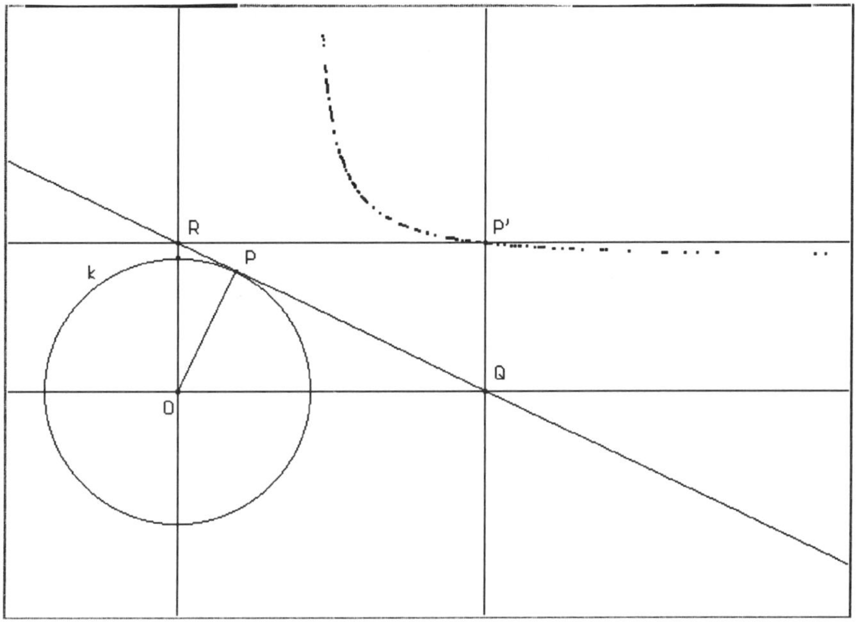

Figur 9.6

k: $x^2 + y^2 = c^2$

P: $(x_P ; y_P)$

Tangente *t* in P: $x_P \cdot x + y_P \cdot y = c^2$

Q: $x_Q = \frac{c^2}{x_P} ; y_Q = 0$

R: $x_R = 0 ; y_R = \frac{c^2}{y_P}$

P': $x_{P'} = \frac{c^2}{x_P} ; y_{P'} = \frac{c^2}{y_P}$

Aus der letzten Beziehung folgt $x_P = \frac{c^2}{x_{P'}} ; y_P = \frac{c^2}{y_{P'}}$. Setzt man dies in die Kreisgleichung ein, so ergibt sich für die Bildkurve *k'*:

$$\frac{c^4}{x_{P'}^2} + \frac{c^4}{y_{P'}^2} = c^2 \quad \text{bzw.} \quad \frac{1}{x^2} + \frac{1}{y^2} = \frac{1}{c^2} \quad \text{oder}$$

$$c^2 \cdot (x^2 + y^2) = x^2 y^2 \quad \text{mit } c \in \mathbb{R}^+ \text{ und } x^2 + y^2 > 0 \tag{9.8}$$

Die Bedingung $x^2 + y^2 > 0$ ist erforderlich, weil der Ursprung nicht auf der (Bild)Kurve liegen kann, nach der bloßen Gleichung (9.8) aber dazugehören würde.

d) Mit den Koordinatenachsen hat die Kurve keinen Punkt gemeinsam. Denn setzt man $x = 0$ bzw. $y = 0$ in (9.8) ein, so ergibt sich $y = 0$ bzw. $x = 0$, also nur der (verbotene) Ursprung. Läßt man diesen Punkt nachträglich zu, streicht also die Bedingung $x^2 + y^2 > 0$, so hat man mit ihm einen Einsiedler, da k' nach Konstruktion ansonsten nicht innerhalb k verlaufen kann. Selbstverständlich werden die oben festgestellten Symmetrien durch ihn nicht gestört.

e) Der Darstellung $\frac{1}{x^2} + \frac{1}{y^2} = \frac{1}{c^2}$ entnimmt man, daß für $x^2 \to \infty$ $y^2 \to c^2$ gilt und gleichermaßen $x^2 \to c^2$ für $y^2 \to \infty$. Die Kurve hat demnach die vier Asymptoten $y = \pm c$ und $x = \pm c$. Es sind die Tangenten an den Ausgangskreis in dessen Achsenpunkten; über sie kann kein Bildpunkt erzeugt werden.

f) Setzt man $x = r \cdot \cos\varphi$ und $y = r \cdot \sin\varphi$ in (9.8) ein, so erhält man nach einfachen Zwischenrechnungen die Polardarstellung

$$r = \frac{2c}{\sin(2\varphi)} \quad \text{mit } \varphi \neq n \cdot \frac{\pi}{2}, \; n \in \mathbb{Z} \tag{9.9}$$

Mit ihr kann man die Kurve auf einfache Weise zeichnen. Wir tun es mit dem Computer und kommen zu Fig.9.7, in der auch die Asymptoten und der Ausgangskreis festgehalten sind. Dabei benutzen wir folgende Prozedur (in TURBO-PASCAL):

```
procedure KURVE(fa: integer);
  begin
    phi := 1; phibogen := phi/180*Pi; r := 2*s/sin(2*phibogen);
    xalt := r*cos(phibogen); yalt := r*sin(phibogen);
    repeat
      phi := phi + 1;
      if phi mod 90 = 0 then phi := phi + 1;
      phibogen := phi/180*Pi; r := 2*c/sin(2*phibogen)
      if phi mod 90 = 1
        then
          begin
            xalt := r*cos(phibogen); yalt := r*sin(phibogen);
          end
        else
          begin
            x := r*cos(phibogen); y := r*sin(phibogen);
            Strecke(xalt,yalt,x,y,fa);
            xalt := x; yalt := y;
          end;
    until phi = 359;
  end;
```

Selbstverständlich ist diese Prozedur in ein Gesamtprogramm einzubetten, wobei insbesondere der Graphikbefehl *Strecke(...)* zuvor definiert werden muß und alle benutzten Variablen geeignet zu deklarieren sind.

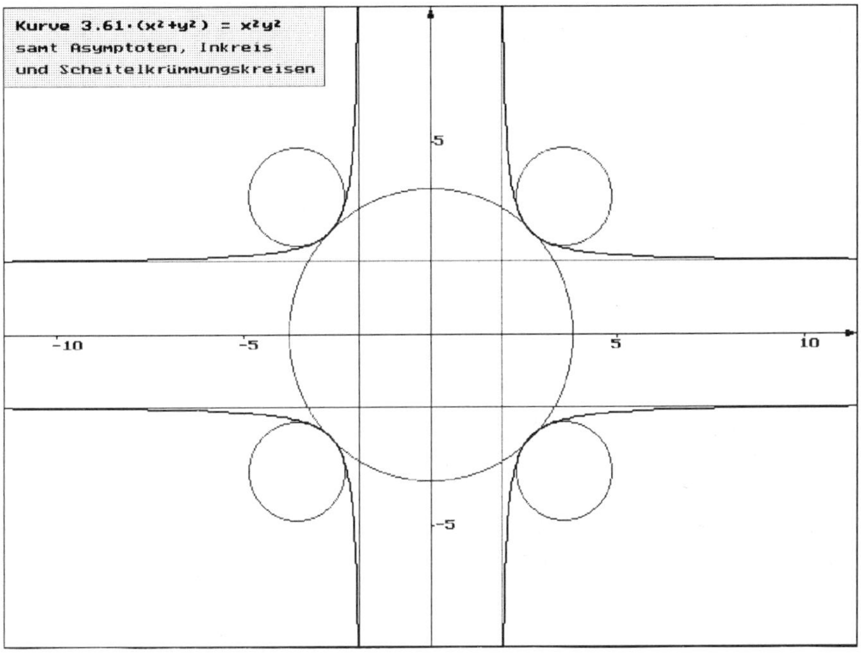

Figur 9.7

g) Aus (9.9) folgt $r \geq 2c$ mit $r = 2c$ für $\varphi = n \cdot \frac{\pi}{4}$, $n \in \mathbb{Z}$. Die Kurve verläuft demnach i.a. <u>außerhalb des Ursprungskreises mit dem Radius 2c</u> und trifft diesen nur in den beiden Winkelhalbierenden der Quadranten, also in den <u>Scheitelpunkten</u>.

h) Hinsichtlich des kartesischen Ausgangskoordinatensystems hat die Kurve (wenn man vom Ursprung absieht) <u>weder lokale noch absolute Extrema</u>. Die Äste im 1. und 3. Quadranten sind monoton fallend, die beiden anderen monoton steigend. Dies folgt am einfachsten aus der Konstruktionsvorschrift.

i) Die Polardarstellung (9.9) erlaubt schließlich auch die Berechnung der <u>Kurvenkrümmung</u> im Punkt $(\varphi; r(\varphi))$ gemäß (5.20). Wir erhalten

$$\kappa = \frac{3\cdot\sin^5(2\varphi)}{2c\cdot(1+4\cdot\cos(2\varphi))^{3/2}}$$

also insbesondere $\kappa(\frac{\pi}{4}) = \frac{3}{2c}$ und damit $\rho(\frac{\pi}{4}) = \frac{2}{3}\cdot c$.

Der Leser erweitere das vorgestellte Programm um die Konstruktion der vier Krümmungskreise in den Kurvenscheiteln. Fig.9.7 enthält sie bereits.

9.5 D I E K U R V E $2\cdot x^3 + y^3 = (x + y)^2$

a) Symmetrien der Kurve sind nicht erkennbar. Man sieht allerdings, daß sie keinen Punkt im 3.Quadranten haben kann, da dort $2x^3 + y^3 < 0$ und $(x + y)^2 > 0$.

b) Als Schnittpunkte mit den Achsen ergeben sich
- auf der x-Achse (y = 0) die Punkte (0;0) und (0,5;0)
- auf der y-Achse (x = 0) die Punkte (0;0) und (0;1).

Der Versuch, Aussagen zu gewinnen über die Schnittpunkte der Achsenparallelen (x = m, y = m) mit der Kurve, führt nicht wesentlich weiter. Immerhin erbringt er, da er stets auf Gleichungen dritten Grades führt: Jede Achsenparallele (und allgemein jede Gerade) hat mit der Kurve ein, zwei oder drei Schnittpunkte.

c) Dagegen ergibt sich für den (zweiten) Schnittpunkt (x;y) mit einer Ursprungsgeraden g: y = mx

$$x = \frac{(m+1)^2}{2 + m^3} \; ; \; y = \frac{m\cdot(m+1)^2}{2 + m^3} \quad \text{mit } m \neq (-2)^{1/3} \qquad (9.10)$$

Damit haben wir eine Parameterdarstellung für die Kurve und können sie mit Hilfe eines (eventuell programmierbaren) Taschenrechners oder eines Computers zeichnen (s. dazu auch **9.7**). Fig.9.8 ist der Ausdruck einer Computerzeichnung.

d) Eine zweite Konstruktionsmöglichkeit ergibt sich über die Polardarstellung

$$r = \frac{(\cos\varphi + \sin\varphi)^2}{2\cdot\cos^3\varphi + \sin^3\varphi} \quad \text{mit } 0 \leq \varphi \leq \pi \qquad (9.11)$$

die allerdings den Nachteil hat, bei $\frac{3}{4}\cdot\pi$ recht grob zu sein, wenn man wie in der Prozedur zu (9.9) gradweise vorgeht.

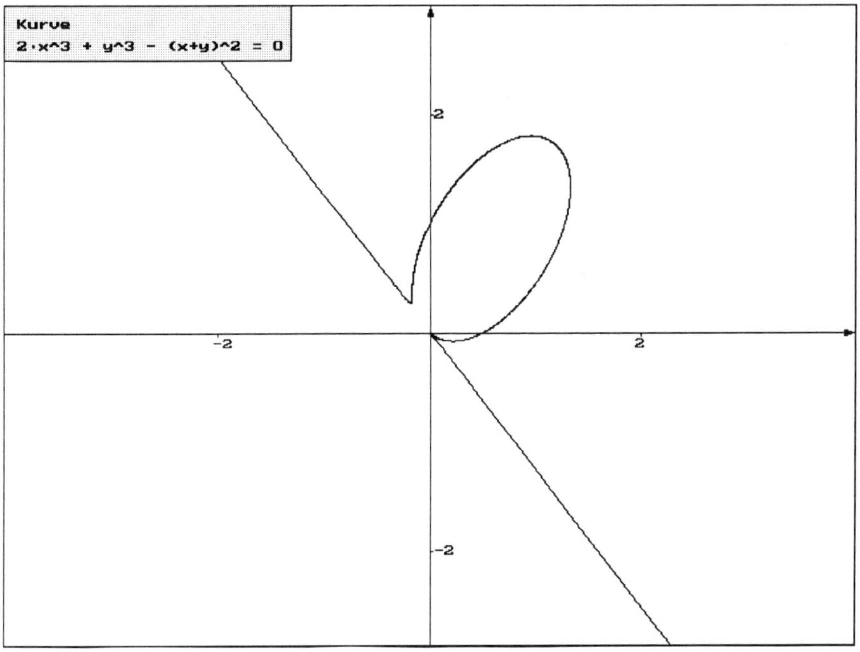

Figur 9.8

e) Nach Fig.9.8 scheint die Kurve zwei Singularitäten in Gestalt von Spitzen zu haben. Dazu überprüfen wir, in welchen Punkten der Kurve $F(x;y) \equiv 2x^3 + y^3 - (x+y)^2$ beide partiellen Ableitungen verschwinden. Den Bedingungen $6x^2 - 2\cdot(x+y) = 0$ und $3y^2 - 2\cdot(x+y) = 0$ genügen allerdings nur die Punkte $(0;0)$, $(\frac{1}{3}(1+\sqrt{2});\frac{1}{3}(2+\sqrt{2}))$ und $(\frac{1}{3}(1-\sqrt{2});\frac{1}{3}(2-\sqrt{2}))$, von denen die letzten beiden nicht zur Kurve gehören.

Es bleibt zu zeigen, daß im Ursprung eine Spitze vorliegt. Der Term $F_{xy}^2 - F_{xx}F_{yy} \equiv 4 - (12x - 2)\cdot(6y - 2)$ nimmt dort den Wert 0 an. Dies ist nach (5.4) eine hinreichende Bedingung.

f) Um die wirkliche Natur der vermeintlichen Spitze im 2.Quadranten kennen zu lernen, nehmen wir in Fig.9.9 einen geeigneten Ebenenteil unter die Lupe.

Hiernach entpuppt sich die fragliche Stelle als regulär. Nahe-

bei liegt offensichtlich ein lokales Minimum.
Zur Bestimmung der lokalen Extrema leiten wir $F(x;) \equiv 0$ nach der Kettenregel ab (für eine Begründung dieser Technik s. **4.2.2**) und erhalten

$$y' = \frac{6x^2 - 2\cdot(x+y)}{2\cdot(x+y) - 3y^2} \tag{9.12}$$

Dies führt auf die notwendige Bedingung

$$y = x\cdot(3x-1) \tag{9.13}$$

Setzt man (9.13) in die Kurvengleichung ein, so erhält man als Bestimmungsgleichung für die möglichen Extremumstellen

$$27x^3 - 27x^2 + 1 = 0 \tag{9.14}$$

Auf numerische Weise bzw. über ein Computer-Algebra-System wie etwa DERIVE findet man drei Lösungen $x_1 \approx -0{,}18$, $x_2 \approx 0{,}22$ und $x_3 \approx 0{,}96$. (9.13) liefert dazu die Werte $y_1 \approx 0{,}27$, $y_2 \approx -0{,}08$ und $y_3 \approx 1{,}81$.

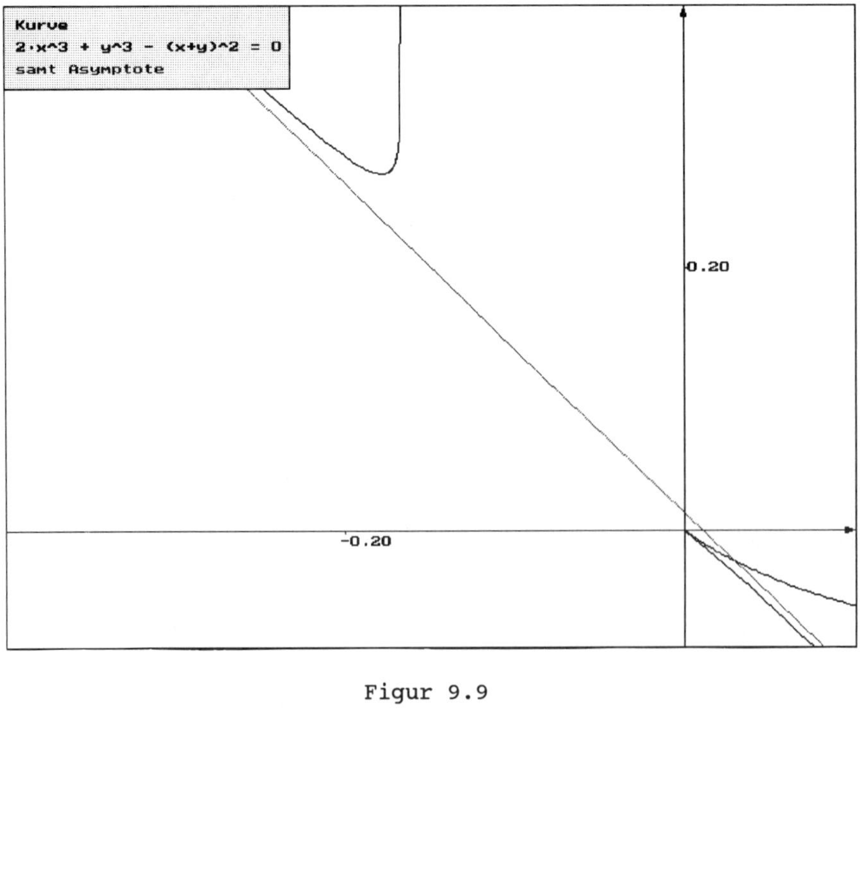

Figur 9.9

Der Anschauung entnehmen wir, daß die Kurve bei x_1 und x_2 je ein lokales Minimum hat, bei x_3 ein lokales Maximum.
Hinzu kommt noch das lokale Maximum im Ursprung. Denn liegt m nahe bei -1, dem Parameterwert des Ursprungs, so ist nach (9.10) $y < 0$.

f) Die Gleichung (9.12) greift nicht für die Spitze. Indessen gilt für den zugehörigen Differenzenquotienten $\frac{y-0}{x-0} = \frac{mx}{x} = m$. Er strebt also gegen -1, wenn (x;y) - auf welchem Kurvenast auch immer - gegen den Ursprung strebt. Demnach ist die 2.Winkelhalbierende die zur Spitze gehörende eindeutig bestimmte Tangente.

g) Fig.9.9 enthält neben dem Kurvenstück noch die Gerade

$$y = a\cdot x + (a+1)^2/(3a^2) \quad \text{mit } a = (-2)^{1/3}\text{ , also}$$

$$y \approx -1{,}260\cdot x + 0{,}014.$$

Sie ist eine Asymptote der Kurve. Man erhält sie am einfachsten über den in **4.3.7** entwickelten Algorithmus zur Asymptotenbestimmung. Doch kann man auch folgendermaßen überlegen:
Für $m \longrightarrow a$ gilt gemäß (9.10) $|x|,|y| \longrightarrow \infty$. Die Gerade $y = a\cdot x$ hat also neben dem Ursprung keinen weiteren Punkt mit der Kurve gemeinsam. Dann muß auch die Asymptote die Steigung a haben. Denn schnitte sie die Gerade $y = a\cdot x$ für große $|x|,|y|$, so würde dies auch die Kurve tun. Nun bestimmen wir in der Schar der parallelen Geraden $y = a\cdot x + b$ diejenigen, die mit der Kurve genau einen Punkt gemeinsam haben. Für den jeweiligen Schnittpunkt $S(x_S;y_S)$ ergibt sich die Bedingungsgleichung

$$(3a^2b - (1+a)^2)\cdot x_S^2 + (3ab^2 - 2b(1+a))\cdot x_S + (b^3 - b^2) = 0$$

Sie hat genau eine Lösung , falls die Diskriminante verschwindet. Die entsprechende Rechnung führt zu $b = 0$ (Ursprungsgerade, zu der die Spitze gehört) und zu $b = \frac{4}{3}\cdot\frac{a^2-a+1}{a^2} \approx 3{,}23$ (Tangente mit Berührpunkt in der Nähe des lokalen Extrempunktes $(x_3;y_3)$). Genau eine Lösung stellt sich aber auch dann ein, wenn der Koeffizient des quadratischen Gliedes verschwindet, wenn also $b = \frac{(1+a)^2}{3a^2} \approx 0{,}014$. Damit haben wir die eingezeichnete Asymptote auf recht elementare Weise gefunden.

h) Bei der Bestimmung der lotrechten Tangenten gehen wir analog zur Suche nach den Stellen mit waagrechter Tangente vor. Der

Nenner in (9.12) verschwindet für

$$x = \frac{3}{2}\cdot y^2 - y \tag{9.15}$$

und dies führt zusammen mit der Kurvengleichung zu

$$27y^3 - 54y^2 + 27y - 4 = (3y - 1)^2\cdot(3y - 4) = 0 \tag{9.16}$$

mit den beiden Lösungen $y_4 = \frac{1}{3}$ und $y_5 = \frac{4}{3}$.

(9.15) liefert die Berührpunkte $(-\frac{1}{6};\frac{1}{3})$ und $(\frac{4}{3};\frac{4}{3})$.

i) Für das Aufsuchen der <u>Wendepunkte</u> benutzen wir die Parameterdarstellung (9.10) und berechnen in bekannter Weise

$$y' = \frac{-2m^3 + 6m + 2}{(1-m)\cdot(m+2)^2} \tag{9.17}$$

(woraus übrigens noch einmal $y' = -1$ für $m = -1$, also für die Spitze folgt - und $m = 1$ bzw. $m = -2$ für die beiden lotrechten Tangenten) sowie gemäß (9.6) nach allerdings mühsamer Rechnung

$$y'' = \frac{6\cdot(2+m^3)^3}{(1-m)^3\cdot(m+2)^5\cdot(1+m)} \tag{9.18}$$

Danach scheinen keine Wendepunkte vorhanden zu sein.
Wir müssen aber noch die beiden lotrechten Tangenten berücksichtigen. An der Stelle $m = 1$ endet der x-Bereich. An der Stelle $m = -2$ durchsetzt die Kurve jedoch die dortige Tangente und hat demnach den - in Fig.9.9 durchaus erkennbaren - Wendepunkt $(-\frac{1}{6};\frac{1}{3})$.

j) Um den Einfluß des Faktors 2 in der Ausgangsgleichung zu studieren, analysiere der Leser auch die Kurve $x^3 + y^3 = (x+y)^2$ (Hinweis: Hier kann man faktorisieren).

9.6 D I E K U R V E $y = x\cdot\tan(\frac{\pi}{2}\cdot y)$

a) <u>Genese</u>: In Fig.9.10 denke man sich zwei synchrone, gleichförmige Bewegungen:

- die Drehung von OR aus der Lage OA in die Lage OB
- die Verschiebung von UV aus der Lage OA in die Lage BE .

In jedem Moment nach dem Start wird OR von UV in einem Punkt P geschnitten. Die durch eine solche <u>Punktkonstruktion</u> erzeugte Kurve heißt <u>Quadratrix</u>.

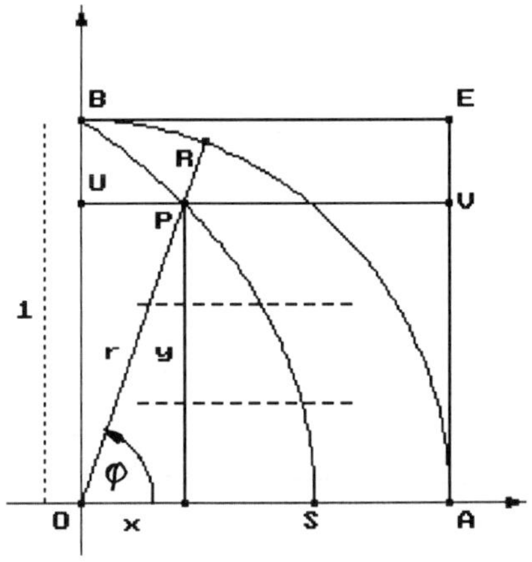

Figur 9.10

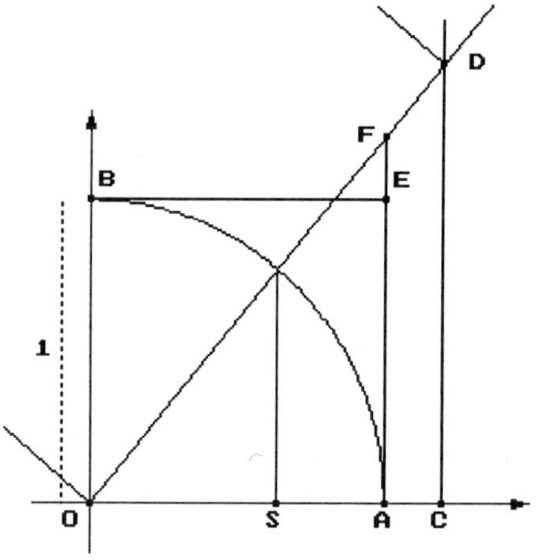

Figur 9.11

b) Sei (x;y) die kartesische, (φ;r) die Polardarstellung eines Kurvenpunktes. Dann ist wegen der Gleichförmigkeit $\frac{\varphi}{\pi/2} = \frac{y}{1}$ und mit $\varphi = \arctan(\frac{y}{x})$ ergibt sich $\frac{\arctan(\frac{y}{x})}{\pi/2} = y$, also

$$y = x \cdot \tan(\frac{\pi}{2} \cdot y) \qquad (9.19)$$

bzw. $\frac{\varphi}{\pi/2} = \frac{r \cdot \sin\varphi}{1}$ oder

$$r = \frac{2}{\pi} \cdot \frac{\varphi}{\sin\varphi} \qquad (9.20)$$

c) Es ist $\lim_{\varphi \to 0} \frac{\varphi}{\sin\varphi} = 1$. Für den Startpunkt S der Kurve finden wir daher nach (9.20) $|OS| = r(0) = \frac{2}{\pi}$. Nach dem zweiten Strahlensatz folgt weiter (s. Fig.9.11), daß $|OF| = \frac{\pi}{2}$. Somit kann zu jedem beliebigen Kreisradius c der 4.Teil $\frac{\pi}{2} \cdot c$ des Kreisrandes (und damit auch dieser Rand selbst) als Strecke gezeichnet werden (in Fig.9.11 ist dies beispielhaft für $c = |OC|$ geschehen). Die <u>Rektifikation</u> <u>des</u> <u>Kreises</u> ist damit (allerdings auf nicht-elementare Weise) geglückt. Aber auch die <u>Quadratur</u> <u>des</u> <u>Kreises</u> (d.h. die Verwandlung in ein Quadrat oder doch in eine zum Quadrat leicht wandelbare Fläche) gelingt mit dieser Kurve (die davon ihren Namen hat). Man braucht nur über der Seite OD ein Rechteck der Höhe 2c zu errichten, das dann den Inhalt $\pi \cdot c^2$ aufweist.

d) Die Quadratrix läßt sich außer zur Kreisquadratur noch für ein zweites klassisches Problem heranziehen: für die Winkeldreiteilung. Denn gemäß ihrer Genese führt die Dreiteilung der Ordinate eines Kurvenpunktes P über zwei zugehörige waagrechte Parallelen zur Dreiteilung des Kreisbogens, der zum Winkel gehört, den OP mit der positiven x-Achse bildet. In Fig.9.10 ist dies mit Strichelung angedeutet.

e) Bisher war die Kurve (trotz der Erweiterung in c)) auf den 1.Quadranten beschränkt. Wir wollen sie nun auf alle Punkte (x;y) bzw. (φ;r) ausdehnen, die rechentechnisch erlaubt sind. Fig.9.12 ist mittels (9.20) gezeichnet worden; hilfreich bei der Konstruktion ist aber auch (9.19) in der günstigen Funktionsform

$$x = f(y) := y \cdot \cot(\frac{\pi}{2} \cdot y) \qquad (9.21)$$

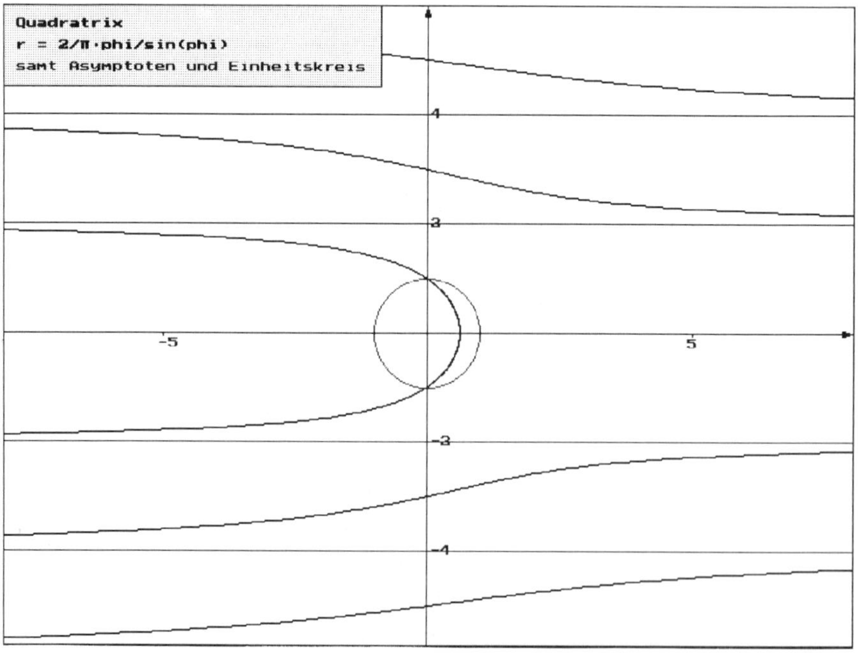

Figur 9.12

f) Die Kurve ist symmetrisch in bezug auf die x-Achse. Wir entnehmen dieses Merkmal zunächst Fig.9.12 und sichern es über $F(x;y) \equiv F(x;-y)$ in (9.19) oder über $r(-\varphi) \equiv r(\varphi)$ in (9.20).

g) Es gilt $|r| \longrightarrow \infty$ und $y \longrightarrow 2n$ für $\varphi \longrightarrow n\cdot\pi$ $(n \in \mathbb{Z}\setminus\{0\})$. Demnach hat die Kurve unendlich viele zur x-Achse echt parallele Asymptoten $y = 2n$. (Das sind die Polgeraden der durch (9.21) bestimmten Funktion.)

h) In jedem Intervall $]2n;2(n+1)[\ \neq [-2;2]$ kann $\cot(\frac{\pi}{2}\cdot y)$ und daher auch x jeden reellen Wert annehmen. Zwischen zwei Asymptoten liegt also stets ein Kurvenast. Das gilt selbstverständlich auch für die beiden der x-Achse benachbarten Asymptoten. Der Kurvenast dazwischen (die Quadratrix i.e.S. oder auch ihr Hauptast) geht allerdings nicht über $x = \frac{2}{\pi}$ hinaus. Man erkennt dies am besten wohl durch Maximumbestimmung des Funktionsterms $y\cdot\cot(\frac{\pi}{2}\cdot y)$ im Bereich $]-2;2[$; sie führt zum Extrempunkt $(\frac{2}{\pi};0)$. Da die Funktion dort auch differenzierbar ist, hat die Quadratrix in $(\frac{2}{\pi};0)$ eine lotrechte Tangente.

i) Aus der zu (9.19) äquivalenten Bedingung $\arctan(\frac{y}{x}) = \frac{\pi}{2}\cdot y$ folgt mit der Kettenregel

$$y' = \frac{y}{x - \frac{\pi}{2}\cdot(x^2+y^2)} \qquad (9.22)$$

$y' = 0$ ist darum für keinen Kurvenpunkt zu erfüllen: Es gibt kein lokales Extremum bezüglich der y-Koordinate.

j) Bei der Berechnung der Wendepunkte der Quadratrix nutzen wir aus, daß sie mit den Wendepunkten des Graphs der Funktion (9.21) übereinstimmen. Für diese ist

$$f'(y) = \cot(\frac{\pi}{2}\cdot y) - \frac{\pi\cdot y}{2\cdot\sin^2(\frac{\pi}{2}\cdot y)} \qquad \text{und weiter}$$

$$f''(y) = -\frac{\pi}{\sin^2(\frac{\pi}{2}\cdot y)} + \frac{\pi^2\cdot y\cdot\cos(\frac{\pi}{2}\cdot y)}{2\cdot\sin^3(\frac{\pi}{2}\cdot y)} \; .$$

Die Bedingung $f''(y) = 0$ liefert über $\tan(\frac{\pi}{2}\cdot y) = \frac{\pi}{2}\cdot y$ die Einsicht, daß es auf jedem Nebenast der Quadratrix einen möglichen Wendepunkt gibt. Wir verzichten auf deren numerische Bestimmung (und auch auf die Absicherung etwa über $f''(y)$), merken jedoch an, daß die Ordinatenbedingung $\tan(\frac{\pi}{2}\cdot y) = \frac{\pi}{2}\cdot y$ zusammen mit (9.19) zu der Abszissenbedingung $x = \frac{2}{\pi}$ (für $y \neq 0$) führt.
Insgesamt hat sich ergeben, daß jeder Nebenast einen Wendepunkt

(x;y) mit $x = \frac{2}{\pi}$ hat. Alle Wendepunkte liegen demnach auf der lotrechten Tangente im lokalen Extrempunkt bezüglich der x-Koordinate.

9.7 D I E K U R V E x = t/lnt ; y = 1 - cost

a) Die Kurve ist in Parameterform gegeben. Deshalb untersuchen wir zunächst den Definitionsbereich des Parameters t. Er ist $D_t = \mathbb{R}^+\setminus\{1\}$; denn natürliche Logarithmen sind nur für positiv-reelle Zahlen definiert und ln1 = 0.
Es ist nicht möglich, den Parameter zu eliminieren und so auf die explizite Form y = f(x) oder eine implizite Form F(x;y) = 0 zu kommen.

b) Allerdings kann man die Kurve bereits zeichnen, etwa über die PASCAL-Prozedur

```
procedure KURVE(fa: integer);
  begin
    t := 0.01;
    repeat
      tneu := t + 0.01;
      if abs(ln(tneu)) < 0.001
        then tneu := tneu + 0.01
        else Strecke(x(tneu),y(tneu),x(t),y(t),fa);
      t := tneu;
    until t >= 25;
  end;
```

wobei (neben den auftretenden Variablen) die Graphik-Befehle *Punkt(...)* und *Strecke(...)* sowie die Koordinatenfunktionen *x* und *y* zuvor definiert sein müssen.
Um das Koordinatenfenster günstig zu wählen, untersuchen wir erst noch die Wertebereiche W_x und W_y für x und y.

x-Bereich:
Für 0 < t < 1 durchläuft x die Menge $\mathbb{R}^-$.
Weiter ist $x'(t) = \frac{\ln t - 1}{\ln^2 t}$ und damit x'(t) = 0 für t = e. Aus $x''(t) = \frac{2 - \ln t}{t \cdot \ln^3 t}$ folgt $x''(e) = \frac{1}{e} > 0$. x hat demnach an der Stelle t = e das lokale Minimum x(e) = e.
Wegen $\lim_{t \to \infty} x(t) = \infty$ und $\lim_{t \to 1} x(t) = \infty$ ist dieses Minimum für

$t \in]1;\infty[$ auch global, also $W_x = \mathbb{R}\setminus[0;e[$.

<u>y-Bereich:</u>

Es ist $0 \le 1 - \cos t \le 2$, also $W_y = [0;2]$.

Das <u>Minimum</u> 0 wird angenommen an den Stellen $t = 2n\cdot\pi$, d.h. bei

$x = \dfrac{2n\cdot\pi}{\ln(2n\cdot\pi)}$ mit $n \in \mathbb{N}^*$.

Beispiele: $n = 1;\ x \approx 3{,}42$ $\qquad n = 2;\ x \approx 4{,}96$

$n = 3;\ x \approx 6{,}42$ $\qquad n = 3;\ x \approx 7{,}80$

Das <u>Maximum</u> 2 wird erreicht an den Stellen $t = (2n+1)\cdot\pi$, also

bei $x = \dfrac{(2n+1)\cdot\pi}{\ln((2n+1)\cdot\pi)}$.

Beispiele: $n = 0;\ x \approx 2{,}74$ $\qquad n = 1;\ x \approx 4{,}20$

$n = 2;\ x \approx 5{,}70$ $\qquad n = 3;\ x \approx 7{,}12$

c) Fig.9.13 zeigt einen Ausdruck der mit obiger Prozedur erzeugten Kurve. Er bestätigt die bisher gemachten Aussagen und führt zu weiteren Vermutungen.

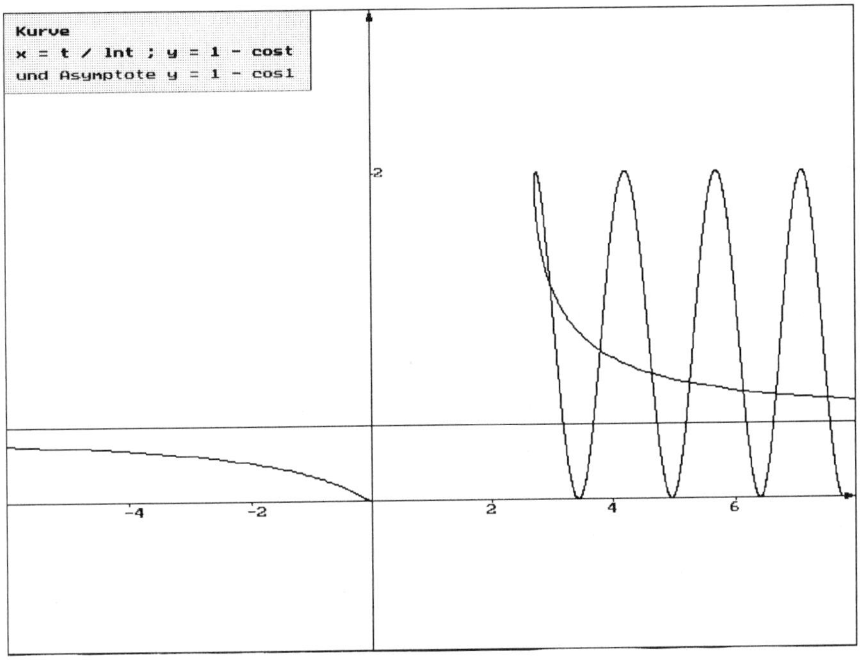

Figur 9.13

d) Die Kurve hat eine x-achsenparallele <u>Asymptote</u>, da $x \longrightarrow \pm\infty$ für $t \longrightarrow 1 \pm 0$. Für $t = 1$ ist $y = 1 - \cos 1 \approx 0{,}46$.

e) Die Kurve läßt sich in den Ursprung hinein stetig fortsetzen. Denn $\lim_{t\to 0}(1 - \cos t) = 0$ und $\lim_{t\to 0}\frac{t}{\ln t} = 0$.

Es ist dann $W_x = \mathbb{R}\backslash]0;e[$.

Wegen $y > 0$ für $x \in \mathbb{R}^-$ $(0 < t < 1)$ ist der Ursprung ein relatives Minimum der Kurve bezüglich der y-Koordinate. Damit verträgt sich durchaus, daß er auch Kurvenendpunkt ist.

f) Die Tangente im Ursprung scheint einen nichtverschwindenden Winkel mit der x-Achse zu bilden. Geeignetes Zoomen von Fig.9.13 zeigt jedoch, daß sich die Kurve im Ursprung an die Abszissenachse anschmiegt. Tatsächlich ist ja auch

$$\lim_{t\to 0}\frac{(1-\cos t) - 0}{t/\ln t - 0} = \lim_{t\to 0}\ln t\cdot\sin t + \lim_{t\to 0}\frac{1-\cos t}{t} = 0 + 0 = 0.$$

Die x-Achse ist demnach gemeinsame Tangente in allen Minimumstellen. Ebenso berührt die Gerade $y = 2$ die Kurve in allen Maximumstellen.

Die Kurve weist eine lotrechte Tangente auf, und zwar im Punkt $(e;1 - \cos e) \approx (2{,}72;1{,}91)$. Denn für $t \longrightarrow e$ gilt $\frac{dx}{dt} \longrightarrow 0$ und $\frac{dy}{dt} \neq 0$, so daß $\frac{dy}{dx}$ beliebig groß wird.

g) Die Kurve hat unendlich viele Zweifach-Knoten. Denn im Intervall $1 < t \leq e$ ist x monoton fallend von ∞ auf e und gleichzeitig y monoton steigend von $1 - \cos 1$ auf $1 - \cos e$, so daß dieses Kurvenstück jeden Ast zwischen einem Maximum und einem nachfolgenden Minimum und zwischen einem Minimum und einem anschließenden Maximum treffen muß.

h) Da die Kurve im Bereich der Extrema beliebig oft differenzierbar ist, muß nach dem Satz von ROLLE jeweils zwischen Hoch- und Tiefpunkt ein Wendepunkt liegen. Deren Bestimmung nach (9.6) führt allerdings auf die transzendente Gleichung

$$t\cdot\ln t\cdot(\ln t-1) = (2-\ln t)\cdot\tan t\ ,$$

die nur noch numerisch (etwa mit DERIVE) gelöst werden kann. Dabei ergibt sich auch ein Wendepunkt auf dem Kurvenast zwischen den beiden Asymptoten $y = 0$ und $y = 1 - \cos 1$ (also im Bereich $0 < t < 1$), nämlich für $t \approx 0{,}24$ $(x \approx 0{,}17,\ y \approx 0{,}03)$.

9.8 DIE KURVE $(x^2+y^2)^2 - 2e^2\cdot(x^2-y^2) = 4a^2 - e^4$

a) Man kann diese Kurve als <u>Ortslinie</u> gewinnen, und zwar als Menge aller Punkte, für die das Produkt ihrer Entfernungen zu den beiden Punkten (<u>Brennpunkten</u>) $(-e;0)$ und $(e;0)$ $(e \in \mathbb{R}^+)$ den konstanten Wert $2a$ $(a \in \mathbb{R}^+)$ hat (s. **8.3.1**).

b) Man nennt sie <u>CASSINIsche Kurve</u> nach JEAN DOMINIQUE CASSINI (1625-1712), der davon überzeugt war, daß die Bahnkurve der Sonne bei ihrem Lauf um die Erde (sic!) die o.a. Ortslinieneigenschaft hat, wobei die Erde in einem der beiden Brennpunkte steht.

c) Aus der Ortslinieneigenschaft ergibt sich eine einfache <u>Punktkonstruktion</u> der Kurve. Man bestimmt $r_1 > 0$ beliebig und $r_2 = \frac{2a}{r_1}$. Die Kreise um die beiden Brennpunkte mit diesen beiden Radien liefern (falls sie einander schneiden) vier Kurvenpunkte.

d) Von ihrer Entstehung her ist die Kurve <u>symmetrisch</u> in bezug auf beide Achsen und auf den Ursprung.

e) Sie schneidet die x-Achse an den Stellen $\pm\sqrt{e^2 + 2a}$ und zusätzlich an den Stellen $\pm\sqrt{e^2 - 2a}$, falls $e^2 > 2a$. Im Fall $e^2 = 2a$ verläuft die Kurve durch den Ursprung. Sie schneidet die y-Achse an den Stellen $\pm\sqrt{2a - e^2}$, falls $2a > e^2$.

f) Aus der Kurvengleichung folgt

$$\boxed{y^2 = -(x^2 + e^2) + \sqrt{4e^2x^2 + 4a^2}} \tag{9.23}$$

Danach ist der <u>x-Bereich</u> gekennzeichnet durch $|x^2 - e^2| \geq 2a$. Daraus folgt

$e^2 - 2a \leq x^2 \leq e^2 + 2a$ im Falle $e^2 > 2a$ und

$x^2 \leq e^2 + 2a$ im Falle $e^2 \leq 2a$.

g) Unter Beachtung von (9.23) und des x-Bereiches läßt sich die <u>Kurve als Graph der Funktion</u>

$$y = \sqrt{-(x^2 + e^2) + \sqrt{4e^2x^2 + 4a^2}} \tag{9.24}$$

und dessen Spiegelbild an der x-Achse zeichnen. Wir tun dies mit dem Computer in Fig.9.14.

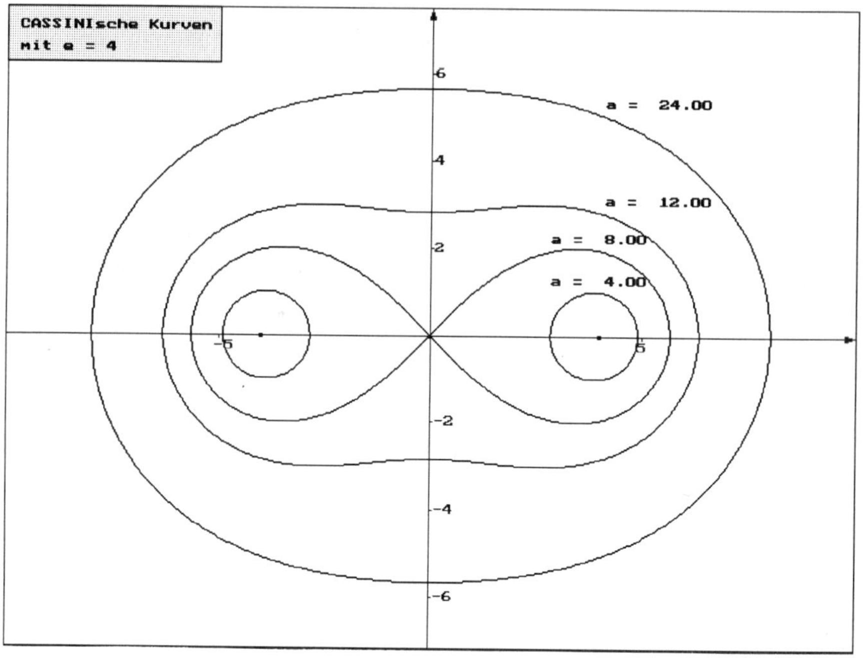

Figur 9.14

h) Die Zeichnung macht offenbar, daß wir - wie sich in e) schon andeutete - gemäß $e^2 \lesseqgtr 2a$ zunächst <u>drei</u> verschiedene <u>Kurventypen</u> unterscheiden müssen. Offensichtlich hat CASSINI nur den einen, an die Ellipse erinnernden Typ gemeint. Daraus gehen die anderen durch eine <u>Metamorphose</u> hervor, bei der auf eine Eindellung (noch innerhalb des ersten Typs) ein Doppelpunkt und schließlich die Trennung in zwei Teilkurven folgen.

i) Bei der Suche nach <u>Extremwerten</u> beschränken wir uns rechentechnisch auf den 1.Quadranten, was wegen der o.a. Symmetrien erlaubt ist. Dort hat die Funktion (9.24) die Ableitung

$$y' = \frac{-x \cdot \sqrt{e^2x^2 + a^2} + 2e^2x}{\sqrt{-(x^2 + e^2) + \sqrt{4e^2x^2 + 4a^2}} \cdot \sqrt{e^2x^2 + a^2}} \qquad (9.25)$$

Sie verschwindet für $x_1 = 0$, vorausgesetzt daß $e^2 < 2a$ (sonst wird auch der Nenner 0 bzw. ist die Funktion dort nicht definiert). Ferner nimmt sie den Wert 0 an bei $x_2 = \frac{1}{e}\cdot\sqrt{e^4 - a^2}$ für den Fall, daß $e^2 > a$ ist. Gegebenenfalls ist $x_1 = 0$ Minimumtelle für $e^2 < 2a < 2e^2$ und Maximumstelle für $e^2 \leq a$. Das zugehörige Extremum ist $\sqrt{2a - e^2}$. Das Maximum zu x_2 ist stets $\frac{a}{e}$. Gesichert sind alle diese Aussagen (die sinngemäß auf die anderen Quadranten zu übertragen sind) durch Betrachten der Vorzeichenwechsel von y′ an den fraglichen Stellen. Sie legen nahe, den o.a. ersten Typ gemäß $e^2 \leq a$ und $a > e^2 > a$ noch einmal in zwei Untertypen zu teilen.

Im zweiten Unterfalle hat die Kurve zwei waagerechte Doppeltangenten. Dieser Unterfall zeichnet sich auch dadurch aus, daß zwischen den Stellen mit unterschiedlichen Extrema nach dem Mittelwertsatz je eine Stelle mit verschwindender zweiter Ableitung, der Anschauung nach eine Wendestelle, liegt.-

Bestimmt man y′ aus der Titelgleichung, so ergibt sich nach kurzer Rechnung

$$y' = \frac{x\cdot(e^2 - (x^2+y^2))}{y\cdot(e^2 + (x^2+y^2))} \qquad (9.26)$$

Dies macht deutlich, daß alle nicht auf der y-Achse liegenden Extrempunkte unabhängig vom Parameter a Punkte des Ursprungskreises durch die beiden Brennpunkte sind.

j) Wir zeigen nun, daß die CASSINIschen Kurven auch entstehen können als Randlinien von ebenen Schnitten eines Torus , wobei Schnittebene und Torusachse parallel sind und der Abstand dieser beiden Gebilde gleich dem Radius des rotierenden Toruskreises ist. Fig.9.15 liefert dazu Grund- und Aufriß.

Der Abstand des Mittelpunktes des (rotierenden) Toruskreises von der Rotationsachse sei e, der der Schnittebene s. Somit ist s auch der Rotationskreisradius. Dann gilt für einen Punkt P(x;y) auf dem Schnittrand und dessen Abstand d von der Achse:

$d^2 = x^2 + s^2$ (ablesbar in Fig.9.15 bei P′) sowie

$(e-d)^2 + y^2 = s^2$ (ablesbar bei P″),

woraus folgt

$e^2 - 2e\cdot\sqrt{x^2 + s^2} + x^2 + s^2 = s^2 - y^2$ bzw.

$4e^2 \cdot (x^2 + s^2) = (x^2 + y^2 + e^2)^2$ und schließlich

$(x^2 + y^2)^2 - 2e^2 \cdot (x^2 - y^2) = 4e^2s^2 - e^4.$

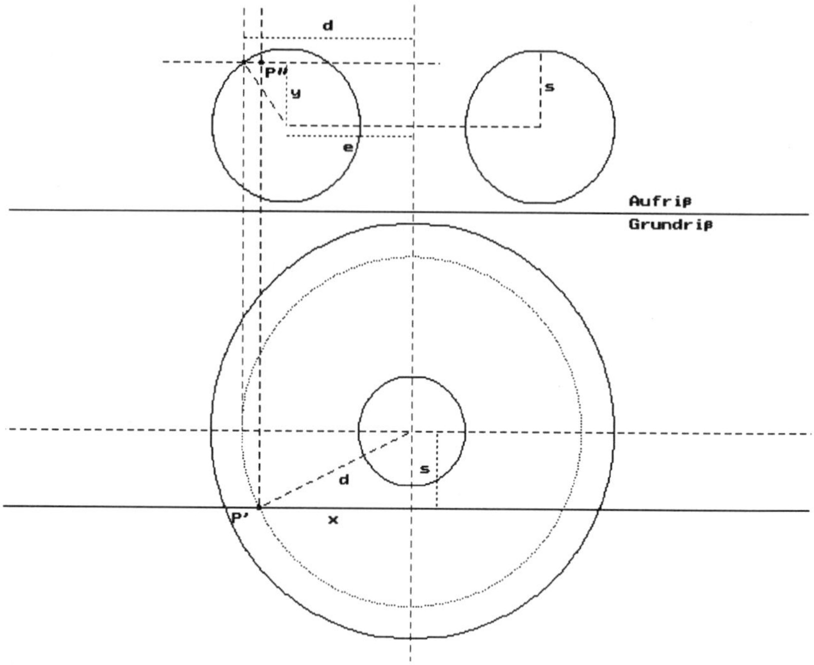

Figur 9.15

Setzen wir hierin a := e·s, so erkennen wir die Ausgangsgleichung der CASSINIschen Kurve wieder. Ihre verschiedenen Typen kommen in diesem Kontext dadurch zustande, daß man den Abstand s und somit auch die "Ringdicke" des Torus festhält, aber den Radius e seiner Umlaufbahn variiert.
Die Aussage am Ende von i) kann nun auch räumlich interpretiert werden: Oberhalb bzw. unterhalb der Bahn des rotierenden Kreismittelpunktes erreicht die Schnittlinie den kreisförmigen Rükken des Torus bzw. dessen Gegenkreis auf der Unterseite dieses Körpers.

j) Lotrechte Tangenten haben alle Typen der Kurve dort, wo der Nenner von (9.26) verschwindet, ohne daß der Zähler es tut. Dies ist der Fall für y = 0, also an den Enden des x-Bereiches (bzw. der disjunkten Intervalle, in die er zerlegt ist).

k) Aus (9.23) folgt die allgemeine Polargleichung

$$r^4 - 2e^2 \cdot \cos(2\varphi) \cdot r^2 - 4a^2 + e^4 = 0 \qquad (9.27)$$

Wir wollen sie benutzen, um zu überprüfen, ob die CASSINIsche Kurve analalagmatisch ist.
Dazu ersetzen wir in (9.27) r durch $\frac{k^2}{r'}$, wobei $k \in \mathbb{R}^+$ der noch zu bestimmende Radius des eventuellen Inversionskreises ist. Nach leichter Zwischenrechnung ergibt sich

$$r'^4 + \frac{2e^2 \cdot k^4}{4a^2 - e^4} \cdot \cos(2\varphi) \cdot r'^2 - \frac{k^8}{4a^2 - e^4} = 0 .$$

Diese Gleichung stimmt mit (9.27) überein, wenn $k^4 = e^4 - 4a^2$ ist, wenn wir also $k = \sqrt[4]{e^4 - 4a^2}$ wählen. Das ist natürlich nur möglich für $e^2 > 2a$, also für den dritten Kurventyp (mit zwei separaten Ästen).

l) Aus (9.27) bzw. aus

$$r^2 = e^2 \cdot \cos(2\varphi) \pm \sqrt{4a^2 - e^4 \cdot \sin^2\varphi} \qquad (9.28)$$

folgt übrigens, daß r^2 und damit r maximal ist für $\varphi = 0$ bzw. $\varphi = \pi$. Es ist dann $r = \sqrt{e^2 + 2a}$. Jede CASSINIsche Kurve hat demnach einen Umkreis, der sie auf der x-Achse berührt.

m) Zur näheren Betrachtung des Sonderfalls $e^2 = 2a$ weichen wir aus auf die Polardarstellung $r = \sqrt{2e^2 \cdot \cos(2\varphi)}$. Sie zeigt, daß die Kurve sich im 1.Quadranten für $\varphi \to \frac{\pi}{4}$ auf den Ursprung zubewegt und dort die 1.Winkelhalbierende als Tangente hat. Aus Symmetriegründen ist der Ursprung also ein Doppelpunkt mit zwei zueinander senkrechten Tangenten, den beiden Quadrantwinkelhalbierenden.
Der Leser wird längst gemerkt haben, daß es sich um die BERNOULLIsche Lemniskate $(x^2 + y^2)^2 = 2e^2 \cdot (x^2 - y^2)$ handelt, die wir in **8.1.3** (mit $k^2 = 2e^2$) näher untersucht haben. Die dortigen Ausführungen können hier eingebaut werden. Insbesondere sei an die Inhaltsbestimmung der Lemniskatenschleife erinnert.

LITERATUR

Abkürzungen für häufiger zitierte Zeitschriften:

DdM	*Didaktik der Mathematik (Bayerischer Schulbuchverlag)*
EdM	*Elemente der Mathematik (Birkhäuser)*
JMD	*Journal für Mathematikdidaktik (Schöningh)*
MD	*mathematica didactica (Franzbecker)*
MiS	*Mathematik in der Schule (Volk und Wissen bzw. Pädagogischer Zeitschriftenverlag)*
ML	*mathematiklehren (Friedrich)*
MNU	*Der mathematische und naturwissenschaftliche Unterricht (Dümmler)*
MSB	*Mathematische Semesterberichte (Vandenhoeck & Ruprecht)*
MU	*Der Mathematikunterricht (Klett)*
PM	*Praxis der Mathematik (Aulis)*
ZDM	*Zentralblatt für Didaktik der Mathematik (FIZ Karlsruhe)*

Andelfinger,B.: Mathematikunterricht - Fokus: Sekundarstufe II/ Analysisunterricht
Ulm: Selbstverlag 1991

Ansdale,R.F.: Der Wankelmotor
Stuttgart: Motorbuchverlag 1971

Archimedes: Über Spiralen
In: Archimedes: Werke. Darmstadt: Wiss.Buchgesellschaft 1983

Artobolevskii,I.I.: Mechanisms for the Generation of Plane Curves
Oxford: Pergamon 1964

Aster,E.v.: Einführung in die Philosophie Descartes'
München: Beck 1921

Bachmann,H.: Einführung in die Analysis (3 Bde)
Frankfurt: Diesterweg-Salle 1975

Baravelle,H.v.: Geometrie als Sprache der Formen
Freiburg i.Br.: Novalis 1957

Baron,M.E.: The Origin of the Infinitesimal Calculus
Oxford: Pergamon 1979

Baumann,A.: Ortskurven zu konstanten Abstandsverhältnissen
In: PM 33 (1991), H.5, S.193

Beck,U.: Computer-Graphik
Basel: Birkhäuser 1987

Bender,P.: Umwelterschließung im Geometrieunterricht durch operative Begriffsbildung
In: MU 24 (1978), H.5, S.25

Berg,G.; Schupp,H.: Inversionsbilder von Kegelschnitten
In: DdM 17 (1989), H.3, S.201

Berzolari,L.: Allgemeine Theorie der höheren algebraischen Kurven
In: Enzyklopädie der mathematischen Wissenschaften, Bd.III, 2.Teil, 1.Hälfte. Leipzig: Teubner 1903-1915

Beutel,E.: Algebraische Kurven (2 Bde)
Leipzig: Goeschen 1909, 1911

Beutel,E.: Mathematische Reifeprüfungsaufgaben aus den württembergischen höheren Schulen
Stuttgart: Kohlhammer 1930 (Neue Folge 1933)

Beutelspacher,A.; Petri,B.: Der Goldene Schnitt
Mannheim: B.I.Wissenschaftsverlag 1989

Bigalke,H.G.: Kugelgeometrie
Frankfurt: Salle-Sauerländer 1984

Blaschke,W.; Müller,H.R.: Ebene Kinematik
München: Oldenbourg 1956

Blum,W.; Törner,G.: Didaktik der Analysis
Göttingen: Vandenhoeck & Ruprecht 1983

Böer,H.; Volk,D. (Hrsg.): Trassierung von Autobahnkreuzen - autogerecht oder?
Mülheim: Die Schulpraxis 1989

Boles,M.; Newman,R.: Universal Patterns
Bradford (Massachusetts): Pythagorean Press 1990

Boles,M.; Newman,R.: The Surface Plan
Bradford (Massachusetts): Pythagorean Press 1992

Bos,H.J.M.: On the representation of Curves in Descartes' Géometrie
In: Archive for History of Exact Sciences 24 (1989), S.295

Brawer,R.: Kreisbogenpolygone konstanter Breite
In: PM 34 (1992), H.3, S.107

Breidenbach,W.: Die Dreiteilung des Winkels
Leipzig: Teubner 1951

Breidenbach,W.: Das Delische Problem
Leipzig: Teubner 1953

Brenneke,R; Schuster,G.: Physik Schwingungs- und Wellenlehre
Braunschweig: Vieweg 1967

Brieskorn,E.; Knörrer,H.: Ebene algebraische Kurven
Basel: Birkhäuser 1981

Brocard,H., Lemoyne,T.: Courbes géometriques remarquables (3 Bde)
Paris: Blanchard 1967

Bruce,J.W., Giblin,P.J.: Curves and Singularities
Cambridge: University Press 1984

Brüning,A.; Spallek,K.: Analysis und geometrisch-anschauliches Denken im Mathematikunterricht
In: MU 25 (1979), H.2, S.45

Bungartz,P.: Elementare Differentialgeometrie auf der Sekundarstufe II
In: MNU 38 (1985), H.3, S.145 und H.4, S.199

Burau,W.: Algebraische Kurven und Flächen (2 Bde)
Leipzig: Göschen 1962

Burke,G.: Aufstellen von einfachen, rektifizierbaren Kurven
In: MNU 8 (1955/56), H.7, S.317

Cantor,M.: Vorlesungen über Geschichte der Mathematik
Stuttgart: Teubner 1965 (Reprint)

Cesàro,E.: Vorlesungen über natürliche Geometrie
Leipzig: Teubner 1901

Cesàro,E.: Elementares Lehrbuch der Algebraischen Analysis und der Infinitesimalrechnung
Leipzig: Teubner 1904

Coolidge,J.L.: A History of Geometrical Methods
Oxford: University Press 1940

Coolidge,J.L.: A Treatise on Algebraic Plane Curves
New York: Dover 1959

Cremona,L.: Einleitung in eine geometrische Theorie der ebenen Kurven
Greifswald: Koch 1865

Czech,W.: Gross/Berhag - Felder
Stuttgart: Klett 1982

Czuber,E.: Vorlesungen über Differential- und Integralrechnung
Leipzig: Teubner 1928

Dabrock,H.: Der schnellste Weg - ein besonderes Stück Mathematikgeschichte
In: alpha 27 (1993), H.5, S.6

Danckwerts,R.: Quo vadis Analysisunterricht?
In: MNU 45 (1992), H.6, S.370

Deuce,J.B.: Classroom Exercises on Curves Used in Science and Mathematics
In: School Science and Mathematics 87 (1987), H.2, S.88

Die mathematischen und naturwissenschaftlichen Reifeprüfungsaufgaben - Schuljahr 1927/28
Berlin: Union Deutsche Verlagsanstalt 1930

Dirnböck,H.; Kadunz,G.: Ideen, Beweise, Modelle in der kinematischen Geometrie der Ebene
In: Schriftenreihe Didaktik der Mathematik, Bd.18, Stuttgart: Teubner 1989

DMV (Deutsche Mathematiker-Vereinigung): Denkschrift zum Mathematikunterricht am Gymnasium
In: ZDM 8 (1976), H.4, S.192

Dobrowolski,W.W.: Theorie der Mechanismen zur Konstruktion ebener Kurven
Berlin: Akademie-Verlag 1957

Dörrie,H.: Mathematische Miniaturen
Wiesbaden: Sändig 1969 (Nachdruck)

Draeger,M.: Ausgewählte höhere Kurven
Leipzig: Quelle & Meyer 1937

Durège,H.: Die ebenen Kurven dritter Ordnung
Leipzig: Teubner 1871

Dürer,A.: Unterweisung der Messung mit dem Zirkel und Richtscheit
Zürich: Stocker-Schmid 1966 (Reprint)

Ebner,F.: Leitfaden der technisch wichtigsten Kurven
Leipzig: Teubner 1906

Ebner,F.: Technische Mathematik
Leipzig: Teubner 1925

Ehrhardt,E.: Eigebiete und Eikörper
In: MNU 20 (1967), H.5/6, S.213

Engelsman,S.B.: Families of Curves and the Origins of Partial Differentiation
Amsterdam: North Holland 1984

Euler,L.: Introduction to Analysis of the Infinite (2 Bde)
New York: Springer 1988 u.1989 (Nachdruck in Englisch)

Ewald,G.: Probleme der geometrischen Analysis
Mannheim: B.I.Wissenschaftsverlag 1982

Fellmann,E.A.: Die Spirale in der Mathematik
In: Die Spirale 1985, S.18

Fichtenholz,G.M.: Differential- und Integralrechnung (3 Bde)
Berlin: Deutscher Verlag der Wissenschaften 1964

Fladt,K.: Analytische Geometrie spezieller ebener Kurven
Frankfurt: Akad.Verlagsgesellschaft 1962

Fladt,K.; Kraft,A.; Dreetz,W.: Analysis
Frankfurt: Diesterweg 1960

Fladt,K.; Baur,A.: Analytische Geometrie spezieller Flächen und Raumkurven
Braunschweig: Vieweg 1975

Forder,H.G.: Geometry - An Introduction
New York: Harper 1960

Fort,O.; Schlömilch,O.: Lehrbuch der Analytischen Geometrie, Bd.I
Leipzig: Teubner 1904

Fowler,R.H.: The Elementary Differential Geometry of Plane Curves
London: Stechert-Hafner 1964

Freudenthal,E.; Heinrich,W.: Grundkurven zu vorgegebenen Kaustiken
In: MNU 14 (1961/62), H.2, S.70

Frost,P.: An Elementary Treatise of Curve Tracing
New York: Chelsea 1960

Gardner,M.: Curves of Constant Width, One of Which Makes it Possible to Drill Square Holes
In: Scientific American 1963, H.2

Gardner,M.: Kopf oder Zahl?
Weinheim: Spektrum der Wissenschaft 1978

Gardner,M.: Mathematics - An Introduction to Its Spirit and Use
San Francisco: Freeman 1979

Gebel,Th.; Seifert,M.: Das Ei einmal anders betrachtet
In: junge Wissenschaft 7 (1992), H.28, S.8

Gericke,H.: Zur Vorgeschichte und Entwicklung des Krümmungsbegriffs
In: Archive for History of Exact Sciences 27 (1982), S.1

Giering,O.: Zur Geometrie der Polygon-Korbbögen
In: PM 34 (1992), H.6, S.245

Götz,W.: Eine algebraische Kurve 3.Ordnung als Ortslinie in der Dreiecksgeometrie
In: DdM 14 (1986), H.1, S.52

Gomes Texeira,F.: Traité des Courbes Spéciales Remarquables
New York: Chelsea 1971 (Nachdruck der franz. Übersetzung des span. Originals von 1899)

Grehn,J. (Hrsg.): Metzler Physik, Gesamtband
Stuttgart: Metzler 1988

Griesel,H.; Postel,H.: Mathematik heute - Leistungskurs Lineare Algebra/Analytische Geometrie
Hannover und Paderborn: Schroedel und Schöningh 1986

Grünbaum,B.: Shouldn't we teach Geometry
In: ZDM 13 (1981), H.1, S.7

Guzman,M.de: Aventures Mathématiques
Lausanne: Presses polytechniques et universitaires romandes 1990

Haines,C.R.: Alte Kurven mit neuem Hintergrund
In: The mathematical gazette 61 (1977), S.262

Heinrich,W.; Freudenthal,E.: Kaustiken in vektorieller Behandlung
In: MNU 12 (1959/60), H.7, S.307

Henn,H.-W.; Jock,W.: Arbeitsbuch CABRI Géomètre - Konstruieren mit dem Computer
Bonn: Dümmler 1993

Hentig,H.v.: Die Krise des Abiturs und eine Alternative
Stuttgart: Klett-Cotta 1980

Herget,W.: Mathe-(Klausur-)Aufgaben - einmal anders?!
In: Hischer,H.(Hrsg.): Wieviel Termumformung braucht der Mensch? Fragen zu Zielen und Inhalten eines künftigen Mathematikunterrichts angesichts der Verfügbarkeit informatischer Methoden. Hildesheim: Franzbecker 1993

Hilbert,D.; Cohn-Vossen,St.: Anschauliche Geometrie
Darmstadt: Wiss.Buchgesellschaft 1973 (Nachdruck)

Hischer,H.: Geschichte der Mathematik als didaktischer Aspekt. Lösung klassischer Probleme mit Hilfe von Trisectrix und Quadratrix - Ein Beispiel für die gymnasiale Oberstufe
In: MiS 32 (1994), H.5, S.279

Hofmann,J.E.: Rektifikation und Quadratur des Kreises in der Oberstufe
In: MU 7 (1961), H.3, S.72

Hofmann,J.E.: Aus der Frühzeit der Infinitesimalmethoden: Auseinandersetzung um die algebraische Quadratur algebraischer Kurven in der zweiten Hälfte des 17.Jahrhunderts
In: Archive for History of Exact Sciences 2 (1965), S.271

Hofmann,J.E.: Pierre Fermat - ein Pionier der neueren Mathematik († 12.1.1665)
In: PM 7 (1965), H.5, S.113, H.7, S.171, H.8, S.197

Hofmann,J.E.: Dürer als Mathematiker
In: PM 13 (1991), H.4, S.85, H.5, S.117

Hohenberg,F.: Konstruktive Geometrie in der Technik
Wien: Springer 1961

Hohenberg,F.: Kommentar zur Spirale im Epitaph des älteren Jakob Bernoulli
In: PM 26 (1984), H.12, S.373

Holland,G.: Computerunterstützung beim Lösen geometrischer Konstruktionsaufgaben
In: ZDM 24 (1992), H.4, S.136

Holland,G.: GEOLOG
Bonn: Dümmler 1993

Hortsch,W.: Alte und neue Eiformeln in der Geschichte der Mathematik
München: Selbstverlag 1990

Hund,F.: Einführung in die theoretische Physik
Leipzig: Bibl.Institut 1948

Kadunz,G.; Kautschitsch,H.: THALES
Stuttgart: Klett 1993

Kasper,H.; Schürba,W.; Lorenz,H.: Die Klotoide als Trassierungselement
Bonn: Dümmler 1956

Kayser,H.-J.: Subtangenten im Analysis-Unterricht
In: PM 34 (1992), H.4, S.169

Kiepert,L.: Grundriß der Differentialrechnung
Frankfurt: Helwingsche Verlagsbuchhandlung 1923

Kiepert,L.: Grundriß der Integralrechnung
Frankfurt: Helwingsche Verlagsbuchhandlung 1926

Klein,F.: Anwendung der Differential- und Integralrechnung auf die Geometrie
Leipzig: Teubner 1907

Klein,F.: Vorlesungen über die Entwicklung der Mathematik im 19.Jahrhundert
Berlin: Springer 1926

Klein,F.: Elementarmathematik vom höheren Standpunkt (3 Bde)
Berlin: Springer 1928, 1932 u.1933

Klietsch,Th.: Inversion am Kreis
In: PM 36 (1994), H.1, S.26

Kline,M.: Mathematical Thought from Ancient to Modern Times
New York: Oxford University Press 1972

Klingen,L.: Das Abitur im Fach Mathematik
In: ZDM 13 (1981), H.5, S.185

KMK: Empfehlungen und Richtlinien zur Modernisierung des Mathematikunterrichts an allgemeinbildenden Schulen (1968)
In: Meschkowski,H. (Hrsg.), Mathematik-Duden für Lehrer. Mannheim: Bibl.Institut 1969

KMK: Einheitliche Prüfungsanforderungen in der Abiturprüfung - Mathematik (Beschluß vom 6.2.1975)
Neuwied: Luchterhand 1975

KMK: Einheitliche Prüfungsanforderungen in der Abiturprüfung - Mathematik (Beschluß vom 1.12.1989)
Neuwied: Luchterhand 1991

Köthe,R.: Vom Ursprung in die Unendlichkeit ...
In: Kosmos 1992, H.11, S.74

Kofler,J.: Partielle Differentiation und implizites Differenzieren
In: PM 18 (1976), H.10, S.255

Kohn,G.; Loria,G.: Spezielle ebene algebraische Kurven
In: Enzyklopädie der Mathematischen Wissenschaften, Bd.III, 2.Teil, 1.Hälfte. Leipzig: Teubner 1903-1915

Kowalewski,G.: Einführung in die Analytische Geometrie
Berlin: de Gruyter 1910

Kowalewski,G.: Vorlesungen über Allgemeine natürliche Geometrie und Liesche Transformationsgruppen
Berlin: de Gruyter 1931

Krause,F.: Drei Thesen zur Schulphysik und Schulmathematik
In: MNU 33 (1980), H.8, S.461

Kreyszig,E.: Differentialgeometrie
Leipzig: Geest & Portig 1957

Kroll,W. (Berichterst.): Mathematikunterricht in der Sekundarstufe II (ohne Leistungskurs)
In: ZDM 15 (1983), H.3, S.155

Kroll,W.; Vaupel,J.: Analysis, Bd.2
Bonn: Dümmler 1986

Kunz,E.: Ebene algebraische Kurven
Regensburg: Universität 1991

Laemmel,R.: Das cartesische Blatt als Lösung einer planimetrischen Aufgabe
In: MNU 6 (1953/54), H.1, S.33

Lakatos,I.: Beweise und Widerlegungen
Braunschweig: Vieweg 1979

Lambacher,Th.: Die hundertjährige Steiner'sche Hypozykloide
In: MNU 9 (1956/57), H.7, S.295

Landesinstitut für Schule und Weiterbildung (NRW): Funktionenplotter im Mathematikunterricht
Soest: Soester Verlagskontor 1990

Laub,J.: Elementare Kurvendiskussion
In: MU 16 (1970), H.5, S.3

Laugwitz,D.: Differentialgeometrie
Stuttgart: Teubner 1960

Lauter,J.: Aus der Theorie der algebraischen Kurven
In: Wolff,G. (Hrsg.), Handbuch der Schulmathematik, Bd.2. Hannover und Paderborn: Schroedel und Schöningh o.J.

Lawrence,J.D.: A catalog of special plane curves
New York: Dover 1972

Lehmann,E.: Einführung in Parameterdarstellungen in der Sek.I
In: PM 34 (1992), H.4, S.173

Lehmann,H.: Funktionsplotter HL-PLOT8
Berlin: Selbstverlag 1991

Lenné,H.: Analyse der Mathematikdidaktik in Deutschland
Stuttgart: Klett 1969

Leppig,M.: Satellitenbahnen auf Landkarten
In: Beiträge zum Mathematikunterricht 1991, S.309. Bad Salzdetfurth: Franzbecker 1991

Lesser,O.: Synthetische und Analytische Geometrie der Kegelschnitte
Leipzig: Freytag 1912

Liermann,H.: Eigenschaften von Fermat-Kurven und Fermat-Flächen
In: MU 16 (1970), H.3, S.50

Lietzmann,W.: Methodik des mathematischen Unterrichts (2 Bde)
Leipzig: Quelle & Meyer 1919 bzw. 1916

Locher-Ernst,L.: Einführung in die freie Geometrie ebener Kurven
Basel: Birkhäuser 1952

Locher-Ernst,L.: Geometrisieren im Bereich wichtigster Kurvenformen
Dornach: Verlag am Goetheanum 1988

Lockwood,E.H.: A book about curves
London: Cambridge University Press 1961

Lorenz,H.: Die Eikurve
In: PM 16 (1974), H.2, S.27

Loria,G.: Spezielle algebraische und transcendente ebene Kurven. Theorie und Geschichte.
Leipzig: Teubner 1902

Luschberger,H. u.a.: Kritische Fragen zum Normenbuch Mathematik
In: ZDM 7 (1975), H.3, S.132

Lusin,N.N.: Theorie der Funktionen einer reellen Veränderlichen
Moskau: 1940

Mangoldt,H.v.; Knopp,K.: Einführung in die höhere Mathematik (3 Bde)
Stuttgart: Hirzel 1954

Markuschewitsch,A.I.: Bemerkenswerte Kurven
Berlin: Deutscher Verlag der Wissenschaften 1954

Math.-Naturw.Verein in Württemberg-Hohenzollern: Mathematische Reifeprüfungsaufgaben
Stuttgart: Klett 1952

Maurer,P.M.: A Rose is a Rose ...
In: American Mathematical Monthly 94 (1987), S.631

Mauve,R.: Mathematik mit COMAL-Grafik
Bonn: Dümmler 1987

Meier,M.: Über Radlinien und ihre Verwendung bei Rotationskolbenmaschinen
Universität Bayreuth: Unveröffentlichte Zulassungarbeit zum 1. Staatsexamen für das Lehramt an Gymnasien 1990

Menger,K.: Kurventheorie
Leipzig: Teubner 1932

Menninger,K.: Zwischen Raum und Zahl
Frankfurt: Ullstein 1960

Meyer,J.: Hüllkurven und Grenzprozesse
In: Hischer,H.(Hrsg.), Mathematikunterricht und Computer. Hildesheim, Franzbecker 1994

MNU: Nürnberger Lehrpläne des Deutschen Vereins zur Förderung des mathematischen und naturwissenschaftlichen Unterrichts
In: MNU 18 (1965), H.1/2, S.1

MNU: Stellungnahme zu den "Einheitlichen Prüfungsanforderungen in der Abiturstufe der Fächer Mathematik, Physik, Chemie, Biologie"
In: MNU 29 (1976), H.7 (Beilage)

MNU: Empfehlungen zur Gestaltung von Lehrplänen für die informationstechnische Bildung in den Sekundarstufen I bzw. II und für den Computereinsatz im Mathematikunterricht der Sekundarstufe II
In: MNU 39 (1986), H.2, S.106

MNU: Empfehlungen zur Gestaltung von Mathematiklehrplänen
In: MNU 42 (1989), H.5 (Beilage)

Möller,M.: Zeichnen und Rechnen mit Zahnrädern
In: PM 34 (1992), H.1, S.1

Müller,H.R.: Kinematik
Berlin: de Gruyter 1963

Müller,H.R.: Trochoidenhüllbahnen und Rotationskolbenmaschinen
In: Jacobs,K.(Hrsg.): Selecta Mathematica, Bd.III, Berlin: Springer: 1971

Müller,P.C.: Ein Beispiel zur Verbindung von Analysis und linearer Algebra für die Sekundarstufe II
In: PM 26 (1984), H.12, S.353

Nath,M.: Lehrpläne und Prüfungsordnungen im Höheren Schulwesen Preußens
Berlin: Pormetter 1900

Neß,W.: Krümmungskreis und Mechanik
In: MNU 8 (1955/56), H.8, S.362

Neuordnung des höheren Schulwesens im Deutschen Reich
Erlaß des Reichserziehungsministers vom 29.1.1938. Berlin: Weidmannsche Verlagsbuchhandlung 1938

Nicol,M.: Zum Arbeiten mit Kurven und deren Gleichungen bei der Weiterentwicklung des Mathematikunterrichts in der Abiturstufe
In: Wissenschaftliche Zeitschrift der Humboldt-Universität Berlin, Math.-Naturw. Reihe 34 (1985), H.7, S.682

Nicol,M.: Zur Beschreibung von Kurven mittels Gleichungen im Mathematikunterricht der Abiturstufe unserer Schule
In: Wissenschaftliche Zeitschrift der Humboldt-Universität Berlin, Math.-Naturw. Reihe 35 (1986), H.8, S.777

Nicol,M.: Eine Einführung und Berechnung der Länge von Kurven hinsichtlich einer Weiterentwicklung des Mathematikunterrichts in der Abiturstufe unserer Schule
In: Wissenschaftliche Zeitschrift der Humboldt-Universität Berlin, Math.-Naturw. Reihe 36 (1987), H.8, S.757

Noack,H.: Was ist eine Kurve?
In: MNU 14 (1962), H.9, S.385 und H.10, S.438

Oettinger,E.: Wie krumm ist eine Kurve?
In: mathe-plus 1 (1985), H.5/6, S.10

Oettinger,E.(Hrsg.): Kaleidoskop. Ein mathematischer Almanach.
Stuttgart: Klett 1988

Papamastorakis,E.: Die Klothoide als Unterrichtsthema
In: Materialien zum computerorientierten Mathematikunterricht, H.2. Berlin: Technische Universität 1989

Parchomenko,A.S.: Was ist eine Kurve?
Berlin: Deutscher Verlag der Wissenschaften 1957

Pelkmann,W.: Zum Problem $y^x = x^y$ mit positivem x,y
In: MNU 28 (1975), H.4, S.213

Petermann,B.; Hagge,K.: Gewachsene Raumlehre
Freiburg: Herder 1935

Plücker,J.: Theorie der algebraischen Kurven
Bonn 1839

Profke,L.: Kegelschnitte im Mathematikunterricht
In: MiS 30 (1992), H.11, S.663

Purce,J.: The mystic spiral - Journey of the soul
London: Thames and Hudson 1974

Radatz,H.: Der Mathematikunterricht in der Zeit des Nationalsozialismus
In: ZDM 16 (1984), H.6, S.199

Rademacher,H.; Toeplitz,O.: Von Zahlen und Figuren
Springer: Berlin 1930

Reidt,F.; Wolff,G.; Athen,H.: Arithmetik, Algebra und Analysis
Hannover und Paderborn: Schroedel und Schöningh 1964

Reinhardt-Zeisberg: Oberstufe Geometrie
Frankfurt am Main: Diesterweg 1961

Reuschle,C.: Praxis der Kurvendiskussion
Stuttgart: Metzler 1886

Rohmann,A.: Alte und neue unlösbare Probleme
In: Wolff,G.(Hrsg.), Handbuch der Schulmathematik, Bd.2. Hannover und Paderborn: Schroedel und Schöningh o.J.

Ruprecht.E.: Physik 1 Mechanik
München: Bayerischer Schulbuchverlag

Rüthing,D.: Mathematisieren und Demathematisieren am Beispiel eines Extremwertproblems aus der Analysis
In: MU 28 (1982), H.5, S.59

Salmon,G.: Analytische Geometrie der höheren ebenen Kurven
Leipzig: Teubner 1873

Sauerbeck,H.: Einleitung in die analytische Geometrie der höheren ebenen Kurven
Leipzig: Teubner 1902

Schaal,H.: Geschlossene Kurven als Bahnen regulärer Polygone
In: MNU 15 (1962/63), H.5 S.195 und H.6, S.147

Schaal,H.: Von der Bewegungsgeometrie zur konstruktiven Kinematik
In: MU 10 (1964), H.3, S.48

Schaeffer,A.: 1400 Mathematische Abiturientenaufgaben
Zabern: Fuchs 1910

Scheffers,G.: Einführung in die Theorie der Curven in der Ebene und im Raum
Berlin: de Gruyter 1901

Scheffers,G.: Besondere transzedente Kurven
In: Enzyklopädie der mathematischen Wissenschaften, Band III, 3.Teil. Leipzig: Teubner 1902-1927

Scheffers,G.: Lehrbuch der Mathematik
Berlin: de Gruyter 1958

Scheid,H.: Kegelschnitte
Stuttgart: Klett 1988

Schlömilch,O.: Übungsbuch zum Studium der Höheren Analysis
Leipzig: Teubner 1868

Schmid,H.; Schweizer,W.: LS Mathematik - Analytische Geometrie mit linearer Algebra (Grundkurs)
Stuttgart: Klett 1987

Schmidt,G. (Hrsg.): Gebietsübergreifende Ansätze im Mathematikunterricht I,II
In: MU 1986, H.5 und 1990, H.5

Schmidt,G.: Curriculare Gedanken und Reflexionen zur Analytischen Geometrie (und Linearen Algebra) im Unterricht der gymnasialen Oberstufe
In: MU 39 (1993), H.4, S.15

Schmidt,H.: Ausgewählte höhere Kurven
Wiesbaden: Kesselringsche Buchhandlung 1949

Schmidt,H.: Die Inversion und ihre Anwendungen
München: Oldenbourg 1950

Schönwald,H.G.: Gedanken zur Einführung in Parameterdarstellungen
In: PM 36 (1994), H.1, S.20

Schostack,G.: Gleichschenklige schenkelgleiche Dreiecke
In: PM 14 (1972), H.6, S.141

Schott,L.: Algebraische Kurven und Vektorrechnung
In: MNU 11 (1958/59), H.7, S.307

Schröder,H.: Die Entformalisierung der Kurvendiskussion
In: MU 6 (1960), H.2, S.66

Schröder,R.: Die Anfangsgründe der Differential- und Integralrechnung
Leipzig: Teubner 1905

Schröter,H.: Die Theorie der ebenen Kurven dritter Ordnung
Leipzig: Teubner 1888

Schultz,A.: Alles unter einem Dach - Wurfparabeln mit Hüllkurven
In: MNU 39 (1986), H.6, S.354

Schumann,H.: Interaktives Erzeugen von Ortslinien - ein Beitrag zum computerunterstützten Geometrieunterricht
In: ML, H.38 (1990), S.10

Schumann,H.: Schulgeometrisches Konstruieren mit dem Computer
Stuttgart: Metzler und Teubner 1991

Schupp,H.: Kegelschnitte
Mannheim: B.I.Wissenschaftsverlag 1988

Schupp,H.: Mathematische Phänomene rund um die Gleitstrecke
In: DdM 19 (1991), H.1, S. 27

Schupp,H.: Optimieren - Extremwertbestimmung im Mathematikunterricht
Mannheim: B.I.Wissenschaftsverlag 1992

Schupp,H.; Berg,G.: PROgramme für den GEOmetrie-Unterricht
Bonn: Dümmler 1990 (Diskette und Handbuch)

Schweiger,F.: Mathematik als Wissenschaft "interessanter Objekte"
In: Beiträge zum Mathematikunterricht 1988. Bad Salzdetfurth: Franzbecker 1988

Seggern,D.H.v.: Handbook of Mathematical Curves and Surfaces
Boca Raton (USA): CRC Press 1990

Shenitzer,A.; Steprans,J.: The Evolution of Integration
In: The American Mathematical Monthly 101 (1994), H.1, S.66

Siemon,H.(Hrsg.): Quellentexte zur Geschichte der Mathematikdidaktik II
MU 26 (1980), H.6

Simon,M.: Analytische Geometrie der Ebene
Leipzig: Göschen 1897

Smirnow,W.I.: Lehrgang der höheren Mathematik, Bd.I
Berlin: Deutscher Verlag der Wissenschaften 1956

Spallek,K: Differentialgeometrie in Naturwissenschaft und Technik
In: MNU 31 (1978), H.2, S.65

Spallek,K.: Kurven und Karten
Mannheim: B.I.Wissenschaftsverlag 1980

Spallek,K.; Brüning,A.: Analysis und geometrisches anschauliches Denken im Schulunterricht
In: MU 25 (1979), H.2, S.45

Steinberg,G.: Gedanken zum Analysisunterricht - Ein Plädoyer für Kurvendiskussionen und Extremwertaufgaben
In: Beiträge zum mathematisch-naturwissenschaftlichen Unterricht 37 (1982), S.25

Steinberg,G.: Plädoyer für Polarkoordinaten im Mathematikunterricht
In: MU 30 (1984), H.3, S.26

Steinberg,G.: Die Krümmung von Funktionsgraphen
In: DdM 13 (1985), H.3, S.222

Steinberg,G.: Entdecken - Erkennen - Verstehen - Unterrichtsbeispiele für einen gebietsübergreifenden Mathematikunterricht
In: MU 32 (1986), H.5, S.28

Steinberg,G.: Analysis im Mathematikunterricht des Gymnasiums: Kommt Bewegung in festgefahrene Spuren?
In: Beiträge zum Mathematikunterricht 1991, S.69. Bad Salzdetfurth: Franzbecker 1991

Steinberg,G.: Polarkoordinaten - Eine Anregung, sehen und fragen zu lernen
Hannover: Metzler 1993

Steiner,H.G.: Aus der Geschichte des Funktionsbegriffs
In: MU 15 (1969), H.3, S.13

Steiner,H.G.: Zur Situation des Mathematikunterrichts in der Sekundarstufe II: Tendenzen, Probleme, Perspektiven
In: Beiträge zum Mathematikunterricht 1981, S.85
Hannover: Schroedel 1981

Stewart,I.: Mathematische Unterhaltungen
In: Spektrum der Wissenschaft 1994, H.3, S.10

Strubecker,K.: Differentialgeometrie, Bd.I
Berlin: de Gruyter 1964

Strubecker,K.: Einführung in die Höhere Mathematik (4 Bde)
München: Oldenbourg 1967

Study,E.: Algebraische Kurven und Abbildungen
Leipzig: Teubner

Toeplitz,O.: Entwicklung der Infinitesimalrechnung
Berlin: Springer 1949

Treitz,K.: Die Zykloide
In: MNU 46 (1993), H.6, S.327

Uffrecht,U.: Die Kettenlinie
In: MNU 30 (1977), H.5, S.275

van der Waerden,B.L.: Einführung in die algebraische Geometrie
Berlin: Springer 1973

Vetter,M.: Flächenbetrachtung an der Zykloide
In: MNU 44 (1991), H.4, S.206

Volkert,K.: Geschichte der Analysis
Mannheim: B.I.Wissenschaftsverlag 1988

Vollrath,H.J.: Rettet die Ideen!
In: MNU 31 (1978), H.8, S.449

Wagenschein,M.: Rettet die Phänomene! (Der Vorrang des Unmittelbaren)
In: MNU 30 (1977), H.3, S.129

Walker,R.J.: Algebraic curves
New York: Springer 1978

Weth,Th.: Ein abbildungsgeometrischer Zugang zu algebraischen Kurven dritter und höherer Ordnung
In: DdM 19 (1991), H.2, S.145

Weth,Th.: Kurven in geometrischer und in algebraischer Sicht in der Sekundarstufe I
In: DdM 20 (1992), H.2, S.153

Weth,Th.: Zum Verständnis des Kurvenbegriffs im Mathematikunterricht
Hildesheim: Franzbecker 1993

Wieleitner,H.: Theorie der ebenen algebraischen Kurven höherer Ordnung
Leipzig: Göschen 1905

Wieleitner,H.: Spezielle ebene Kurven
Leipzig: Göschen 1908

Wieleitner,H.: Algebraische Kurven (2 Bde)
Leipzig: Göschen 1919 bzw. 1918

Winter,H.: Entdeckungen an Zykloiden - oder: Die Zykloide als Wiege der Analysis
In: MD 15 (1992), Bd.1, S.105

Winter,M.: Läßt sich allgemeinbildender Mathematikunterricht im Grundkurs realisieren?
In: ML, H.33 (1989), S.43

Wittmann,E.Ch.: Elementargeometrie und Wirklichkeit
Vieweg: Braunschweig 1987

Wörle,K.; Kratz,J.; Keil,K.A.: Infinitesimalrechnung
München: Bayerischer Schulbuchverlag 1967

Wunderlich,W.: Über Gleitkurvenpaare aus Radlinien
In: Mathematische Nachrichten 20 (1959), S.373

Wunderlich,W.: Ebene Kinematik
Mannheim: Bibl.Institut 1970

Zeitler,H.: Kreisgeometrie
In: DdM 1 (1973), H.4, S.288

Zeitler,H.: Brennkurven
In: DdM 8 (1980), H.1, S.1

Zeitler,H.: Radlinien in Schule, Technik und Wissenschaft
In: MU 26 (1980), H.4, S.81

Zeitler,H.: Kreisgeometrie in Schule und Wissenschaft
In: DdM 11 (1983), H.3, S.169

Zeitler,H.: Schraublinien überall!
In: ZDM 20 (1988), H.3, S.108

Zeitler,H.: Schlingkurven auf Rotationsflächen
In: DdM 19 (1991), H.1, S.15

Ziegler,Th.: Vergeßt die Kegelschnitte nicht!
Vortrag auf der MNU-Tagung 1988

Zita,K.: Zur vektoriellen Behandlung von Konchoiden, Evolventen und Fußpunktkurven
In: MNU 9 (1956/57), H.9, S.396

Zwikker,C.: Advanced Plane Geometry
Amsterdam: North-Holland 1950

INDEX